> 华为ICT认证系列丛书

# 华为技术认证 HCIA-Datacom网络技术学习指南

华为技术有限公司 主编

人 民 邮 电 出 版 社
北 京

图书在版编目（CIP）数据

HCIA-Datacom网络技术学习指南 / 华为技术有限公司主编. -- 北京 : 人民邮电出版社, 2022.5(2024.7重印)
（华为ICT认证系列丛书）
ISBN 978-7-115-58768-8

Ⅰ. ①H… Ⅱ. ①华… Ⅲ. ①计算机网络－指南
Ⅳ. ①TP393-62

中国版本图书馆CIP数据核字(2022)第036777号

## 内 容 提 要

本书是华为 HCIA-Datacom 认证的官方学习指南。全书共分为 10 章，主要内容包括数据通信与网络基础、构建互联互通的 IP 网络、构建以太交换网络、网络安全基础与网络接入、网络服务与应用、WLAN 基础、广域网技术、网络管理与运维、IPv6 基础及 SDN 与自动化基础。本书以各项技术的需求、起源和发展历程作为切入点，对技术原理、应用场景和配置方法进行了介绍。

本书适合从事网络技术相关工作的专业人员、正在准备考取华为 HCIA-Datacom 认证的人员阅读，也可作为高等院校相关专业的教材。

◆ 主　　编　华为技术有限公司
　责任编辑　李　静
　责任印制　马振武
◆ 人民邮电出版社出版发行　　北京市丰台区成寿寺路 11 号
　邮编 100164　　电子邮件 315@ptpress.com.cn
　网址 https://www.ptpress.com.cn
　三河市君旺印务有限公司印刷
◆ 开本：787×1092 1/16
　印张：23　　2022 年 5 月第 1 版
　字数：545 千字　　2024 年 7 月河北第11次印刷

定价：159.80 元

读者服务热线：(010)53913866　印装质量热线：(010)81055316
反盗版热线：(010)81055315

# 编 委 会

# 序　言

## 乘“数”破浪　智驭未来

当前，数字化、智能化成为经济社会发展的关键驱动力，引领新一轮产业变革。以5G、云、AI为代表的数字技术，不断突破边界，实现跨越式发展，数字化、智能化的世界正在加速到来。

数字化的快速发展，带来了数字化人才需求的激增。《中国ICT人才生态白皮书》预计，到2025年，中国ICT人才缺口将超过2000万人。此外，社会急迫需要大批云计算、人工智能、大数据等领域的新兴技术人才；伴随技术融入场景，兼具ICT技能和行业知识的复合型人才将备受企业追捧。

在日新月异的数字化时代中，技能成为匹配人才与岗位的最基本元素，终身学习逐渐成为全民共识及职场人保持与社会同频共振的必要途径。联合国教科文组织发布的《教育2030行动框架》指出，全球教育需迈向全纳、公平、有质量的教育和终身学习。

如何为大众提供多元化、普适性的数字技术教程，形成方式更灵活、资源更丰富、学习更便捷的终身学习推进机制？如何提升全民的数字素养和ICT从业者的数字能力？这些已成为社会关注的重点。

作为全球ICT领域的领导者，华为积极构建良性的ICT人才生态，将多年来在ICT行业中积累的经验、技术、人才培养标准贡献出来，联合教育主管部门、高等院校、教育机构和合作伙伴等各方生态角色，通过建设人才联盟、融入人才标准、提升人才能力、传播人才价值，构建教师与学生人才生态、终身教育人才生态、行业从业者人才生态，加速数字化人才培养，持续推进数字包容，实现技术普惠，缩小数字鸿沟。

为满足公众终身学习、提升数字化技能的需求，华为推出了“华为职业认证”，这是围绕“云-管-端”协同的新ICT技术架构打造的覆盖ICT领域、符合ICT融合技术发展趋势的人才培养体系和认证标准。目前，华为职业认证内容已融入全国计算机等级考试。

教材是教学内容的主要载体、人才培养的重要保障，华为汇聚技术专家、高校教师、培训名师等，倾心打造“华为 ICT 认证系列丛书”，丛书内容匹配华为相关技术方向认证考试大纲，涵盖云、大数据、5G 等前沿技术方向；包含大量基于真实工作场景的行业案例和实操案例，注重动手能力和实际问题解决能力的培养，实操性强；巧妙串联各知识点，并按照由浅入深的顺序进行知识扩充，使读者思路清晰地掌握知识；配备丰富的学习资源，如 PPT 课件、练习题等，便于读者学习，巩固提升。

在丛书编写过程中，编委会成员、作者、出版社付出了大量心血和智慧，对此表示诚挚的敬意和感谢！

千里之行，始于足下，行胜于言，行而致远。让我们一起从“华为 ICT 认证系列丛书”出发，探索日新月异的 ICT 技术，乘“数”破浪，奔赴前景广阔的美好未来！

华为 ICT 战略与 Marketing 总裁

# 前　言

近年来，网络发生了翻天覆地的变化。用户或许只感受到服务的部署变得更加灵活和快捷，但是对于网络技术人员来说，这种灵活和快捷源于全新的网络架构。伴随着 SDN（Software Defined Network，软件定义网络）不断标准化，大量厂商的控制器产品和平台破茧而出。与此同时，随着虚拟化技术的发展和网络设备软硬件分离理念的加深，NFV（Network Functions Virtualization，网络功能虚拟化）出现并成为服务提供商的新宠，新的网络管理和控制方式也应运而生。

鉴于网络技术领域的不断发展，华为技术有限公司（简称“华为”）参照行业对从业者的最新需求，对大量认证科目进行了重新设计。针对传统的数据通信方向，华为推出了全新的 Datacom 认证。针对华为认证 ICT 工程师级别（Huawei Certified ICT Associate，HICA），华为不仅在《HCIA-Datacom 考试大纲》中增加了 IPv6 的内容，还增加了对 SDN、自动化和程序设计语言 Python 的要求，作为对传统数据通信方向的补充。

本书是华为 HCIA-Datacom 认证考试的官方教材，由华为技术有限公司联合 YESLAB 培训中心，参照《HCIA-Datacom 考试大纲》和《HCIA-Datacom 培训教材》编写，旨在帮助读者迅速掌握 HCIA-Datacom 认证所要求的知识和技能。

本书共有 10 章，各章内容如下。

第 1 章：数据通信与网络基础

本章介绍通信的发展历程及网络基础设施，以及网络的两大分层模型，即 OSI（Open System Interconnection，开放式系统互联）参考模型和 TCP（Transmission Control Protocol，传输控制协议）/IP（Internet Protocol，互联网协议）模型。本章还介绍了 ARP（Address Resolution Protocol，地址解析协议）、TCP、UDP（User Datagram Protocol，用户数据报协议）的封装和流程、数据处理和转发流程，以及华为的 VRP（Versatile Routing Platform，通用路由平台）系统的概念和使用方式。

第 2 章：构建互联互通的 IP 网络

本章介绍 IPv4、IP 路由的基本概念，以及静态路由和 OSPF（Open Shortest Path

First，开放最短路径优先）协议的原理，并且演示了如何在 VRP 系统中配置它们。

第 3 章：构建以太交换网络

本章重点介绍以太网环境中的技术，包括以太网的封装格式、交换机处理以太网数据帧的方式，以及 STP（Spanning Tree Protocol，生成树协议）和 RSTP（Rapid Spanning Tree Protocol，快速生成树协议）、VLAN（Virtual Local Area Network，虚拟局域网）的原理。

第 4 章：网络安全基础与网络接入

本章重点介绍如何通过 VRP 系统实现基本的网络安全功能和网络地址转换，包括 ACL（Access Control List，访问控制列表）的工作方式和配置命令、RADIUS（Remote Authentication Dial-in User Service，远程身份认证拨号用户服务）的原理，以及网络地址转换的基本原理。

第 5 章：网络服务与应用

本章介绍常用的应用层协议，包括 Telnet（远程登录）、FTP（File Transfer Protocol，文件传送协议）、TFTP（Trivial File Transfer Protocol，简易文件传送协议）、DHCP（Dynamic Host Configuration Protocol，动态主机配置协议）、HTTP（Hyper Text Transfer Protocol，超文本传送协议）和 NTP（Network Time Protocol，网络时间协议）。

第 6 章：WLAN 基础

本章介绍 WLAN（Wireless Local Area Network，无线局域网）环境中常见的网络基础设施，如无线 AP（Access Point，接入点）和无线 AC（Access Controller，接入控制器），以及 WLAN 的原理，并介绍了使用 Fat AP（胖 AP）和 Fit AP（瘦 AP）组建网络的架构。

第 7 章：广域网技术

本章介绍 PPP（Point to Point Protocol，点到点协议）和 PPPoE（Point to Point Protocol over Ethernet，基于以太网的点到点通信协议）的原理和配置、MPLS（Multi-Protocol Label Switching，多协议标签交换）、SR（Segment Routing，分段路由）架构。

第 8 章：网络管理与运维

本章通过 FCAPS（Fault-Configuration-Accounting-Performance-Security，故障-配置-计账-性能-安全）模型，介绍网络管理的相关内容，如 SNMP（Simple Network Management Protocol，简单网络管理协议）的架构、交互方式，以及 MIB（Management Information Base，管理信息库）的概念。基于华为 iMaster NCE 的网络管理，本章还

介绍了华为 ADN（Autonomous Driving Network，自动驾驶网络），并且对 NETCONF（Network Configuration，网络配置）协议、YANG 语言和网络遥测进行了简述。

第 9 章：IPv6 基础

本章重点介绍 IPv6，包括 IPv6 的封装字段、地址表示方式与简化方式，IPv6 地址的分类，NDP（Neighbor Discovery Protocol，邻居发现协议）封装的 ICMPv6（Internet Control Message Protocol version 6，第 6 版互联网控制报文协议）消息类型。

第 10 章：SDN 与自动化基础

本章介绍 OpenFlow 协议、流表的概念，以及华为 SDN 产品和解决方案，并在 SDN 的基础上介绍 NFV（Network Functions Virtualization，网络功能虚拟化）的起源、发展和优势。

本书多处把路由器或计算机上的网络适配器连接口称为“接口”，把交换机上的网口称为“端口”，这种差异仅仅是称谓习惯上的差异。在业界人士的交流中，“接口”与“端口”也常常混用。但部分技术术语，如根端口、子接口等，此种情况下的“端口”和“接口”不可以进行混用。

本书常用图标如下。

本书配套资源可通过扫描封底的“信通社区”二维码，回复数字 587688 进行获取。关于华为认证的更多精彩内容，请扫码进入华为人才在线官网了解。

华为人才在线官网

# 目　录

# 第 1 章 数据通信与网络基础

本章主要内容

1.1　数据通信基础知识

1.2　网络基本概念

1.3　网络协议模型

1.4　ARP 原理

1.5　TCP/UDP 原理

1.6　数据转发过程

1.7　园区网的基本概念

1.8　VRP 系统基本原理及操作

本章是全书的开篇。

首先，本章介绍了数据通信网络，由此引出数据通信网络的基本知识和概念；接着介绍数据通信网络中常见的各类网络基础设施，其中包括路由器、交换机、防火墙、无线接入点和无线控制器及这些设施的工作原理。为了说明数据通信网络的工作原理，本章还介绍了 TCP/IP 模型和 OSI 参考模型，同时对这两个分层模型中各层的目标进行解释。本章同时介绍了几种骨干通信协议：ARP（Address Resolution Protocol，地址解析协议）、TCP（Transmission Control Protocol，传输控制协议）和 UDP（User Datagram Protocol，用户数据报协议），并且讲述了其原理。

然后，在分层模型和骨干通信协议的基础上，本章介绍了 OSI 参考模型各层的数据单元，并通过一个简单的通信网络展示数据通信过程中数据的封装和解封装流程。此外，本章还介绍了园区网的分层设计方案，该方案将园区网划分为接入层、汇聚层和核心层，并且介绍了各层在园区网中扮演的角色。

最后，本章展示了华为路由器和交换机的操作系统——VRP（Versatile Routing Platform，通用路由平台），并介绍了该系统的一些基本概念、使用方法和常见命令。

**本章重点**

- 数据通信网络的由来
- 数据通信网络的基本知识和概念
- 路由器、交换机、防火墙、无线接入点和无线控制器的基本工作原理
- TCP/IP 模型和 OSI 参考模型及模型各层的目标
- ARP、TCP 和 UDP 的原理
- 通信过程中数据的封装和解封装流程
- 园区网的分层设计方案
- VRP 系统的基本使用方式

## 1.1 数据通信基础知识

作为人类的一种沟通方式，通信拥有悠久的历史。在大多数与通信有关的专业课程中，诸如烽火传信等往往被拿来作为通信行为由来已久的佐证。从广义上说，通信是指把信息通过某种方式，从发送方经一段距离传递给接收方的行为。由此看来，通信至少会涉及信息在媒介中的传递过程，以及通信的参与者——信息的发送方和接收方。

### 1.1.1 电信简史

如果要在媒介中传递信息，那么可能需要改变信息的存在方式。既然涉及发送方和接收方，那么双方在通信行为发生之前就要约定信息的表示方式，以便让信息在媒介中传输，这是因为只有事先进行约定，接收方才能还原被改变的信息。比如在烽火传信中，城郭上的守军和边疆的守军需要事先约定，把“敌军入侵”表示为点燃柴草产生的浓烟。这样一来，城郭上的守军在看到浓烟时就能了解城外发生的状况，并从容地部署城防。当然，信息表示方式只有在约定的通信情景下才能生效。如果通信情景发生了变化，那

么相同的信息表示方式所表达的含义也会产生变化。例如，今天的人们，看到浓烟的第一反应应该是拨打火警电话，而不是部署防御力量。

在港口诞生后，人们发明了灯塔。十几个世纪后，人们逐渐定义了灯号和旗语。通信双方不进行接触的远程通信在内容和形式上慢慢变得丰富了起来。直到人们发现了电的特性，通信的发展才开始呈现出爆炸式的发展。

1837 年，用电描述信息的电报在大西洋两岸的英国和美国几乎同时获得了专利。获得英国专利的是查尔斯·惠斯通（Charles Wheatstone）和威廉·库克（William Cooke），获得美国专利的是萨缪尔·摩尔斯（Samuel Morse），萨缪尔·摩尔斯因定义了拉丁字母和数字编码的电信号排列方式而名满天下，这种排列方式被称为摩尔斯电码。

电报的诞生为使用电信号实现远程通信打开了大门。1858 年，第一条跨越大西洋的海底电报电缆被成功铺设，把原本需要借助跨大西洋轮渡航行 10 天才能完成的长距离通信缩短到了几分钟的时间。1865 年，为了对电报通信进行规范和管理，人们在法国巴黎成立了国际电报联盟。1934 年，为了把之后产生的电话、无线电等其他通信方式纳入规范管理，国际电报联盟改名为国际电信联盟（International Telecommunication Union，ITU），这就是大名鼎鼎的 ITU 的由来。

1946 年，第一台通用计算机 ENIAC（Electronic Numerical Integrator and Computer，电子数字积分计算机）诞生。随着集成电路和微处理器的问世，在接下来不到 20 年的时间里，第二代、第三代计算机相继问世。于是，使用电信通信的方式连接计算机的需求应运而生，数据通信时代的大幕随之拉开。

### 1.1.2　电路交换网络

众所周知，早期的电子计算机是一台庞然大物。比如，前文提到的 ENIAC 重达 30t，占地面积约达 $170m^2$。显然，这样的计算机不可能配备给个人使用，也无法划分到家用设备的范畴里。实际情况是，早期的计算机由机构内部拥有计算需求的所有研究人员分时共享。为了更好地利用计算资源，研究人员开始用电传打字机连接计算机的方式远程控制计算机，这就是最早的计算机远程通信方式。在当时，为了使电传打字机连接到计算机，人们需要在办公地点安装调制解调器，并把调制解调器连接到电话通信网络。在计算机端，计算机也需要通过调制解调器连接到电话通信网络。发送方的信息被调制解调器转换为模拟信号之后，通过电话通信网络传输给计算机端，再由调制解调器还原为数字信号。

电话通信网络存在一种缺陷。在电话通信网络中，通信双方在通话开始之前，通过呼叫临时性地独占一条电信通道进行通话；通话结束之后断开这条电信通道，释放对应的物理媒介，这种通信方式称为电路交换。电路交换网络的通信方式如图 1-1 所示。由于具备这样的特点，电路交换网络在遭遇战争、地震、海啸等不可抗力因素而导致其中的某些电信通道中断时，通信就无法建立起来。在这样的大背景下，理想的通信网络最好具有这样的特点：某些电信通道的中断并不会影响整个网络的通信效果。换句话说，这样的通信网络最好在某些通信介质已经不可用时，能够尽快选择另一种通信介质完成通信。

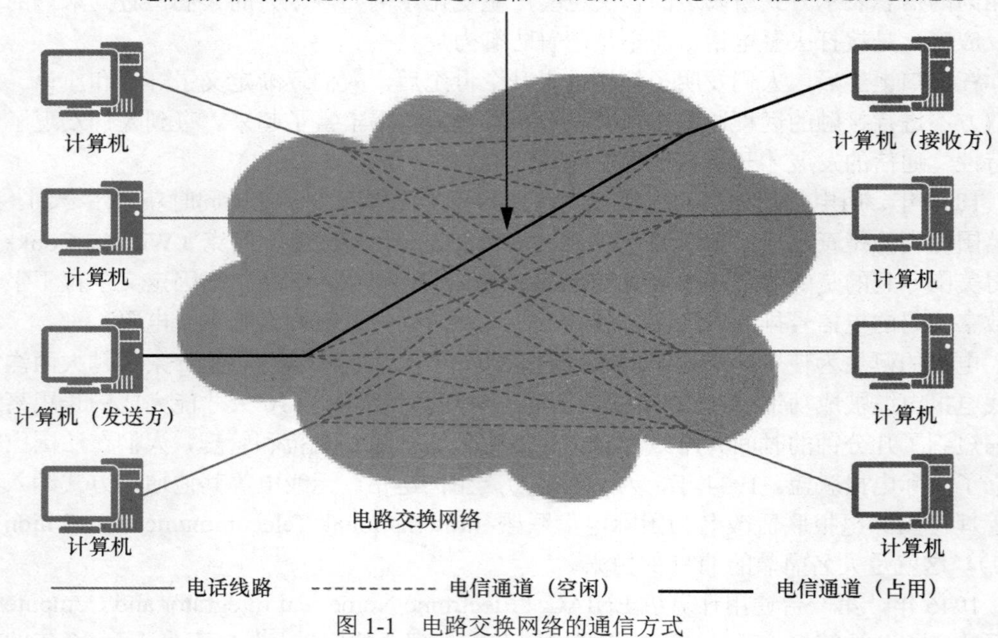

图 1-1 电路交换网络的通信方式

### 1.1.3 包交换网络与数据通信网络

1964 年，波兰裔美国人保罗·巴兰发布了论文《论分布式通信》（*On Distributed Communications*），阐述了一种不依靠独占电信通道进行通信的网络。在这种网络中，传输的信息包含关于信息目的地址的数据，组成这个网络的其他设备在收到信息的时候可以看到信息的目的地址，并根据现实的网络情况决定通过哪条路径把信息转发给目的地址。保罗·巴兰把这种网络称为分布式网络。分布式网络的通信方式需要把信息分成很多块。在传输过程中，如果所用的路径发生了中断，那么之后的信息块可以通过其他路径到达目的地址，这在很大程度上避免了因单一通信介质中断而导致整个网络通信失败的情况。

1966 年，英国计算机科学家唐纳德·戴维斯产生了与保罗·巴兰完全相同的构想。在咨询了语言学家后，唐纳德·戴维斯决定把分布式网络中传输的信息块命名为数据包。这种分布式通信网络也因此被称为包交换网络。

包交换网络的工作机制如图 1-2 所示。包交换网络可以解决电路交换网络独占电信通道的问题，帮助通信网络规避大面积中断的情况，美国的 ARPA（Advanced Research Project Agency，高级研究计划局）立刻开始着手实施这样的网络，并将其称为 ARPAnet（Advanced Research Project Agency Network，阿帕网）。

ARPAnet 最初仅仅连接了 4 个站点。这 4 个站点并没有像图 1-2 所示的那样，把各站点所有的计算机两两连接在一起，而是通过 IMP（Interface Message Processor，接口消息处理器）的包交换节点设备进行连接。IMP 充当各个站点的网关，负责根据实际的连接情况为站点内的计算机转发数据。早期的 ARPAnet 如图 1-3 所示。

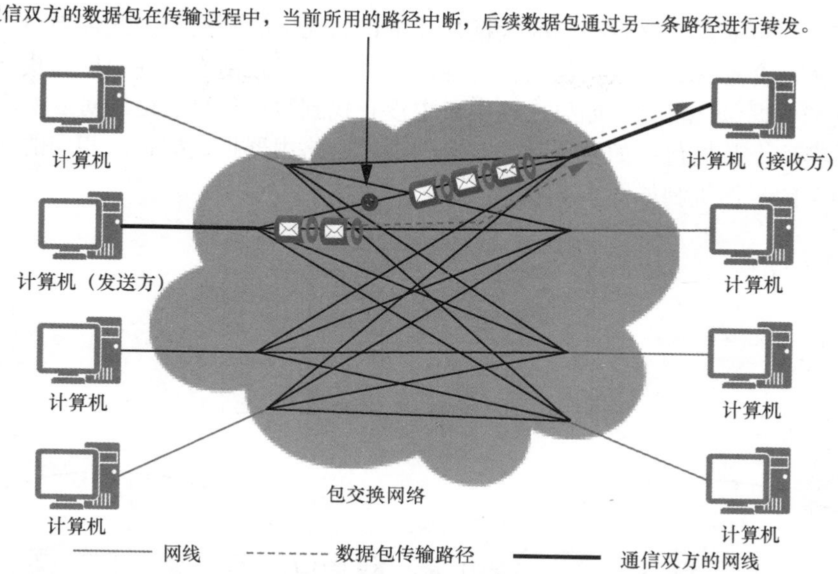

通信双方的数据包在传输过程中，当前所用的路径中断，后续数据包通过另一条路径进行转发。

计算机　计算机（接收方）　计算机（发送方）　计算机　计算机　计算机　计算机　计算机　包交换网络

网线　数据包传输路径　通信双方的网线

图 1-2　包交换网络的工作机制

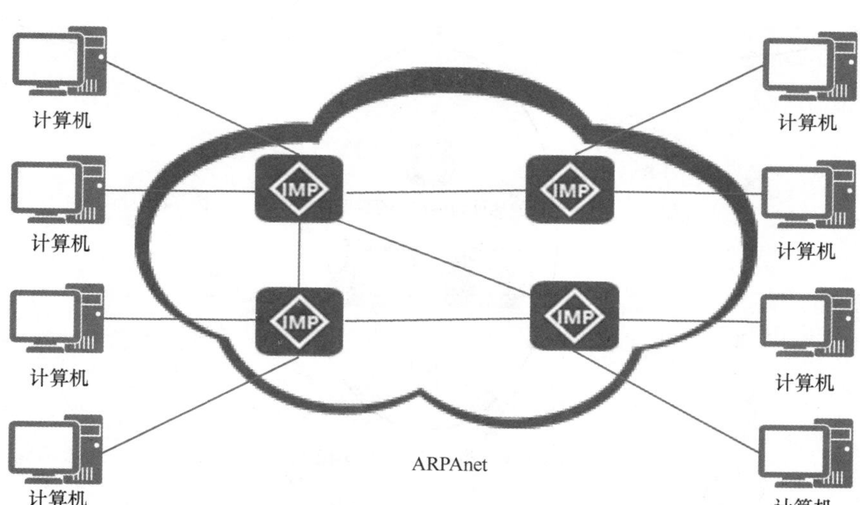


图 1-3　早期的 ARPAnet

如今，IMP 有一个更常用的名称：路由器，而 ARPAnet 正是最早的数据通信网络。

### 1.1.4　数据通信网络的组成

DCN（Data Communication Network，数据通信网络）是由路由器、交换机、防火墙、无线接入点、无线控制器等网络基础设施，以及计算机、网络打印机、服务器等端点设备组成的通信网络，其功能是实现数据的传输。

#### 1. 路由器

从设计目的来看，路由器的作用是连接不同的网络，对需要从一个网络进入另一个网络的数据包进行转发。为了达到这个目的，路由器需要维护一个被称为路由表的数表。

如前文所述，包交换网络中传输的数据是关于目的地址的数据，因此，当路由器收到数据包的时候，会查看这个数据包的目的地址，然后查找路由表，并根据查找结果决定如何处理这个数据包。譬如，如果在路由表中没有找到数据包目的地址对应的项，那么路由器会丢弃这个数据包；如果找到了对应的项，则路由器把数据包从相应的接口转发出去。路由器的工作机制如图 1-4 所示。

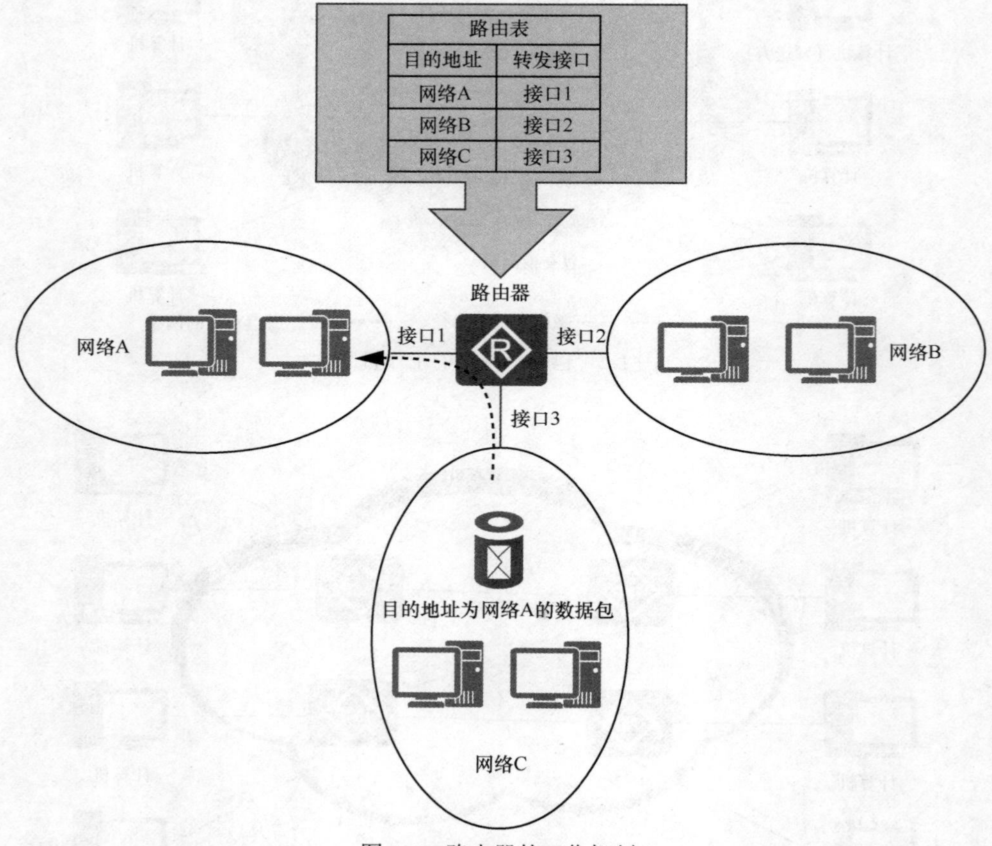


图 1-4　路由器的工作机制

在图 1-4 中，路由器收到了一个目的地址为网络 A 的数据包。经过查询路由表之后发现，目的地址为网络 A 的数据包应该从接口 1 转发出去，于是，路由器把数据包从接口 1 转发出去。

这里值得一提的是，路由器未必会如图 1-4 所示的那样直接连接数据包的目的网络。相互连接的路由器之间可以相互通告，互相学习各自所掌握的路由信息。然后，根据学习这些网络信息时使用的算法，路由器计算去往各个网络的最优路径，当收到数据包时，按最优路径把数据包转发给下一跳路由器。在规模不大的网络中，网络管理员可以通过手动配置的方式，告诉路由器如何转发去往非直连网络的数据包。

**2．交换机**

在不同网络之间，路由器会代为转发数据包。但是，处于同一个网络中的设备也需要相互通信，人们使用一种名为集线器的设备来连接同一个网络中的通信设备。不过，集线器连接的所有设备可以视为处于同一个共享媒介，也就是说，同一时间内，集线器连接的所有设备中只有一台设备可以发送数据。如果还有其他设备同时发送数据，那么这两台设备发送的数据就会相互造成信号干扰，这种信号干扰被称为冲突。因此，人们称集线器连接的设备处于同一个冲突域。

显然，网络中只能有一台设备发送数据，这会显著降低通信效率。于是，人们开始使用另一种叫作交换机的设备来连接处于同一个网络的通信设备。采用交换机连接的网络如图 1-5 所示。

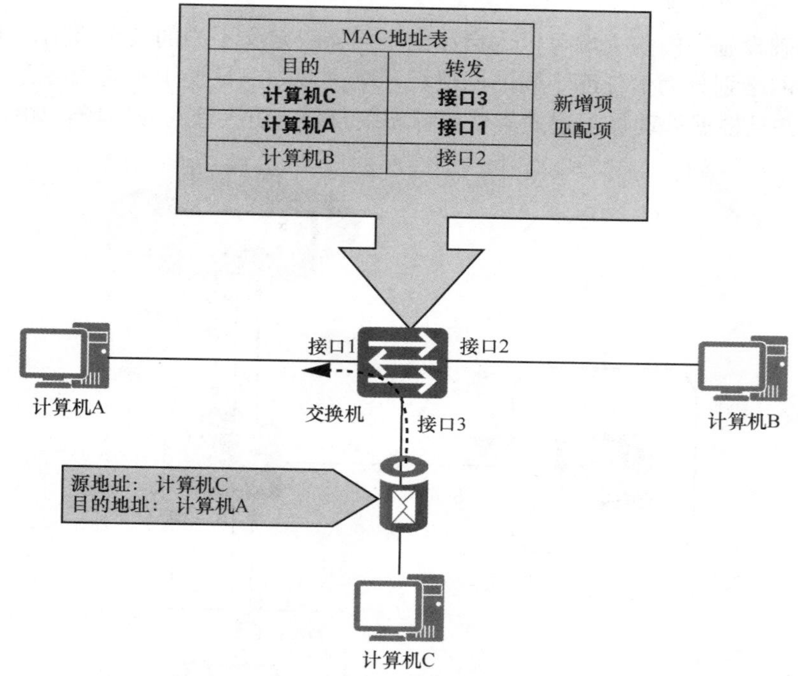


图 1-5　采用交换机连接的网络

在图 1-5 中，交换机的每个端口是一个独立的冲突域，因此不同端口连接的设备可以同时发送数据帧。交换机并不像集线器那样不加区分地把收到的数据帧通过所有端口发送出去，而是查看数据帧的源地址，并且把源地址与收到数据帧的端口记录在自己的缓存表中，这个缓存表被称为 MAC（Media Access Control，介质访问控制）地址表。同时，交换机也会在收到数据帧的时候查看数据帧的目的地址，并且尝试在 MAC 地址表中进行查找，判断自己是否已记录这个目的地址对应的接口。交换机如果在 MAC 地址表中找到了数据帧的目的地址及其对应的端口，则表示曾经通过对应端口收到该目的地址发来的数据，于是，通过对应端口把数据帧发送出去；如果在 MAC 地址表中没有找到数据帧的目的地址，则把数据帧通过除接收数据帧的端口之外的其他端口转发出去。

随着网络规模的扩大，网络包含的设备种类和数量都在增加。如今，交换机在网络中具有两个功能：①把端点（或终端）设备连接到网络中，并且转发往返于这些端点（或终端）设备的数据包；②为交换机和交换机之间、交换机和网关设备（往往是路由器）

之间提供数据转发。关于这部分内容，本书后面会详细介绍。

**注释**：上面关于交换机工作机制的描述不包含通信数据为广播数据的情形，也没有考虑交换机划分 VLAN（Virtual Local Area Network，虚拟局域网）的情形。关于交换机工作方式的详细内容，本书将在第 3 章进行介绍，这里仅作为预备知识提供给读者。

### 3．防火墙

防火墙曾经是建筑学领域的专业术语，是一种为了防止火灾大面积蔓延而设置的阻燃墙体。防火墙可以把一栋建筑分隔为多个不同的防火分区，从而有效地把火灾隔离在某个或者某些防火分区中。

网络基础设施中的防火墙可以为自己的不同接口定义不同的安全级别，由此把不同接口连接的网络划分为信任度不同的网络域，防火墙则对往返于不同网络之间的数据包进行匹配，并且根据管理员配置的策略执行相关操作。防火墙的应用场景如图 1-6 所示。

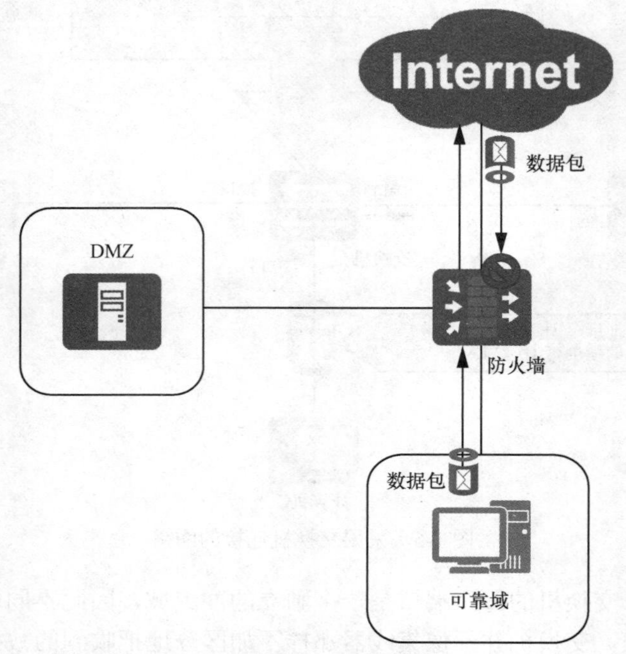


注：DMZ——Demilitarized Zone，非军事区。

图 1-6　防火墙的应用场景

在图 1-6 中，防火墙根据相关规则放行了从可靠域去往互联网的数据包，但是对从互联网发往可靠域的数据包执行了阻塞操作。在过去几十年的时间里，防火墙经历了多次更新迭代。图 1-6 所示的这种根据数据包的源、目的地址执行匹配操作，并且按照匹配结果决定是否放行的防火墙叫作包过滤防火墙。之后，人们又开发出可以自动放行同一组会话返程数据包的状态化防火墙，以及可以代替终端设备与目的终端设备建立会话的代理防火墙等。但是，无论防火墙的技术如何发展，其目标都是一致的，那就是控制不同信任度的网络间相互访问，保障高信任度网络的安全。

### 4．无线接入点与无线控制器

无线接入点（Wireless Access Point，WAP，后文称为 AP）和无线控制器都是 WLAN

（Wireless Local Area Network，无线局域网）常用的网络基础设施。AP 在局域网中扮演的角色和连接端点（或终端）设备的交换机有相似之处，也是负责把端点（或终端）设备连接到网络，并且转发往返于这些设备之间的数据包。当然，AP 通过无线连接的方式连接端点（或终端）设备，并且为它们转发数据包。

AP 大致分为两种，一种称为 Fat AP（胖 AP），另一种称为 Fit AP（瘦 AP）。Fat AP 可以独立工作，网络管理员只需要按照一般网络设备的管理方式对它进行一对一的管理。一般来说，Fat AP 的功能比较单一，多用于小型办公环境和家庭环境。Fat AP 的连接如图 1-7（a）所示。

Fit AP 不能独立工作，需要配合无线控制器（Wireless Access Controller，WAC，后文称为 AC）使用。一台 AC 可以对大量的 Fit AP 进行集中式管理。Fit AP 可以提供比较复杂的功能。部署 Fit AP 的场所面积往往比较大，需要通过很多 AP 提供无线覆盖，再由 AC 对这些 AP 进行通信管理，所以 Fit AP 多用于中大型办公环境。Fit AP 的连接如图 1-7（b）所示。

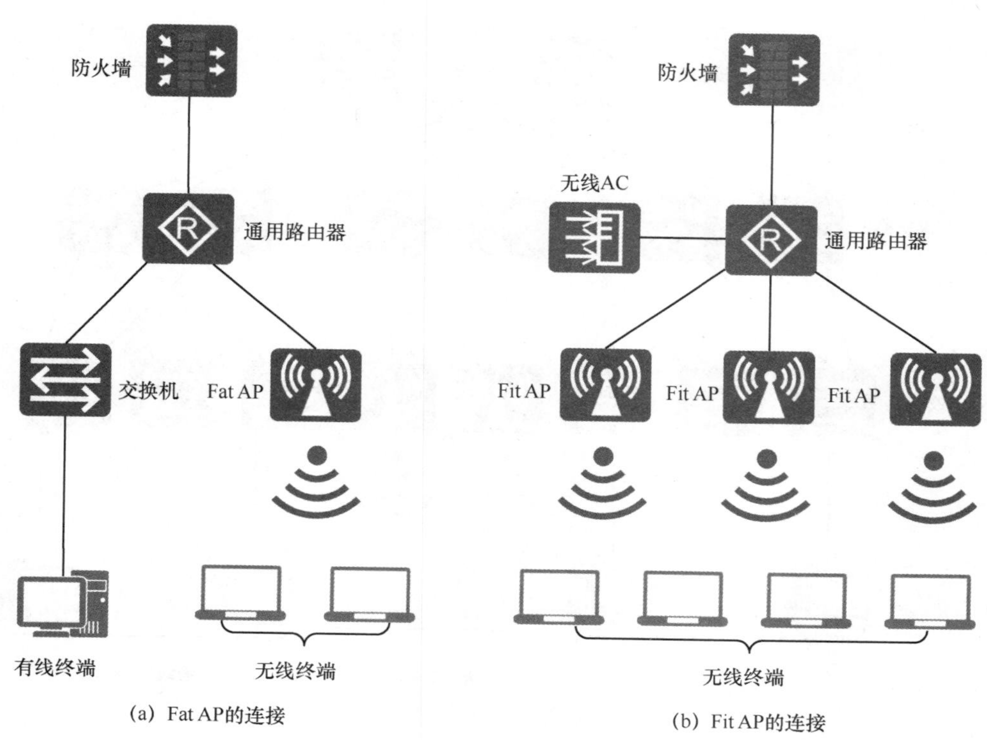


图 1-7　AP 和 AC 的连接

## 1.2　网络基本概念

网络是多台设备以共享数据为目的组成的通信系统。因为建立通信系统的目的不同、主体不同，共享数据的设备多寡不同，所以网络一定会覆盖不同的范围，拥有不同的规模，包含不同的组件，呈现不同的特点。

### 1.2.1 网络的覆盖范围

从网络覆盖的地理范围来看，网络可以分为局域网、城域网和广域网。下面分别对这几种网络进行介绍。

1．局域网

局域网的概念非常常见，是指某一地理区域内，由计算机、服务器、IP 电话、IP 摄像头等端点设备和交换机，以及 AP 这类网络基础设施组成的网络。局域网的覆盖范围可以小到一套单身公寓，也可以大到一所包含数栋楼宇的高校，组建局域网的目的是让局域网覆盖范围内的用户进行数据共享。一个简单的局域网如图 1-8 所示。

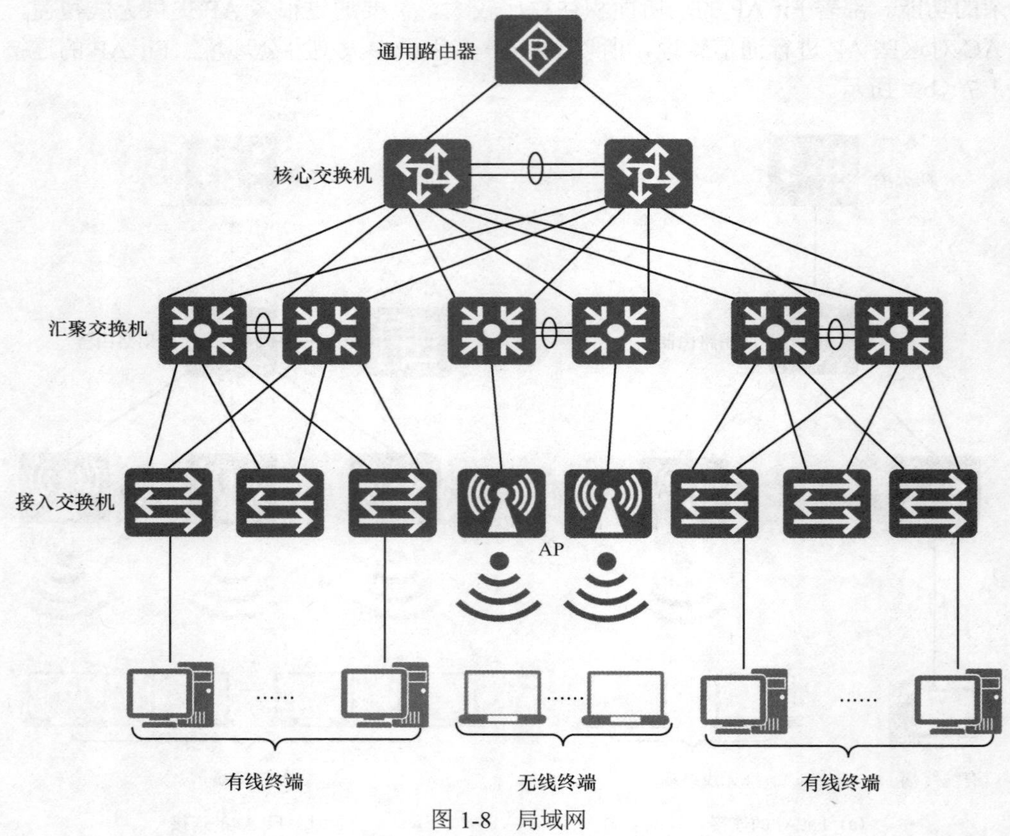


图 1-8 局域网

21 世纪初期，局域网的组建除了以太网技术外，几乎别无选择。因此，以太网一度成为局域网的近义词。随着无线技术的普及，越来越多的局域网在组建时除使用以太网技术之外，还使用 Wi-Fi 技术，为各式各样的无线终端设备提供网络接入服务。

在管理方面，局域网往往由网络组建方负责管理和维护。

**注释**：一种常见的误解是——Wi-Fi 属于一种以太网技术，或者 Wi-Fi 是无线以太网技术。以太网和 Wi-Fi 这两种技术是没有从属关系的，前者是最常用的有线局域网技术，对应的标准为 IEEE 802.3；后者是最常用的无线局域网技术，对应的标准为 IEEE 802.11。

### 2．城域网

当一座城市或者一个都市圈中散布着多个需要进行内部数据共享的局域网时，就需要用一种高速网络把这些分布于各处的局域网连接起来。在这种地理范围内，用来连接多个局域网，让这些局域网之间相互共享数据的高速网络被称为城域网。城域网的连接如图 1-9 所示。

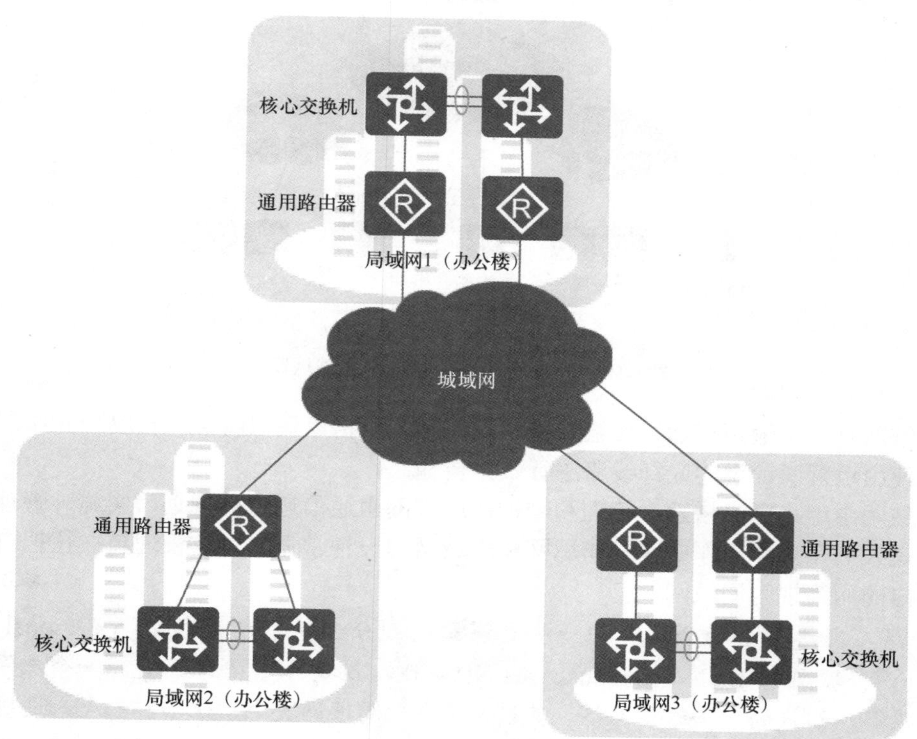


图 1-9　城域网的连接

从技术上看，城域网往往通过以太网技术来实现。从物理上看，城域网一般采用光纤进行连接。从目的上看，城域网是为了连接不同地点的局域网，这又和广域网很相似。

城域网仅仅是按照网络的覆盖范围来定义，而不是按照网络的所有者或者管理域来划分。有时，城域网需要覆盖方圆数十千米的区域，这往往不是某一个组织机构可以独立建设和维护的，这时城域网需要通过服务提供商（通信运营商）来组建。有时，城域网连接的只是某家企业在一栋办公楼中的某两层办公室，这时城域网就可以由企业自主建设。此外，城域网有时是通信运营商在一个都市圈级的地理范围内统一规划部署的，这种网络服务会以收费形式出售给用户。

### 3．广域网

广域网的作用是连接分布在不同地理位置的局域网或者城域网，从而实现数据共享。广域网的覆盖范围比城域网更大，可覆盖不同的城市甚至不同的国家，所以，广域网使用通信运营商网络建立连接。广域网连接的局域网和城域网如图 1-10 所示。

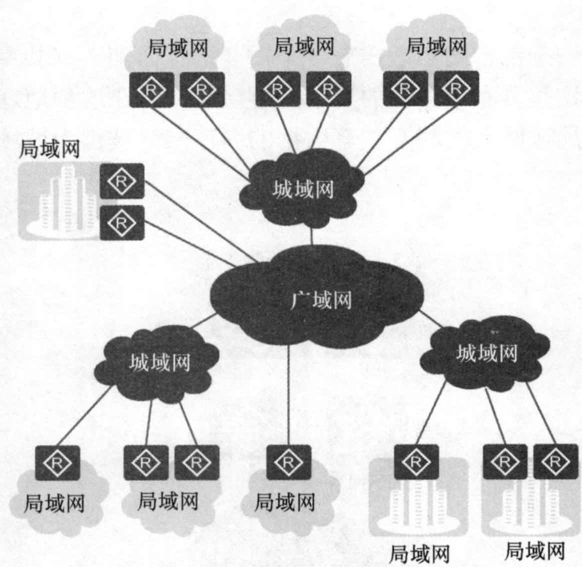


图 1-10 广域网连接的局域网和城域网

广域网具有传输距离远、传输速率相对较慢、价格昂贵等特点。在物理介质层面，广域网使用运营商铺设的光纤线路进行数据传输。

局域网由用户自己搭建、管理和维护，广域网由通信运营商规划、实施、管理和维护，这是人们在实际工作中区分局域网和广域网的一种常见方式。管理员往往把自己管理范围内的网络视为局域网。

**注释：** 网络类型的分类还有一些更详细的划分，其中包括 PAN（Personal Area Network，个域网）、CAN（Campus Area Network，园域网）。个域网是指一个人管理范围内的设备所组成的数据通信网络，其覆盖范围比局域网更小。比如，一个人通过蓝牙连接自己的两台设备，那么可以认为这两台设备组成了个域网。园域网更为常见的名称是企业网或园区网，指由一家企业组建，并由这家企业进行管理的网络。这个概念和局域网的概念存在很大的重叠，规模足够大的园区网可以视为城域网。个域网及其相关内容不属于 HCIA-Datacom 认证考试的知识点，也与本书的重点内容无关，因此后文不再介绍。而园区网非常重要，后文中还有大量的介绍，但介绍重点不是它的覆盖范围，而是其设计方案。

## 1.2.2 网络拓扑

图 1-8 为一个简单的局域网，展示了如何把各台设备（即节点）通过传输介质连接成一个数据共享网络。这种用传输介质连接各台设备所呈现的结构化布局被称为网络拓扑。网络拓扑有很多类型，下面对其进行简单介绍。

### 1. 网状拓扑

网状拓扑是指网络中的任何一个节点与其他节点直接相连所构成的拓扑。一个典型的网状拓扑如图 1-11 所示。

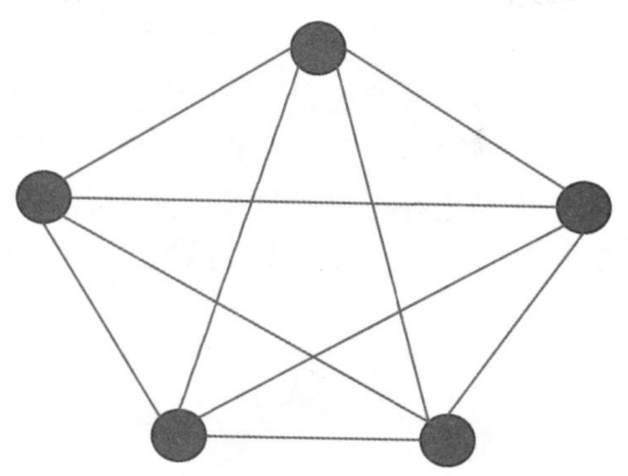

图 1-11　网状拓扑

网状拓扑的优点是非常明显的：首先，由于网络中所有节点是直接相连的，避免了转发节点给数据传输带来的时延；其次，网状拓扑拥有大量冗余，因而容错性极强，网络中任意一条或几条链路发生故障，数据仍然可以通过其他节点的转发到达目的地。

网状拓扑也有缺点。可以看到，图 1-11 所示的网状拓扑一共有 5 个节点、10 条链路、20 个接口，这种网络规模是可以接受的。但是，随着网络规模的扩大，网状拓扑的链路数量和设备接口数量会呈指数级增加。根据数学中的组合理论可知，一种包含 $N$ 个节点的网状拓扑共有 $N(N-1)/2$ 条链路，每条链路需要占用 2 个接口，因此，如果一个包含 50 个节点的网络采用网状拓扑，那么这个网络会有 1225 条链路、2450 个设备接口。对于相同品牌和性能的网络设备而言，其接口数量越多，价格越高，因此，随着网络规模的扩大，采用网状拓扑将使网络的建设成本和日常的维护开销大幅增加。当网络规模扩大到一定程度时，应该考虑使用其他网络拓扑。

**2．部分网状拓扑**

部分网状拓扑是网状拓扑的“削减版”，是指网络中的部分或全部节点只能和一部分节点直接相连。在实际应用中，工程师会根据通信介质在整个通信系统中的重要性，决定是否对某两个节点进行直连，以及是否连接冗余链路。部分网状拓扑如图 1-12 所示。

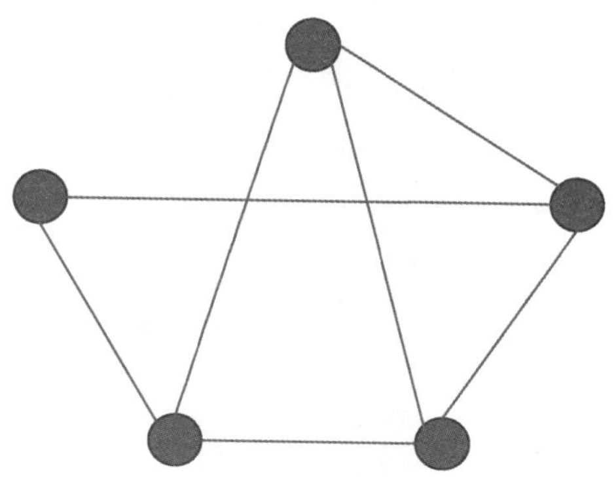

图 1-12　部分网状拓扑

部分网状拓扑减少了非必要的直连链路，因而可以降低网络成本。但是，成本的降低是以冗余性和性能的降低作为代价的。总之，网状拓扑和部分网状拓扑的优缺点可以归结为工程师在设计网络时，经常需要进行的一种价值权衡，即性能、可靠性与成本之间的妥协。

### 3. 星形拓扑

星形拓扑是指由一台中央设备连接其他设备，而这些设备彼此之间并不直接相连的结构化布局。在采用星形拓扑的网络中，除中央设备之外，其他设备之间的通信都需要经过中央设备进行转发。鉴于这种拓扑可以绘制成中央设备通过一圈发散性的链路与周围设备连接的形式，类似于人们观星时看到的光线散射，所以将其命名为 Star Topology，直译为星形拓扑，如图 1-13 所示。

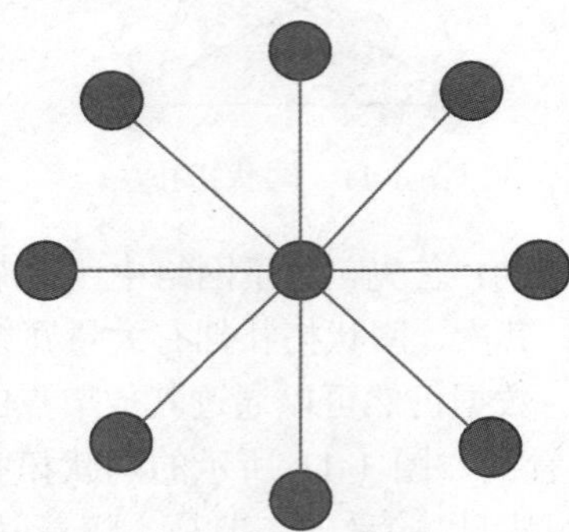

图 1-13 星形拓扑

星形拓扑在网络中的使用相当广泛，本章在介绍交换机时所展示的网络拓扑（图 1-5 所示）就是一种典型的星形拓扑。在一个网络中，端点设备（如个人计算机、服务器、IP 电话、打印机、物联网设备等）之间极少需要直接相连，因而为端点设备提供网络接入服务的设备（多为交换机）和端点设备之间往往采用星形拓扑——一台接入设备连接多个端点设备，而端点设备之间并不直接相连。

星形拓扑的优缺点非常明显。其优点是，增加辐射节点非常简单。因为辐射节点之间的通信都要经过中央节点，所以网络管理员更容易对网络中数据包的传输进行监控。此外，辐射节点或任何一条线缆出现故障，都不会对整个网络造成影响。其缺点是，星形拓扑过度依赖中央节点，因此中央节点的性能和故障会对整个网络产生至关重要的影响。

### 4. 树状拓扑

树状拓扑其实是多层的星形拓扑，如图 1-14 所示。

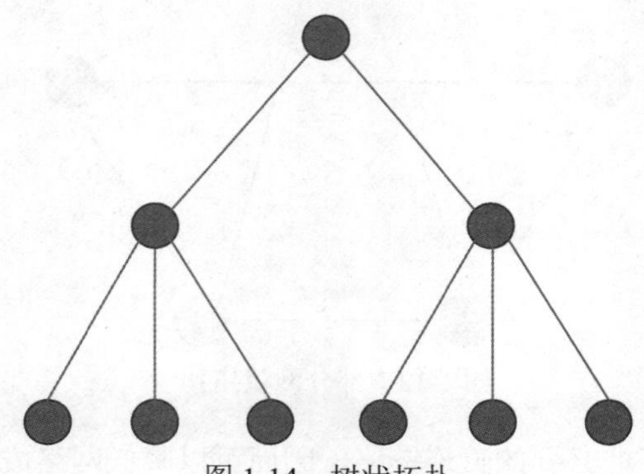

图 1-14 树状拓扑

树状拓扑给网络的扩展提供了一种很简单的思路。随着网络规模的不断扩大，企业园区网络和数据中心网络采用树状拓扑的情况很普遍。当然，使用树状拓扑扩展网络也不是没有限制。在一个树状拓扑中，层级越高的节点和链路在网络中扮演的角色越关键，因此，发生故障的节点和链路的层级越高，给网络造成的影响越严重。

### 5. 总线拓扑

总线拓扑是指把所有节点连接在一条总线上进行通信所形成的结构化布局，如图 1-15 所示。

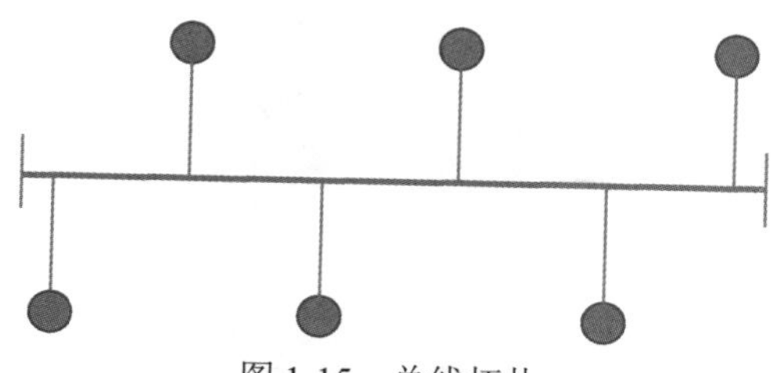

图 1-15 总线拓扑

总线拓扑的所有节点使用一条公共介质进行传输，这种结构最显著的问题体现在单点故障和安全性方面。单点故障是指公共介质上的任意一点发生故障，整个网络的通信就会中断。这时工程师必须对整个公共介质进行排查，否则难以判断故障的位置。再次强调，这里的单点故障是指公共介质上的任意一点，而不是网络拓扑中的某个节点，这是因为某个节点发生故障并不会导致整个网络的通信中断。总线拓扑的安全性问题体现在两方面：一方面，如果公共介质传输的是有害数据，那么网络中的所有节点会受到影响；另一方面，任何一个节点传输的数据会被其他节点接收，因而不利于保护用户数据的隐私。

人们曾通过同轴电缆部署局域网，采用的网络结构就是典型的总线拓扑。但这种做法已被淘汰，总线拓扑在网络领域的使用日趋式微。

### 6. 环形拓扑

环形拓扑是指所有节点连接成一个封闭的环形结构，如图 1-16 所示。

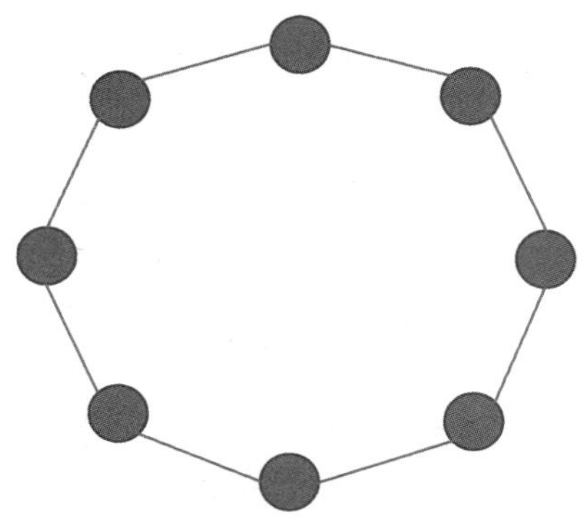

图 1-16 环形拓扑

环形拓扑让网络摆脱了对单一介质的依赖，因而可以在一定程度上弥补总线拓扑在冗余性方面的不足。当采用环形拓扑的网络中有一个或几个节点，甚至是链路发生故障时，数据仍然有可能到达目的地。此外，环形拓扑的网络故障比总线拓扑更容易排查。但是，环形拓扑有两个缺点，这些缺点是总线形拓扑所没有的：①任何节点发送的数据都需要由其他节点进行转发，因此，如果网络中传输的数据较多，那么所有节点的计算资源会被消耗；②添加新的节点时必须中断网络。在安全性方面，总线拓扑的安全性问题在环形拓扑中依然存在。

人们曾在局域网中部署的令牌环网（标准为 IEEE 802.5）采用的就是环形拓扑。如今，环形拓扑在网络领域也基本遭到了淘汰。

这里必须强调的是，一个网络采用的网络拓扑常常并不只是上述任何一种，而是根据需求把多种网络拓扑结合起来，这种网络拓扑称为混合型拓扑，如图 1-17 所示。

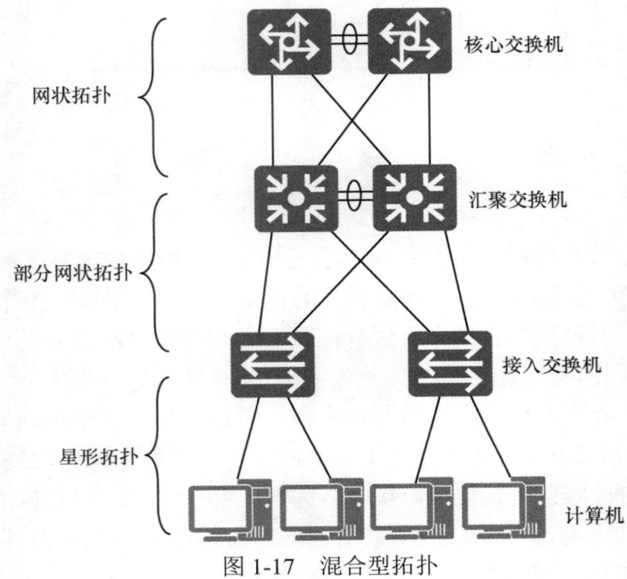


图 1-17 混合型拓扑

在图 1-17 中可以看出，最上层的核心交换机和中间层的汇聚交换机之间采用的是网状拓扑。在这个结构中，任意两台交换机之间有链路直连。中间层的汇聚交换机和下层的接入交换机之间采用的是部分网状拓扑，这是因为下层的接入交换机没有直接相连。下层的接入交换机和最下层计算机之间采用的是星形拓扑。

这里值得说明的是，图 1-8 和图 1-17 展示了一种包含多层交换机的网络结构。按照企业园区网的设计指南，网络中的每一层有专门的命名，各层交换机发挥的作用也有区别，因此各层交换机的图标也有所不同。

## 1.3 网络协议模型

具体到使用数据通信网络进行通信的场景，从古代的烽火传信和如今人们对浓烟的反应的举例中可以发现，相似的现象传递了不同的信息，这暗示了通信的一种基本规则，那就是通信各方在通信之前需要对信号进行约定，这是因为物理现象本身是没有天然表意的，无论是烽火烟尘、鼓声频密、灯塔明暗，还是电平高低概莫能外。描述通信数据的物理现象多为电平的高低、激光的明灭、电磁场的扰动等。这些物理现象没有天然表意，而通信的目的是把文字、声音、图片、视频等各类数据从一个通信方传输给另一个通信方。要用这些物理现象描述数据，就需要一系列的标准和规则，这种用来规范通信各方在物理、逻辑和流程上的通信标准和规则称为网络协议。

### 1.3.1　1822 协议与 TCP/IP 模型

制订协议和搭建数据通信网络是同步进行的。在搭建 ARPAnet 时，为了规范主机和 IMP 之间发送和接收数据的格式，ARPAnet 的实施企业定义了 1822 协议。这种协议规范了硬件接口的规格，以及数据中包含的信息（目的主机的地址、消息类型、数据本身）和信息的格式。这样一来，IMP 在收到主机通过 1822 协议接口发来的数据时，就可以根据目的地址转发数据了。

1822 协议规范了主机连接 IMP 的通信格式，以及把数据从源端传输到目的端的流程。但是，随着数据通信网络功能的增加，人们希望能够在每台主机上，同时运行多个执行不同功能的网络进程［如 Telnet 协议、FTP（File Transfer Protocol，文件传送协议）等］，这便产生了一个问题：目的主机收到 1822 协议的数据时，怎么判断这个数据应该由哪个进程进行处理呢？

为了解决这个问题，参与建设 ARPAnet 的美国加利福尼亚大学洛杉矶分校的研究生斯蒂芬·克罗克主导开发了一个程序，该程序名为 NCP（Network Control Program，网络控制程序）。NCP 负责为 ARPAnet 互联主机上运行的进程提供连接和数据流控制。NCP 由两种协议组成，分别是 AHHP（ARPAnet Host-to-Host Protocol，ARPAnet 主机到主机协议）和 ICP（Initial Connection Protocol，初始连接协议）。AHHP 定义了两台主机之间数据的传输标准和控制流程，ICP 定义了两台主机之间双向建立数据传输的标准。主机的不同进程通过 NCP 使用网络服务。ARPAnet 通过 1822 协议和 NCP 实现主机与主机进程之间的通信，如图 1-18 所示。

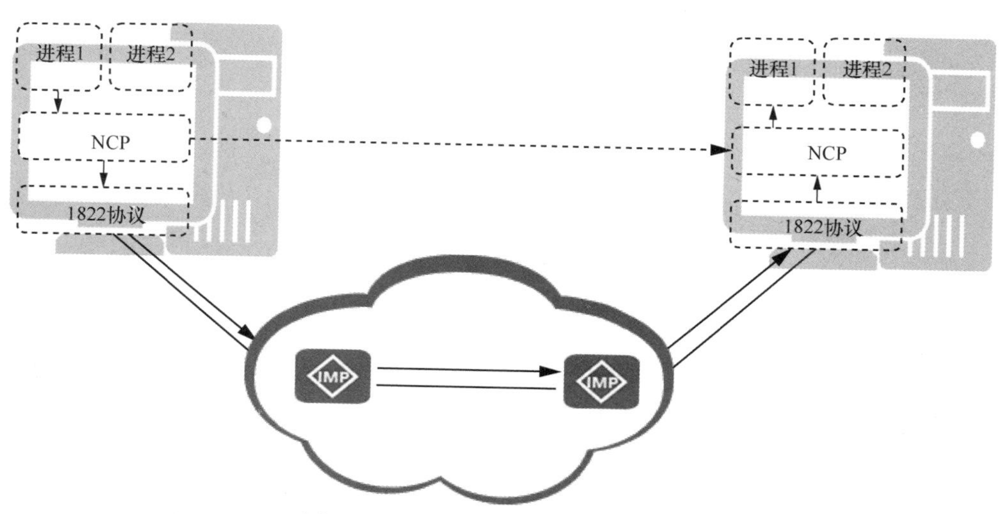


图 1-18　主机与主机进程之间的通信

**注释：** 为了澄清可能产生的误解和争议，这里需要强调，在历史上，FTP 并没有在 NCP 推出后就立刻通过 NCP 实现进程间通信，而是到 1980 年才使用 NCP 实现通信的。

1822 协议和 NCP 的组合提供了这样一种理念，即把多个协议进行嵌套，可以让主机的多个进程同时使用设备和网络的转发资源，而数据的接收方也可以清晰地区分来自不同进程的数据。

NCP 解决了用网络连接多进程主机的问题。但是在 20 世纪 70 年代，人们在各地实施了越来越多的分布式通信网络，从用网络连接主机不同进程的需求渐渐变成了用网络连接多个异构网络的需求。为了满足这种需求，人们需要一种更为灵活的分层协议框架。

1974 年，一款实现网络互联的协议被定义了出来，该协议定义在 RFC 675：*Specification of Internet Transmission Control Program*①中。ITCP（Internet Transmission Control Program，互联网传输控制程序）可以为跨网通信的主机提供面向连接的链路和数据服务。ITCP 后来分成了两大协议，分别是定义了传输控制标准的 TCP（Transmission Control Protocol，传输控制协议）和定义了网络间通信和编址标准的 IP（Internet Protocol，互联网协议）。这两项协议如今依然是互联网通信标准的基石。为了便于分析、规划和开发围绕 TCP 和 IP 的互联网络标准，人们把其他协议纳入一种抽象的、非官方的分层模型，这个模型称为 TCP/IP 模型。

TCP/IP 模型分为 4 层，如图 1-19 所示。这 4 层的功能自底向上介绍如下。

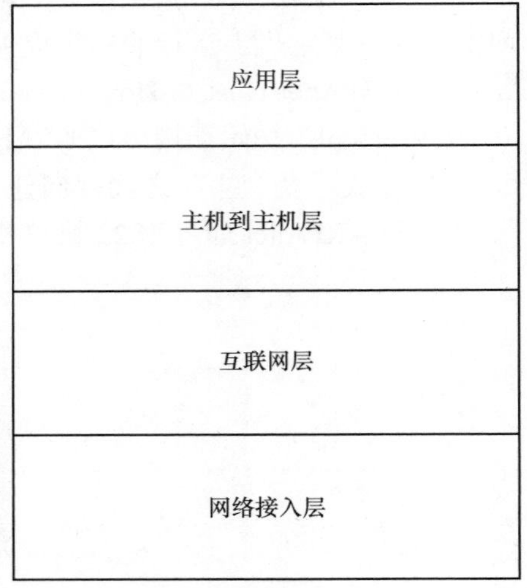


图 1-19　TCP/IP 模型

① 网络接入层。该层规范了设备在本地网络中如何转发数据，把一台设备互联网层（即上一层）的数据包传输给本地网络中另一台设备互联网层的协议属于网络接入层协议。比如，前文提到的以太网的 IEEE 802.3 标准和 Wi-Fi 的 IEEE 802.11 标准就属于网络接入层协议。

为了避免片面理解，这里提前说明：虽然把网络接入层协议理解成局域网协议可以暂时满足这个阶段的学习需要，但是，随着学习的深入，读者就会发现这种理解难免有

① RFC 全称为 Request For Comments，是互联网工程任务组（IETF，Internet Engineering Task Force）发布的备忘录系列文件。目前，RFC 系列文档已经是记录互联网规范、协议、过程等的标准文件。

以偏概全之嫌。在有些情况下，人们需要使用逻辑的私有网络（如 VPN）把两个局域网连接在一起，使它们在逻辑上形成一个大的局域网。为了实现这个目的而建立的逻辑隧道能够把一台设备互联网层的数据包传输给本地网络中另一台设备的互联网层。因为逻辑隧道的两端在物理上并不处于同一个局域网，所以这个逻辑隧道无法被视为局域网隧道，依然是网络接入层隧道。

② 互联网层。网络接入层的协议定义了本地网络内部发送数据的方式，至于跨网络如何进行通信，则需要通过更高层的协议进一步定义。互联网层又称为网际网络层或互联网络层。顾名思义，这一层的协议定义了如何把数据从源网络发送到目的网络，以实现网络间通信。但是，这一层协议不会考虑下层的本地网络如何实现通信。为了实现网络间通信，网际通信设备需要按照互联网层协议定义的格式和标准配置地址。当源设备需要向目的设备发送数据时，会把自己的互联网层地址和目的设备的互联网层地址添加到要传输的数据包中。当中间的转发设备收到数据包时，会查看数据包中的目的设备地址，然后根据自己掌握的目的地址信息判断如何把数据包转发到目的网络。仅看 IP 的英文全称 Internet Protocol，读者也不难判断该协议属于互联网层。

③ 主机到主机层。互联网层的协议定义了如何实现跨网络设备之间的通信，但是通信各方还需要根据通信要实现的目标定义一系列的数据传输控制标准，这种定义了网际通信控制标准的协议属于主机到主机层协议。主机到主机层协议不考虑下层的网际通信如何建立，只专注于诸如通信数据是否应该按照发送的顺序到达，如果需要按发送顺序到达，则如何确保数据按序到达；没有到达的数据是否需要重传，如果需要重传，则如何进行重传，以及如何应对网络拥塞等具体的传输操作问题。前文介绍的 TCP 就属于主机到主机层协议。

④ 应用层。为那些需要使用网络服务的计算机进程实现通信而定义的标准，就属于应用层协议，比如，前文提到的 Telnet 协议和 FTP 都属于应用层协议。简而言之，Telnet 协议定义了计算机的超级终端程序如何通过远程设备的命令行界面，发起基于文字字符的远程控制；FTP 定义了计算机如何与远程设备进行文件共享。前文提到，随着计算机上使用网络服务进程数量的增加，区分通信设备的不同进程成为了实现进程间通信的必要条件。为了对不同的应用层协议进行区分，IANA（Internet Assigned Numbers Authority，互联网编号分配机构）为各个应用层协议保留了一个或多个知名端口号，例如，Telnet 协议的知名端口号为 TCP 23，FTP 的知名端口号为 TCP 20 和 TCP 21。

TCP/IP 模型是人们在对 TCP 和 IP 进行开发的过程中，为 TCP/IP 协议栈量身订制的一种参考模型。几乎在同一时间，以促进世界范围内标准化工作的发展为己任的 ISO（International Organization for Standardization，国际标准化组织）发起了一个项目，为实现各类计算机网络的互联定义通用的标准和方法—— OSI Reference Model（Open System Interconnection Reference Model，OSI 参考模型）。

### 1.3.2 OSI 参考模型

OSI 参考模型的分层比 TCP/IP 模型更细化。OSI 参考模型把网络分为了 7 层，如图 1-20 所示。

顾名思义，OSI 参考模型的设计初衷是为了定义如何实现开放式系统之间的互联。

为了达到这个目的，OSI 参考模型主要描述了各层的任务，以及层与层之间的关系。不过，作为一个由 ISO 主导的项目，OSI 参考模型没有定义这些层中任务具体的实现方式，也没有定义每一层具体的协议。

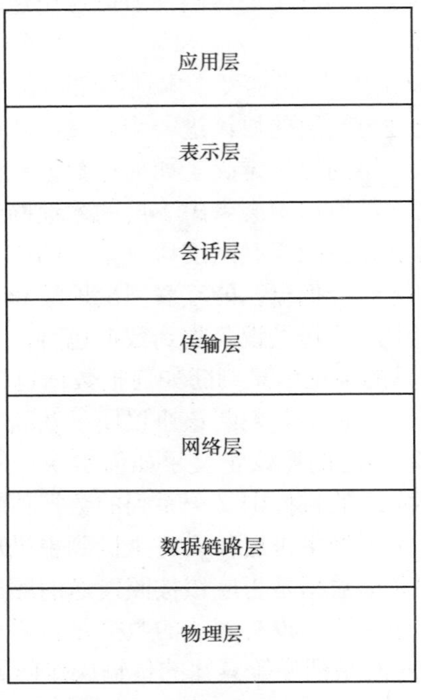


图 1-20　OSI 参考模型

下面按照自底向上的方式，对 OSI 参考模型的各层进行介绍。

① 物理层。物理层的作用是定义通信设备之间相互通信的物理标准，其中包括使用什么物理信号（如电、电磁场）对信息进行描述，以及具体的描述方法（如电平的高低、电磁场的扰动）、物理接口的针脚、线缆的规格等。因此，对于接收方来说，物理层负责通过传输介质接收物理信号，然后把这些信号恢复为数据的二进制形式（0 和 1），并交付给数据链路层进行处理。物理层的数据单元称为数据位。发送方在这一层负责根据规范把数据链路层的数据转换成对应的物理信号，然后通过对应的介质把物理信号发送出去。

② 数据链路层。数据链路层的作用是定义直连设备，或处于同一个网络中的设备如何进行通信，例如，如何标识不同的设备，如何把数据发送给目的设备，如何检测数据是否在传输过程中出现了错误，以及如果发生了错误如何纠正。数据链路层的数据单元称为数据帧，简称帧。发送方在数据链路层负责把网络层的数据封装为数据帧，然后交付给自己的物理层。在这个过程中，发送方会把包含数据类型、本地网络标识和错误检测信息添加（封装）到数据帧中。接收方的数据链路层则执行相反的操作，即把物理层的数据位恢复（解封装）为数据帧，然后根据发送方数据链路层封装的数据进行处理。

**注释：**各层在原始数据的基础上添加信息，并使之成为对应数据单元的操作称为封装。反之，自底向上逐层地把物理信号恢复为原始数据的操作称为解封装。

③ 网络层。网络层的作用和 TCP/IP 模型中的互联网层基本一致，旨在定义跨网络

设备之间的通信标准。为了实现跨网络设备之间的通信，网络层需要规范如何对跨网络通信的设备进行编址、中间的网络设备如何根据目的地址把数据转发给其目的网络。网络层的数据单元是前文反复提到的数据包。发送方的网络层负责把传输层的数据封装为数据包，然后交付给自己的数据链路层。在这个过程中，发送方把包含自己的（源）网络层地址和对象设备的（目的）网络层地址添加到数据包中。接收方的网络层执行相反的操作，负责把自己数据链路层的数据帧解封装为数据包，然后根据发送方网络层封装的信息决定是丢弃、转发这个数据包，还是交给自己的传输层进行进一步处理。

④ 传输层。传输层的作用是对跨网络传输数据流进行控制。如前所述，网络层定义了数据如何跨网络进行转发，但没有定义如何控制跨网络转发的数据。譬如数据是否应该按照发送顺序到达，接收方是否应该对收到数据进行确认，发送方是否需要重新发送未成功接收的数据，如何对体量庞大的数据进行分片，以及分片后的数据如何重组，等等。传输层的数据单元是数据段。发送方的传输层负责把上层的数据封装为数据段，然后交付给自己的网络层，在这个过程中，发送方会把如确保数据有序到达之类的用来控制数据流的信息封装到数据段中。接收方的传输层执行相反的操作，负责把自己网络层的数据包解封装为数据段，并根据发送方传输层封装的信息判断数据是否按照传输层协议定义的标准进行发送，然后再根据判断的结果进行相应处理。

⑤ 会话层。会话层的目的是定义不同设备上的用户如何建立会话，譬如定义用户身份的真实性如何确认，如何向对端发起会话，如何维护这样的会话，以及如何正常地关闭会话。在 1.5 节中，读者将了解到工作在传输层的 TCP 其实定义了会话层的很多规则。当然，也有很多的应用层协议同样定义了一些理论上应该由会话层定义的标准。

⑥ 表示层。表示层的作用是在源和目的主机的进程之间创建出供主机的进程间传输数据的情景，确保双方使用一致的信息表示法进行通信。譬如定义对数据采取何种编码方式，是否及如何对数据进行加解密。

⑦ 应用层。应用层的作用是给主机的进程或应用程序提供一个接口，定义主机的进程或应用程序如何利用下层的协议与对端主机的进程或应用程序进行通信。

根据上文的介绍，读者应该能够发现 OSI 参考模型的会话层和表示层的作用在实际应用中，经常能够通过传输层或应用层的协议来实现。这里必须强调的是，OSI 参考模型在人们规划进程之间通信标准时可供参考，但是，模型本身并不是标准，也不具有约束性。其实，由于 TCP/IP 模型是从实际数据通信网络的协议中提炼出来的，而 OSI 参考模型是 ISO 根据数据通信网络可能存在的需求构思出来的，因此，实际应用的网络协议往往更容易对应到 TCP/IP 模型。但是，人们在使用层数代指一项协议或一类设备的工作层级时，基本使用 OSI 参考模型。例如，二层交换机是指工作在 OSI 参考模型数据链路层的交换机，而不是工作在 TCP/IP 模型互联网层的交换机。又如，当提到应用层时，人们往往会使用 7 层进行代指，而不是 4 层，这是因为 4 层通常指 OSI 参考模型的传输层。本书在后文中，也以 OSI 参考模型的层数作为参考标准，指代各个层级。

此外，还有一点需要进行说明，模型分层的目的是让人们更合乎逻辑地制订和利用通信标准。因此，在套用分层模型的时候，封装的顺序比分层的目的更重要。例如，端口号的作用是区分不同的应用进程，因此，当一个协议包含端口号时，该协议在封装层面上应该是应用层协议。但是，如果一个有端口号的协议定义了数据如何跨网络进行传输，那么这个协议应该视为应用层协议还是网络层协议呢？这个问题其实没有标准答案，但从人们定义分层模型的初衷来看，本书推荐把该协议理解为应用层协议，毕竟它帮助人们利用协议分层建立、维护、升级网络并处理网络故障。这部分内容对于工作经验不足的读者来说，或许难以深刻体会，理解起来也并不容易。但是，如果读者有志于考取 Datacom 认证的专家级别 HCIE 证书，那么未来一定能够在不断学习和工作中体会到这部分内容的含义。

## 1.4 ARP 原理

数据链路层的作用是定义直连设备，或处于同一个网络中的设备之间如何进行通信，例如，如何在本地网络中标识不同的设备。显然，如果在一个网络中，某台设备（发送方）需要把数据发给另一台设备（接收方），那么必须了解接收方对应的数据链路层标识符。只有这样，发送方才能封装数据帧。本节将着重介绍达到上述目的的协议，不过，在此之前，我们先对数据链路层一种常见的标识符进行介绍。

### 1.4.1 MAC 地址的格式与分类

1980 年 2 月，IEEE（Institute of Electrical and Electronics Engineers，电气电子工程师学会）启动了一项旨在制订局域网标准的项目，这项标准项目因而被称为 IEEE 802 项目。本书在前面提到的以太网技术的 IEEE 802.3 标准和 Wi-Fi 的 IEEE 802.11 标准都是在这个项目中制订的。IEEE 802 项目对一个网段中 NIC（Network Interface Card，网络接口卡）使用的标识符进行了规范，这个标识符称为 MAC 地址。MAC 地址由设备制造商在生产过程中分配并烧录到 NIC 上，因此 MAC 地址往往被称为硬件地址或物理地址。

根据 IEEE 802 项目制订的相关标准，MAC 地址由 48 位二进制数组成。为了便于表示，MAC 地址用 12 个十六进制数表示，每两个十六进制数为一组，也就是说，MAC 地址一般表示为 xx-xx-xx-xx-xx-xx。为了解释这种表示方式，下面先简单介绍进制的概念。

所谓进制，是进位计数制，是人为定义的带进位的计数方法。对于任何一种进制——X 进制，表示每一位的数字逢 X 进一位。例如，十进制是逢十进一，十六进制是逢十六进一，二进制是逢二进一。

计算机类设备作为一种数字设备，其最适合运算和收发数据的数字表示形式是二进制。但二进制的缺点是数值稍大，位数会变多。例如，十进制数 9000 并不是一个大到离谱的数字，人们在日常生活中也会经常用到这种数值，但如果把 9000 转换为二进制形式，那么得到 10 00 11 00 10 10 00，这个二进制数有 14 位。为了避免因数位太长而导致使用难度大幅度增加的情况，人们用十六进制数表示过于冗长的二进制数，例如，MAC 地址采用十六进制数表示。因为 $2^4$=16，所以每 4 位二进制数可以用一个十六进制数表示，这大大降低了人们查阅、输入的难度，同时也可以大大降低人为输入错误的概率。

为了便于读者查阅，本书汇总了数值 0～15 的二进制、十进制和十六进制表示形式，见表 1-1。

表 1-1　0~15 的 3 种进制表示形式

| 数值 | 二进制 | 十进制 | 十六进制 |
|---|---|---|---|
| 0 | 0000 | 0 | 0 |
| 1 | 0001 | 1 | 1 |
| 2 | 0010 | 2 | 2 |
| 3 | 0011 | 3 | 3 |
| 4 | 0100 | 4 | 4 |
| 5 | 0101 | 5 | 5 |
| 6 | 0110 | 6 | 6 |
| 7 | 0111 | 7 | 7 |
| 8 | 1000 | 8 | 8 |
| 9 | 1001 | 9 | 9 |
| 10 | 1010 | 10 | A |
| 11 | 1011 | 11 | B |
| 12 | 1100 | 12 | C |
| 13 | 1101 | 13 | D |
| 14 | 1110 | 14 | E |
| 15 | 1111 | 15 | F |

读者可以通过表 1-1 轻松地转换二进制和十六进制。比如二进制数 101010101101011，从右至左按照每 4 位一组分为 101 0101 0110 1011，然后对照表 1-1，找到对应的十六进制数 5 5 6 B，最后得到十六进制数 556B。为了区别于十进制数，十六进制数前面往往用 0x 进行标识，因此二进制数 101010101101011 的十六进制形式为 0x556B。

在读者大致理解了进制的概念，以及二进制和十六进制如何转换之后，下面继续介绍 MAC 地址的结构和概念。

MAC 地址由 48 位二进制数（或者说 48 个比特位）组成，由于 8 比特等于 1 字节，因此 MAC 地址的长度是 6 字节。为了确保 MAC 地址的唯一性，避免同一个网络中两个设备的网卡拥有相同的 MAC 地址，MAC 地址被分为两个部分，每部分有 3 字节。设备制造商在生产网卡之前，必须向 IEEE 进行注册，以获得前 3 字节的制造商代码，这个制造商代码称为 OUI（Organizationally Unique Identifier，组织唯一标识符）。在获得 OUI 之后，设备制造商生产的网卡 MAC 地址的前 3 字节都使用 IEEE 分配的 OUI。MAC 地址的后 3 字节由设备制造商分配，但后 3 字节不应该相同。这种前 3 字节由 IEEE 分配，后 3 字节由设备制造商分配并烧录在网卡上的 MAC 地址称为 BIA（Burned in Address，烧录地址）。BIA 结构如图 1-21 所示。

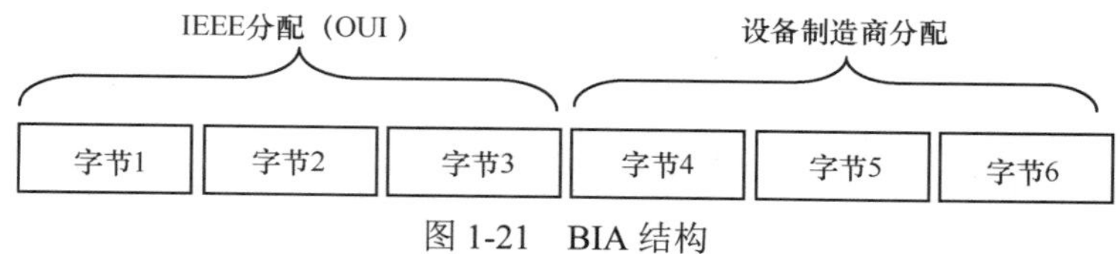


图 1-21　BIA 结构

BIA 是烧录在设备网卡上的标识符。但是在有些情况下，一台设备希望自己发送的数据帧可以被本地网络中的多台设备接收，这时，使用其中一台设备网卡的 MAC 地址作为数据帧的目的 MAC 地址就无法达到这样的目的。为了满足这样的情况，MAC 地址在 BIA 之外，还包括组播 MAC 地址和广播 MAC 地址，而 BIA 这种用于一对一通信的 MAC 地址则相应地被称为单播 MAC 地址。下面分别介绍这 3 种 MAC 地址。

① 单播 MAC 地址。单播 MAC 地址的作用是实现一对一的数据链路层通信。单播 MAC 地址的前 3 字节由 IEEE 分配，后 3 字节由设备制造商分配，其中，第一字节的最后 1 个比特位固定为 0。

② 组播 MAC 地址。组播 MAC 地址的作用是实现一对多的数据链路层通信。组播 MAC 地址并不按照前 3 字节、后 3 字节的格式划分，而是采用第一字节的最后 1 个比特位固定为 1，其他比特位的值取决于上层协议的方式。因此，组播 MAC 地址常常采用前 *N* 个比特位标识上层组播协议、后 48−*N* 个比特位标识网卡的形式，也就是说，当一台设备需要发送数据链路层组播时，会根据上层（需要发送组播的）协议和协议封装的地址等相关信息映射组播 MAC 地址。

③ 广播 MAC 地址。广播 MAC 地址的作用是实现一对局域网中全体设备的数据链路层通信。广播 MAC 地址的 48 个比特位为全 1。如果使用十六进制形式表示，则广播 MAC 地址为 FF-FF-FF-FF-FF-FF。

MAC 地址的格式如图 1-22 所示。

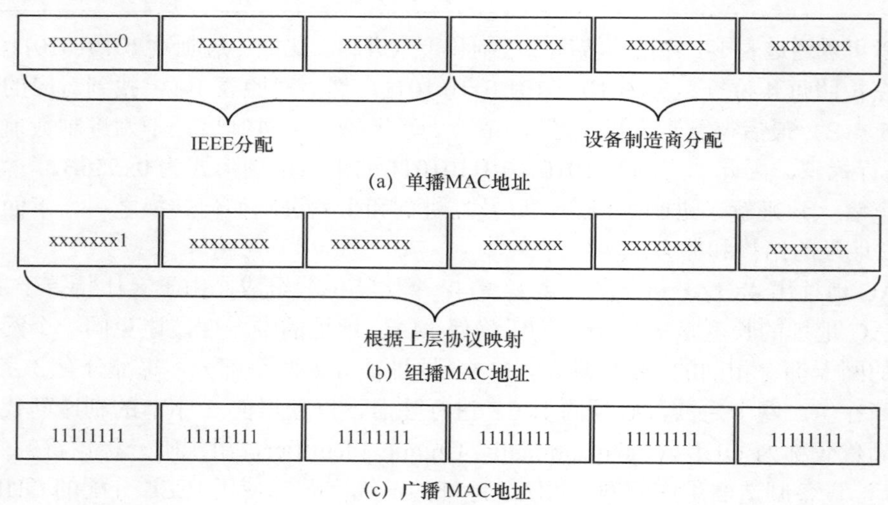


图 1-22 MAC 地址的格式

在介绍完 MAC 地址的格式和分类之后，下面介绍 ARP（Address Resolution Protocol，地址解析协议）的工作机制。

### 1.4.2 ARP 的工作方式

若按照分层模型为数据通信网络规范的通信标准，当一台设备（发送方）需要跨三层网络与另一台设备（接收方）进行通信时，发送方的网络层需要使用对方的 IP 地址代指接收方，以让三层转发设备根据该 IP 地址进行寻址，把数据发送给接收方。不过，当设备的网络层封装数据包并将其交给数据链路层之后，数据链路层也需要知道数据本地下一跳设备的数据链路层地址，这样才能封装数据帧，也才能进一步交给物理层进行处理，把数据以物理信号的形式发送出去。

前文提到，单播 MAC 地址是厂商烧录在设备网卡上的，因此，在一个网络中，所有设备的 MAC 地址是完全随机分布的。若由管理员手动地把网络中所有设备的 IP 地址和 MAC 地址的映射关系输入其他设备，那么不仅工作量过大，而且会导致局域网无法实现新增终端设备（如计算机、打印机、物联网设备等）的即插即用。因此，当一台设备需要把数据发送给本地网络的接收方时，就需要某种机制，能够使用其 IP 地址询问本地网络中各台设备的 MAC 地址。ARP 就是这样的一种机制。

当一台设备（请求方）需要知道某个 IP 地址对应的 MAC 地址时，会使用 ARP 封装一个数据帧。这台设备的网络层以自己的 IP 地址作为源 IP 地址，以目的设备（被请求方）的 IP 地址作为目的 IP 地址，以自己的 MAC 地址作为源 MAC 地址，以广播 MAC 地址作为目的 MAC 地址，在本地网络中发送一个 ARP 广播消息，其目的是在本地网络中寻找数据包目的 IP 地址对应的 MAC 地址。这个 ARP 广播消息称为 ARP 请求。ARP 请求如图 1-23 所示。

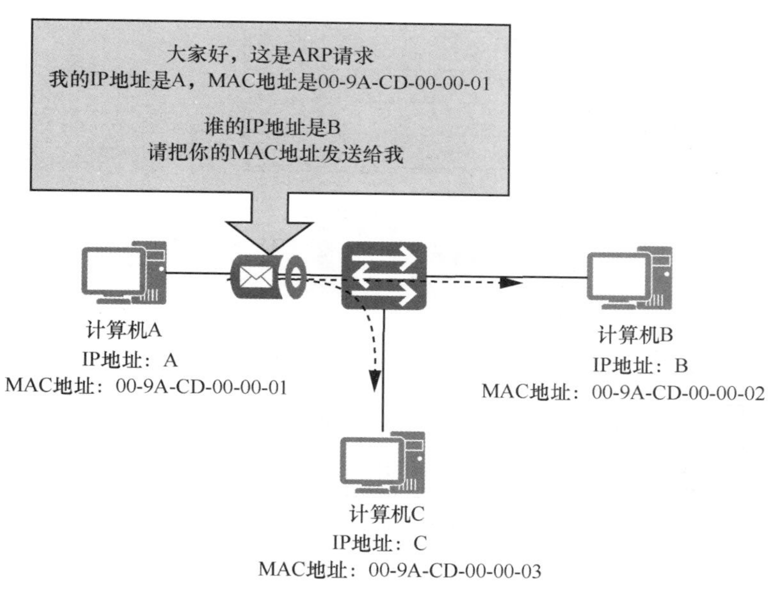


图 1-23　ARP 请求

网络中的设备收到 ARP 请求之后，会对比 ARP 请求中的目的 IP 地址和自己的 IP 地址。如果发现 IP 地址一样，即 ARP 请求是发送给自己的，那么这台设备会用自己的 IP 地址作为源 IP 地址，以请求方的 IP 地址作为目的 IP 地址，以自己的 MAC 地址作为源 MAC 地址，以请求方的 MAC 地址作为目的 MAC 地址，在网络中发送一个单播的 ARP 响应。如果发现 IP 地址不一样，即 ARP 请求不是发送给自己的，那么相关设备会忽略该 ARP 请求。ARP 响应如图 1-24 所示。

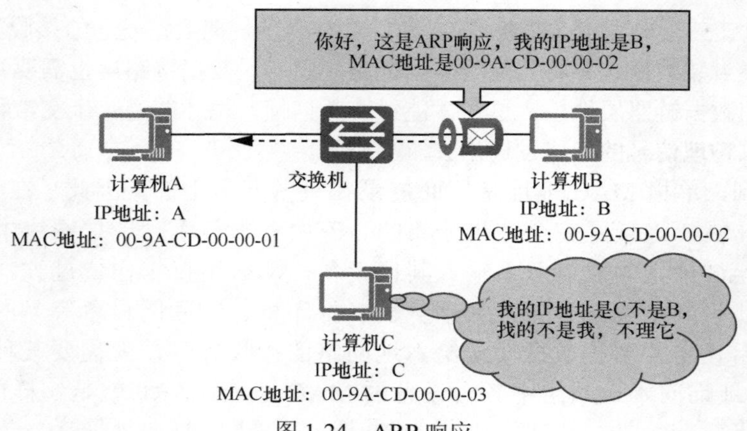

图 1-24　ARP 响应

在图 1-24 中，请求方（计算机 A）收到被请求设备（计算机 B）发回的 ARP 响应之后，会把对方的 IP 地址和 MAC 地址的对应关系保存在一个存储临时数据的数据表中。计算机在封装数据帧时，会查看这个数据表，判断是否了解目的 IP 地址对应的 MAC 地址，如果数据表中有对应的表项，则直接发送数据，不需要发送 ARP 请求。这个保存 IP 地址与 MAC 地址对应关系的数据表叫作 ARP 缓存表。ARP 缓存表如图 1-25 所示。

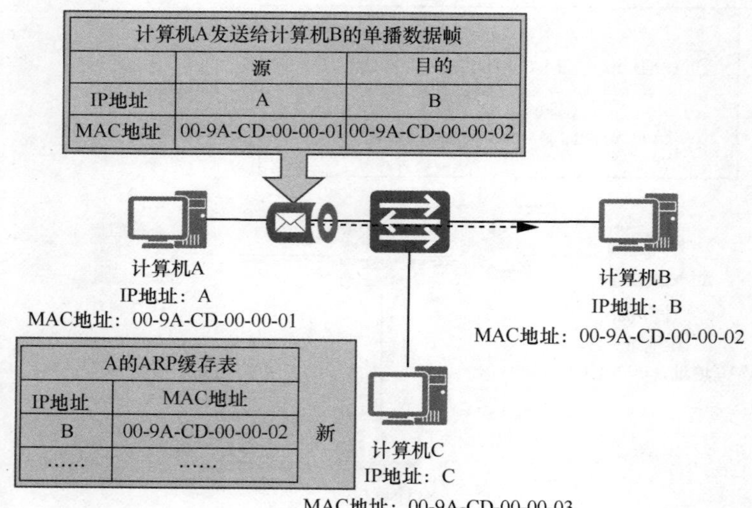

图 1-25　ARP 缓存表

在图 1-25 中，计算机 A 收到 ARP 响应之后，把计算机 B 的 IP 地址和 MAC 地址的对应关系添加到自己的 ARP 缓存表中，并且开始使用这个条目提供的映射关系，向计算机 B 发送单播的数据帧。

在 Windows 操作系统中，ARP 缓存表的条目默认的保存时间为 180 s，随后被清除。不过，设备在每次收到数据帧时，会用这个消息封装的地址信息映射关系更新自己 ARP 缓存表中的条目。例如，当图 1-23 所示的计算机 B 和计算机 C 收到计算机 A 发送的 ARP 请求消息时，如果它们的 ARP 缓存表中已经拥有计算机 A 的 IP 地址和 MAC 地址的映射关系，那么这个条目的倒计时会被重置。于是，这个条目从计算机 B 和计算机 C 收到这个 ARP 请求之后，还可以再保存 180s。如果它们的 ARP 缓存表中没有计算机 A 的 IP 地址和 MAC 地址的映射关系，则它们把这个映射关系添加到自己的 ARP 缓存表中。

### 1.4.3　ARP 封装格式

网络协议不仅需要定义对应的通信流程，还需要定义流程中的数据封装格式。ARP 封装格式如图 1-26 所示。

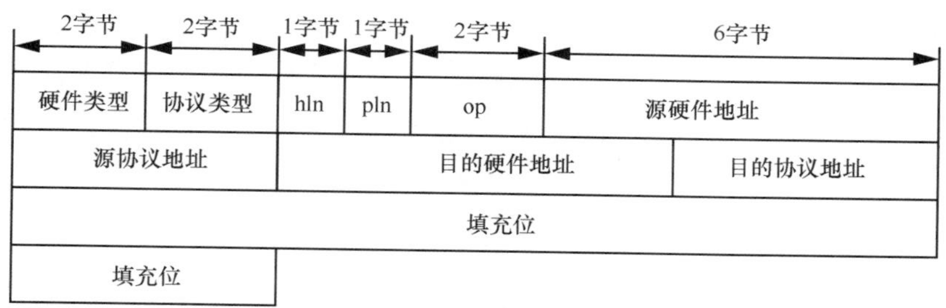


图 1-26　ARP 封装格式

ARP 封装格式中各个字段的作用如下。

① 硬件类型：标识传输消息的网络介质，长度为 2 字节。若数据链路层使用的是以太网，则该字段取值为 0x0001。

② 协议类型：标识网络层地址的类型，长度为 2 字节。如果网络层地址是 IP 地址，则该字段取值为 0x0800。

③ hln：硬件地址长度，标识数据链路层地址的长度，该字段长度为 1 字节。如果使用以太网传输 ARP 消息，则该字段取值为 6，因为 MAC 地址的长度为 6 字节。

④ pln：协议地址长度，标识网络层协议地址的长度，该字段长度为 1 字节。如果网络层地址为 IP 地址，则该字段取值为 4，因为 IP 地址的长度为 4 字节。

⑤ op：标识 ARP 消息的类型，长度为 2 字节。例如，ARP 请求消息的 op 字段取值为 1；ARP 响应消息的 op 字段取值为 2。

⑥ 源硬件地址：标识 ARP 消息发送方设备的数据链路层地址，长度为 6 字节。例如，在局域网环境中，该字段标识的是 ARP 消息发送方的 MAC 地址。

⑦ 源协议地址：标识 ARP 消息发送方设备的网络层地址，长度为 4 字节。目前，该字段标识的是 ARP 消息发送方的 IP 地址。

⑧ 目的硬件地址：标识 ARP 消息接收方设备的数据链路层地址，长度为 6 字节。例如，在以太网环境中，该字段标识的是 ARP 消息接收方的 MAC 地址。

⑨ 目的协议地址：标识 ARP 消息接收方设备的网络层地址，长度为 4 字节。目前，该字段标识的是 ARP 消息接收方的 IP 地址。

⑩ 填充位：长度为 18 字节。如果没有填充位，ARP 消息的长度为 28 字节。但是，以太网数据帧载荷部分的最小长度为46字节，因此需要18字节的填充位满足其最小长度要求。

接下来根据前文示例，展示 ARP 请求消息和 ARP 响应消息的封装。限于图片空间，hln 和 pln 字段的取值以十进制表示。ARP 请求消息中各字段的取值如图 1-27 所示。

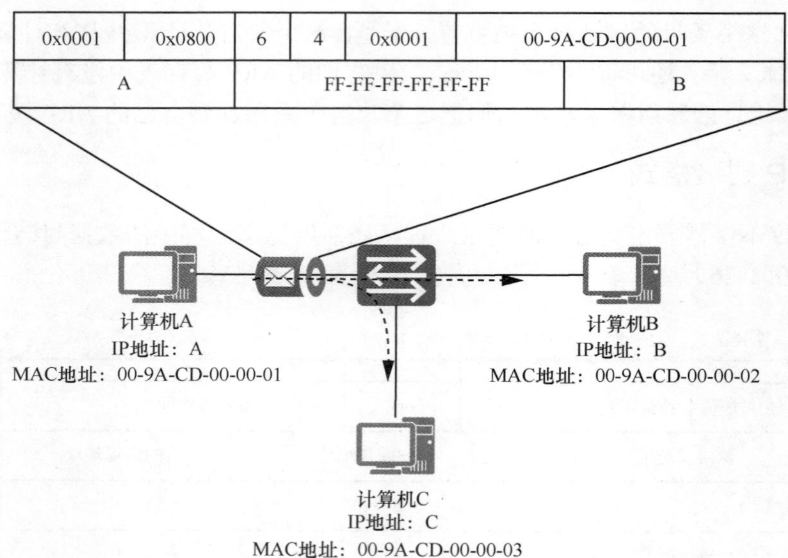


图 1-27 ARP 请求消息中各字段的取值

ARP 响应消息中各字段的取值如图 1-28 所示。

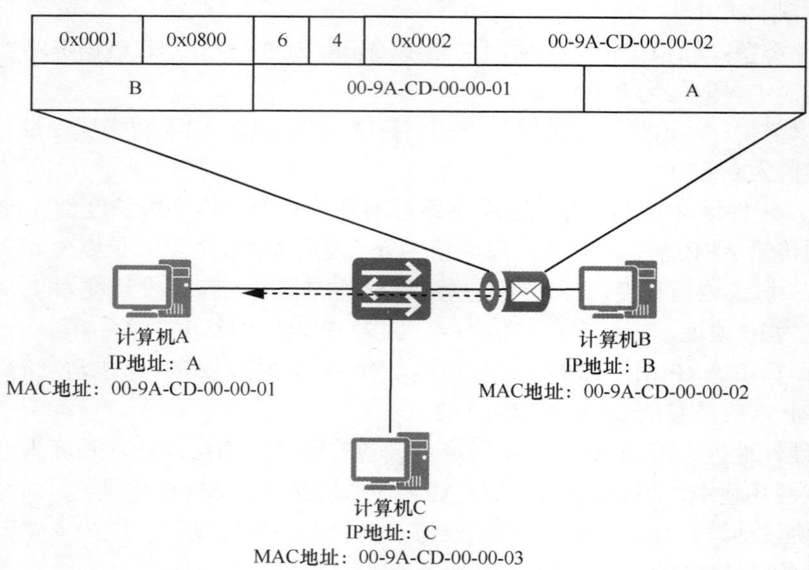


图 1-28 ARP 响应消息中各字段的取值

## 1.5 TCP/UDP 原理

网络层仅定义了数据如何跨网络从源端发送给目的端，并没有定义如何控制跨网络通信的传输。为了解释这种区别，下面进行类比。

邮政公司的任务是把信件从始发地的邮箱投递到目的地的邮箱，为了实现这种需求而定义的流程可以类比为网络层（及以下层）的协议。但是，如果邮政公司的工作流程仅规范了员工如何收取、转运和投递信件，那么这家公司提供的服务恐怕很难满足客户的要求，因为不同发件人对信件投递有不同的要求。

如果投递的是重要信件，比如信用卡、账单、房产证，以及身份证、护照等身份证件，那么发件人希望获得的服务往往是由收件人本人签收，确保信件妥投。如果发件人投递的是普通广告信件，比如企业给客户或者有望成为客户的人发送的宣传单、试用品、优惠券，由于宣传单和优惠券往往只在固定时段内有实际意义，试用品可能存在保质期的问题，因此这种信件的发件人更希望邮政公司尽快完成投递，但对于信件是否妥投并不十分关心，更不会在乎签收者是不是收件人本人。在这两种不同的情况下，邮政公司有必要根据发件人选择的服务执行不同的工作流程。

如果发件人是一家需要为信用卡申请人投递信用卡的银行，那么邮政公司提供的服务应该是上门当面收件，到达目的邮局后再致电收件人，并在其方便时由本人当面签收。如果发件人是一家广告印刷品代理商，那么邮政公司提供的服务应该是每天从指定地点收件，并且在邮件到达目的邮局后，随时向收件人邮箱中投送。

如果进行一个比较粗糙的类比，读者可以暂时把客户选择投递的物品视为应用层数据，把客户选择的邮政服务视为传输层协议。至于邮政公司如何把快件投递到目的邮局，这属于网络层需要规范的内容。所选择的交通工具则属于数据链路层及以下层的标准。不同的应用层数据可能会对应不同的传输控制需求，就像不同的物品往往会对应不同的邮政服务一样，因此，为了给不同应用协议的数据提供不同的传输控制服务，传输层也需要定义不同的协议标准。总的来说，邮政公司对于不同信件可以采用两种工作流程，而这两种流程基本上对应本节的两大核心协议—— TCP 和 UDP。

### 1.5.1　TCP 的格式

IP 是网络层的核心协议，定义了数据从一个网络转发到另一个网络的过程。在转发的过程中，网络可能会拥塞，数据可能会丢失、发生损坏，或者不按顺序到达。由于数据按序、无错、全部到达是大部分应用层协议对数据传输的需求，因此 TCP 在传输层为有这类需求的应用层协议制订了一种可靠的传输标准，对数据执行可靠传输的应用层协议。TCP 作为传输层协议，可以满足数据按序、无错、全部到达的需求。

TCP 头部封装格式如图 1-29 所示，各字段的介绍如下。

① 源端口：标识数据来自设备应用层的哪个进程，长度是 16 位（2 字节）。发送方常常使用随机的端口作为源端口向目的端口发送数据。接收方会把这个端口作为目的端口响应消息。

② 目的端口：标识数据由接收方的哪个进程接收，长度为 16 位。前文提到，IANA 为各个应用层协议保留了它们的知名端口号。发送方发送数据时，在传输层把知名端口封装为目的端口，以确保接收方能够在对应的进程中对数据进行处理。

③ 序列号：TCP 头部封装格式有 9 个控制位，其中一个是 SYN。SYN 的取值和序列号字段直接相关。序列号字段的长度为 32 位，如果 SYN 取值为 1（也称为该位置位），则这个字段是一个随机生成的值，代表第一个数据字节的序列号；如果 SYN 取值为 0（也称该位未置位），则序列号字段会标识当前会话数据段的第一个数据字节。

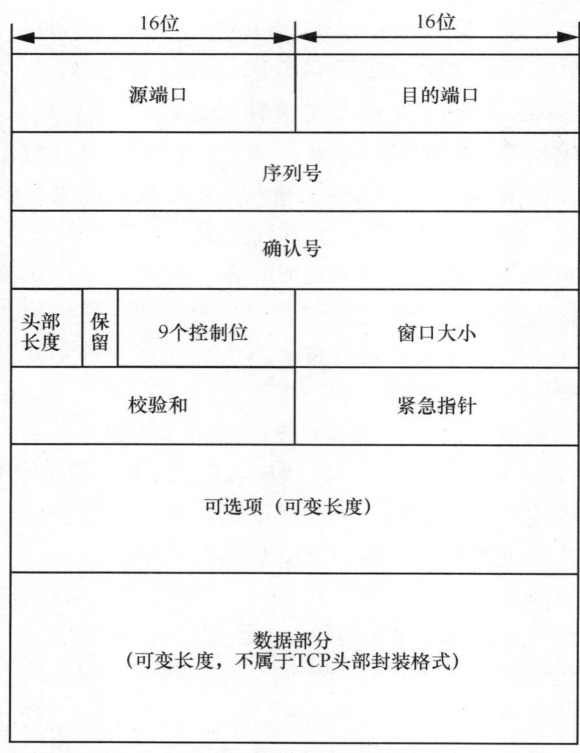


图 1-29　TCP 头部封装格式

④ 确认号：在 TCP 头部封装格式的 9 个控制位中，有一个是 ACK。ACK 的取值和确认号字段直接相关。确认号字段的长度为 32 位，只有当 ACK 取值为 1 时，该字段的取值才有意义，它标识的是 ACK 的发送方正在等待的序列号。确认号的作用是告诉数据发送方已发送的数据被成功接收了，确保数据全部有序到达。

⑤ 头部长度：也叫数据偏移，标识 TCP 头部的长度，或者数据部分的起点，长度为 4 位。TCP 头部可以增加可选项，因此其长度是不固定的。

⑥ 窗口大小：标识发送方能接收的字节数，长度为 16 位。TCP 定义窗口大小是为了控制、协调数据的传输。

⑦ 校验和：检验数据在传输过程中是否出现了错误，长度为 16 位。发送方在 TCP 头部封装时会计算 TCP 头部和 TCP 数据部分（以及一个伪头部）的校验和，然后把计算结果封装在这个字段中并发送给接收方。接收方通过对接收的数据进行计算，确认在传输过程中数据是否发生了变化。

⑧ 紧急指针：长度为 16 位。在 TCP 头部封装格式的 9 个控制位中，有一个是 URG。当 URG 取值为 1（即置位）时，表示该数据字段是 TCP 发送的紧急数据。这时，紧急指针字段的取值才是有效的。在这种情况下，紧急指针字段的值和序列号字段的值相加，表示紧急数据最后一个字节的序列号。

⑨ 控制位：也称标记位。关于 TCP，RFC 文档（RFC 793）定义了 6 个控制位，即 URG、ACK、PSH、RST、SYN 和 FIN。此后，RFC 3168 增加了控制位 CWR 和 ECE，RFC 3540 增加了控制位 NS，因此，目前控制位一共有 9 个。

### 1.5.2　TCP 的流程

TCP 旨在建立一种可靠的通信方式，即使数据在传输过程中出现失序、损坏或丢失，也有对应的机制可以发现这些情况，并且要求发送方重传相关的数据。因此，使用 TCP 传输数据的双方在传输前通过一个流程来建立连接，这个流程被称为 TCP 3 次握手。TCP 3 次握手的流程如图 1-30 所示。

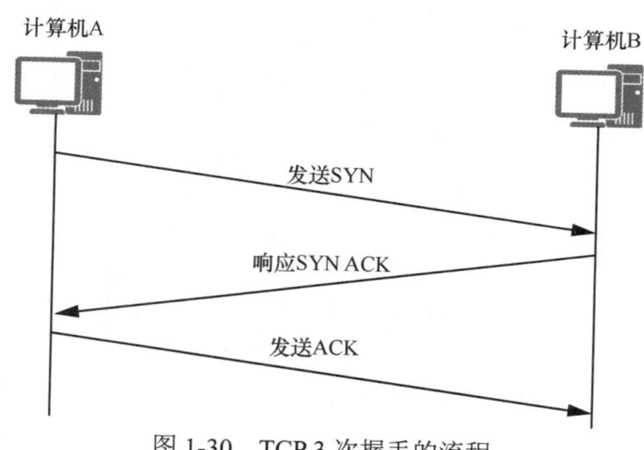


图 1-30　TCP 3 次握手的流程

第 1 次握手：当计算机 A 想要和计算机 B 建立连接时，会封装一个数据段，该数据段的 SYN 位置位，表示计算机 A 希望与计算机 B 建立连接。此时 TCP 为序列号字段随机生成一个值来代表第 1 个数据字节的序列号，这里用 a 表示；ACK 未置位，确认号为 0。

第 2 次握手：当计算机 B 收到数据段时，会封装一个数据段。这个数据段的 SYN 位和 ACK 位都置位，因为计算机 B 既需要确认计算机 A 的建立连接请求，又需要向计算机 A 请求连接。SYN 位置位，TCP 为序列号字段随机生成一个值来代表第 1 个数据字节的序列号，这里用 b 表示。ACK 位置位，确认已接收序列号为 a 的数据段。但是，该数据段没有数据部分，因此计算机 B 等待接收的是下一个数据段，即确认号为 a+1。

第 3 次握手：当计算机 A 收到 SYN ACK 数据段时，会封装一个 ACK 数据段来确认计算机 B 的建立连接请求。这个数据段的 SYN 位未置位，因此序列号字段不再随机生成，而是计算机 B 第 2 次握手中的确认号，即 a+1；ACK 位置位，确认接收到序列号为 b 的数据段，即确认号为 b+1。

在完成了 3 次握手之后，双方开始通信。TCP 的前身——互联网传输控制程序的作用是建立面向连接的链路和数据报服务。因为 TCP 在传输数据之前通过 3 次握手建立连接，所以也称为基于连接的协议，或者面向连接的协议。

TCP 不仅定义了建立连接的流程，而且定义了断开连接的流程。TCP 断开连接的流程需要进行 4 次握手，如图 1-31 所示。

第 1 次握手：当计算机 A 想要与计算机 B 断开连接时，会封装一个 FIN 数据段，表示之后没有数据要传输了。该数据段的 FIN 置位，表示计算机 A 希望断开和计算机 B 之间的连接。

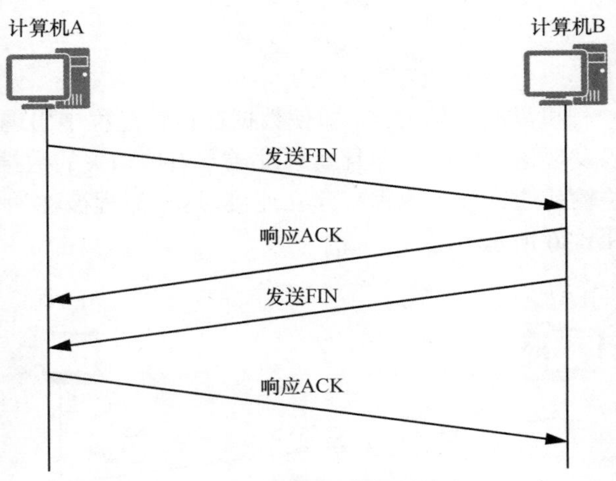


图 1-31　TCP 断开连接的流程

第 2 次握手：当计算机 B 收到 FIN 数据段时，会封装一个 ACK 数据段来确认计算机 A 的断开连接请求。

第 3 次握手：同时，计算机 B 也需要封装一个 FIN 数据段来发起断开连接请求，并且把该数据段发送给计算机 A。

第 4 次握手：计算机 A 使用 ACK 数据段确认自己收到计算机 B 发来的 FIN 数据段。

### 1.5.3　TCP 的数据传输机制

在数据传输之前先建立会话只是双方建立可靠通信的必要条件，仅仅做到这一点是不够充分的。下面介绍 TCP 的数据传输过程，解释 TCP 如何保障可靠通信。

前文提到 TCP 头部有一个字段是窗口大小，该字段的作用是标识接收设备愿意从发送方那里接收多少个字节，确保发送方发送的数据在自己这一端都能够得到及时有效的处理，而不会让发送方发送超出自己缓冲区所能容纳的数据量。

发送方使用滑动窗口不断地向接收方发送数据，而接收方对收到的数据进行响应。发送方通过接收方发来的数据段发现，对方使用确认号确认了某个序列号，即接收方声明自己收到了该序列号之前的数据后，就会向前移动滑动窗口。反之，如果发送方没有收到确认新序列号的数据段，那么滑动窗口不会向前移动。当发送方把滑动窗口内的数据发送出去后，就会停止发送新的数据，直到接收方确认，才会移动滑动窗口，发送新的数据。因此，滑动窗口包含已发送但未被接收方确认的数据和待发送的数据，其滑过的部分是已被接收方确认的数据，即将滑到的部分是不可发送的数据。TCP 滑动窗口机制如图 1-32 所示。

在图 1-32 中，滑动窗口的大小为 6 个数据块，发送方已经从接收方获得了数据块 1～数据块 8 的确认，已发送的数据块 9～数据块 11 尚未被确认，数据块 12～数据块 14 待发送。因为窗口大小是 6 个数据块，数据块 9 还没有得到确认，所以数据块 15 及其前方的数据块都不可发送。如果发送了数据块 14，发送方依然没有收到数据块 9 的确认，那么将暂停发送数据。

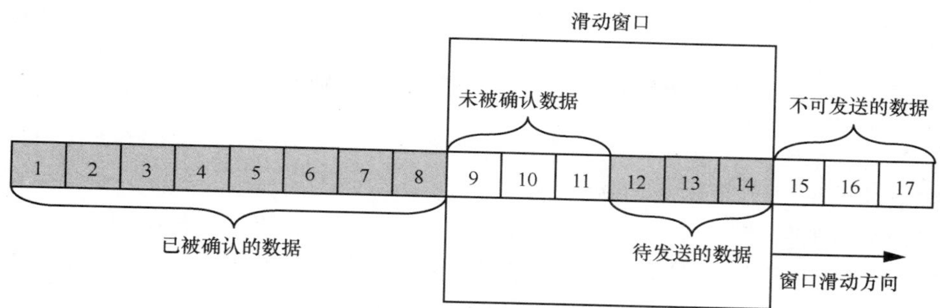


图 1-32　TCP 滑动窗口机制

假设计算机 A 向计算机 B 发送 1500 字节的数据，这两台计算机在建立连接的阶段，确认滑动窗口的大小是 1000。计算机 A 发送数据时的序列号为 5001。TCP 的数据传输流程如图 1-33 所示。

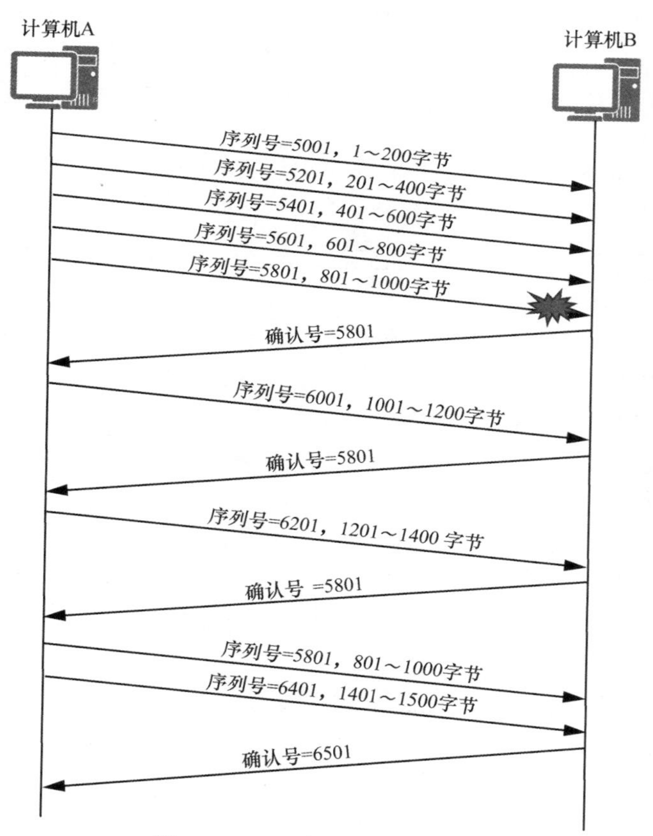


图 1-33　TCP 的数据传输流程

由图 1-33 可知，计算机 A 向计算机 B 发送 5 个数据段，共计 1000 字节。但是，最后一个数据段（序列号为 5801）发送失败，计算机 B 只确认了前 4 个数据段，计算机 A 的滑动窗口前移了 800。然后，计算机 A 继续从第 1001 个字节发送。计算机 B 在接收到第 1001 个字节时，根据序列号了解到自己没有接收到 801～1000 字节的数据，因此对前 800 个字节进行了两次确认，在此过程中计算机 A 把 1201～1400 字节的数据发送给计算机 B。在连续接收到 3 次确认号为 5801 的数据段后，计算机 A 意识到 801～1000 字节的数据在传输过程中出现了问题，于是重传这段数据，同时还传输了最后 100 字节的数据。计算机 B 接收到所有的数据，并且对最后一个字节进行了确认，因此计算机 B 的最后一个数据段确认号为 6501，表示计算机 B 已经收到 1500 字节的数据。

需要说明的是，图 1-33 只是最简单的 TCP 滑动窗口、错误重传机制的示意。通过连续 3 次确认已发送的某个数据段，要求发送方重传相应的数据，这种操作叫作基于重复累计确认的重传。除此之外，TCP 还定义了超时重传的机制，本书暂不介绍。

### 1.5.4　UDP

不同的上层数据可能会有不同的传输控制需求。TCP 虽然可以满足可靠传输的需求，但是上层数据有时候不需要 TCP 定义的这种可靠传输。比如，当人们通过互联网传输语音数据时，最在意的是语音是否能够尽快传输到目的端。为了在最大程度上实现即时性，传输过程中出现部分丢包、失序并不是无法接受的。换句话说，为了确保数据全部按序到达而要求发送方重传，最终导致数据产生传输时延，这种方式远比通话过程中部分数据丢失的体验更差。

UDP 定义了一种不可靠的传输机制，包括以下内容。

① 接收方对接收的数据不进行确认：UDP 不要求接收方对接收的数据进行确认。既然发送方不需要知道接收方有没有收到自己发送的数据，那么 UDP 当然也不需要在发送方定义数据重传机制。

② 不保证数据按序到达：UDP 不要求接收方验证数据是否按序到达，也不需要接收方对数据进行确认，因此不要求发送方通过头部信息来标识数据的序列号。

③ 双方不协调传输节奏：滑动窗口机制是 TCP 中比较复杂的机制之一，其目的是让收发双方协调数据的传输。因为 UDP 不关心接收方是否收到了数据，所以 UDP 没有定义拥塞控制和传输速率的协调与控制机制。

既然 UDP 不要求数据按序、全部到达，也没有定义任何机制来实施拥塞管理，因此 UDP 头部封装格式远比 TCP 简单得多。

UDP 头部封装格式如图 1-34 所示，各个字段的介绍如下。

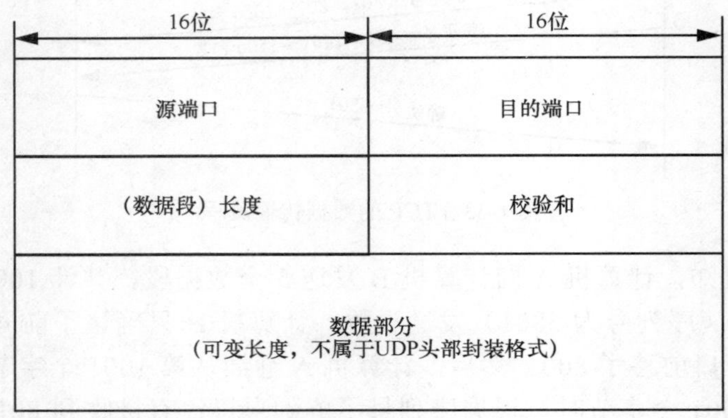


图 1-34　UDP 头部封装格式

① 源端口：与 TCP 头部对应字段的作用相同，用来标识数据来自设备应用层的哪个进程，长度为 16 位（即 2 字节）。

② 目的端口：与 TCP 头部对应字段的作用相同，用来标识数据由接收方的哪个进程接收，字段长度为 16 位。

③ 长度：用来标识 UDP 头部和数据部分的总长度，字段长度为 16 位，可以标识的长度范围为 0～65535，因为 $2^{16}-1=65535$。因为 UDP 头部的长度固定为 64 位，即 8 字节，所以 UDP 数据部分的大小不能超过 65527 字节。

④ 校验和：用来检验数据在传输过程中是否出现了错误，长度为 16 位。UDP 定义校验和的流程和 TCP 相同，发送方在封装头部时使用校验和算法来计算 UDP 数据段和伪头部的校验和，然后把计算结果封装在校验和字段中，并发送给接收方。接收方在收到数据段后，使用相同的校验和算法进行计算，并且根据计算结果判断数据在传输过程中是否发生了变化。

UDP 不仅头部封装格式比 TCP 头部封装格式简单，而且是无连接协议，也就是说，使用 UDP 传输数据的设备在传数据前并不需要建立连接，当然也不会涉及断开连接的机制。既然封装的信息少、流程简单，UDP 就比 TCP“轻量”很多。UDP 的使用同样非常广泛。一般来说，当个别数据损坏或丢失不会对整体通信产生严重影响时，比如网游、在线视频、IP 语音等，往往会在传输层使用 UDP 进行封装。

## 1.6　数据转发过程

本节介绍数据由发送方在其协议栈中自顶向下进行封装，经网络中各台转发设备执行解封装和重封装，最后由接收方设备执行解封装的过程。

本节在介绍数据封装、转发和解封装的过程时，为了便于分析，使用图 1-35 所示的 5 层网络模型，该模型综合了 TCP/IP 模型和 OSI 参考模型。在实际工作中，因为 OSI 模型的表示层和会话层较少被人们提及，各个应用层协议也常常包含了 OSI 参考模型表示层和会话层定义的功能，所以本节把 OSI 参考模型的上 3 层笼统地称为应用层，这也是技术人员的一种惯例。

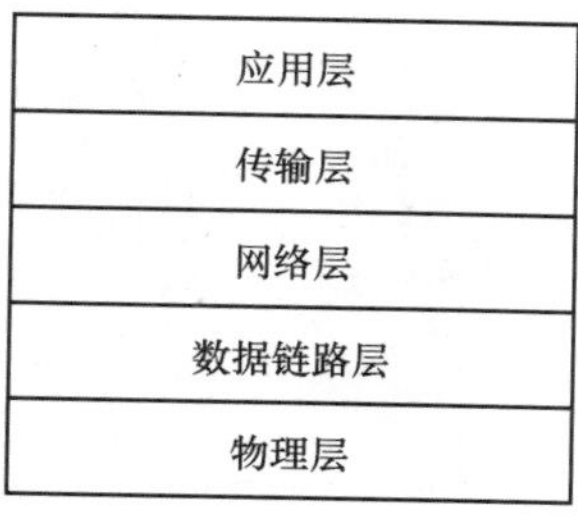


图 1-35　5 层网络模型

当通过以太网连接本地网络的用户希望访问位于另一个网络的某台服务器的网页时，需要打开浏览器并输入http://xxx.xxx.xxx，这就是告诉这台计算机使用 HTTP 与服务器进行通信。计算机的协议栈封装过程如图 1-36 所示，具体步骤如下。

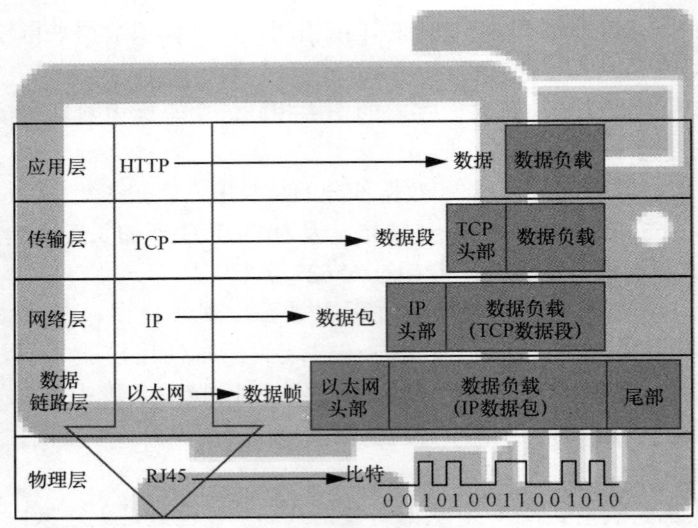


图 1-36 计算机的协议栈封装过程

步骤 1：浏览器使用 HTTP 封装用户输入的数据。

步骤 2：协议栈在传输层根据 TCP 为 HTTP 数据封装 TCP 头部，形成数据段。

步骤 3：协议栈的网络层根据 IP 为数据段封装 IP 头部，形成数据包。IP 头部可以让负责跨网络转发数据包的路由器判断如何对数据包执行转发。

步骤 4：因为用户使用以太网连接到局域网，所以在数据链路层，计算机使用以太网标准为数据包封装头部和尾部（尾部的作用是让本地网络的接收方对数据帧执行错误校验），使数据包成为一个以太网数据帧。

步骤 5：到了物理层，计算机把数据帧转换成一系列比特。

步骤 6：计算机的网络适配器把这些比特以电信号的形式通过传输介质（线缆）发送给服务器。

接下来，计算机发送的数据帧被与它直连的交换机接收。交换机对数据执行解封装，查看数据的以太网头部，然后按照以太网头部的 MAC 地址查表，判断要把数据通过自己的哪个或哪些端口转发出去，再根据判断结果把数据帧通过对应的端口转发出去。交换机转发数据帧的过程如图 1-37 所示。

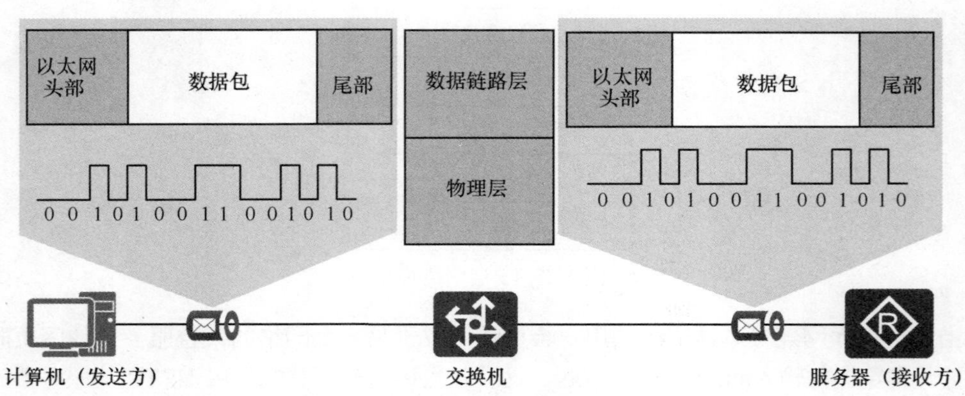


图 1-37 交换机转发数据帧的过程

如果被访问的服务器不在本地网络，那么这个数据帧会被交换机转发给网关路由器，由网关路由器解封装到网络层查看数据包的 IP 头部。网关路由器根据 IP 头部的目的地址信息查表，判断如何转发这个数据包。网关路由器转发数据包的过程如图 1-38 所示。

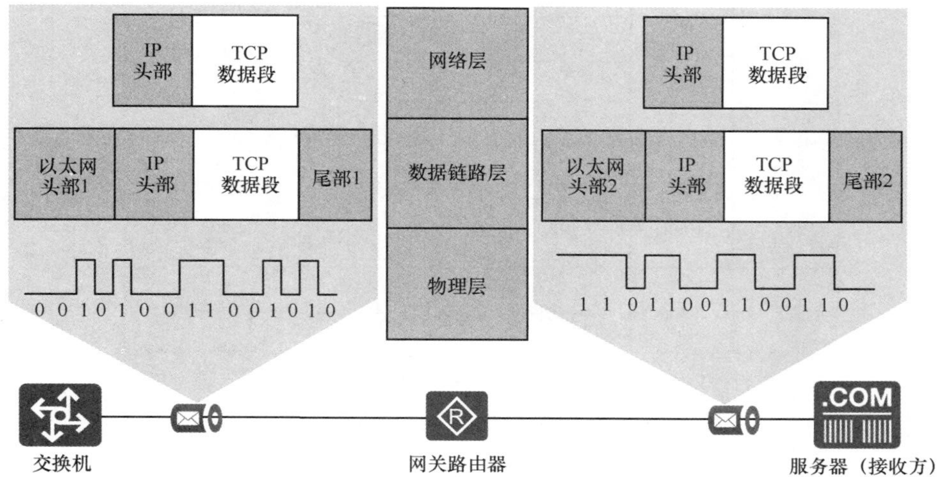


图 1-38　网关路由器转发数据帧的过程

在图 1-38 中，了解应该通过哪个接口转发数据包之后，网关路由器使用新的以太网头部信息封装数据帧，因此数据在经网关路由器转发后，以太网头部和尾部信息分别由以太网头部 1 和尾部 1 变为了以太网头部 2 和尾部 2，这是因为网关路由器的作用是连接不同的网络，数据被网关路由器从另一个接口转发出去进入另一个网络。数据链路层封装的信息在本质上是用于网络内部通信的，发送方封装的数据链路层信息只在它所在的本地网络中才有意义。当数据需要进入另一个网络时，为了让数据可以在新的网络中得到正确的处理，网关路由器作为始发设备，需要用自己的信息填充对应的以太网头部字段，并封装数据帧。

为了简化转发流程，突出各台网络设备对数据执行封装和解封装的流程，我们在 5 层模型中假设网关路由器直接连到服务器。当然，在实际网络中，网络的网关路由器和服务器之间往往使用交换机进行连接。

基于上面的假设，服务器接收网关路由器转发的数据，并执行解封装。服务器执行解封装的过程如图 1-39 所示，具体步骤如下。

步骤 1：服务器的网络适配器把介质（线缆）中的电信号转换为一系列比特。

步骤 2：在数据链路层，服务器对以太网数据帧执行解封装，其中包括查看数据帧头部信息，判断自己是否为数据帧的目的端，以及根据尾部信息判断数据帧在本地网络传输过程中是否出现了差错。完成操作之后，协议栈拆除数据帧的以太网头部和尾部，把数据包提交给网络层。

步骤 3：网络层根据 IP 的定义查看数据包的 IP 头部信息。IP 头部信息有一个字段是协议号，协议号为 6，即网络层在拆除数据包的 IP 头部后，数据段应提交给传输层由 TCP 进行处理。

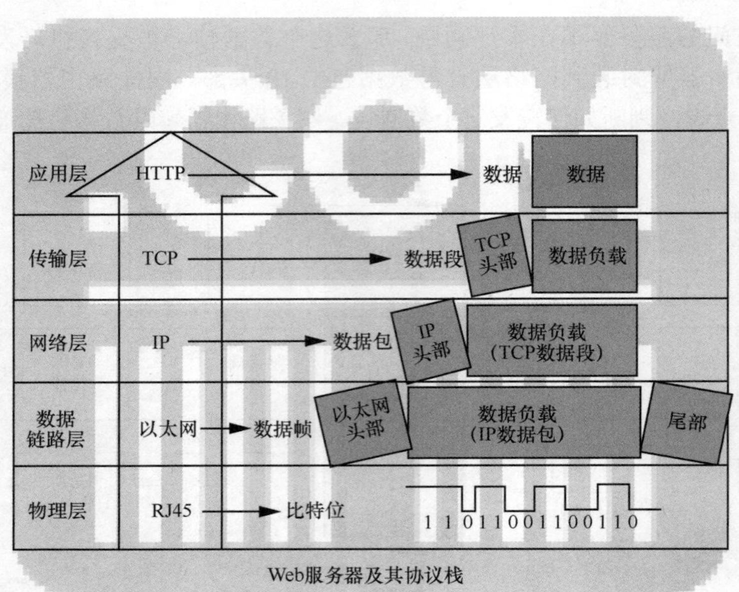


图 1-39　服务器执行解封装的过程

步骤 4：因为传输层使用的是 TCP，所以服务器根据 TCP 头部的信息判断数据是否完整、有序、无错；同时根据 TCP 头部的目的端口字段，判断数据段应该提交给哪个上层协议。HTTP 的知名端口号为 80，因此这个数据段中目的端口字段的值为 80。验证无误后，TCP 拆除数据段的 TCP 头部，把数据提交给应用层的 HTTP。

综上所述，在计算机（发送方）到服务器（接收方）之间，各台设备的协议栈均参与了数据的封装和解封装。不同设备工作在分层模型的不同层级（例如，在理论上，以太网交换机工作在数据链路层，路由器工作在网络层），因此不同设备会将数据解封装到不同的分层，并对其进行处理。数据的传输过程如图 1-40 所示。

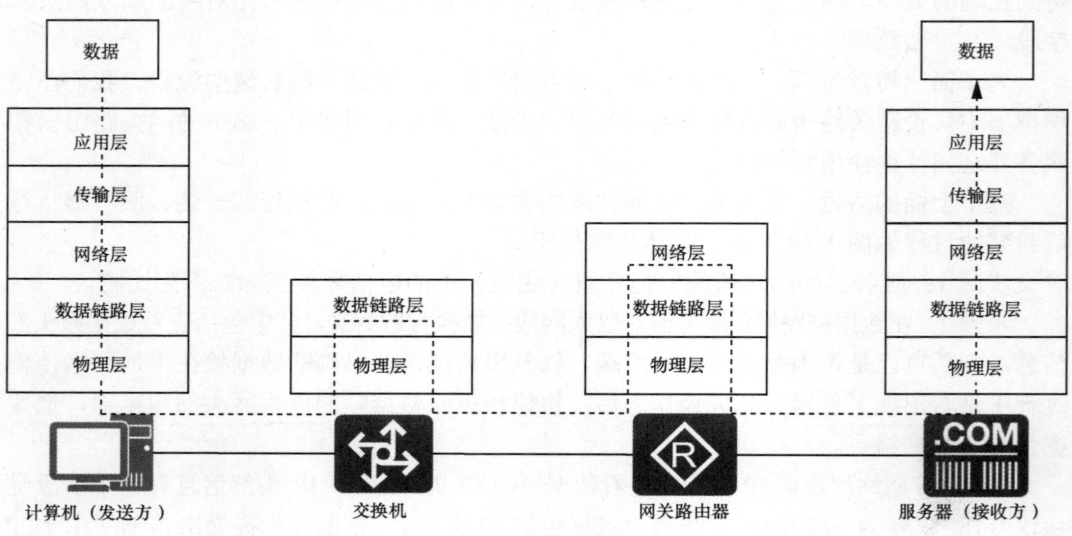


图 1-40　数据的传输过程

## 1.7　园区网的基本概念

园区网是指一家机构投资搭建，并由这家机构所有和运维的网络。校园网和企业网都属于园区网。园区网的规模取决于机构的需求。例如，公司的用户数量只有几个人，这时园区网是一个小型办公网络或家庭办公网络。又如，一所拥有很多学院的大型高校，其用户可达数十万人，这时园区网是一个大型网络。

当用户数量少时，园区网通过一台宽带路由器接入即可。当局域网需要连接大量的终端设备时，若采用图 1-41 所示的扩展性不良的设计方案，则会导致严重的后果，例如，无关设备需要投入资源来承担数据的转发，以及单点故障会导致严重的网络中断等。

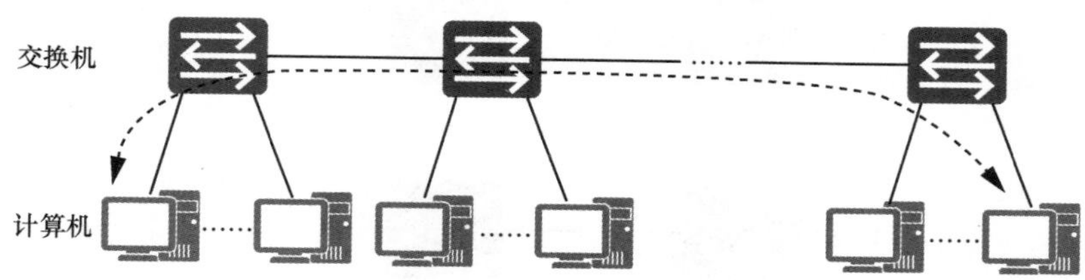


图 1-41　扩展性不良的设计方案

为了避免上述问题，园区网可以采用两层设计方案，如图 1-42 所示，使用高端交换机为终端设备提供接入服务。

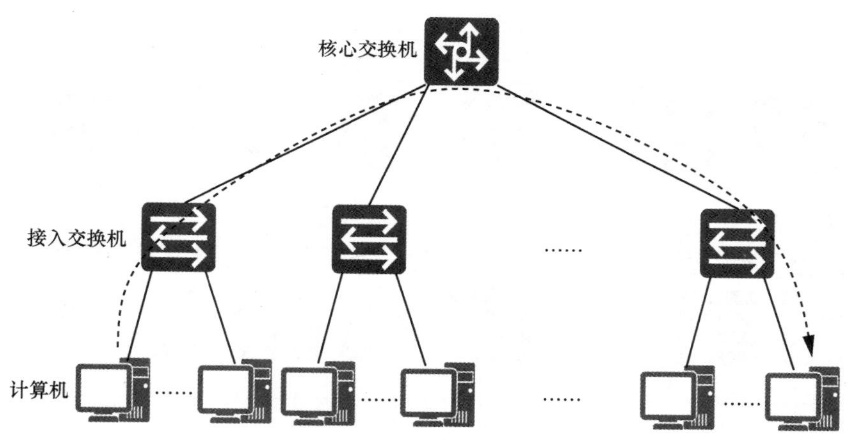


图 1-42　园区网的两层设计方案

园区网的两层设计方案很大程度上避免了图 1-41 所示设计方案中的问题，因为核心交换机往往是性能强大且关键组件配备了冗余的模块化交换机，并采用成对互联的方式进行部署；连接终端设备的接入交换机通过一对上行链路连接到一对核心交换机，避免因其中一台核心交换机发生故障影响接入交换机及其连接的终端设备的通信，而且两台核心交换机可以共同承担转发工作，即实现负载分担。

随着网络规模的扩大，园区网的设计方案扩展成 3 层。3 层园区网设计方案如图 1-43 所示，最底层为接入层，这一层的交换机为接入交换机，负责连接终端设备，如计算机、打印机、IP 电话、摄像头等；中间一层为汇聚层（或者分布层），这一层的交换机为汇聚交换机（或者分布交换机），负责把接入交换机的上行链路汇聚起来，以汇聚终端设备发送的数据，在上一层和下一层交换机之间进行数据交换；最上面的一层为核心层，这一层由几台性能强大的模块化交换机执行数据处理，这些交换机为核心交换机。

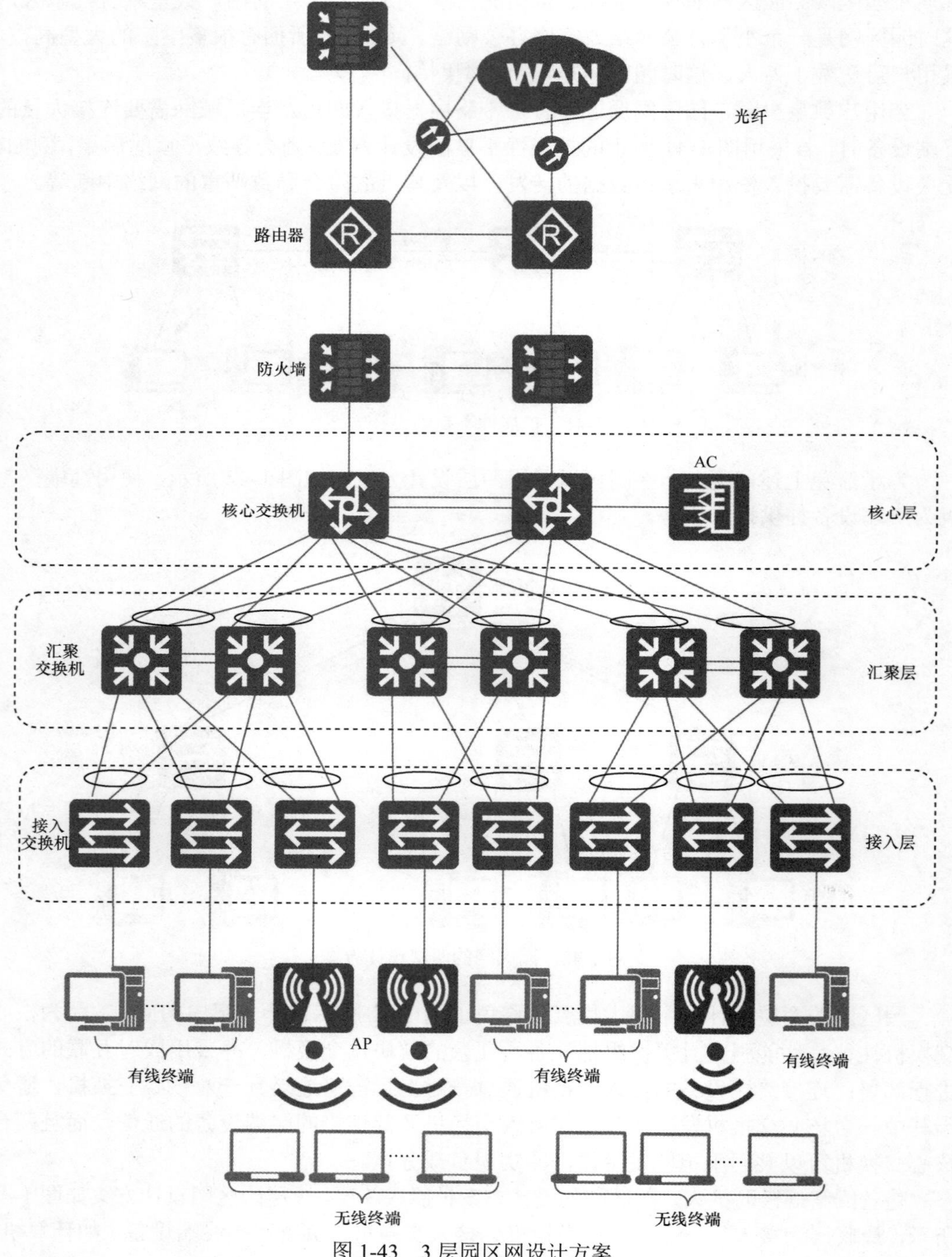


图 1-43　3 层园区网设计方案

园区网的规模决定了园区网的设计方案。对于一个用户不到 10 人的家庭网络，只需要使用一台无线路由器就可以满足需求。当网络的规模大于 10 人且小于 100 人时，小型园区网通过接入交换机连接 AP，再连接到网关路由器就可以满足需求。小型园区网设计方案如图 1-44 所示，在实际应用时，网络架构师可以根据需求进一步删减其中的组件。

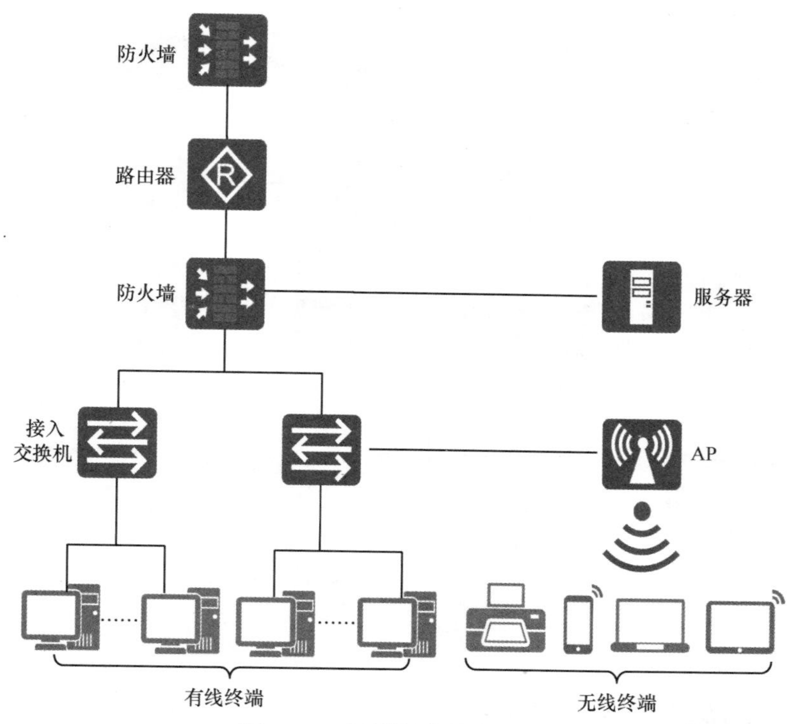


图 1-44　小型园区网设计方案

当园区网的用户规模达到数百人，即中型园区网时，可以采用两层的设计方案，把汇聚层和核心层合并在一起。这种网络通过接入交换机为终端设备提供接入服务，通过核心层汇聚接入交换机的上行链路及终端设备发送的数据。中型园区网设计方案如图 1-45 所示，网络架构师可根据实际的需求增加或者删减其中的一些功能模块。

如果用户规模达到千人，可以采用 3 层园区网设计方案，网络架构师可以根据具体需求增加或删减其中的一些组件和模块。

需要说明的是，如果一个企业网络包含多个站点，那么每个站点可以被视为一个独立的园区网。

如今，3 层园区网设计方案已经比较成熟，网络设备制造商往往会设计、推出适用于园区网不同层级的产品。以华为的产品为例，S1700、S2700 系列交换机为园区网的接入交换机；根据园区网的规模和预算，S3700、S5700 系列交换机可以作为接入交换机或者汇聚交换机；S6700 系列交换机为大型园区网的汇聚交换机；根据园区网规模和建设成本，S7700、S9700 系列交换机可以作为汇聚交换机或者核心交换机；S12700 系列交换机为园区网的核心交换机。

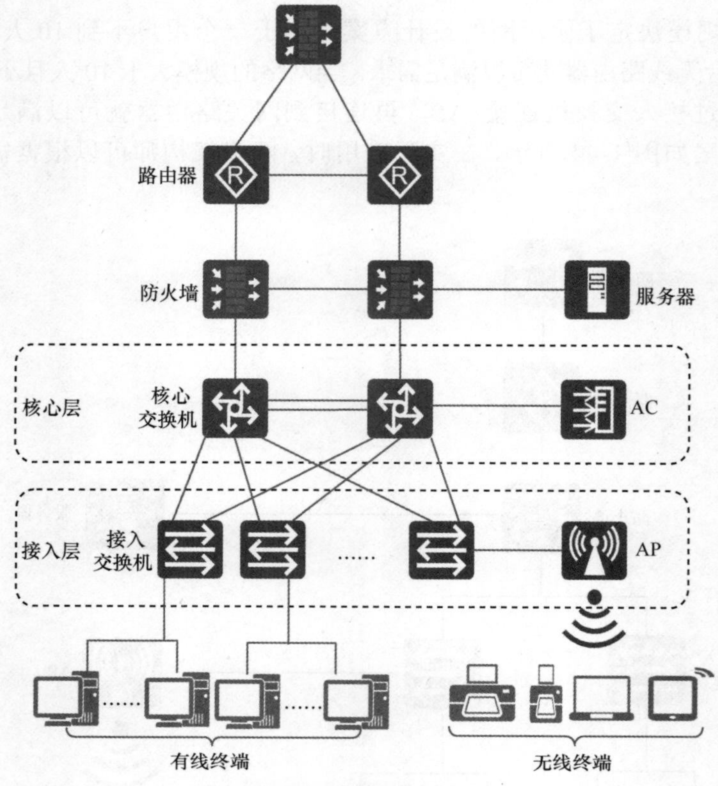


图 1-45　中型园区网设计方案

## 1.8　VRP 系统基本原理及操作

华为数据通信产品通用的操作系统是 VRP。VRP 系统不仅可以执行核心的基础 IP 业务，还可以实现丰富的功能，如安全功能和 QoS（Quality of Service，服务质量）功能。同时，VRP 系统不但可以提高路由器和交换机的运行效率，还可以提升网络连通性服务的用户体验。

### 1.8.1　VRP 系统简介

VRP 系统适用于从低端至高端全系列的路由器、以太网交换机和业务网关产品。目前，VRP 系统适用的设备类型最多的版本是 VRP5；最新的版本是 VRP8，适用于部分 NE 系列路由器和部分 CE 系列交换机。VRP 系统的发展及增强特性如图 1-46 所示。

VRP 系统提供了丰富的功能，为网络管理员提供统一的用户界面和管理界面，使他们能够通过熟悉一套操作系统的用法，掌握多种类型的网络设备，如路由器、交换机这类广泛应用的网络设备的操作。VRP 系统可以提供统一的控制平面功能，使转发平面能够按照网络管理员的意图执行数据转发和过滤。

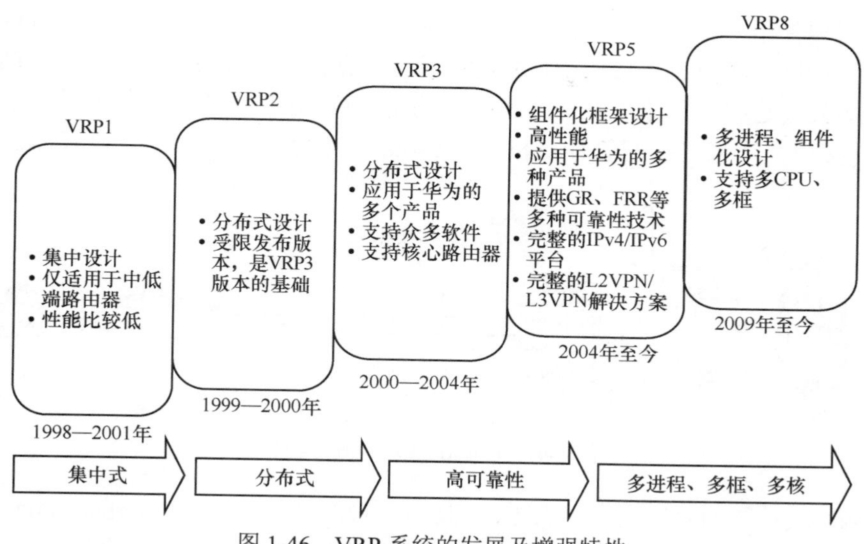


图 1-46　VRP 系统的发展及增强特性

VRP 系统作为一种操作系统，包含文件系统和存储系统。文件系统负责管理网络设备的系统软件（.cc 文件）、配置文件（.cfg、.zip 和.dat 文件）、补丁文件（.pat 文件）和 PAF（Product Adapter File，产品适配器文件）（.bin 文件）。其中，系统软件是设备启动、运行所必需的软件；配置文件中保存了网络管理员配置的所有命令，使设备提供特定的功能；补丁文件负责紧急解决当前设备遇到的问题；PAF 根据用户的需求对网络的资源占用和功能特性进行裁剪。存储系统包括 SDRAM（Synchronous Dynamic Random Access Memory，同步动态随机存储器）、Flash（Flash Memory，闪速存储器）、NVRAM（Non-Volatile Random Access Memory，非易失性随机访问存储器）、SD（Secure Digital Memory Card，安全数码卡）和 USB（Universal Serial Bus，通用串行总线），其中，SDRAM 是系统的运行内存；Flash 用来存放系统软件和配置文件的数据，这些数据在设备断电后不会丢失；NVRAM 用来存放日志缓存，当缓存已满或定时器超时后会将其写入 Flash 中；SD 的存储空间一般比较大，用来存放系统文件、配置文件、日志文件等断电后不会丢失的数据；USB 用来外接其他存储设备，常用来进行数据传输，例如设备升级。

管理员可以通过 CLI（Command Line Interface，命令行界面）、FTP、TFTP 等方式登录设备，对文件系统和存储系统进行管理。设备在进行配置、巡检、排错时，常见的管理方式有 CLI 和 Web。CLI 需要网络管理员通过 Console 接口或远程方式[Telnet 或 SSH（Secure Shell，安全外壳）]登录设备，这种方式提供了全面的设备管理和维护。Web 管理方式需要网络管理员通过 HTTP 或 HTTPS 登录设备，这种方式只能对部分功能进行管理和维护。

### 1.8.2　管理连接简介

使用 CLI 管理设备之前，网络管理员需要通过某种方法与设备建立连接。连接方式可以分为本地登录和远程登录。本地登录一般用于网络设备的初始化过程，因为网络管理员不需要对设备进行任何预配置就可以连接网络设备。在本地登录的管理方式中，网络管理员需要使用 Console 线连接网络设备的 Console 接口和网管计算机的 COM 接口，使网络设备和网管计算机直接相连，并通过网管计算机的超级终端（例如 PuTTY）软件向网络设备发起连接。标准 Console 线的一端是 RJ45 接口，用来连接网络设备；另一端是 DB9 接口，用来连接网管计算机。Console 线的物理结构如图 1-47 所示。

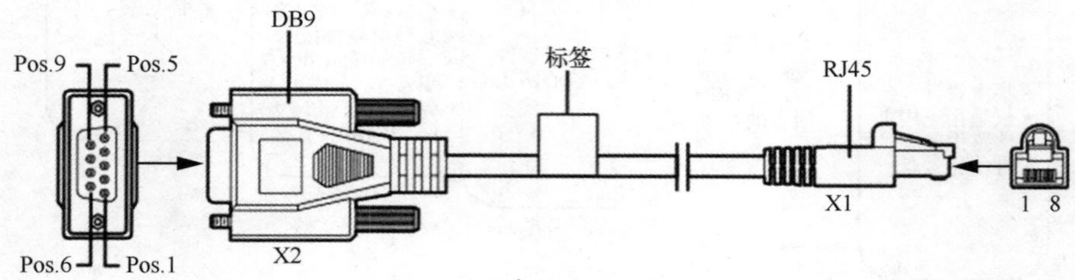


图 1-47　Console 线的物理结构

Console 线针脚的对应关系见表 1-2，其中，TXD（Transmit External Data，传输外部数据）和 RXD（Receive External Data，接收外部数据）是相对于网络设备的，没有列出的针脚表示未连接。

**表 1-2　Console 线针脚的对应关系**

| X1（RJ45） | 信号 | 信号方向 | X2（DB9） |
|---|---|---|---|
| 3 | TXD | → | 2 |
| 5 | GND | — | 5 |
| 6 | RXD | ← | 3 |

需要注意的是，Console 线连接网管计算机的一端需要连接计算机的 COM 口，但有的笔记本电脑没有配备 COM 口，因此需要通过一根转接线将 DB9 接口转换为 USB 接口。

还有一种连接方式是远程登录：使用 Console 线连接并对设备进行初始化配置（包括配置设备的 IP 地址）后，网络管理员可以通过内部网络，使用设备的 IP 地址进行登录。远程登录是执行日常管理和维护使用的方法。网络管理员可以使用 Telnet 和 SSH 进行登录。在生产环境中，建议以 SSH 的方式对设备进行访问和操作，因为 SSH 可以提供加密保护，而 Telnet 以明文的形式发送所有数据，仅适用于安全风险低的实验室环境。

无论使用 Telnet，还是使用 SSH 进行登录，网络管理员都需要先通过 Console 线连接并对设备进行初始化配置，在设备上启用 Telnet 或 SSH，并配置登录所需的参数（用户名、密码等），设置完成后才可以登录。

### 1.8.3　CLI 的基本概念

在网络管理员通过 CLI 方式登录设备后，设备会为其赋予一个用户级别。根据不同的用户级别，网络管理员可以执行不同的命令，即能够对设备进行全面的控制管理或部分的控制管理。VRP 系统的用户级别见表 1-3。

表 1-3　VRP 系统的用户级别

| 用户级别 | 命令级别 | 名称 | 描述 |
|---|---|---|---|
| 0 | 0 | 参观级 | 最低级别，可以对设备进行有限诊断，比如使用 ping、tracert 命令验证连通性，以及使用部分 display 命令 |
| 1 | 1 和 0 | 监控级 | 可以对系统进行维护，可以使用更多的 display 命令。有些 display 命令是管理级命令，比如查看完整配置的命令 display current-configuration |
| 2 | 0、1 和 2 | 配置级 | 可以对设备进行功能性配置，包括配置路由、交换等功能 |
| 3～15 | 0、1、2 和 3 | 管理级 | 最高级别，可以对设备进行全面的维护，不仅包括配置变更，还包括故障诊断和设备升级 |

网络管理员可以为登录网络设备的人员设置不同的用户名和密码，以及用户级别。当用户进行实验时，可以使用管理级的用户权限，以便无障碍地练习所有的命令。本书在进行命令展示时，使用的也是管理级的用户权限。

当用户登录设备后，会看到命令提示符，光标停在命令提示符后面。命令提示符可以向网络管理员提示其当前所在的视图，因此命令提示符又称为视图提示符。用户刚登录网络设备后，会看到类似<Huawei>的视图提示符，这个提示符由尖括号和设备名称构成，其中，Huawei 表示华为设备默认的设备名，尖括号表示用户视图。视图是 VRP 系统的一个重要概念，这是因为 VRP 系统的命令不仅需要输入正确，而且需要在正确的视图下输入，才可以被执行。以名称为 Huawei 的设备为例，本章列举了几个常用的视图提示符，见表 1-4。

表 1-4　华为设备常用的视图提示符

| 视图提示符 | 视图名称 | 描述 |
|---|---|---|
| <Huawei> | 用户视图 | 用户登录后的默认视图。在这个视图中可以使用有限的命令，其中比较重要的命令是保存配置的命令 save |
| [Huawei] | 系统视图 | 在用户视图中使用命令 system-view 可以进入系统视图。系统视图提供了一些简单的全局配置命令 |
| [Huawei-GigabitEthernet0/0/1] | 接口视图 | 在系统视图中使用命令 interface GigabitEthernet 0/0/1 可以进入接口视图，接口编号视实际情况而定。在接口视图中配置的命令只针对具体的接口生效 |
| [Huawei-ospf-1] | 协议视图 | 协议视图是配置路由协议的位置，网络管理员需要使用不同的命令进入不同路由协议的协议视图。在系统视图中使用命令 ospf 1 可以进入 OSPF 协议视图，其中，编号 1 是 OSPF 进程号，在后续介绍 OSPF 的章节中会再次提到，此处仅作展示。在协议视图中，网络管理员可以配置该路由协议的具体参数 |
| [Huawei-ospf-1-area-0.0.0.0] | OSPF 区域视图 | 这是协议视图的子视图，在这个视图中，可以为 OSPF 进程 1 的区域 0 实施一些配置。在 OSPF 协议视图中使用命令 area 0 可以进入 OSPF 区域视图 |

读者在进行实验时，如果输入了正确的命令，设备却出现了错误提示，那么需要注意是否处于错误的视图中，尤其是用户视图和系统视图，它们的区别只是尖括号和中括号，读者需要仔细甄别。从一个视图进入另一个视图需要使用各种特定的命令，例如，从一个视图退出到上一层视图时，使用固定命令 quit；如果需要从任何视图直接退到用户视图，则需要使用固定命令 return。以表 1-4 所列的视图为例，图 1-48 展示了进入和返回相关视图的命令，读者也可以从中看出视图之间的层级关系。

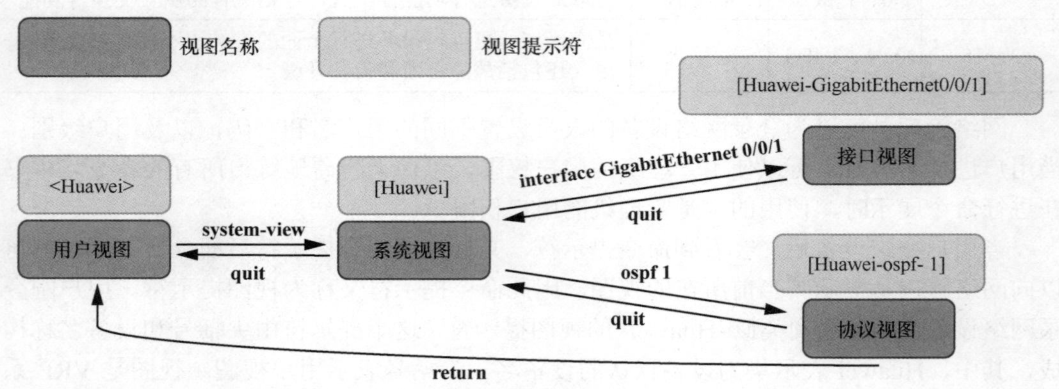


图 1-48 进入和返回视图的命令

从这些示例中可以看出，有的配置命令是一个词，有的配置命令是多个词，有的配置命令还包含数字。华为的 CLI 配置命令是有固定格式的，本章先介绍它的基本格式。一条命令中可能包含以下字符。

① 命令词：规定了系统应该执行的功能，比如 **display**（查看）。

② 关键词：对命令进行了约束和扩展，比如 **ip**。

③ 参数列表：由参数名和参数值构成，比如 **interface GE0/0/1**。

例如，命令 **display ip interface GE0/0/1**，执行的是查看 IP 接口 GE0/0/1 的信息，其中，命令词为 display、关键词为 ip、参数名为 interface、参数值为 GE0/0/1。

需要注意的是，在大多数情况下，人们不会如此详细地区分命令中这些词的类型，而是将除参数值之外的其他词统称为关键词，即关键词包括上述的命令词、关键词和参数名，其中，参数值简称为参数。

在 CLI 的命令配置中，网络管理员可以使用 Tab 键对关键词进行补全。有以下两种补全方式。

① 精确匹配。网络管理员输入的字符已经能够与唯一的关键词精确匹配时，按下 Tab 键后，VRP 系统会自动将该关键词补充完整，见例 1-1，其中，加粗的字体表示网络管理员手动输入的字符，后文同。

**例 1-1 精确补全**

```
[Huawei]info-                             #按下 Tab 键
[Huawei]info-center
```

② 模糊匹配。网络管理员输入的字符不能唯一地识别为某一个关键词时，按下 Tab 键后，VRP 系统会按照字母顺序依次补全每个候选关键词；每按一次 Tab 键，VRP 系统

会提示下一个关键词，见例 1-2。

**例 1-2　模糊补全**

```
[Huawei]info-center log                  #按下 Tab 键
[Huawei]info-center logbuffer            #继续按下 Tab 键
[Huawei]info-center logfile              #继续按下 Tab 键
[Huawei]info-center loghost
```

只有关键词可以使用补全功能，参数则必须由网络管理员手动输入完整。当网络管理员忘记关键词时，可以使用在线帮助与 VRP 系统进行互动。在线帮助包括完全帮助和部分帮助，通过输入问号“?”实现。

①完全帮助：当输入关键词时，输入问号查询当前可以输入的关键词及其解释，见例 1-3。

**例 1-3　完全帮助**

```
<Huawei>?
User view commands:
  arp-ping                 ARP-ping
  autosave                 <Group> autosave command group
  backup                   Backup information
  cd                       Change current directory
  clear                    <Group> clear command group
  clock                    Specify the system clock
  cls                      Clear screen
  compare                  Compare configuration file
  copy                     Copy from one file to another
  debugging                <Group> debugging command group
  delete                   Delete a file
  dialer                   Dialer
  dir                      List files on a filesystem
  display                  Display information
  factory-configuration    Factory configuration
  fixdisk                  Try to restory disk
  format                   Format file system
  free                     Release a user terminal interface
  ftp                      Establish an FTP connection
  help                     Description of the interactive help system
  hwtacacs-user            HWTACACS user
  license                  <Group> license command group
  lldp                     Link Layer Discovery Protocol
  ---- More ----
```

②部分帮助：当网络管理员输入某个关键词开头的一个或几个字母后，可以使用部分帮助查看以这几个字母开头的关键词及其解释，见例 1-4。

**例 1-4　部分帮助**

```
<Huawei>d?
  debugging    <Group> debugging command group
  delete       Delete a file
  dialer       Dialer
  dir          List files on a filesystem
  display      Display information
<Huawei>d
```

还有一种帮助信息可以在网络管理员输入错误格式的命令时给予提示，即错误信息。例 1-5 给出了几种错误命令和提示信息，读者在实验中若遇到相同的错误提示，可以相应地理解错误的指向。

例 1-5　错误提示

```
[Huawei]sysname
              ^
Error:Incomplete command found at '^' position.                  #箭头位置的命令不完整

[Huawei]router if 1.1.1.1
                 ^
Error: Unrecognized command found at '^' position.               #箭头位置的命令无法识别

[Huawei]a
        ^
Error:Ambiguous command found at '^' position.                   #箭头位置的命令不明确

[Huawei-GigabitEthernet0/0/0]ospf cost 800000
                                       ^
Error: Wrong parameter found at '^' position.                    #箭头位置的参数值越界
```

读者在进行练习时，若输入了正确语法的命令，却发现参数输入不正确，因此希望删除这条命令，或者想要把自定义的设置恢复为缺省配置，可以使用关键词 **undo**。在命令前添加关键词 **undo**，可以恢复缺省配置，禁用相应的功能，或者删除相应的配置项，见例 1-6。

例 1-6　关键词 **undo**

```
[Huawei]sysname AR1
[AR1]undo sysname                                                #恢复缺省配置
[Huawei]
[Huawei]ftp server enable
Info: Succeeded in starting the FTP server
[Huawei]undo ftp server                                          #禁用 FTP Server 功能
Info: Succeeded in closing the FTP server.
[Huawei]
[Huawei]interface GigabitEthernet 0/0/1
[Huawei-GigabitEthernet0/0/1]ip address 10.10.0.1 24
[Huawei-GigabitEthernet0/0/1]undo ip address                     #删除配置的 IP 地址
```

### 1.8.4　基本 CLI 配置命令

在对网络设备进行配置时，网络管理员需要使用各种命令来配置相应的功能，与此相关的配置命令会在后文中陆续向读者进行介绍和展示。在本章，读者可以先了解一些与 VRP 系统相关的操作命令。

**1．文件操作系统命令**

本节展示一些 VRP 系统的文件系统操作命令。

① **pwd**：查看当前的工作路径，见例 1-7。在缺省情况下，用户处于根目录 flash:，可以通过命令 **cd** 更改工作路径。

例 1-7　查看当前目录

```
<Huawei>pwd
flash:
```

② **dir**：查看当前目录下的文件信息，见例 1-8。关键词 **dir** 后面还可以加上具体的文件名或目录名称，完整的语法格式为 **dir** [**/all**] [*filename* | *directory*]。

**例 1-8**　查看当前目录下的文件

```
<Huawei>dir
Directory of flash:/

  Idx  Attr     Size(Byte)   Date          Time(LMT)   FileName
    0  drw-              -   May 18 2021   06:58:12    dhcp
    1  -rw-        121,802   May 26 2014   09:20:58    portalpage.zip
    2  -rw-          2,263   May 18 2021   06:58:02    statemach.efs
    3  -rw-        828,482   May 26 2014   09:20:58    sslvpn.zip

1,090,732 KB total (784,464 KB free)
```

③ **more**：查看文本文件的具体内容，见例 1-9。关键词 **more** 后面必须添加文件名作为参数，完整的语法格式为 **more [/binary]** *filename* [*offset*] [**all**]。需要注意的是，这条命令只能用来查看文本文件，不能查看非文本文件，否则会显示乱码，甚至导致终端会话关闭。

**例 1-9**　查看文本文件的内容

```
<Huawei> more test.bat
rsa local-key-pair create
user-interface vty 12 14
authentication-mode aaa
protocol inbound ssh
user privilege level 5
quit
ssh user sftpuser authentication-type password
sftp server enable
```

④ **mkdir**：创建新目录。关键词 **mkdir** 后面必须添加参数，目录名称要区分大小写，不可以包含空格，见例 1-10。

**例 1-10**　创建新目录

```
<Huawei>mkdir flash:/new
Info: Create directory flash:/new......Done
```

⑤ **cd**：修改当前界面的工作路径。在缺省情况下，设备的当前路径为 flash:。在关键词 **cd** 后面必须添加参数，完整的语法格式为 **cd** *directory*。例 1- 11 中展示将当前的工作路径从 flash:更改为 flash:/new。

**例 1-11**　更改当前路径

```
<Huawei>pwd
flash:
<Huawei>cd flash:/new
<Huawei>pwd
flash:/new
```

⑥ **rmdir**：删除当前系统中的指定目录。关键词 **rmdir** 后面必须添加参数，完整的语法格式为 **rmdir** *directory*，见例 1-12。需要注意的是，只有空目录才能被删除。

**例 1-12**　删除指定目录

```
<Huawei>rmdir /new
Remove directory flash:/new? (y/n)[n]: y
%Removing directory flash:/new...Done!
```

⑦ **copy**：复制文件。关键词 **copy** 后面必须添加参数，完整的语法格式为 **copy** *source-filename destination-filename*，见例 1-13。当指定 destination-filename 时，若只指定了目标文件的路径，则会使用与源文件相同的文件名；若目标文件与源文件在相同目录下，则必须指定不同的目标文件名，否则复制不成功。

例 1-13　复制文件

```
<Huawei>copy flash:/config.cfg flash:/temp/temp.cfg
Copy flash:/config.cfg to flash:/temp/temp.cfg?(y/n)[n]: y
100%  complete
Info: Copied file flash:/config.cfg to flash:/temp/temp.cfg...Done
```

⑧ **move**：移动文件。关键词 **move** 后面必须添加参数，完整的语法格式为 **move** *source-filename destination-filename*，见例 1-14。需要注意的是，这条命令只能在相同存储器中移动文件。

例 1-14　移动文件

```
<Huawei>move flash:/test/sample.txt flash:/sample.txt
Move flash:/test/sample.txt to flash:/sample.txt ?(y/n)[n]: y
%Moved file flash:/test/sample.txt to flash:/sample.txt.
```

命令 **copy** 和命令 **move** 的区别在于：命令 **copy** 相当于复制并粘贴，源文件同时存在于源路径和目标路径；命令 **move** 相当于剪切并粘贴，源文件只存在于目标路径。

⑨ **rename**：重命名文件。关键词 **rename** 后面必须添加参数，完整的语法格式为 **rename** *old-name new-name*。例 1-15 展示了将 mytest.txt 重命名为 yourtest.txt。

例 1-15　重命名文件

```
<Huawei>rename mytest.txt yourtest.txt
Rename flash:/mytest.txt to flash:/yourtest.txt ?(y/n)[n]: y
Info: Rename file flash:/mytest.txt to flash:/yourtest.txt ......Done
```

⑩ **delete**：删除文件。关键词 **delete** 后面必须添加参数，完整的语法格式为 **delete** [**/unreserved**] [**/force**] {*filename* | *devicename*}，见例 1-16。可选关键词**/unreserved** 表示永久删除文件且无法恢复，当执行该命令时，系统会进行提示并让网络管理员进行确认。使用可选关键词**/force** 时，系统则不会给出任何提示。

例 1-16　删除文件

```
<Huawei>delete yourtest.txt
Delete flash:/yourtest.txt?(y/n)[n]: y
Info: Deleting file flash:/yourtest.txt...succeed.
```

在删除文件时，若没有使用可选关键词**/unreserved**，则被删除的文件被放入回收站目录。网络管理员可以使用命令 **dir/all** 进行查看。回收站中的文件用[]进行标识。网络管理员可以使用命令 **undelete** 恢复回收站中的文件，也可以使用命令 **reset recycle-bin** 从回收站中删除文件。

⑪ **undelete**：恢复被删除的文件。关键词 **undelete** 后面必须添加参数，完整的语法格式为 **undelete** {*filename* | *devicename*}，见例 1-17。

例 1-17　恢复被删除的文件

```
<Huawei>undelete yourtest.txt
Undelete flash:/yourtest.txt ?(y/n)[n]:y
%Undeleted file flash:/yourtest.txt.
```

⑫ **reset recycle-bin**：彻底删除回收站中的文件。关键词 **reset recycle-bin** 后面可以添加参数，完整的语法格式为 **reset recycle-bin** [*filename* | *devicename*]，见例 1-18。当不添加任何参数，直接执行命令 **reset recycle-bin** 时，设备会依次删除当前工作路径下在回收站中的文件。

**例 1-18**　彻底删除回收站的文件

```
<Huawei>reset recycle-bin flash:/test/test.txt
Squeeze flash:/test/test.txt?(y/n)[n]: y
Clear file from flash will take a long time if needed...Done.
%Cleared file flash:/test/test.txt.
```

### 2. 基本配置命令

在对网络设备进行功能性配置之前，通常需要对网络设备先执行一些基本的设置，比如设置网络设备自身的名称、时间、远程登录等。

① **sysname**：配置设备主机名。关键词 **sysname** 后面必须添加参数，完整的语法格式为 **sysname** *host-name*，见例 1-19。在缺省情况下，设备的主机名为 Huawei。

**例 1-19**　配置设备主机名

```
<Huawei>system-view
[Huawei]sysname HuaweiA
[HuaweiA]
```

② **clock timezone**：设置时区。关键词 **clock timezone** 后面必须添加参数，完整的语法格式为 **clock timezone** *time-zone-name* {**add** | **minus**} *offset*，例 1-20 展示了网络管理员将系统时区设置为北京时间。关键词 **add** 表示与 UTC 相比需要增加的时间偏移量，比如北京时间为 UTC +8；关键词 **minus** 表示与 UTC 相比需要减少的时间偏移量。

**例 1-20**　设置时区

```
<Huawei>clock timezone BeiJing add 08:00:00
```

③ **clock datetime**：设置时间。关键词 **clock datetime** 后面必须添加参数，完整的语法格式为 **clock datetime** *HH:MM:SS YYYY-MM-DD*，见例 1-21。时间参数的设置支持 24 小时制，参数年（*YYYY*）必须输入完整的 4 位数，参数月（*MM*）和日（*DD*）可以输入一位数。

**例 1-21**　设置时间

```
<Huawei>clock datetime 0:0:0 2021-01-01
```

④ **command-privilege**：配置命令等级。这条命令可以用来指定视图内命令的等级，命令级别从低到高分别为参观级（0）、监控级（1）、配置级（2）和管理级（3～15）。这条命令的完整语法为 **command-privilege level** *level* **view** *view-name command-key*。例 1-22 展示了为参观级（0）的用户赋予了使用命令 **debugging** 的权限。

**例 1-22**　配置命令等级

```
<Huawei>system-view
[Huawei]command-privilege level 0 view user debugging
 The command level is modified successfully
```

⑤ 配置通过密码方式远程登录设备。网络设备支持本地登录和远程登录，其中，本地登录使用的是 Console 接口，远程登录使用的是 VTY 接口，见例 1-23。远程登录使用的命令具体如下：

使用命令 **user-interface vty 0 4** 进入 VTY 接口；

使用命令 **set authentication password cipher** *information* 设置密码。

**例 1-23**　设置远程登录密码

```
<Huawei>system-view
[Huawei]user-interface vty 0 4
[Huawei-ui-vty0-4]set authentication password cipher Huawei@123
```

⑥ **idle-timeout**：设置远程登录的空闲超时时间，即用户在一段时间内没有输入命令，VRP 系统会断开与用户的远程连接。关键词 **idle-timeout** 后面必须添加参数，完整

的语法格式为 **idle-timeout** *minutes* [*seconds*]，缺省情况下的超时时间是 10 min。例 1- 24 中将超时时间改为永不超时，这种设置仅可在实验室环境中使用。出于安全考虑，不建议读者在生产环境中将超时时间设置为永不超时。

例 1-24 设置超时时间

```
<Huawei>system-view
[Huawei]user-interface vty 0 4
[Huawei-ui-vty0-4]idle-timeout 0
```

⑦ **display current-configuration**：查看当前的运行配置，见例 1-25。网络管理员还可以使用 **display saved-configuration** 查看保存的配置。

例 1-25 查看当前的运行配置

```
<Huawei>display current-configuration
[V200R003C00]
#
 command-privilege level 0 view user save
 command-privilege level 0 view user debugging
#
 snmp-agent local-engineid 800007DB03000000000000
 snmp-agent
#
 clock timezone China-Standard-Time minus 08:00:00
#
portal local-server load portalpage.zip
#
 drop illegal-mac alarm
#
 set cpu-usage threshold 80 restore 75
#
aaa
 authentication-scheme default
 authorization-scheme default
 accounting-scheme default
 domain default
 domain default_admin
 local-user admin password cipher %$%$K8m.Nt84DZ}e#<0`8bmE3Uw}%$%$
 local-user admin service-type http
  ---- More ----
```

⑧ **save**：保存配置，见例 1-26。

例 1-26 保存配置

```
<Huawei>save
  The current configuration will be written to the device.
  Are you sure to continue? (y/n)[n]:y
  It will take several minutes to save configuration file, please wait.......
  Configuration file had been saved successfully
  Note: The configuration file will take effect after being activated
```

⑨ **reset saved-configuration**：清除已保存的配置，见例 1-27。使用这条命令清除已保存的配置后，如果没有再次保存配置，那么在下次启动时，设备会以缺省配置参数进行初始化。

例 1-27 清除已保存的配置

```
<Huawei>reset saved-configuration
This will delete the configuration in the flash memory.

The device configuratio
ns will be erased to reconfigure.

Are you sure? (y/n)[n]:y
 Clear the configuration in the device successfully.
```

⑩ **display startup**：查看启动配置参数。这条命令可以用来查看设备下次启动时相关的系统软件、配置文件等，见例 1-28。

**例 1-28**　查看启动配置参数

```
<Huawei>display startup
MainBoard:
  Startup system software:                   null
  Next startup system software:              null
  Backup system software for next startup:   null
  Startup saved-configuration file:          null
  Next startup saved-configuration file:     flash:/vrpcfg.zip
  Startup license file:                      null
  Next startup license file:                 null
  Startup patch package:                     null
  Next startup patch package:                null
  Startup voice-files:                       null
  Next startup voice-files:                  null
```

⑪ **startup saved-configuration**：指定下次启动时使用的配置文件。关键词 **startup saved-configuration** 后面必须添加参数，这条命令完整的语法格式为 **startup saved-configuration** *configuration-file*，见例 1-29。

**例 1-29**　指定启动配置文件

```
<Huawei>startup saved-configuration update.zip
This operation will take several minutes, please wait....
Info: Succeeded in setting the file for booting system
```

⑫ **reboot**：重新启动设备。在执行命令前，系统会向网络管理员进行确认，见例 1-30。

**例 1-30**　重启设备

```
<Huawei>reboot
Info: The system is comparing the configuration, please wait.
System will reboot! Continue ? [y/n]:y
Info: system is rebooting ,please wait...
```

本节介绍的 VRP 系统命令仅仅能够对设备执行最基本的操作。随着学习的深入，读者还可以在本书和配套的图书《HCIA-Datacom 网络技术实验指南》中学习很多新内容，了解它们在 VRP 系统中对应的配置命令。

## 练　习　题

1. 当代计算机通信网络或数据通信网络使用如下哪种网络？（　　）

   A. 数据包交换网络　　B. 电路交换网络

   C. 线路交换网络　　D. 数据帧交换网络

2. 下列哪种拓扑可以很好地避免设备或者链路出现单点故障的问题？（　　）

   A. 星形拓扑　　B. 环形拓扑

   C. 全网状拓扑　　D. 总线拓扑

3. （双选）TCP/IP 模型的网络接入层对应 OSI 模型的哪一层？（　　）

   A. 物理层　　B. 数据链路层

   C. 网络层　　D. 传输层

E. 应用层

4. TCP 工作在 OSI 模型的哪一层？（ ）

A. 网络层　　B. 传输层

C. 会话层　　D. 表示层

E. 应用层

5. IP 工作在 OSI 模型的哪一层？（ ）

A. 网络层　　B. 传输层

C. 会话层　　D. 表示层

E. 应用层

6. ARP 请求的目的是（ ）。

A. 让被请求方提供它的单播 MAC 地址

B. 让被请求方提供它的组播 MAC 地址

C. 让被请求方提供它的单播 IP 地址

D. 让被请求方提供它的组播 IP 地址

7.（双选）下列哪个 MAC 地址属于烧录 MAC 地址？

A. 11-11-11-11-11-11　　B. 22-22-22-22-22-22

C. 33-33-33-33-33-33　　D. 44-44-44-44-44-44

8. 下列哪一项是 TCP 和 UDP 都可以提供的服务？（ ）

A. 保证数据段按序到达　　B. 校验数据段的传输错误

C. 接收端确认收到的数据　　D. 发送端重传未确认数据

9. 滑动窗口机制的工作不涉及 TCP 的哪些服务？（ ）

A. 接收端对数据进行确认　　B. 发送端重传未确认数据

C. 接收端校验数据的错误　　D. 双方协调数据传输进度

10. 典型的 3 层园区网设计方案不包含下列哪一层？（ ）

A. 接入层　　B. 网络层

C. 汇聚层　　D. 核心层

**答案：**

1. A 2. C 3. AB 4. B 5. A 6. A 7. BD 8. B 9. C 10. B

# 第 2 章 构建互联互通的 IP 网络

本章主要内容

2.1 IPv4 基础

2.2 IP 地址基础

2.3 IP 路由基础与三层设备的转发原理

2.4 直连路由与静态路由

2.5 OSPF 协议的基本原理与 OSPF 协议在 VRP 中的配置

2.6 在 VRP 系统中使用静态路由和 OSPF 协议构建小型路由网络

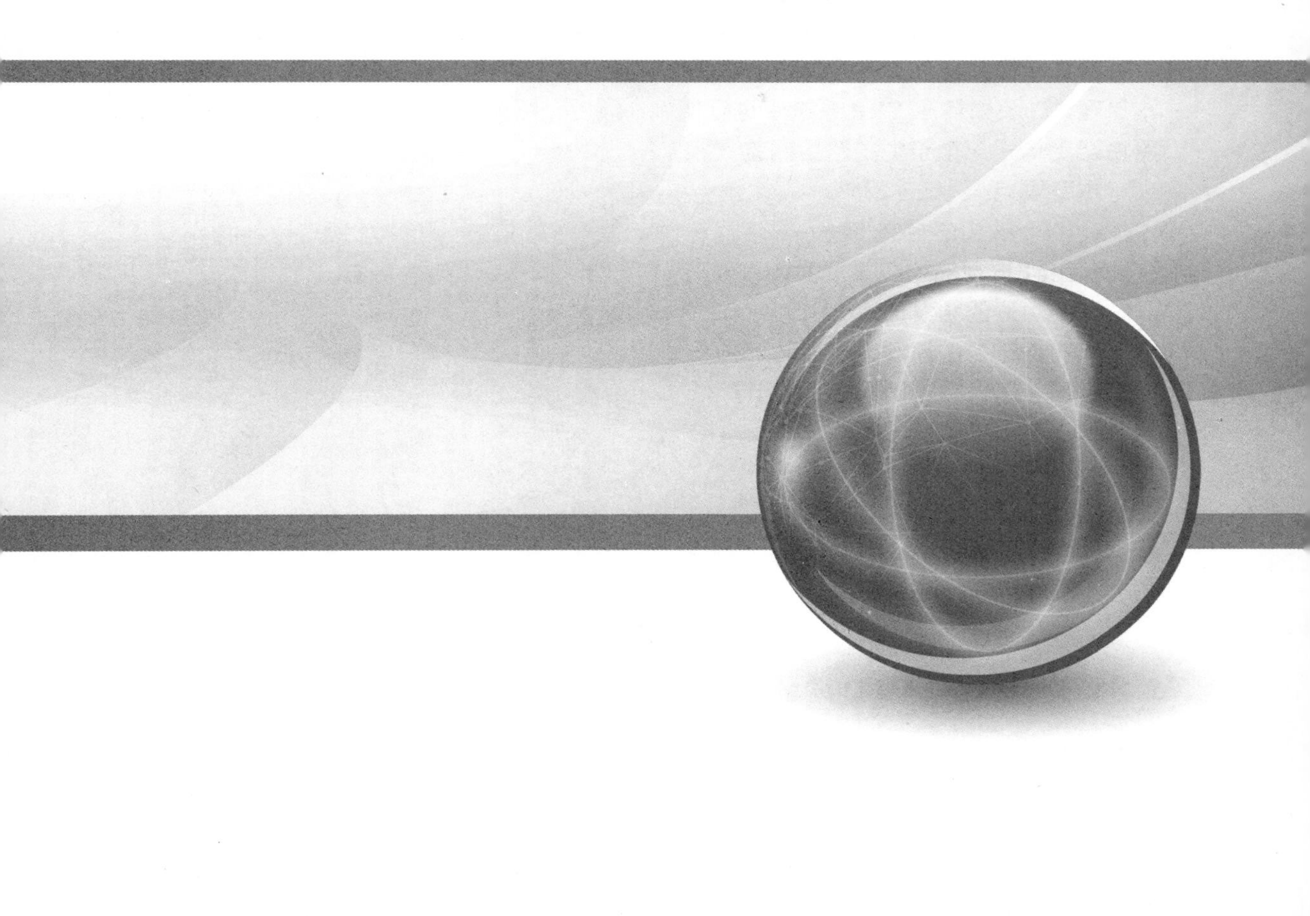

本章首先对 IPv4 进行详细介绍，内容包括 IPv4 的头部封装、IPv4 地址的构成与分类，以及 IPv4 子网；然后介绍 IP 路由的基本概念，说明路由器如何根据路由表的信息执行数据包转发，并介绍静态路由的原理，同时还介绍一项动态路由协议——OSPF 的基本原理，以及如何在 VRP 系统中进行实施；最后介绍如何使用静态路由和 OSPF 在华为路由器上构建一个小型的路由网络。

**本章重点**

- IPv4 的头部封装
- IPv4 地址的构成与分类，以及 IPv4 子网
- 路由器的转发原理
- 静态路由的原理
- 静态路由在 VRP 系统的配置
- OSPF 的基本原理
- OSPF 在 VRP 系统中的配置

## 2.1 IPv4 基础

### 2.1.1 IP 地址与 MAC 地址

设备制造商在生产网卡时将 MAC 地址烧录在网卡上，因而 MAC 地址随网卡接入任何一个网络。MAC 地址无法归类，随物理硬件的移动而移动，只能在局域网的有限范围内作为设备的标识符。如果用 MAC 地址在全网范围内寻址，那么所有的联网设备需要维护一个包含所有网卡的数据表，包含通往某个网卡的合理转发路径。当任何一台联网设备发生跨网络的物理迁移时，所有设备的数据表要进行更新。如果希望实现全局范围内的寻址，那么网络层需要提供一种可归类（可汇总）、不随设备跨网络迁移的地址，以便在逻辑上与设备进行关联。这就是在建立跨网络互联的网络层时，不能把数据链路层通过 MAC 地址实现本地寻址的方式直接扩展到网际寻址的重要原因之一。

因为数据链路层网络是异构的，所以需要在网络层定义网际的转发标准。具体而言，并不是所有的数据链路层协议会在数据帧头部封装 MAC 地址。数据链路层的目标是实现链路本地通信，比如，数据链路层协议 PPP（Point-to-Point Protocol，点到点协议）在实现两端设备的相互通信时，就没有使用 MAC 地址。数据链路层的 PPP 连接如图 2-1 所示。

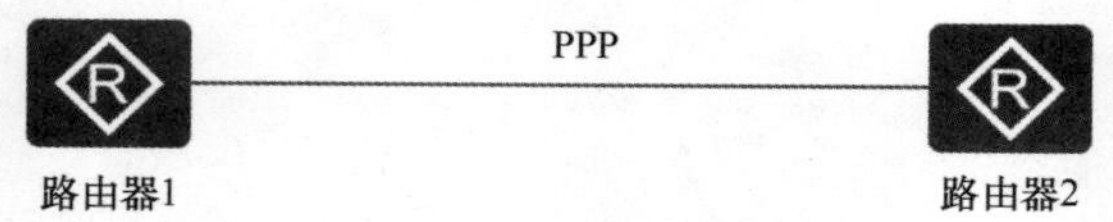


图 2-1 数据链路层的 PPP 连接

如果将 PPP 作为数据链路层协议，那么数据链路层封装的地址字段是十六进制 0xFF 的广播地址，因为图 2-1 所示的网络拓扑是任何一方在发送消息时，不必指明链路本地的接收方的网络环境，所以在这样的环境中，链路本地只有发送方和接收方，并没有其他设备。

网络层的目标是实现跨网络通信，不同网络的数据链路层在构造上存在差异，因而无法使用相同的机制建立通信。如果希望实现异构网络之间的相互通信，那么需要在网络层定义一种更具普适性的通信标准，然后使用工作在网络层的路由器连接不同网络的数据链路层。当路由器在接收数据时，可以把数据解封装到网络层，通过查看网络层协议封装的头部来判断如何跨网络转发数据。IP 及其对 IP 地址的规范就满足了跨网络通信的需求。

### 2.1.2　IPv4 的头部封装

为了在网络层定义广泛适用的通信标准，覆盖异构网络产生的差异，网络层协议的定义应该符合奥卡姆剃刀理论：如无必要，勿增实体，让协议标准只需满足基本的跨网络转发需求即可。因此，IPv4 头部封装结构及数据部分如图 2-2 所示。封装结构的各字段含义如下。

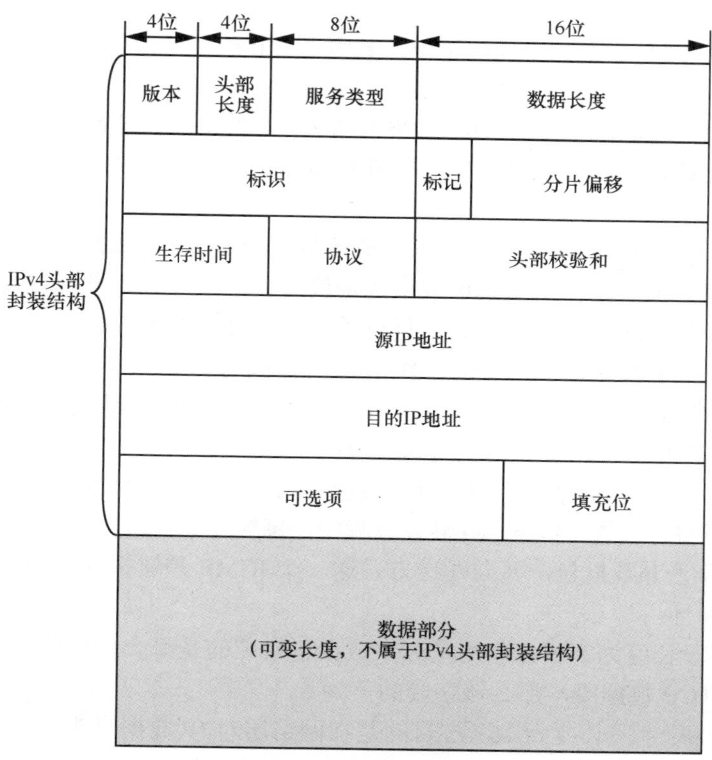


图 2-2　IPv4 头部封装结构及数据结构

① 版本：字段长度为 4 位，作用是标识数据包的版本。

② 头部长度：字段长度为 4 位，作用是标识数据包的头部部分长度。IPv4 头部包含可选项，因而其长度可变。该字段的最小取值为 5（二进制形式为 0101），表示头部长度为 20 字节。在没有可选项字段的情况下，IPv4 头部长度是 160 位，即 20 字节。如果该字段取值为 4（二进制形式为 0100），那么从第 21 字节开始为数据部分。又因该字段的长度为 4 位，所以这个字段的最大取值为 15（二进制形式为 1111），表示头部长度为

4 字节×15=60 字节，数据部分从第 61 字节开始。

③ 服务类型：字段长度为 8 位，作用是让网络层设备根据服务类型字段的取值，为数据包提供专门的服务。之后，RFC 2474 把这个字段修改为差分服务字段，但定义的初衷并没有变化。目前，大多数 IPv4 数据包仍然没有使用服务类型字段。但是，对时延、抖动格外敏感的 IP 语音（Voice over IP，VoIP）数据，为了获得更优的转发，VoIP 数据包有时候会使用服务类型字段，以在网络层转发设备处获得优先服务。

④ 数据长度：字段长度为 16 位，作用是标识数据包的长度。该字段的最小取值是 20，即 20 字节的 IPv4 头部加上 0 字节的数据部分。又因字段长度为 16 位，所以该字段的最大取值为 $2^{16}-1=65535$ 字节。实际中的网络几乎不会传输这么大的数据包，而是会对数据包进行分片。

⑤ 标识：字段长度为 16 位。网络设备有时需要对一个 IPv4 数据包进行分片，即分成多个 IPv4 数据包。因此，IPv4 数据包头部需要一个字段来标识同一个 IPv4 数据包的多个分片。

⑥ 标记：该字段是 3 个独立的标记位，其中，第 0 位是保留位，取值为 0；第 1 位和第 2 位具体如下。

- DF：Don't Fragment，禁止分片。如果取值为 1，则表示当设备需要对数据包进行分片时，会选择丢弃数据包；如果取值为 0，则表示设备根据需要对数据包进行分片。
- MF：More Fragment，更多分片。如果取值为 1，则表示该数据包之后，还有更多分片；如果取值为 0，则表示该数据包是最后一个分片。当设备对数据包进行分片时，在原数据包的所有分片中，只有最后一个分片的 MF 取值为 0。

⑦ 分片偏移：字段长度为 13 位，作用是在接收方重组数据包的各个分片时，确定每个分片在原数据包中的顺序。执行分片的设备在进行分片时，通过分片偏移来标识每个分片的顺序，以便接收方重组分片。

⑧ 生存时间：字段长度为 8 位，表示数据包到达目的端之前允许经过的路由器跳数。该字段值由发送方进行设置。数据包在转发过程中，每经过一跳路由转发，该值减 1。当值为 0 时，路由器丢弃数据包，并向发送方发送一个 ICMP 差错报文。该字段可以防止数据包陷入路由循环。

⑨ 协议：字段长度为 8 位，作用是标识数据包封装的是哪个协议的数据段。例如，数据包封装的是 TCP 数据段，那么该字段的值为 6。

⑩ 头部校验和：字段长度为 16 位，目的是在网络层对 IP 数据包头部进行差错校验。

⑪ 源 IP 地址：字段长度为 32 位，作用是标识源主机的 IP 地址。

⑫ 目的 IP 地址：字段长度为 32 位，作用是标识数据包的目的 IP 地址。

⑬ 可选项与填充位：可选项字段的作用是根据特定需求提供一些扩展功能。IPv4 数据包头部是否包含可选项字段，以及可选项字段的长度均不确定。当添加可选项字段后，IPv4 数据包头部的字节数将不能被 4 整除，这会增加设备处理的难度。在这种情况下，设备会在填充位填充一些 0，以便被 4 整除。

**注释：** 如果未经说明，后文中的 IP 一概指代 IPv4。

# 2.2 IP 地址基础

## 2.2.1 二进制与十进制的相互转换

进制指进位计数法，也可以描述为每一位数字的权重是其后一位数字的多少倍。例如，十进制是每一位数字的权重是后一位数字的 10 倍，即十位上的数字的权重是个位上的 10 倍，百位上的数字的权重是十位上的 10 倍，以此类推。

十进制各个位的权重见表 2-1。

表 2-1　十进制各个位的权重

| 位数 | 权重 | 十进制形式 |
|---|---|---|
| …… | …… | …… |
| 第 8 位 | $10^7$ | 10000000 |
| 第 7 位 | $10^6$ | 1000000 |
| 第 6 位 | $10^5$ | 100000 |
| 第 5 位 | $10^4$ | 10000 |
| 第 4 位 | $10^3$ | 1000 |
| 第 3 位 | $10^2$ | 100 |
| 第 2 位 | $10^1$ | 10 |
| 第 1 位 | $10^0$ | 1 |

十进制数可以用每一位的权重与该位值乘积累加的形式来表示，具体如下。

$1519=1\times10^3+5\times10^2+1\times10^1+9\times10^0$

$802=8\times10^2+0\times10^1+2\times10^0$

二进制各个位的权重及其对应的十进制形式见表 2-2。

表 2-2　二进制各个位的权重及其对应的十进制形式

| 位数 | 权重 | 十进制形式 |
|---|---|---|
| …… | …… | …… |
| 第 8 位 | $2^7$ | 128 |
| 第 7 位 | $2^6$ | 64 |
| 第 6 位 | $2^5$ | 32 |
| 第 5 位 | $2^4$ | 16 |
| 第 4 位 | $2^3$ | 8 |
| 第 3 位 | $2^2$ | 4 |
| 第 2 位 | $2^1$ | 2 |
| 第 1 位 | $2^0$ | 1 |

每个二进制数可以与表 2-2 进行对应，例如二进制数 1010110 的对应结果如下。

| 二进制数 | 1 | 0 | 1 | 0 | 1 | 1 | 0 |
| --- | --- | --- | --- | --- | --- | --- | --- |
| 对应关系 | ↑ | ↑ | ↑ | ↑ | ↑ | ↑ | ↑ |
| 权重 | $2^6$ | $2^5$ | $2^4$ | $2^3$ | $2^2$ | $2^1$ | $2^0$ |
| 十进制形式 | 64 | 32 | 16 | 8 | 4 | 2 | 1 |

二进制数 10001110 转换为十进制形式的方式如下。

$10001110=1\times2^7+0\times2^6+0\times2^5+0\times2^4+1\times2^3+1\times2^2+1\times2^1+0\times2^0=128+0+0+0+8+4+2+0=142$

请读者尝试将二进制数 11110010 转换成十进制形式，答案如下。

$11110010=1\times2^7+1\times2^6+1\times2^5+1\times2^4+0\times2^3+0\times2^2+1\times2^1+0\times2^0=128+64+32+16+0+0+2+0=242$

将十进制数转换成二进制形式的一种方法是“除 2 取余、逆序排列”。该方法把十进制数作为被除数、2 作为除数进行除法运算，得到商。除法运算的余数可能为 0（即整除），也有可能为 1。如果商不为 0，则把商作为被除数、2 作为除数继续进行除法运算，直到商为 0 为止。最后，把余数 0 和 1 按照从下到上的顺序，从左到右进行排列。

以 86 为例，十进制数转换为二进制形式首先进行“除 2 取余”，具体如下。

| 被除数 | | 除数 | | 商 | 余数 |
| --- | --- | --- | --- | --- | --- |
| 86 | ÷ | 2 | = | 43 | 0 |
| 43 | ÷ | 2 | = | 21 | 1 |
| 21 | ÷ | 2 | = | 10 | 1 |
| 10 | ÷ | 2 | = | 5 | 0 |
| 5 | ÷ | 2 | = | 2 | 1 |
| 2 | ÷ | 2 | = | 1 | 0 |
| 1 | ÷ | 2 | = | 0 | 1 |

然后将余数按照从下到上的顺序，从左至右排列，得到 1010110。

将十进制数转换为二进制形式的另一种方法的具体操作为：首先找到 2 的各次幂中，小于要转换的十进制数的所有数字，用这个十进制数减去 2 的最大次幂，同时记二进制数的最高位数 1；然后判断上一次减法运算的差是否大于 2 的次大次幂，如果大于则执行减法运算，并记二进制数的次高位为 1，反之则不执行减法运算，仅记二进制数的次高位为 0；以此类推，直到与 2 的 0 次幂（即 1）对比完为止，此时便得到二进制数从高到低的所有位。还是以 86 为例，具体转换步骤如下。

步骤 1：找到小于 86 的 2 次幂，有 64、32、16、8、4、2、1。

步骤 2：86−64=22，记为 1。

步骤 3：22<32，记为 0。

步骤 4：22−16=6，记为 1。

步骤 5：6<8，记为 0。

步骤 6：6−4=2，记为 1。

步骤 7：2−2=0，记为 1。

步骤 8：0<1，记为 0。

步骤 9：把标记的二进制数按照从高位到低位的顺序进行排列，得到 1010110。

各类操作系统的不同应用也可以轻松完成进制的转换。例如，Windows 10 操作系统自带的计算器软件提供了一种程序员模式，如图 2-3 所示。

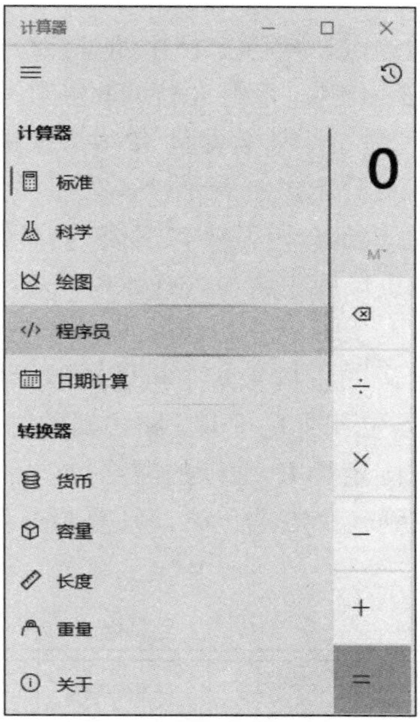

图 2-3　Windows10 操作系统自带的计算器软件的程序员模式

选择程序员模式之后，计算器默认的是十进制形式。输入数字之后，用户可以在界面中看到这个数字对应的十六进制数、八进制数和二进制数，如图 2-4 所示。用户也可以单击 HEX（十六进制）、DEC（十进制）、OCT（八进制）、BIN（二进制）标识，选择输入的形式。

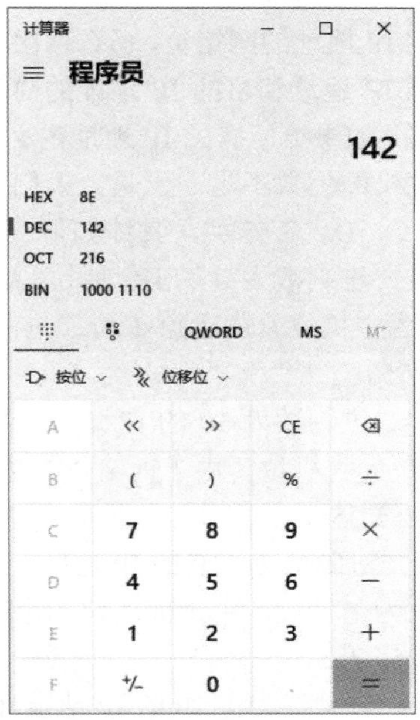


图 2-4　使用 Windows10 操作系统自带的计算器软件进制转换

### 2.2.2 IP 地址格式

IP 地址由 32 位二进制数组成，实际上使用的是点分十进制表示法。点分十进制表示法把 32 位二进制数平均分成 4 组，每组 8 位（1 字节），然后按组转换为十进制数，组与组之间使用点（.）隔开。例如，某数据包 IP 头部的源地址字段值为 00111011001101010101001011000101，使用点分十进制表示法，表示为 59.53.82.197。

IP 地址分为网络部分和主机部分，其中，网络部分（网络位或网络号）标识 IP 地址所在的网络，主机部分（主机位或主机号）标识网络中一个适配器。在 IP 地址中，网络位从最左侧位开始，到第 $N$ 位为止；主机位从第 $N$+1 位开始，到最右侧位为止。从功能上看，网络位类似于电话号码的主机号，主机位类似于电话号码的分机号。

最初在定义 IP 地址的网络位和主机位时，路由器的处理能力有限。为了减轻路由器的处理负担，IP 地址的前 8 位固定为 IP 地址的网络位，后 24 位固定为主机位，如图 2-5 所示。这样一来，当路由器收到一个数据包时，只需要查看目的 IP 地址的前 8 位，就可以做出转发决策了。

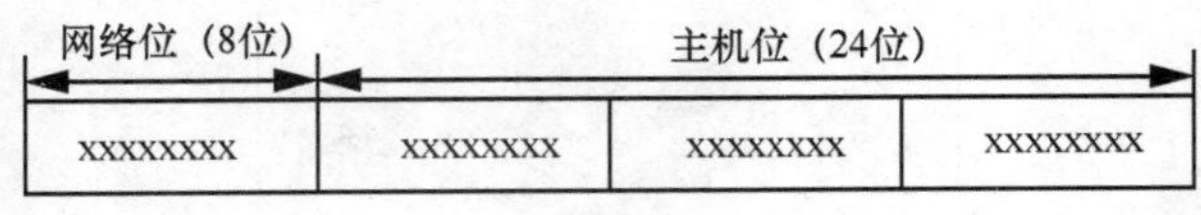


图 2-5 IP 地址的主机位和网络位

### 2.2.3 有类 IP 地址

IP 地址的前 8 位固定为网络位，意味着这种编址方式只能支持 256（$2^8$）个网络进行相互通信，难以满足更多新建网络的 IP 地址需求。IP 地址的主机位有 24 位，表示每个网络可以支持 16777216（$2^{24}$）个地址。

如果引入其他标识符指明 IP 地址的网络位，那么路由器在收到数据包时必须进行运算，才能知道这个数据包的源 IP 地址和目的 IP 地址的前几位是网络位，这为路由器有限的处理资源带来严峻的挑战。如果给所有的 IP 地址定义网络位数量，则会导致分配给网络位的位数不足或分配给主机的位数不足。于是，人们定义了 IP 地址的类。

IP 地址可以分为 A、B、C、D、E 5 类，具体如下。

① A 类 IP 地址指第 1 位二进制数为 0 的 IP 地址。A 类 IP 地址的前 8 位二进制数为网络位，后 24 位二进制数为主机位。由于第 1 位二进制数为 0，A 类 IP 地址的理论范围为 0.0.0.0～127.255.255.255。

② B 类 IP 地址指前 2 位二进制数为 10 的 IP 地址。B 类 IP 地址的前 16 位二进制数为网络位，后 16 位二进制数为主机位。由于前 2 位二进制数为 10，B 类 IP 地址的理论范围为 128.0.0.0～191.255.255.255。

③ C 类 IP 地址指前 3 位二进制数为 110 的 IP 地址。C 类 IP 地址的前 24 位二进制数为网络位，后 8 位二进制数为主机位。由于前 3 位二进制数为 110，C 类 IP 地址的理论范围为 192.0.0.0～223.255.255.255。

④ D 类 IP 地址指前 4 位二进制数为 1110 的 IP 地址。D 类 IP 地址预留为组播地址。由于前 4 位二进制数为 1110，D 类 IP 地址的理论范围为 224.0.0.0～239.255.255.255。

⑤ E 类 IP 地址指前 4 位二进制数为 1111 的 IP 地址。E 类 IP 地址预留为保留地址。由于前 4 位二进制数为 1111，D 类 IP 地址的理论范围为 240.0.0.0～255.255.255.255。

在一个网络中，第一个 IP 地址代表整个网络，最后一个 IP 地址代表这个网络的广播地址，其他 IP 地址分配给这个网络中的主机。例如，在 C 类 IP 地址 192.1.1.x 中，192.1.1.0 代表整个网络，192.1.1.255 代表这个网络的广播地址，192.1.1.1～192.1.1.254 共 254 个，可以作为该网络中各个主机的地址。如果把这个例子泛化，一个网络的可用主机地址=$2^{主机位数}-2$。

有类 IP 地址的起始位、网络位、主机位、网络数、可用主机地址数、起始地址和最终地址的总结见表 2-3。

**表 2-3　有类 IP 地址总结**

| 类 | 起始位 | 网络位 | 主机位 | 网络数/个 | 可用主机地址数/个 | 起始地址 | 最终地址 |
|---|---|---|---|---|---|---|---|
| A | 0 | 8 | 24 | 128（$2^7$） | 16777214（$2^{24}-2$） | 0.0.0.0 | 127.255.255.255 |
| B | 10 | 16 | 16 | 16384（$2^{14}$） | 65534（$2^{16}-2$） | 128.0.0.0 | 191.255.255.255 |
| C | 110 | 24 | 8 | 2097152（$2^{21}$） | 254（$2^8-2$） | 192.0.0.0 | 223.255.255.255 |
| D | 1110 | N/A | N/A | N/A | N/A | 224.0.0.0 | 239.255.255.255 |
| E | 1111 | N/A | N/A | N/A | N/A | 240.0.0.0 | 255.255.255.255 |

有类 IP 地址是兼顾 IP 地址分配灵活性和路由器处理器性能的一种折中方案。在 IP 地址分配灵活性方面，与固定前 8 位作为网络位的 IP 地址相比，有类 IP 地址把网络数由原来的 256 个扩展为了表 2-3 所示的 128+16384+2097152=2113664 个。有类 IP 地址根据网络规模把网络划分成不同的类型，避免了小规模网络浪费 IP 地址的情况，但是，这种灵活性牺牲了路由器处理器性能。路由器原本根据 IP 地址的前 8 位可以直接进行转发决策，无须判断 IP 地址的网络位，现在则需要先根据 IP 地址的前 4 位判断这个地址属于哪一类，然后才能知道这个地址的网络位，对数据包执行转发。

在行政上，IP 地址的分配由 IANA 管理，之后，由 ICANN（Internet Corporation for Assigned Names and Numbers，互联网名称与数字地址分配机构）负责履行 IANA 的职责。

### 2.2.4　子网划分与子网掩码

IP 地址是不同于 MAC 地址的分层地址，这种地址便于寻址。但是，人们在一开始就发现 IP 地址分为网络部分和主机部分，还是难以满足用户的日常需求。

20 世纪 80 年代初，进行网络建设的机构主要是高校、研究所等，这些机构通常拥有一个规模不小的园区，其中的多栋楼宇部署了主机。当时，以太网还没有在数据链路层占据主导地位，同一家机构的不同楼宇有可能使用不同的协议组建局域网，那么这类机构是应该给每一栋楼宇申请一个独立的 IP 网络，还是让整个园区使用同一个 IP 网络呢？如果给每栋楼宇申请一个独立的 IP 网络，那么会造成大量的 IP 地址浪费；如果让整个园区使用同一个 IP 网络，那么通信效率和设备性能都会受到影响。如果同一个 IP 网络的主机过多，则有可能出现 ARP 请求过多的情形，从而影响整个网络的通信，消耗网络带宽和节点资源。

子网划分方式是从 IP 地址的主机位中借位组成子网位，即把主机位分成子网位和主机位两部分，如图 2-6 所示。

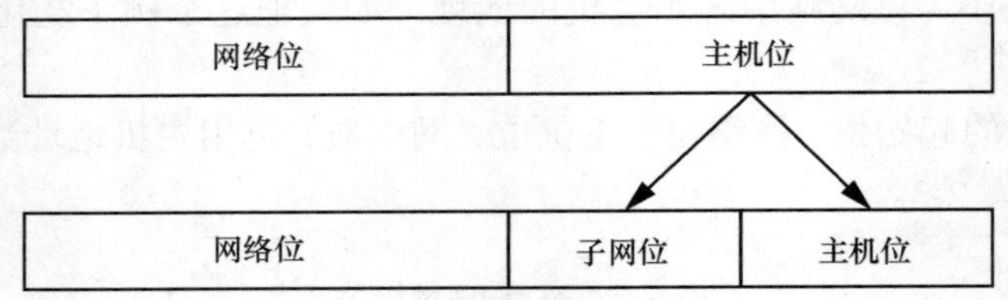


图 2-6 子网划分的 IP 地址

下面以 B 类 IP 地址 160.0.0.0 为例，说明如何将一个网络划分成 8 个子网。

8 个子网（$8=2^3$）的划分需要从主机位借 3 位作为子网位，以形成 8 种不同的二进制组合，如图 2-7 所示。

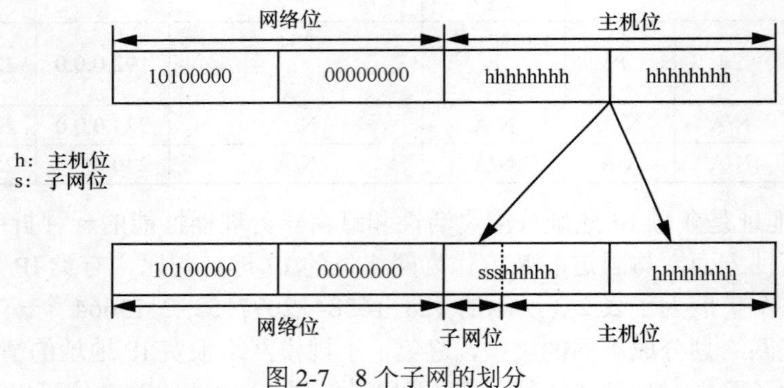


图 2-7 8 个子网的划分

列出 3 位子网位的 8 种二进制组合，然后再转换为点分十进制形式，即得到 B 类 IP 地址 160.0.0.0 的 8 个子网，如图 2-8 所示。每个子网有 13 位主机位，可以部署 8190（即 $2^{13}-2$）台主机。

划分前的 B 类 IP 地址和划分后的第 1 个子网的点分十进制地址都是 160.0.0.0，前者是一个拥有 16 位主机位的完整 B 类 IP 地址，可以部署 65534 台主机；后者则是一个拥有 13 位主机位的子网，可以部署 8190 台主机。在这种情况下，必须通过某些额外的信息来标识 IP 地址的网络位，这种信息叫作子网掩码。

子网掩码在形式上为 32 位二进制数，用点分十进制的形式来表示。子网掩码以 1 代表对应 IP 地址的网络位和子网位，以 0 代表对应 IP 地址的主机位。例如，B 类 IP 地址 160.0.0.0 的网络位为前 16 位，主机位为后 16 位，因此其子网掩码的前 16 位为 1，后 16 位为 0，转换为点分十进制则为 255.255.0.0。图 2-8 所示的子网 1 的 B 类 IP 地址子网掩码的前 19 位为 1，后 13 位为 0，转换为点分十进制则为 255.255.224.0。子网掩码标识网络位和主机位如图 2-9 所示。

图 2-8　B 类 IP 地址 160.0.0.0 的 8 个子网

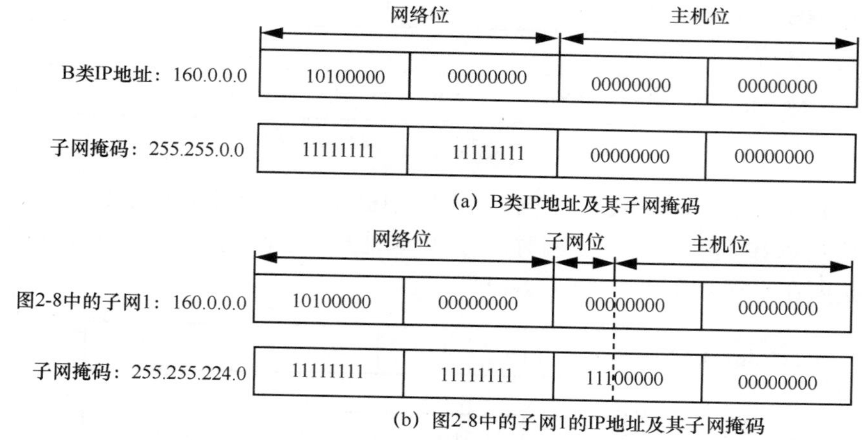

网络位　主机位

B类IP地址：160.0.0.0　10100000　00000000　00000000　00000000

子网掩码：255.255.0.0　11111111　11111111　00000000　00000000

(a) B类IP地址及其子网掩码

网络位　子网位　主机位

图2-8中的子网1：160.0.0.0　10100000　00000000　00000000　00000000

子网掩码：255.255.224.0　11111111　11111111　11100000　00000000

(b) 图2-8中的子网1的IP地址及其子网掩码

图 2-9　子网掩码标识网络位和主机位

目前，有类 IP 地址已经退出了历史舞台。在使用 IPv4 地址时，子网掩码随着 IPv4 地址的出现而出现，标识一个 IP 地址所在的网络。读者可以判断一下，160.160.5.1、160.160.15.1、160.160.25.1 这 3 个 IP 地址的子网掩码都是 255.255.240.0，那么哪两个 IP 地址处于同一个网络？将这 3 个 IP 地址和子网掩码都转换为二进制形式，如图 2-10 所示。

由图 2-10 可知，160.160.5.1 和 160.160.15.1 这两个 IP 地址属于同一个子网，160.160.25.1 属于另一个子网。

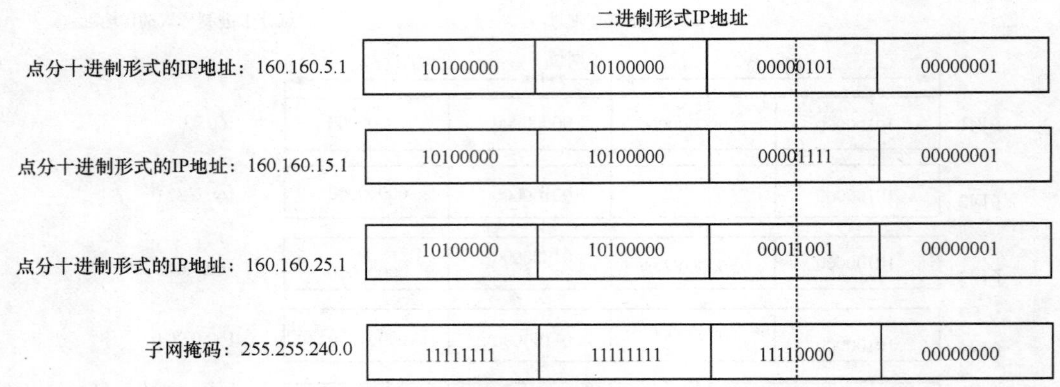


图 2-10 二进制形式的 IP 地址和子网掩码

根据 IP 地址及其子网掩码判断这个 IP 地址所在子网的网络地址，只需要按照子网掩码保持该 IP 地址的网络位和子网位不变，同时主机位修改为 0，便可得到这个 IP 地址所在子网的网络地址。同样以 IP 地址 160.160.25.1 为例，介绍如何判断其所在子网的方法，如图 2-11 所示。

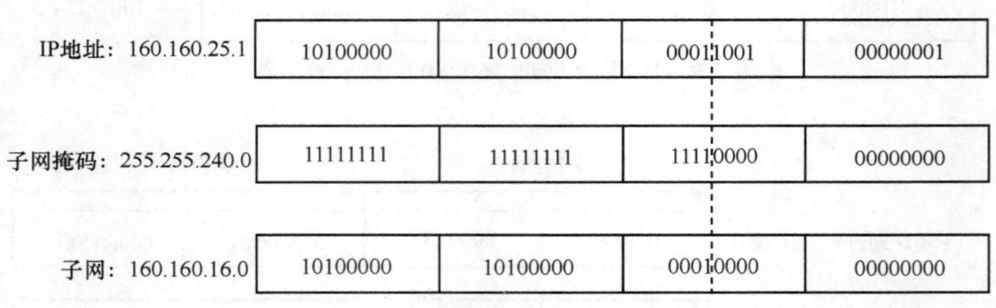


图 2-11 IP 地址所在子网判断示例

由图 2-11 可知，160.160.25.1 属于子网 160.160.16.0，子网掩码为 255.255.240.0。

当逐位判断 IP 地址所在的子网时，对 IP 地址及其子网掩码逐位进行逻辑与运算，得到的即是所在子网 IP 地址，如图 2-12 所示。

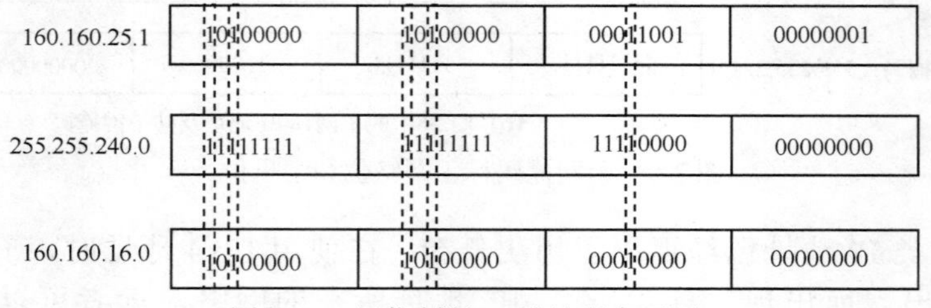


图 2-12 逐位判断 IP 地址所在子网

## 2.2.5 可变长子网掩码与无类域间路由选择

当人们希望把一个主类网络划分成多个子网，用于多个不同场所时，会发现这些场所的网络规模也是不一样的。

例如，某机构申请了一个 C 类 IP 地址，需要在 3 个场所建立网络，其中，一个场所需要部署 120 台主机，另外两个场所均需要部署 60 台主机。该机构现在需要划分 3 个子网。因为 $2^2=4>3$，所以该机构需要从 8 个主机位中至少借 2 位作为子网位。这种方式会出现一个问题，剩下的 6 个主机位最多可以部署 62（即 $2^6-2$）台主机，无法满足部署 120 台主机的网络需求。

定义子网划分方式的 RFC 文档（RFC 917 和 RFC 950）提到子网号应该是宽度可变的。RFC 917 提到子网号宽度可变的优点是每个组织可以找到最好的方式，把地址位这种稀缺资源分配给子网号和主机号[①]。之后发布的 RFC 1009 则直接指出，为了应对互联网在未来的扩张，灵活使用可用地址空间已经显得尤为重要，因而应该支持一种特殊的子网划分方式，让人们不只可以使用一个子网掩码。很多拥有巨型局域网的园区都在建立嵌套的子网分层结构，即在子网中继续划分子网[②]，这种方式被称为 VLSM（Variable Length Subnet Mask，可变长子网掩码）。

如果子网长度是可变的，或者按照 RFC 1009 的内容，可以在子网中继续划分子网，那么首先从 8 位主机位中借 1 位，形成 2 个 25 位掩码（255.255.255.128）的子网，然后把其中的一个子网[每个子网可以部署 126（即 $2^7-2$）台主机]分配给那个需要 120 台主机的场所，即图 2-13 中的子网 1。对于另一个 25 位子网掩码的子网，再从剩下的 7 位主机位中借一位，形成两个 26 位子网掩码（255.255.255.192）的子网，把这两个子网[每个子网可以部署 62（即 $2^6-2$）台主机]分别分配给需要部署 60 台主机的两个场所，即图 2-13 中的子网 2 和子网 3。

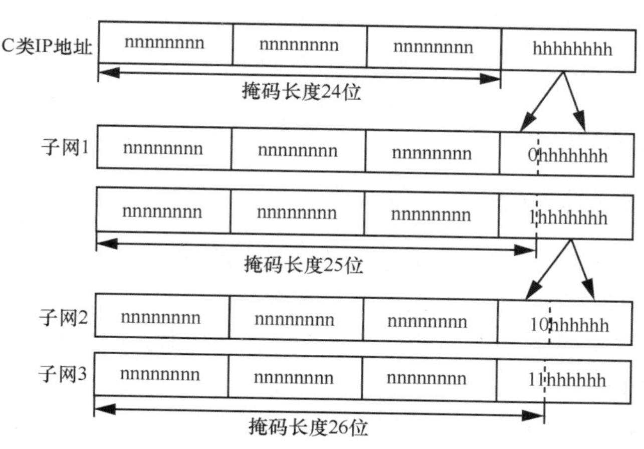

图 2-13　VLSM 划分子网

从固定使用前 8 位 IP 地址作为网络位，到定义有类 IP 地址，到使用子网掩码划分子网，再到可变长子网掩码的应用，这个过程展示了一种趋势：IPv4 地址资源越来越稀缺，而路由器的处理器能力越来越强大。于是，在使路由器不为判断 IP 地址所在网络消耗过多的处理器资源和尽可能节省 IP 地址空间的权衡中，前者变得越来越不重要，后者变得越来越重要，这种趋势最终让有类 IP 地址中“类”的概念显得无比“碍眼”。

① 详见 RFC 917 2.3: *Interpretation of Internet Addresses*，引用原文为：The advantage of using a variable-width subnet field is that it allows each organization to choose the best way to allocate relatively scarce bits of local address to subnet and host numbers。

② 详见 RFC 1009 1.1.4: *Addresses and Subnets*，引用原文为：Flexible use of the available address space will be increasingly important in coping with the anticipated growth of the Internet. Thus, we allow a particular subnetted network to use more than one subnet mask. Several campuses with very large LAN configurations are also creating nested hierarchies of subnets, sub-subnets, etc。

在 1992 年发布的 RFC 1338 中，作者在题目上就开宗明义地提出了建立超网（Supernetting）的概念。当子网和超网同时存在时，“类”的存在还有必要吗？于是，RFC 1338 的作者在文中写道：同样值得一提的是，一旦支持无类网络目的地址的域间协议得到广泛使用，那么超网规划所描述的规则就可以泛化为这样一个概念——人们可以随意对 A 类和 B 类地址空间执行子网划分和超网汇总[③]……

一年后，RFC 1338 被 RFC 1519 取代。RFC 1519 延续了 RFC 1338 的很多内容，连文档的主题都非常类似，这篇文档的题目是：无类域间路由（CIDR）：一种地址分配和汇总战略（*Classless Inter-Domain Routing (CIDR): an Address Assignment and Aggregation Strategy*）。

既然 RFC 1519 取代了 RFC 1338，那么 CIDR 就不仅仅是通过子网掩码把多个主类网络汇总成一个超网，而是彻底忽略“类”的概念。如果套用上面那段 RFC 1338 的“名言警句”，那就是 CIDR 泛化了 VLSM 的使用，让人们可以随意划分子网和超网。既然子网和超网可以随意划分，那么“类”的概念便失去了意义，刻意区分主类、子网和超网也就没有必要了。于是，CIDR 定义了一种通用的地址表达形式：IP 地址/掩码位数。例如，根据 CIDR 的定义，160.0.0.0 255.255.0.0 和 160.0.0.0 255.255.224.0 就可以分别写为 160.0.0.0/16 和 160.0.0.0/19。

因为 CIDR 打破了类的限制，所以地址管理机构在分配地址的时候，也不必按照主类的限制给申请机构分配或大或小的地址空间，而是根据实际需要更加合理地分配地址范围。此外，没有了“类”的限制，路由器赖以转发数据包的路由表条目的数量便可以大大减少，这是因为路由器可以把很多连续的主类网络路由条目汇总成一条路由条目，从而提升网络转发的效率。

### 2.2.6 使用 VLSM 划分子网

使用 VLSM 划分子网，首先划分主机数量最多的子网，然后划分主机数量次多的子网，以此类推。当划分子网时，首先根据该网络的主机数量来判断这个网络需要的主机位数，然后用主网络的主机位数减去这个子网的主机位数，得到的值就是子网的位数，即划分出第一个子网。

例如，从 IP 地址 160.0.0.0/16 中划分 5 个子网，这 5 个子网分别能够部署 15000 台主机、2000 台主机、450 台主机、150 台主机和 80 台主机，使用 VLSM 划分子网的具体步骤如下。

步骤 1：划分主机数量最多的子网。这个子网包含 15000 台主机，因而需要 14 个主机位（$2^{14}-2=16382>15000$）。又因为 32−14=18，所以可以从原网络的主机位中借 2 位作为网络位，得到第一个子网 160.0.0.0/18。

划分第一个子网后，原网络 160.0.0.0/16 还剩 3 个子网（$2^2-1=3$），分别是 160.0.64.0/18、160.0.128.0/18 和 160.0.192.0/18，如图 2-14 所示。

③ 详见 RFC 1338 的 2.2 节：*Distributed allocation of address space*。引用部分的原文为：It is also worthy to mention that once inter-domain protocols which support classless network destinations are widely deployed, the rules described by the “supernetting” plan generalize to permit arbitrary super/subnetting of the remaining class-A and class-B address space…

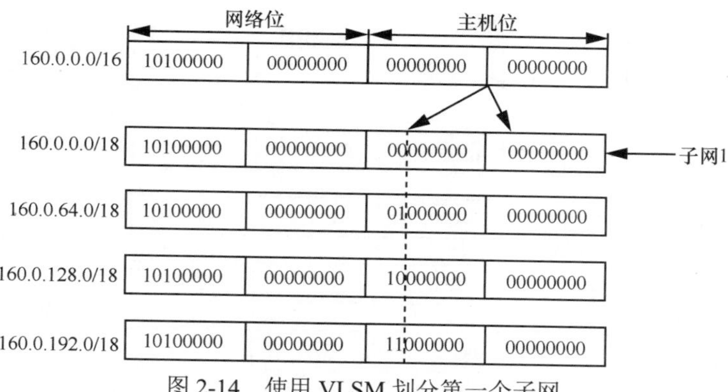


图 2-14 使用 VLSM 划分第一个子网

步骤 2：划分次大的子网。次大的子网包含 2000 台主机，因而需要 11 个主机位（$2^{11}-2=2046>2000$）。又因为 32−11=21，所以可以从子网 160.0.64.0/18 中借 3 位作为网络位，得到第二个子网 160.0.64.0/21。

划分第二个子网后，子网 160.0.64.0/18 还剩 7 个子网（$2^3-1=7$），分别为 160.0.72.0/21、160.0.80.0/21、160.0.88.0/21、160.0.96.0/21、160.0.104.0/21、160.0.112.0/21、160.0.120.0/21，如图 2-15 所示。

步骤 3：划分第三大子网。第三大子网包含 450 台主机，因而需要 9 个主机位（$2^9-2=510>450$）。又因为 32−9=23，所以可以从 160.0.72.0/21 中借 2 位作为网络位，于是得到第三个子网 160.0.72.0/23。

划分第三个子网后，子网 160.0.72.0/21 还剩 3 个子网（$2^2-1=3$），分别是 160.0.74.0/23、160.0.76.0/23 和 160.0.78.0/23，如图 2-16 所示。

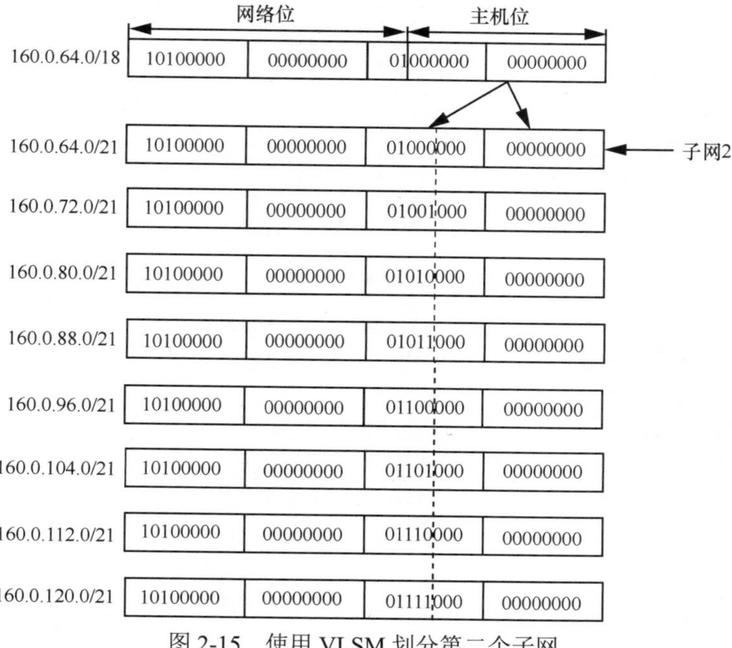


图 2-15 使用 VLSM 划分第二个子网

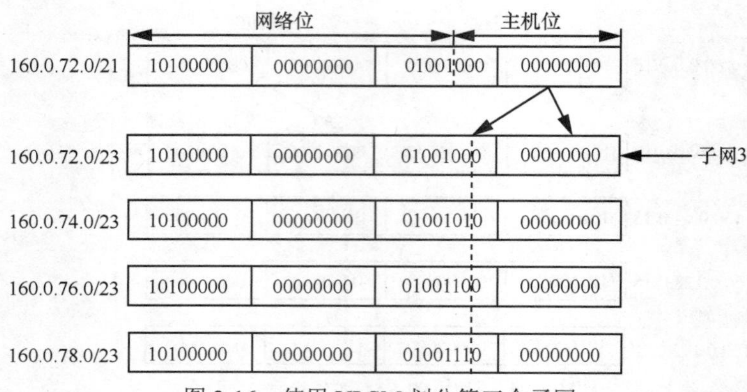


图 2-16　使用 VLSM 划分第三个子网

步骤 4：划分第四大子网。这个子网包含 150 台主机，因而需要 8 个主机位（$2^8$−2=254>150）。又因为 32−8=24，所以可以从 160.0.74.0/23 中借一位作为网络位，于是得到第四个子网 160.0.74.0/24。

划分第四个子网后，子网 160.0.74.0/23 还剩一个子网（$2^1$−1=1），即 160.0.75.0/24，如图 2-17 所示。

步骤 5：可以直接把 160.0.75.0/24 分配给包含 80 台主机的子网，也可以对 160.0.75.0/24 继续划分子网。最小的子网包含 80 台主机，因而需要 7 个主机位（$2^7$−2=126>80）。又因为 32−7=25，所以可以从 160.0.75.0/24 中借一位作为网络位，于是得到第五个子网 160.0.75.0/25。子网 160.0.75.0/24 还剩一个子网（$2^1$−1=1），即 160.0.75.128/25，如图 2-18 所示。

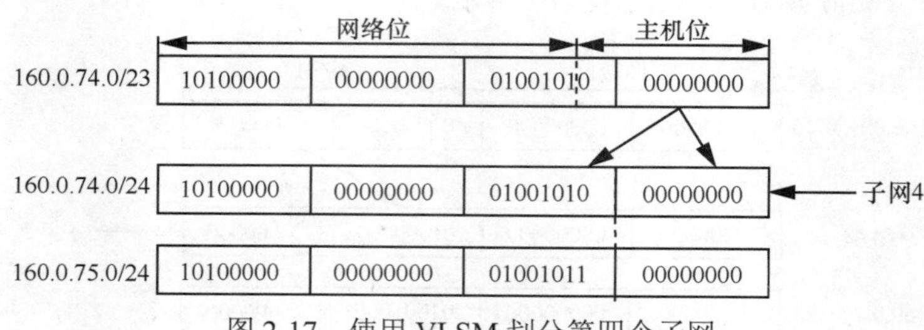


图 2-17　使用 VLSM 划分第四个子网

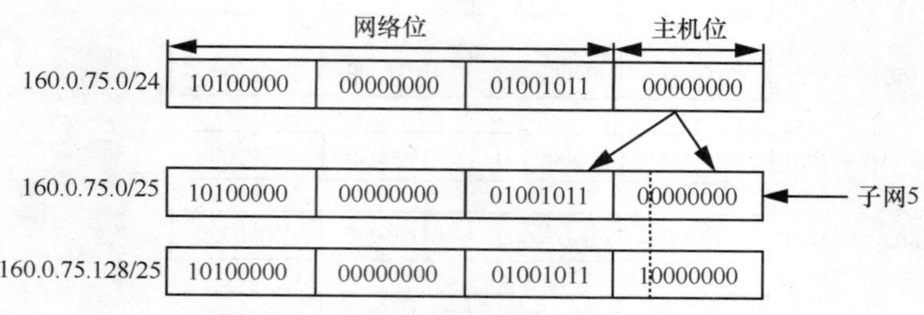


图 2-18　使用 VLSM 划分第五个子网

在上述划分子网的过程中，总是使用原子网划分的第一个子网，这是实际使用中比较推荐的做法。CIDR 支持网络中的路由设备对地址执行汇总，这样可以减小路由设备的路由条目数。在划分子网时，使用的地址空间越集中，路由器执行汇总的可能性就越大，能够执行汇总的条目就越多。

这里必须强调下：转换进制、划分子网、使用子网掩码判断所在网络等都是熟练工种。读者应该首先了解这些概念及具体操作方法，然后进行练习，让自己不断地熟悉这些内容。

## 2.3　IP 路由基础与三层设备的转发原理

为了实现网际通信，连接不同网络的路由设备根据数据包的目的 IP 地址为数据包执行转发。数据包的源 IP 地址和目的 IP 地址之间不可能永远只间隔一台路由设备，这就需要路由器之间能够通过某些机制交互路径信息，以便转发数据包。

### 2.3.1　IP 路由基础

IP 数据包头部的目的 IP 地址字段会标识数据包的目的 IP 地址，但路由设备在面对这个字段时，又如何知道把 IP 数据包通过自己的哪个接口转发出去呢？这个问题涉及路由设备的转发机制——路由。

路由指路由器根据自己数表中的条目判断如何转发数据包，并据此执行转发的操作。路由是动词，含义是路由转发。提供转发信息的数表被称为路由表，路由表的条目被称为路由条目。在日常交流中，人们往往把路由条目简称为路由，这就是路由作为名词的用法。路由条目标识路由器可以为哪些目的网络的数据包执行路由转发，以及向哪里进行路由转发。

当路由器收到一个数据包时，会根据该数据包的目的 IP 地址查询路由表，将目的 IP 地址与路由表中的路由条目进行匹配，并且根据匹配的路由条目判断通过哪个接口进行数据包转发。如果没有路由条目匹配这个目的 IP 地址，那么路由器把数据包丢弃。

路由表的路由条目有三大信息来源：路由设备本身、路由设备的管理员和其他路由设备。三大信息来源代表的路由具体如下。

① 直连路由：因为有些网络是路由设备接口直接连接的网络，所以路由设备会自动生成去往这些网络的路由条目，即直连路由。

② 静态路由：路由设备的管理员有时希望通过静态配置的方式，直接明确路由设备应该如何去往某些网络，这种静态配置方式就会生成静态路由。

③ 动态路由：需要共享路由条目的路由设备之间会使用一套相同的标准交换拥有的路由信息，这种标准称为路由协议。路由设备通过路由协议，从其他设备那里学习路由条目，这种方式就会生成动态路由。在稍具规模的网络中，动态路由是最常见的路由条目来源。

一台华为路由器的路由表如图 2-19 所示。在图 2-19 中，路由表被分成多列，每列标识的内容具体如下。

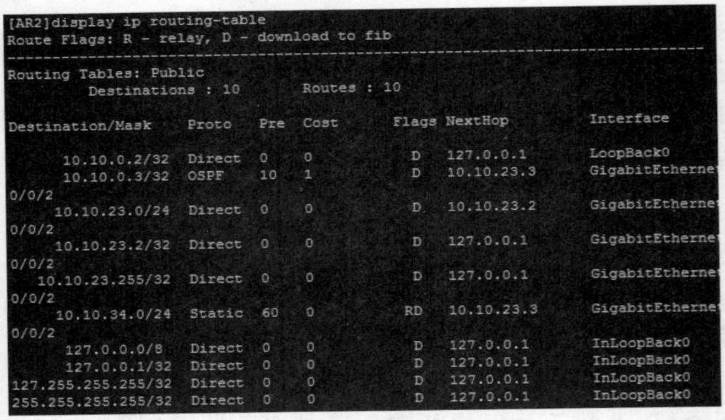

```
[AR2]display ip routing-table
Route Flags: R - relay, D - download to fib
------------------------------------------------------------------------------
Routing Tables: Public
         Destinations : 10       Routes : 10

Destination/Mask    Proto   Pre  Cost      Flags NextHop         Interface

      10.10.0.2/32  Direct  0    0           D   127.0.0.1       LoopBack0
      10.10.0.3/32  OSPF    10   1           D   10.10.23.3      GigabitEthernet
0/0/2
     10.10.23.0/24  Direct  0    0           D   10.10.23.2      GigabitEthernet
0/0/2
     10.10.23.2/32  Direct  0    0           D   127.0.0.1       GigabitEthernet
0/0/2
   10.10.23.255/32  Direct  0    0           D   127.0.0.1       GigabitEthernet
0/0/2
     10.10.34.0/24  Static  60   0          RD   10.10.23.3      GigabitEthernet
0/0/2
      127.0.0.0/8   Direct  0    0           D   127.0.0.1       InLoopBack0
      127.0.0.1/32  Direct  0    0           D   127.0.0.1       InLoopBack0
127.255.255.255/32  Direct  0    0           D   127.0.0.1       InLoopBack0
255.255.255.255/32  Direct  0    0           D   127.0.0.1       InLoopBack0
```

图 2-19　一台华为路由器的路由表

① Destination/Mask：该列的作用是标识路由条目的目的 IP 地址及其子网掩码。

② Proto：Proto 是 Protocol（协议）的简写，标识的是路由条目的获得方式。其中，Direct 表示直连路由；Static 表示静态路由。去往 10.10.0.3/32 的路由条目在 Proto 中的标识是 OSPF，这是一种常用的、灵活的动态路由协议，因此，当路由条目是动态路由时，Proto 会标识具体的动态路由协议。

③ Pre：Pre 是 Preference（路由优先级）的简写。路由设备可以通过多个不同的来源（包括静态配置和多种路由协议）获得去往同一个网络的路由。在这种情况下，路由设备需要通过优先级值来判断，通过从哪个路由来源学到的路由来转发数据包。Pre 标识的是不同路由来源的可靠程度，它的值越小，路由来源的可靠度就越高。当路由器通过多种信息来源获得去往相同目的地的多个路由条目时，Pre 只把路由优先级值最小的路由条目存入自己的路由表。从图 2-19 中可以看出，Direct 的 Pre 值是 0，因此直连路由的可靠度最高；OSPF 的 Pre 值是 10，该值是 OSPF 内部路由的 Pre 值；Static 的 Pre 值是 60。常见路由条目来源的 Pre 值见表 2-4。

**表 2-4　常见路由条目来源的 Pre 值**

| 路由条目来源 | Pre 值 |
|---|---|
| 直连路由 | 0 |
| OSPF 内部路由 | 10 |
| 静态路由 | 60 |
| RIP* | 100 |
| OSPF 外部路由 | 150 |

注：*RIP——Routing Information Protocol，路由信息协议。

④ Cost：标识路由开销。当到达同一个目的网络的多个路由优先级相同时，路由开销最小的将成为最优路由。网络常常是四通八达的，即使通过同一种方式，路由设备也可能获得多条去往同一个网络的路由条目。这就像人们在自驾游时，无论使用导航软件、参照指示路牌，还是自己查地图，都能够找到不只一条到达目的地的路径。这时，人们

就需要通过某种标准来判断，哪条路径才是最理想的路径。Cost 标识的数值叫作开销值，表示通过同一种方式获取的路由条目，究竟孰优孰劣，其中，开销值较小的路由条目为较优的路由条目。当路由器通过同一种信息来源获得去往同一个网络的多个路由条目时，会把开销值最小的路由条目存入自己的路由表。当然，路径优劣的标准往往因人而异、因时而异、因地而异，这就像人们在使用导航软件的时候，可以设置路径选优标准，例如，距离最短、选择高速公路、不跨越国境线、不走收费公路等。因此，不同的路由协议也会采用不同的开销值计算标准。

⑤ Flags：其作用是显示路由标志。如果路由标志是 D，则表示该路由已经下载到转发信息库。此后，当标志 D 的路由转发数据包时，不需要经过 CPU 处理，可以直接通过硬件转发——硬件转发不仅效率高，而且不占用路由设备 CPU 的处理资源。如果路由标志是 R，则表示该路由是迭代路由。当标志 R 的路由转发数据包时，必须根据该路由的下一跳 IP 地址（NextHop）选择相应的接口来转发。此外，标志 RD 表示该路由之前是迭代路由，目前已经保存在转发信息库中，因此当标志 RD 的路由转发数据包时，可以执行硬件转发。

⑥ NextHop：标识路由条目的下一跳 IP 地址。

⑦ Interface：标识转发数据包的接口。

### 2.3.2　路由设备的工作原理

路由设备在匹配路由表时遵从最长匹配原则，也就是说，路由设备会把数据包的目的 IP 地址与路由表中各个路由条目逐位进行对比，选择匹配位数最多的路由条目执行路由转发。匹配的位数越多，表示该路由条目与数据包目的 IP 地址的接近程度越高。

例如，某数据包的目的 IP 地址为 160.0.119.78。路由设备查找路由表后，发现目的 IP 地址 160.0.119.64/28 有 28 位匹配，目的 IP 地址 160.0.112.0/20 有 20 位匹配，目的 IP 地址 160.0.119.0/24 有 24 位匹配，如图 2-20 所示，那么路由设备选择 160.0.119.64 来转发该数据包。请注意，图中用黑色字体表示路由条目的网络位，不再单独使用子网掩码。

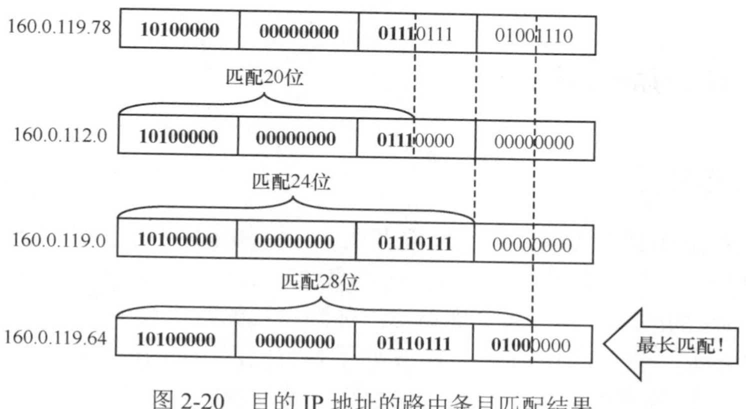


图 2-20　目的 IP 地址的路由条目匹配结果

路由器通过路由表转发数据包如图 2-21 所示。

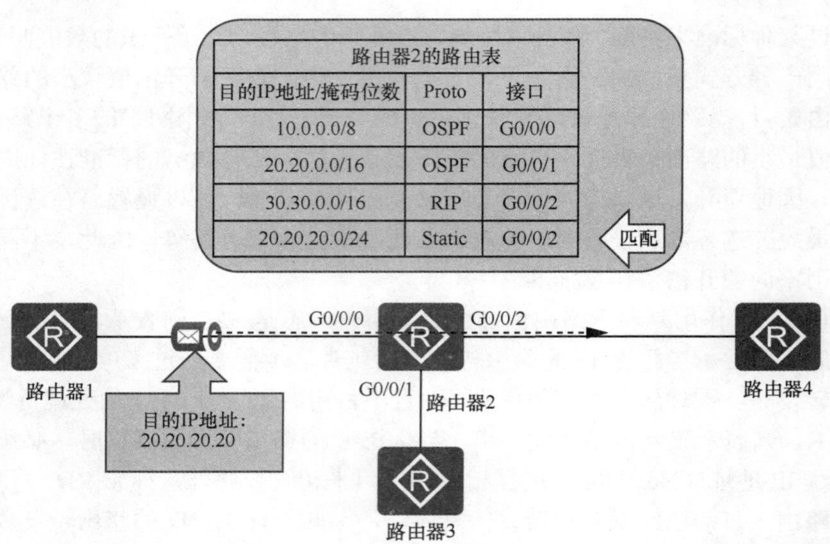


图 2-21 路由器通过路由表转发数据包

路由器 2 通过接口 G0/0/0 收到一个数据包，这个数据包的目的 IP 地址为 20.20.20.20。路由器 2 查询路由表后，发现管理员配置了一条静态指向 20.20.20.0/24 的路由条目。同时，路由器 2 通过 OSPF 协议匹配了一条去往 20.20.0.0/16 的路由条目。静态配置的路由条目的匹配位数为 24 位，OSPF 路由协议匹配的路由条目的匹配位数为 16 位。根据最长匹配原则，路由器 2 选择静态配置的路由条目，将数据包从接口 G0/0/2 转发出去。

综上所述，路由器按照数据包的目的 IP 地址查询路由表后，如果出现一条匹配的路由条目，则根据该路由条目确定转发数据包的接口；如果出现了多条匹配的路由条目，则根据最长匹配原则选择路由条目，确定转发数据包的接口；如果没有找到任何匹配的路由条目，则丢弃数据包。

说明：本节探讨的机制没有考虑路由设备部署数据包过滤机制的情况。

## 2.4 直连路由与静态路由

### 2.4.1 直连路由

当管理员在路由器的三层接口上配置 IP 地址后，如果这个接口的物理状态和协议状态都为启用（Up），则说明这个接口与目的网络建立了真实的 IP 连接。于是，路由器把这个 IP 地址所在的网络作为一条直连路由添加到自己的路由表中。

需要说明的是，直连路由的 NextHop 并不是目的网络的 IP 地址，而是这台路由器接口的 IP 地址。因为直连路由指向的是这台路由设备接口直接连接的网络，而直连路由并不存在下一跳路由设备，所以直连路由的 NextHop 会列出路由设备自己接口的 IP 地址。因为直连路由指向路由器接口直接连接的网络，所以在发现一个数据包的目的 IP 地址匹配了自己路由表的一条直连路由条目时，路由器会查看自己的 ARP 缓存表，判断该地址对应的 MAC 地址，并根据 ARP 缓存表中对应的 MAC 地址封装 IP 数据包。最后，路由器通过直连路由的接口把这个数据包发送出去。

路由器根据直连路由转发数据包如图 2-22 所示。路由器 2 收到一个目的 IP 地址为 40.40.40.100 的数据包，这个数据包的目的 MAC 地址是路由器 2 的接口 G0/0/0 的 MAC 地址。对数据包进行解封装后，路由器根据数据包目的 IP 地址查询路由表，发现目的 IP 地址为 40.40.40.0/24 的路由条目是唯一可以匹配这个数据包目的 IP 地址的路由条目。因为匹配的路由条目是直连路由，所以路由器 2 使用数据包的目的 IP 地址查询自己的 ARP 缓存表，发现与数据包目的 IP 地址对应的 MAC 地址是 S。于是，路由器 2 以接口 G0/0/2 的 MAC 地址作为源 MAC 地址、S 作为目的 MAC 地址为数据包封装以太网头部（和尾部），并通过接口 G0/0/2 进行转发。

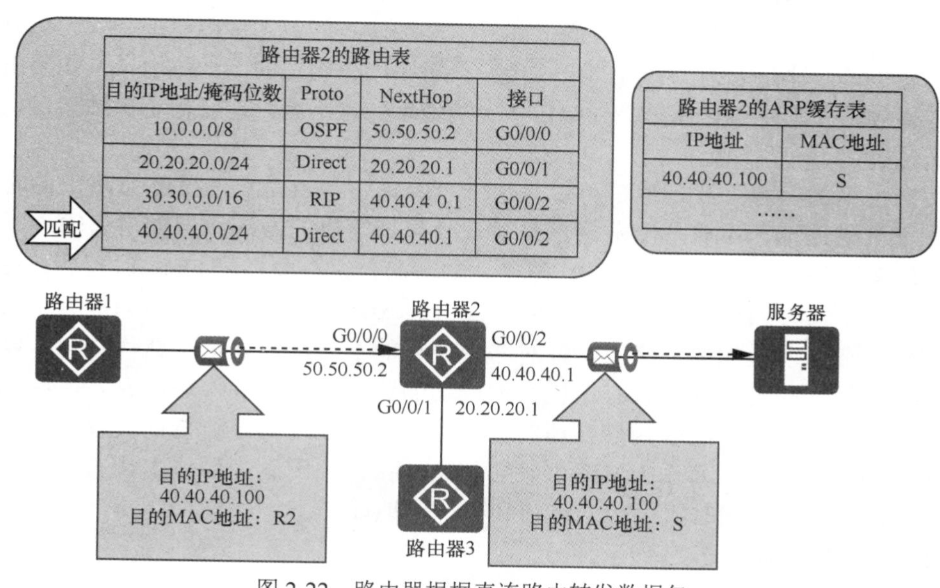


图 2-22　路由器根据直连路由转发数据包

### 2.4.2　静态路由

前文已经介绍了静态路由是网络管理员通过配置命令输入到路由器的。静态路由具有以下 3 个特点。

① 静态路由不需要配置或者启用任何路由协议，也不需要制订任何学习路由条目的策略。

② 静态路由无法根据网络拓扑的变化自动做出调整。

③ 如果使用静态路由组成一个网络，那么理论上，网络管理员需要为每台设备不直连的网络配置路由条目。

静态路由适用于规模很小的网络，或者在一定规模的网络中作为动态路由的补充。因为大规模网络不仅拥有大量的路由器，而且每台路由器有大量的远端网络需要配置，这样的工作量会给管理员带来巨大的负担。不仅如此，网络规模越大，网络部分的变更频率会越高，而静态路由无法自动适应网络变化的问题就会越明显，需要管理员干预的频率自然也就越高。

在 VRP 系统中，配置静态路由需要在系统视图中使用命令 **ip route-static** 指定远端网络的 IP 地址和子网掩码（或掩码长度），以及下一跳地址或出站接口。

使用下一跳地址配置静态路由的命令如下。

```
[Huawei] ip route-static ip-address {mask|mask-length} nexthop-address
```

使用出站接口配置静态路由的命令如下。

```
[Huawei] ip route-static ip-address { mask | mask-length } interface-type interface-number
```

管理员也可以同时使用下一跳地址和出站接口配置静态路由，输入命令如下。

```
[Huawei] ip route-static ip-address { mask | mask-length } interface-type interface-number
[nexthop-address]
```

需要说明的是，路由器在根据路由表转发数据包时，必须确定这个数据包的下一跳地址。不过，在配置静态路由的时候，如果出站接口是点到点接口，那么管理员只需要指定出站接口，这是因为点到点的出站接口只对应一个确定的下一跳地址。如果出站接口是广播接口，则网络管理员必须指定下一跳地址，这是因为若仅指定出站接口，路由设备无法确定下一跳地址。

按照上面的内容，读者似乎可以得出一个结论，那就是在配置静态路由的时候，只输入下一跳地址、不输入出站接口是最安全也最简单的做法；但如果只输入下一跳地址，那么这条路由会成为一条迭代路由。本书在介绍路由标记 Flags 时提到：对于迭代路由，路由器必须首先根据这个路由条目的 NextHop 判断自己应该通过哪个接口转发数据包。在这个过程中，路由器针对路由条目的下一跳地址执行迭代查询，以判断这个下一跳地址的可达性，只有迭代查询成功的路由才会被放入路由表。在迭代查询的过程中，路由设备可能因为最合理的出站接口临时中断而导致查询失败，或者查询到不合理的接口，并将其作为该路由条目的出站接口。因此，最佳实践通常建议管理员在配置静态路由时同时提供出站接口和下一跳地址。

配置静态路由如图 2-23 所示。

图 2-23　配置静态路由

在路由器 1 上配置静态路由，使其可以转发目的 IP 地址为 20.0.0.0/24 的数据包，配置命令如下。

```
[R1] ip route-static 20.0.0.0 255.255.255.0 G 0/0/0 10.0.0.2
```

类似地，在路由器 3 上配置静态路由，使其可以转发目的 IP 地址为 10.0.0.0/24 的数据包。配置命令如下。

```
[R3] ip route-static 10.0.0.0 255.255.255.0 G 0/0/1 20.0.0.2
```

如果在一台路由器上，去往大量子网的数据包都是通过相同的出站接口和下一跳地址转发的，那么网络管理员只需要配置一条汇总的静态路由。配置汇总的静态路由如图 2-24 所示。

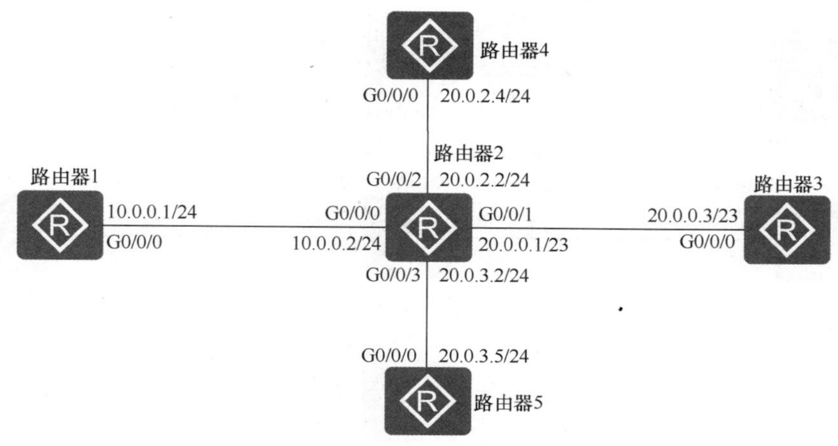


图 2-24　配置汇总的静态路由

对于路由器 1 来说，如果转发去往目的 IP 地址 20.0.0.0/23、20.0.2.0/24 和 20.0.3.0/24 的数据包，那么应该通过接口 G0/0/0 把数据包转发给路由器 2 的 IP 地址 10.0.0.2/24。这 3 个目的 IP 网络可以进行汇总，如图 2-25 所示。

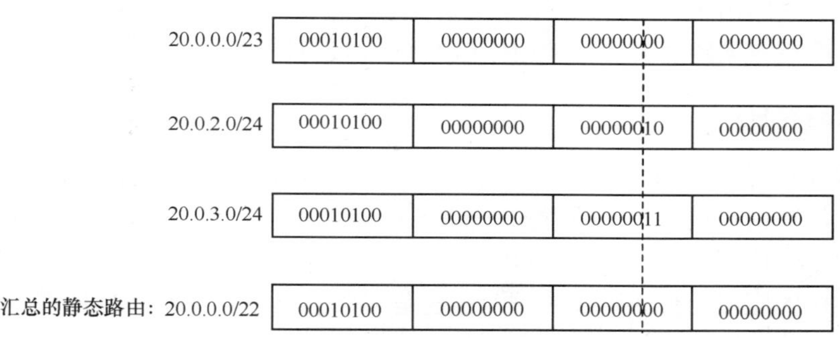


图 2-25　3 个 IP 网络的静态路由汇总

如图 2-25 可以看到，20.0.0.0/23、20.0.2.0/24 和 20.0.3.0/24 这 3 个目的 IP 网络的前 22 位完全相同，第 23 位和第 24 位有所差异，因此这 3 个 IP 网络可以汇总成一个 22 位掩码的静态路由 20.0.0.0/22。这样一来，网络管理员不需要在路由器 1 上配置 3 个独立的路由条目，只需要配置这样一条去往汇总网络的静态路由，配置命令如下。

```
[R1] ip route-static 20.0.0.0 255.255.252.0 G 0/0/0 10.0.0.2
```

如果在汇总的静态路由包含一个子网，同时路由器使用不同的接口转发去往该子网的数据包，那么路由器依然可以正确地转发去往子网的路由条目，如图 2-26 所示。

在图 2-26 中，如果希望给路由器 1 配置静态路由，让它可以正确地转发去往网络拓扑中其他网络的数据包，那么可以先配置静态路由，明确如何转发去往目的 IP 地址 20.0.2.0/24 的数据包，具体配置如下。

```
[R1] ip route-static 20.0.2.0 255.255.255.0 G 0/0/1 30.0.0.5
```

如果接下来在路由器 1 上配置一条去往目的 IP 地址 20.0.0.0/22 的静态路由，配置命令如下。那么，路由器 1 可以正确地执行数据包转发吗？

```
[R1] ip route-static 20.0.0.0 255.255.252.0 G 0/0/0 10.0.0.2
```

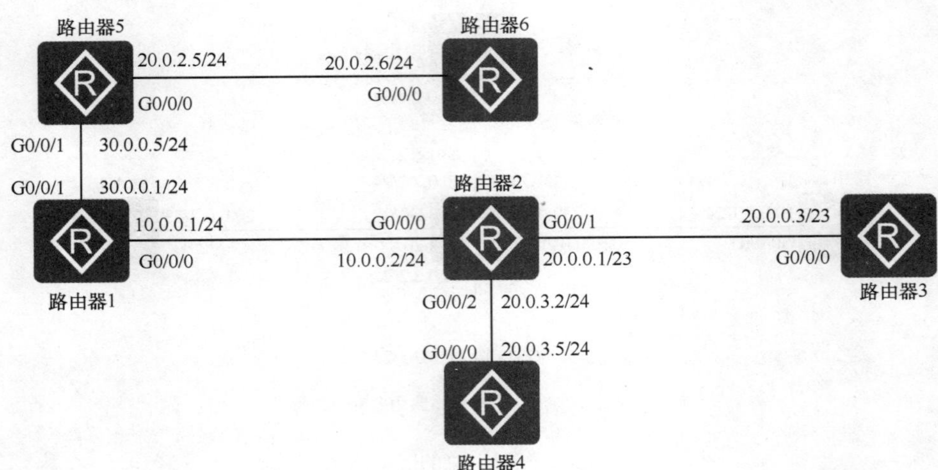


图 2-26　含子网的汇总静态路由

答案是可以正确执行转发。虽然目的 IP 网络 20.0.0.0/22 包含 20.0.2.0/24，但是如果路由器 1 收到去往目的 IP 网络 20.0.2.0/24 的数据包，在查询路由表时，会按照最长匹配原则匹配前一条路由条目，并且据此把这个数据包从自己的接口 G0/0/1 转发出去，而不会错误地匹配后一条路由条目，使用接口 G0/0/0 接口进行转发。

### 2.4.3　缺省路由

一些网络设计方案通常会设置一条缺省路由（也称为默认路由），指示路由设备对所有不匹配的数据包按照统一的方式进行转发。为了涵盖所有不匹配的网络，缺省路由的目的 IP 地址和子网设置为 0.0.0.0/0。

缺省路由的应用场景如图 2-27 所示。这是一家小型企业使用自己的网关路由器连接互联网运营商的边缘路由器的场景。

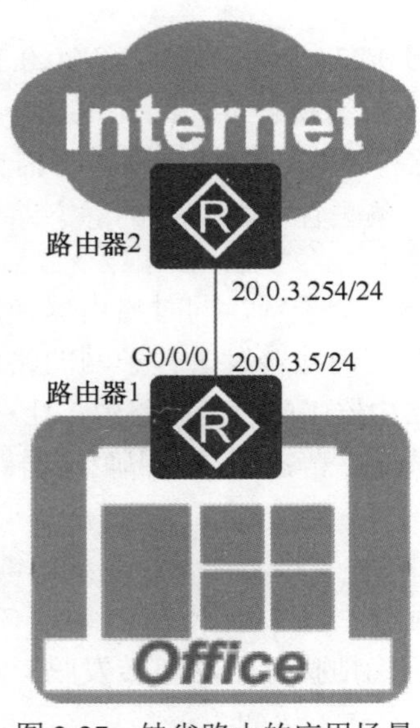


图 2-27　缺省路由的应用场景

对于小型企业来说，路由器 1 是数据包唯一的出口，因此只需要把数据包全部转发给互联网运营商的边缘路由器（路由器 2）。这是缺省路由常见的应用场景之一，网络管理员只需要配置缺省路由，配置命令如下。

```
[R1] ip route-static 0.0.0.0 0.0.0.0 G 0/0/0 20.0.3.254
```

## 2.5　OSPF 协议的基本原理与 OSPF 协议在 VRP 中的配置

随着网络规模的扩大，如果采用配置静态路由的方式，那么管理员在每台路由设备上输入的配置命令将越来越多，因网络发生局部变更而导致调整的频率也会越来越高，出现配置错误的可能性自然越来越大，网络排错的难度也就越来越大。当网络达到一定规模时，静态路由只能作为动态路由协议的补充，完全通过配置静态路由达到网络互通的目标在实践上就难以实现了。

配置路由设备，让其使用动态路由协议相互分享路由的配置逻辑与静态路由的配置逻辑有所不同。如果让路由设备使用动态路由协议来交互路由信息，那么管理员需要做的是启用动态路由协议，然后选择把自己连接的哪些网络作为路由信息分享给其他路由设备，这种行为称为宣告。这样一来，这台路由设备就把自己连接的网络通告给其他路由设备，同时也从其他启用了动态路由协议的路由设备那里学习宣告网络的路由信息。

动态路由协议有很多种，从算法上看，可以分为距离矢量路由协议和链路状态路由协议。

### 2.5.1　距离矢量路由协议与链路状态路由协议

运行距离矢量路由协议的路由器根据运行相同路由协议的路由器宣告的路由表，判断某个网络到自己的距离大小和方向，其中，大小指路由器跳数，方向指使用的接口或下一跳地址。距离矢量路由协议如图 2-28 所示。

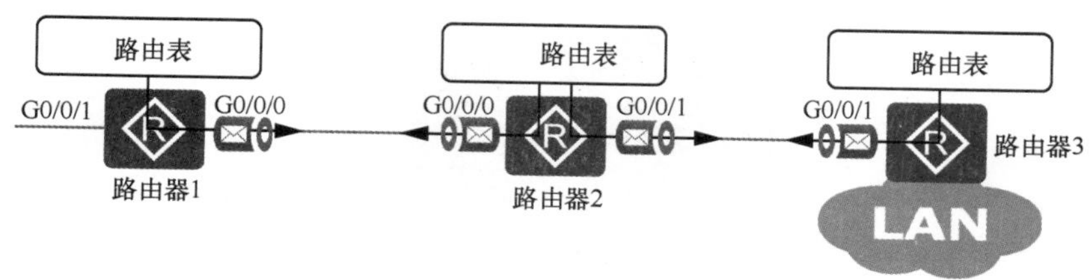


图 2-28　距离矢量路由协议

图 2-28 所示，3 台路由器运行距离矢量路由协议。路由器 3 把其路由表通告给路由器 2，其中包括 LAN 的路由。路由器 2 收到路由器 3 通告的路由之后，把去往 LAN 的路由标记为 1 跳，出站接口标记为 G0/0/1，然后放入自己的路由表。当路由器 2 把其路由表通告给路由器 1 时，路由器 1 将去往 LAN 的路由标记为 2 跳，出站接口标记为 G0/0/0。路由器 1 收到一个去往 LAN 的数据包，通过查询路由表找到一条通过距离矢量路由协议学习的动态路由，并且根据该路由条目把数据包转发出去。

下面具体介绍距离矢量路由协议的工作方式。

在初始状态，每台路由器的路由表中只有直连路由。初始状态的路由信息如图 2-29

所示。每台路由器使用距离矢量路由协议分享路由表后，路由信息如图 2-30 所示。

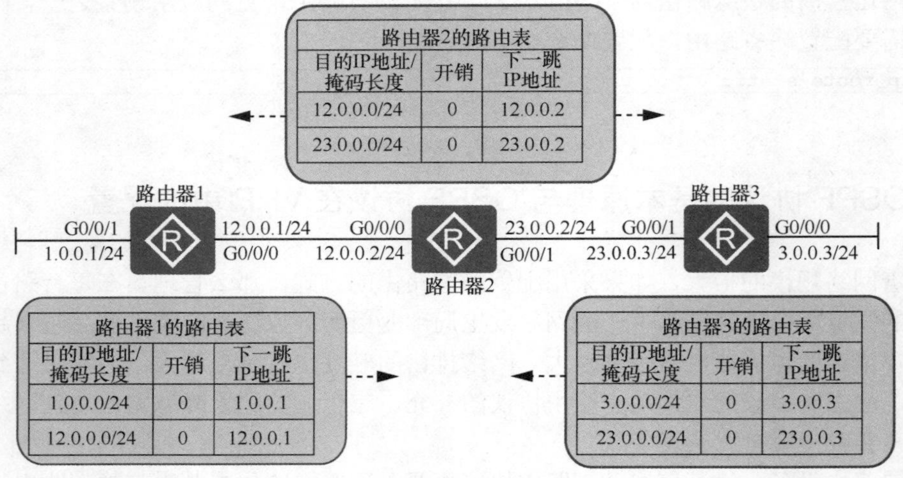


图 2-29　初始状态的路由信息

当路由器 2 收到路由器 1 和路由器 3 发送的路由信息，路由器 1 和路由器 3 也收到路由器 2 发送的路由信息之后，它们分别从接收的路由表中挑选自己目前没有或者已有但开销值更高的路由条目，把这些路由条目的开销值增加后装载到自己的路由表中，这是因为自己去往目的网络要多跨越一台路由器。此时的路由表如图 2-30 所示，可以看出，路由器 1 从路由器 2 的路由表中学习了去往 IP 网络 23.0.0.0/24 的路由条目，增加开销值之后把相应的路由条目放入自己的路由表，标记这条路由条目的下一跳地址是路由器 2 接口 G0/0/0 的 IP 地址。路由器 2 和路由器 3 也分别把通过距离矢量路由协议学习的路由条目添加到自己的路由表。

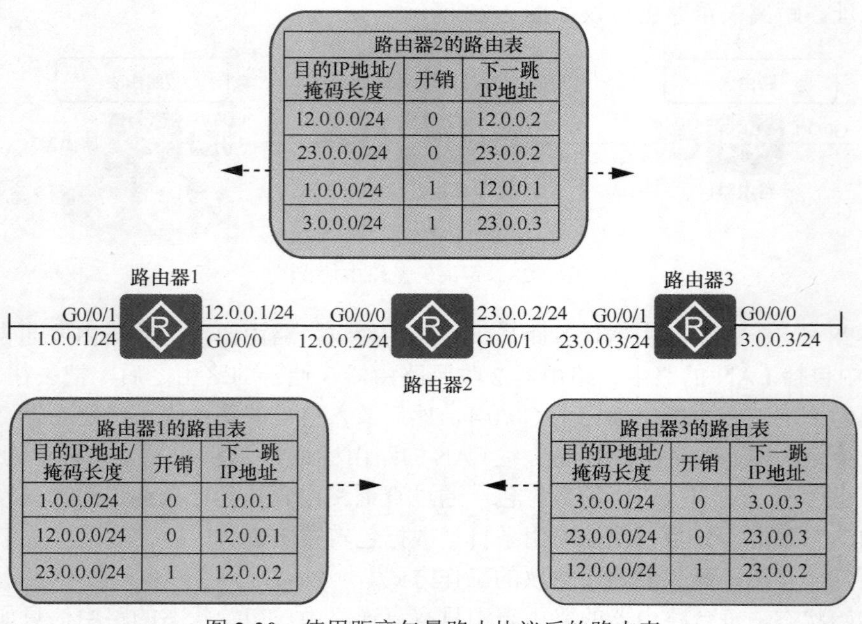


图 2-30　使用距离矢量路由协议后的路由表

3 台路由器继续分享路由条目后的路由表如图 2-31 所示。

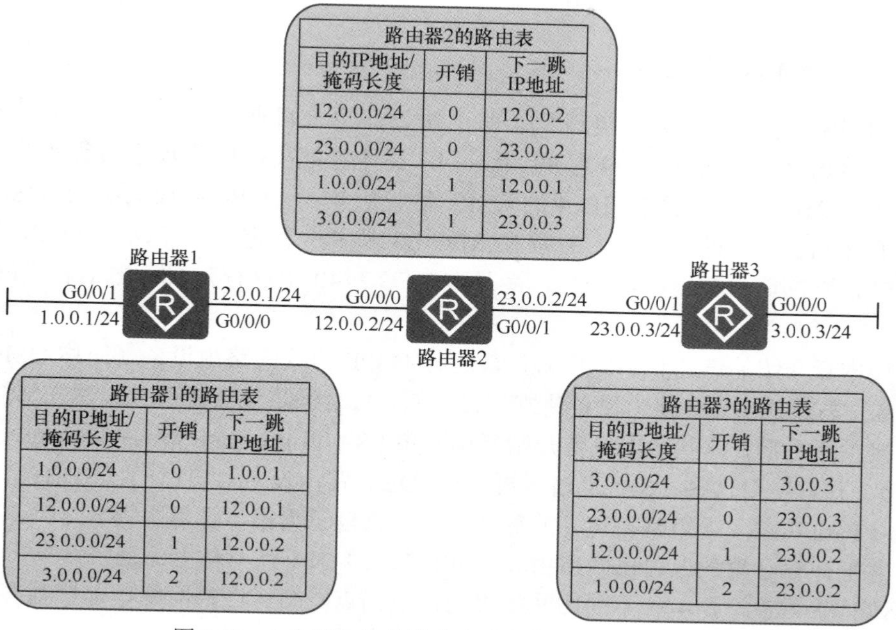

| 路由器2的路由表 | | |
|---|---|---|
| 目的IP地址/掩码长度 | 开销 | 下一跳IP地址 |
| 12.0.0.0/24 | 0 | 12.0.0.2 |
| 23.0.0.0/24 | 0 | 23.0.0.2 |
| 1.0.0.0/24 | 1 | 12.0.0.1 |
| 3.0.0.0/24 | 1 | 23.0.0.3 |

路由器1
G0/0/1
1.0.0.1/24
12.0.0.1/24
G0/0/0
G0/0/0
12.0.0.2/24
路由器2
23.0.0.2/24
G0/0/1
G0/0/1
23.0.0.3/24
路由器3
G0/0/0
3.0.0.3/24

| 路由器1的路由表 | | |
|---|---|---|
| 目的IP地址/掩码长度 | 开销 | 下一跳IP地址 |
| 1.0.0.0/24 | 0 | 1.0.0.1 |
| 12.0.0.0/24 | 0 | 12.0.0.1 |
| 23.0.0.0/24 | 1 | 12.0.0.2 |
| 3.0.0.0/24 | 2 | 12.0.0.2 |

| 路由器3的路由表 | | |
|---|---|---|
| 目的IP地址/掩码长度 | 开销 | 下一跳IP地址 |
| 3.0.0.0/24 | 0 | 3.0.0.3 |
| 23.0.0.0/24 | 0 | 23.0.0.3 |
| 12.0.0.0/24 | 1 | 23.0.0.2 |
| 1.0.0.0/24 | 2 | 23.0.0.2 |

图 2-31　3 台路由器继续分享路由条目后的路由信息

由图 2-31 可知，当 3 台路由器再次分享路由条目之后，路由器 1 和路由器 3 从路由器 2 分别学习到 IP 网络为 3.0.0.0/24 和 1.0.0.0/24 的路由条目，并且把它们装载到路由表中。此后，如果路由器 1 从 IP 网络 1.0.0.0/24 收到去往 IP 网络 3.0.0.0/24 的数据包，那么知道如何转发到对应的网络。同样，当路由器 3 从 IP 网络 3.0.0.0/24 收到去往 IP 网络 1.0.0.0/24 的数据包时，也会知道如何转发给对应的网络。

需要注意的是，这是一种理论模型。在实践中，网络中的路由设备不会同时分享路由表，分享路由表的时机通常也不会对网络造成太大的影响，即路由设备的路由表最终还是会达到同步状态。但在一些特殊情况下，某些路由设备同步自己路由表的时机可能会导致网络形成环路。

如果路由器运行的是链路状态路由协议，那么它的工作方式与距离矢量路由协议截然不同。

运行链路状态路由协议的路由器运行 Dijkstra 算法。路由设备首先和其他运行相同路由协议的设备建立邻接关系，并在此过程中相互同步链路状态，但并不是通告整个路由表。收到邻居路由器发送的链路状态之后，路由设备会把它放入自己的 LSDB（Link State Database，链路状态数据库），然后针对 LSDB 运行 Dijkstra 算法，计算出一个以自己为根、无环的最短路径树。路由设备按照这棵树计算去往各个网络的最优路径，并且把最优路径作为路由条目放入自己的路由表中。

运行距离矢量路由协议的路由设备是在告诉其他路由设备自己可以去往哪些网络，让它们酌情把去那些网络的数据包交给自己转发。运行链路状态路由协议的路由器则近似于向其他路由设备发送自己掌握的网络路径信息，由每台路由设备拼凑出一张完整的网络拓扑。然后，该路由设备再自行决定把数据包交给相应的下一跳地址进行转发。

### 2.5.2 OSPF 协议概述

OSPF 协议是一种典型的链路状态路由协议，也是目前业内广泛使用的动态路由协议之一。OSPF 协议的协议号为 89，因此 IP 数据包把头部的协议字段设置为 89（二进制形式为 01011001）。目前，IPv4 的 OSPF 协议版本是 OSPF 协议第 2 版（OSPFv2），最早在 RFC 1247 中进行定义，目前在 RFC 2328 中进行定义。IPv6 的 OSPF 协议版本是 OSPF 协议第 3 版（OSPFv3），最早在 RFC 2740 中进行定义，之后在 RFC 5340 定义。

正如本章介绍的链路状态路由协议，运行 OSPF 协议的路由设备（简称 OSPF 路由设备）首先与其他 OSPF 路由设备建立邻接关系，只有满足某些条件才会建立邻接关系。建立邻接关系之后，这些路由设备开始互相同步 LSA（Link State Advertisement，链路状态通告），并且使用这些 LSA 更新各自的 LSDB。路由设备对自己的 LSDB 运行 SPF（Shortest Path First，最短路径优先）算法，从而以自己为根，计算去往各个网络的最短路径，并把计算结果放入自己的路由表。SPF 算法本书不作具体介绍。

OSPF 协议定义了 4 种不同的网络类型：点到点网络、广播网络、非广播多路访问网络和点到多点网络。

① 点到点网络：简称 P2P 网络，两台路由设备的接口通过点到点的方式直接相连所组成的网络。

② 广播网络：由多台 OSPF 路由设备参与，支持广播功能的一种网络。例如，多台 OSPF 路由设备连接到一个以太网，便构成了广播网络。

③ 非广播多路访问网络：由多台 OSPF 路由设备参与，但不支持广播功能的一种网络。例如，多台 OSPF 路由设备通过传统的帧中继相连，便组成非广播多路访问网络。

④ 点到多点网络：是一种特殊类型的非广播多路访问网络，也可以认为是一组点到点链路。

OSPF 协议通过连接接口定义网络类型。不同接口的数据链路层协议对应不同的 OSPF 网络类型。例如，路由器的以太网接口在启用 OSPF 协议时，默认为广播网络；路由器的串行接口在启用 OSPF 协议时，默认为点到点网络。当然，管理员可以在网络设备中把 OSPF 协议默认的网络类型修改为其他网络类型。

相邻的 OSPF 路由设备，即通过同一个数据链路层网络相连的 OSPF 路由设备，可以建立邻接关系，但并非相邻的 OSPF 路由设备之间一定能够建立邻接关系。换而言之，两台 OSPF 路由设备在二层相邻，并不意味着它们一定能够建立邻接关系，那么接下来介绍 OSPF 路由设备邻接关系的建立过程。

每台路由设备通过 Router-ID 在 OSPF 网络中标识自己。Router-ID 是一个 32 位二进制值，在形式上与 IP 地址一样，也可以用点分十进制表示。Router-ID 可以由系统自动配置，也可以由管理员手动配置。在实践中，人们会把某个逻辑环回接口的 IP 地址配置为 Router-ID。

OSPF 路由设备在网络中周期性地发送 Hello 消息，该消息携带路由设备的 Router-ID，以及已知的其他 OSPF 路由设备的 Router-ID。当一台路由器开始运行 OSPF 协议时，发送 Hello 消息的 OSPF 路由器和接收 Hello 消息的 OSPF 路由器都会处于关闭状态（Down）。此时，这台路由器发送的 Hello 消息中只包含自己的 Router-ID，如图 2-32 所示。

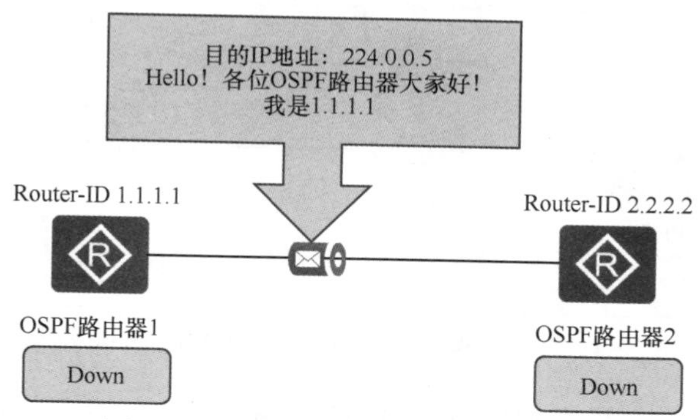


图 2-32　OSPF 路由器 1 发送 Hello 消息

在广播网络、点到点网络和点到多点网络中，Hello 消息的目的 IP 地址是组播地址 224.0.0.5，这是 OSPF 协议的保留组播地址之一。所有的 OSPF 路由设备会监听这个组播地址，也会处理发送给这个组播地址的数据包。在非广播多路访问网络中，由于网络本身不支持广播，需要由管理员手动设置邻居路由设备的 IP 地址，然后网络设备才能向对应的 IP 地址发送 Hello 消息。

当接收端的 OSPF 路由器 2 收到 Hello 消息之后，就会进入初始状态（Init）。这时，OSPF 路由器 2 发送的 Hello 消息中不只包含自己的 Router-ID，还包含路由器 1 的 Router-ID，如图 2-33 所示。

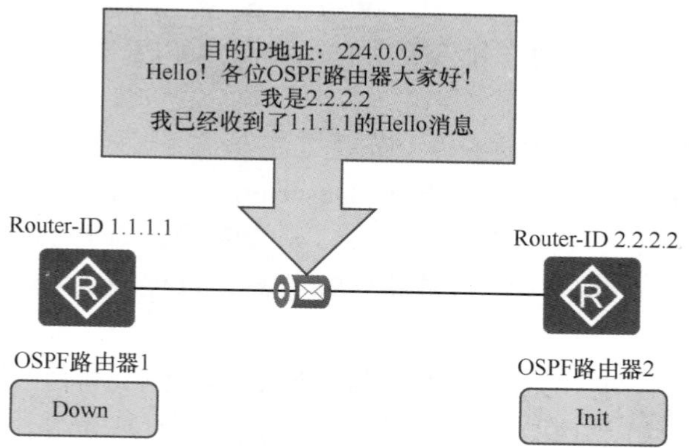


图 2-33　进入 Init 状态的路由器 2 发送 Hello 消息

当 OSPF 路由器 1 收到 OSPF 路由器 2 发送的 Hello 消息之后，会进入双向（2-Way）状态。此时 OSPF 路由器 1 在 Hello 消息中不仅会看到 OSPF 路由器 2 的 Router-ID（2.2.2.2），还会看到自己的 Router-ID（1.1.1.1）。当 OSPF 路由器 1 再发送 Hello 消息时，消息中包含 OSPF 路由器 2 的 Router-ID，如图 2-34 所示。

当 OSPF 路由器 2 接收到 OSPF 路由器 1 发送的 Hello 消息之后，也会进入 2-Way 状态。

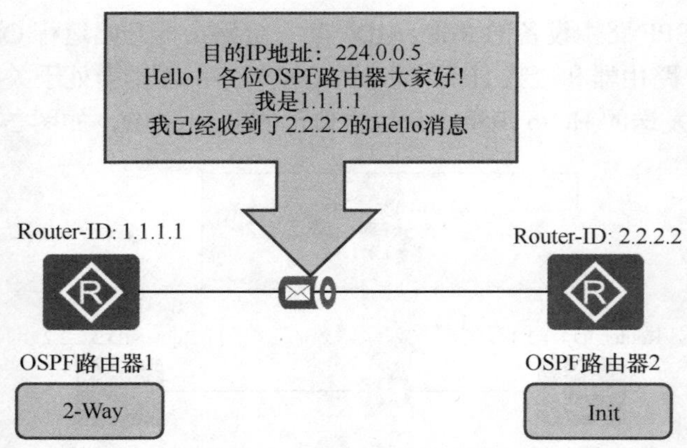


图 2-34　进入 2-Way 状态的路由器 1 发送 Hello 消息

进入 2-Way 状态之后的发展取决于 OSPF 网络类型。读者可以试想，当一个多路访问网络中连接了多台 OSPF 路由器的接口时，如果让所有的 OSPF 路由器两两交换链路状态，那么很可能会导致过多的链路带宽和设备资源被白白占用。因此，在广播网络和非广播多路访问网络中，需要选举两台 OSPF 路由器，使其他 OSPF 路由器都会和这两台建立邻接关系，以便交换链路状态。这两台 OSPF 路由器被称为 DR（Designated Router，指定路由器）和 BDR（Backup Designated Router，备份指定路由器），但非 DR/BDR（又称 DROther）之间则不直接交换链路状态信息。同时，DROther 设备之间的状态会停留在 2-Way 状态。

如果正在建立邻接关系的两台设备不需要选举 DR/BDR，则会进入初始化（ExStart）状态。如果其中一台设备知道自己或者对方已经被选举为 DR/BDR，那么也会进入 ExStart 状态，这是因为 DROther 的状态停留在 2-Way 状态，按照 RFC 2328 文档的定义—— 进入 ExStart 状态才是两台设备建立邻接关系的开始，且 OSPF 路由设备建立邻接关系就是为了相互交换链路状态信息。

建立邻接关系的两台路由设备需要先建立主从关系，成为主设备的 OSPF 路由设备会向从设备发送第一个 DD（Database Description，数据库描述）数据包，告知对方自己的 LSDB 中拥有哪些链路状态信息。从设备通过查看 DD 数据包，并与自己的 LSDB 进行对比，判断缺少哪些链路状态信息，以便向主设备请求缺少的链路状态信息。

在 ExStart 状态下，两台 OSPF 路由器需要协商主从状态。协商的标准是：Router-ID 比较高的 OSPF 路由器为主路由器，另一台为从路由器。两台 OSPF 路由器相互发送一个空的 DD 数据包，宣称自己的主设备，其中，DD 数据包携带 Router-ID 和初始序列号。Router-ID 较低的设备认同对方的主设备身份，并且使用对方 DD 数据包的初始序列号向对方发送一个 DD 数据包作为确认。确认主从身份和各自的初始序列号之后，两台 OSPF 路由器从 ExStart 状态过渡到交换状态（ExChange），如图 2-35 所示。

在 ExChange 状态下，主设备在 DD 数据包初始序列号的基础上加 1 作为新序列号，并向从设备发送 DD 数据包，告知自己的 LSDB 中有哪些链路状态信息。从设备收到 DD 数据包后，也会向主设备发送 DD 数据包，告知自己的 LSDB 的链路状态信息。从设备发送的 DD 数据包使用主设备的旧序列号，作为对收到主设备 DD 数据包的响应。然后，主从设备重复这一过程，其中，主设备的序列号以 1 为步长递增，从设备以收到的序列号作为响应，当发送最后一个 DD 数据包之后，两台 OSPF 路由器就会从 Exchange 状态切换为加载状态（Loading）。

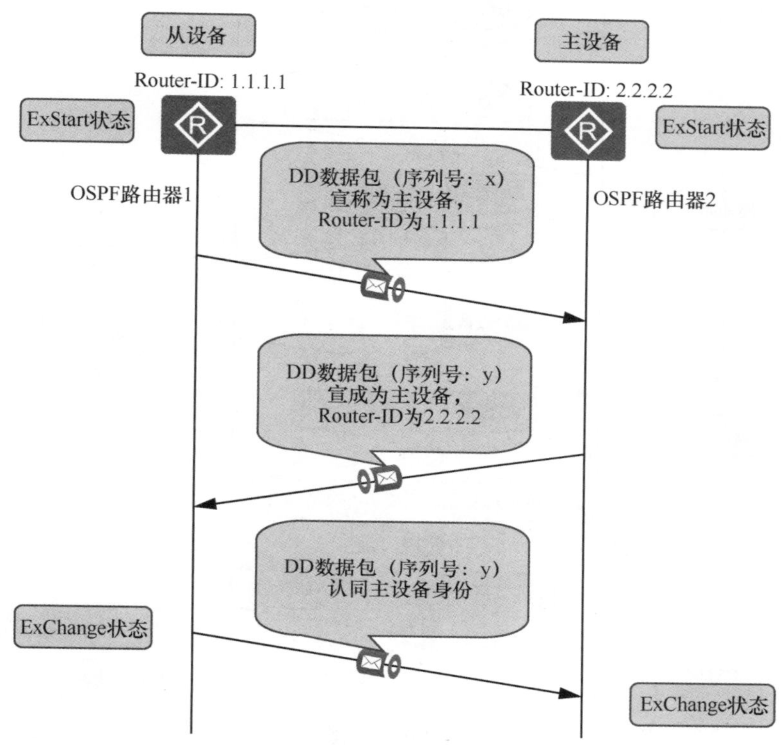


图 2-35　ExStart 状态的两台 OSPF 路由器建立主从关系

在 Loading 状态下，双方设备通过发送 LSR（Link State Request，链路状态请求）数据包，请求对应的链路状态信息。例如，如果从设备发送 DD 数据包后，发现主设备的 LSDB 包含一些自己缺少的链路状态信息，这时可以向主设备发送 LSR 数据包。主设备如果在从设备的 DD 数据包中发现自己缺少的链路状态信息，也会向从设备发送 LSR 数据包。一台 OSPF 路由器收到邻接设备发送的 LSR 数据包后，会向对方发送 LSU（Link State Update，链路状态更新）。LSU 包含 LSA，其目的是向对方通告自己最新的链路状态信息。当主从设备完成链路状态信息的同步后，会进入完全邻接状态（Full）。ExStart、Exchange、Loading 和 Full 状态下的数据包交互如图 2-36 所示。

图 2-36 所示的过程简化了两台 OSPF 路由器从 Down 状态到 Full 状态的迁移过程。完整的状态迁移过程被称为状态机，本节介绍的迁移过程跳过了状态机的一些状态（如 Attempt 状态），也有一些状态在 OSPF 路由器建立邻接关系的过程中会被跳过。在 HCIA 阶段，本节介绍的状态迁移过程已经够用。这些内容不仅有助于读者理解链路状态路由协议的工作原理，也对 OSPF 网络的排错工作十分重要。

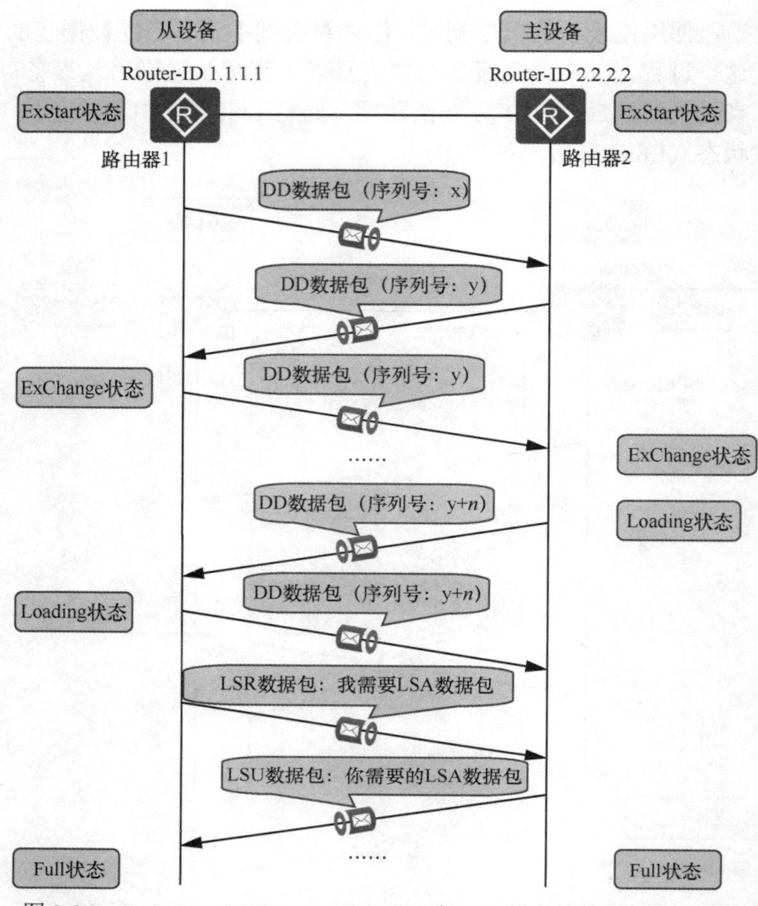


图 2-36　ExStart、ExChange、Loading 和 Full 状态的数据包交互过程

在 OSPF 协议的术语中，邻居和邻接是不同概念。在 RFC 中，OSPF 邻居并不是一个有着严格定义的技术术语，而是单纯指连接在同一个二层网络的 OSPF 路由器，没有其他约束条件。即使连接同一个二层网络的两台 OSPF 路由器之间没有发送过 Hello 消息，不知道彼此的存在，它们也是 OSPF 邻居。Down 状态是 OSPF 邻居状态机的第一个状态。邻接状态则要从两台 OSPF 路由器进入 ExStart 状态才算正式开始建立，因而 ExStart 状态是两台 OSPF 路由设备建立邻接关系的第一步。直到进入 Full 状态后，两台 OSPF 路由器才能被视为正式建立完全邻接关系。

### 2.5.3　DR 与 BDR

如果多台 OSPF 路由器的接口通过广播网络或者非广播多路访问网络连接，则需要选举 DR 和 BDR。5 台 OSPF 路由器通过以太网（广播网络）相连接的 OSPF 网络如图 2-37 所示。

如果所有设备之间需要彼此建立完全邻接关系，并相互交换链路状态信息，那么图 2-37 中的设备建立完全邻接关系如图 2-38（a）所示。如果只有 DR/BDR 需要与其他设备彼此建立完全邻接关系，并相互更新链路状态信息，那么建立的完全邻接关系如图 2-38（b）所示。

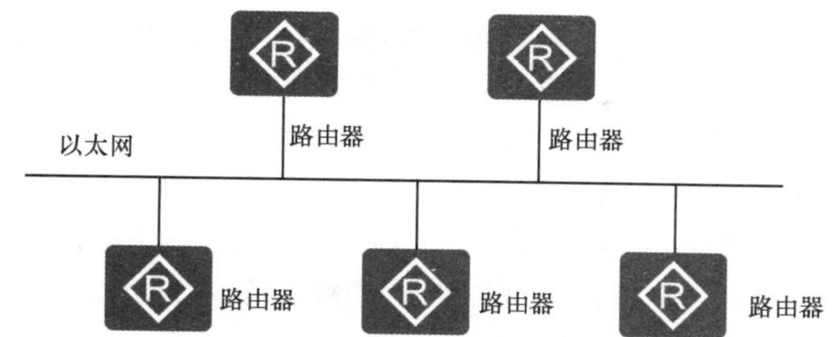


图 2-37　由 5 台 OSPF 路由器通过以太网相连接的 OSPF 网络

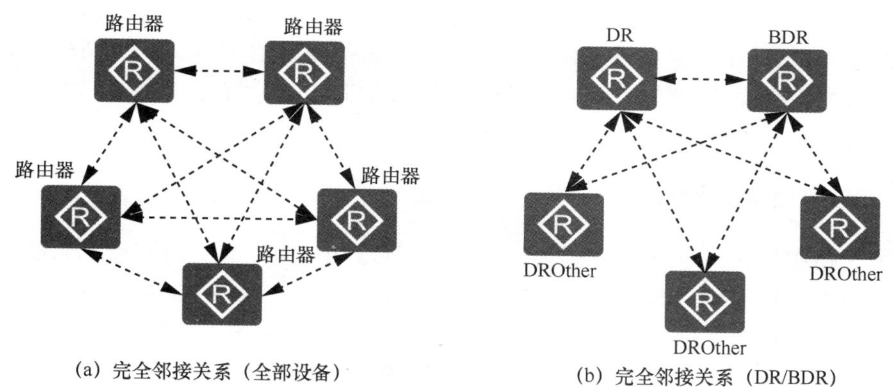


(a) 完全邻接关系（全部设备）　(b) 完全邻接关系（DR/BDR）

图 2-38　图 3-37 中的设备建立完全邻接关系

在一个仅包含 5 台 OSPF 路由器的多路访问网络中，DR 和 BDR 明显减少了设备之间建立的完全邻接关系数量。在一个包含 $n$ 台 OSPF 路由设备的多路访问网络中，如果让所有设备两两建立完全邻接关系，那么需要建立 $n(n-1)/2$ 个完全邻接关系。引入 DR/BDR，这个网络的完全邻接关系数量则会减少为 $2n-3$ 个。

DR 和 BDR 虽然名为路由器，但实际上指路由器接口。在图 2-39 中，OSPF 路由器 1 有两个接口，其中，接口 S0/0/0 连接一个点到点网络，接口 G0/0/0 连接一个广播网络。显然，OSPF 路由器 1 在接口 S0/0/0 连接的网络中，不存在 DR/BDR。扮演 DR 角色的实际上是 OSPF 路由器连接到以太网的接口 G0/0/0。由此可知，DR 是路由器接口的属性。

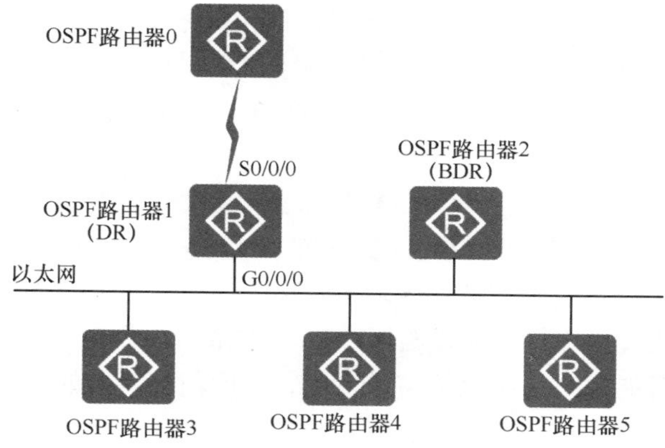


图 2-39　DR/BDR 是接口的属性

在广播网络或非广播多路访问网络中，DR/BDR 的选举原则是：连接这两类网络的路由器通过发送 Hello 消息参与选举。在参与选举的路由器（接口）中，优先级最高的路由器接口成为 DR，优先级次高的路由器接口成为 BDR，其他路由器（接口）成为 DROther。如果优先级相等，拥有较高 Router-ID 的路由器（接口）会被优先选举为 DR/BDR。管理员可以通过手动设置 DR 优先级来影响 DR 的选举结果，其中，DR 优先级的取值范围是 0～255。如果管理员将 DR 优先级设置为 0，则这个路由器（接口）不会被选举为 DR/BDR。

DR 和 BDR 是不可抢占的，即 DR/BDR 的选举结果一经确定，即使有 DR 优先级更高的路由器（接口）连接多路访问网络，也不会被抢占 DR/BDR 角色。如果网络中当前的 DR 失效，那么 BDR 会扮演 DR 的角色，同时其他路由器（接口）遵循相同的原则，再选举出新的 BDR，这意味着即使网络中的某个 DROther 拥有比当前 BDR 更高的 DR 优先级，也不会在 DR 失效时直接成为 DR。

### 2.5.4 OSPF 协议区域

为了让路由协议能够支持规模较大的网络，OSPF 协议引入了区域的概念，让人们可以把一个 OSPF 网络划分成多个区域，让区域内部的 OSPF 路由器充分交换链路状态信息；也可以把整个区域通过汇总以一条路由的形式通告给另一个区域，这样可以减少路由表中的路由条目数量，扩大 OSPF 协议支持的网络规模。

OSPF 区域由区域 ID 进行标识。区域 ID 是一个 32 位的二进制数，可以使用点分十进制或者直接使用十进制来表示。在所有区域中，区域 0 被定义为骨干区域，其余区域都是非骨干区域。如果一个 OSPF 网络中只包含一个区域，那么这个 OSPF 网络被称为单区域 OSPF 网络。如果一个 OSPF 网络中包含不止一个区域，那么这个 OSPF 网络被称为多区域 OSPF 网络。多区域 OPSF 网络一定包括骨干区域和一个或多个非骨干区域。这里必须强调的是，所有非骨干区域必须和骨干区域相连，但彼此之间不可以直接相连，即 OSPF 协议不允许非骨干区域之间不通过骨干区域直接发送数据包。这样设计的目的是避免 OSPF 网络产生区域环路。

OSPF 协议定义的区域连接规则有时不容易满足两个现有网络合并的情形，因此，OSPF 协议定义了虚连接，即当人们遇到难以在物理上满足区域连接规则的情况时，可以通过逻辑的方式建立符合区域连接规则的 OSPF 网络。通过建立虚连接的方式，管理员可以跨越非骨干区域，把骨干区域和另一个非骨干区域连接起来，从而在逻辑上满足每一个非骨干区域必须与骨干区域直接相连的区域连接规则。虚连接如图 2-40 所示。

在图 2-40 中，非骨干区域（区域 3）和非骨干区域（区域 1）直接相连，没有和骨干区域（区域 0）相连接。管理员通过在 OSPF 路由器 1 和 OSPF 路由器 3 之间配置一条虚连接，让区域 3 在逻辑上连接到区域 0。这样一来，从区域 3 发送到其他非骨干区域的流量都会首先通过虚连接被转发给区域 0，包括从区域 3 发送到区域 1 的流量。由此可见，虚连接有可能导致出现流量路径次优、过度消耗资源的问题，因而属于一种补丁式技术，只在特殊情况下才被临时使用。

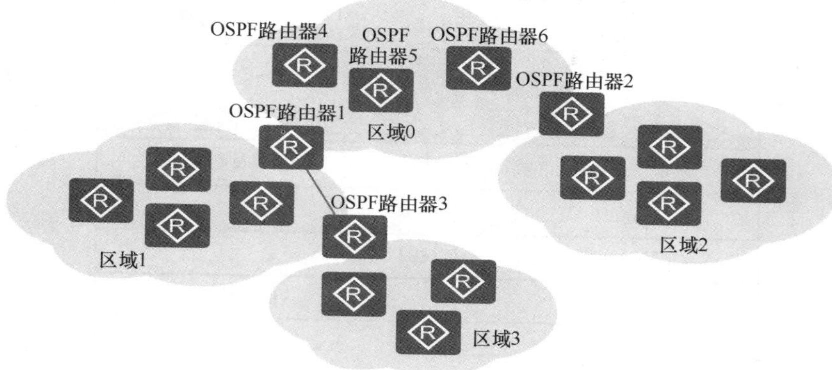


图 2-40　虚连接

根据 RFC 2328，将 OSPF 路由器分为以下 4 种不同的类型。

① 内部路由器：指所有接口都处于同一个区域的路由器。例如，在图 2-40 中，除了 OSPF 路由器 1、OSPF 路由器 2 和 OSPF 路由器 3 外的其他路由器都属于内部路由器。

② ABR（Area Border Router，区域边界路由器）：指接口连接到两个及以上区域，且至少有一个接口属于骨干区域的路由器。例如，图 2-40 中的 OSPF 路由器 1 和 OSPF 路由器 2 属于区域边界路由器。因为 OSPF 路由器 3 和 OSPF 路由器 1 之间存在虚连接，所以 OSPF 路由器 3 也属于区域边界路由器。

③ 骨干路由器：指至少有 1 个接口属于骨干区域的路由器。例如，在图 2-40 中的 OSPF 路由器 1、OSPF 路由器 2、OSPF 路由器 4、OSPF 路由器 5、OSPF 路由器 6 都属于骨干路由器，其中，OSPF 路由器 1、OSPF 路由器 2 也是区域边界路由器，OSPF 路由器 4、OSPF 路由器 5、OSPF 路由器 6 也是内部路由器。由此可见，在这种分类方法中，一台路由器并非只能属于某一类路由器。

④ ASBR（Autonomous System Border Router，自治系统边界路由器）：指把本地 OSPF 网络连接到外部网络（通常是其他动态路由协议构建的网络），把那些网络中的路由通告到自己 OSPF 路由域中的路由器。

### 2.5.5　OSPF 协议的封装

在一个封装 OSPF 协议消息的 IP 数据包中，OSPF 头部封装结构如图 2-41 所示，各字段的作用如下。

① 版本：作用是标识 OSPF 消息的 OSPF 协议版本。IPv4 的 OSPF 协议版本是 OSPF 第 2 版（OSPFv2），因此这个字段的取值是 0010。

② 类型：OSPF 协议定义了下列 5 种不同的消息类型。

a．Hello 消息：如果 OSPF 头部字段的类型取值为 0001，那么这个 OSPF 数据包是一个 Hello 消息。Hello 消息包含始发方的 DR 优先级/OSPF 路由器优先级和其他相邻 OSPF 路由器的 Router-ID，具体如下。

- 路由器接口的掩码。
- Hello 消息时间间隔。
- DR 优先级/OSPF 路由器优先级。

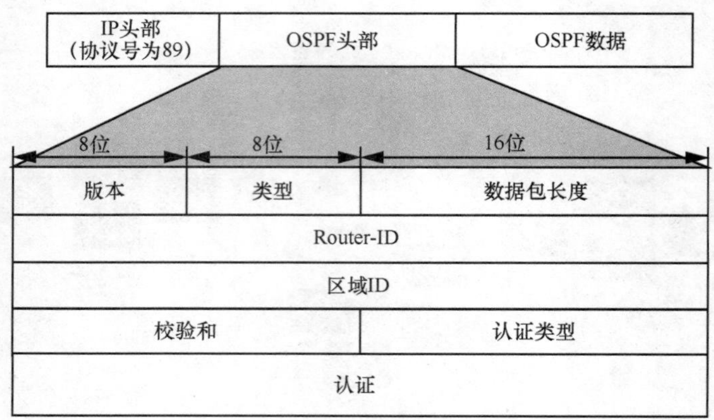


图 2-41　OSPF 头部封装结构

- 路由器失效时间间隔。
- DR。
- BDR。
- （已接收到的）相邻 OSPF 路由器 Router-ID（多个）。

这里需要强调的是，在 Hello 消息包含的信息中，两台 OSPF 路由器如果要建立邻接关系，它们的路由器接口掩码、Hello 消息时间间隔和路由器失效时间间隔必须相同。如果是图 2-41 所示的 OSPF 头部封装信息，则这两台 OSPF 路由器的区域 ID、认证类型和认证（若启用）也必须相同。

b．DD 数据包：如果 OSPF 头部字段的类型取值为 0010，那么这个 OSPF 数据包就是一个 DD 数据包。DD 数据包中包含序列号和始发设备 LSDB 中的 LSA。但 DD 数据包并不包含完整的 LSA，而是只包含 LSA 的头部。DD 数据包包含的信息如下。

- 接口 MTU 值。
- 序列号。
- LSA 头部（多个）。

c．LSR：如果 OSPF 头部字段的类型取值为 0011，那么这个 OSPF 数据包就是一个 LSR。LSR 包含自己请求的 LSA 链路状态类型、链路状态 ID 和其 Router-ID。

d．LSU：如果 OSPF 头部字段的类型取值为 0100，那么这个 OSPF 数据包就是一个 LSU 消息。LSU 包含 LSU 所含的 LSA 数量，以及具体的 LSA。

e．LSAck 消息：如果 OSPF 头部字段的类型取值为 0101，那么这个 OSPF 数据包就是一个 LSAck 消息。当一台路由器收到 LSA 后，需要向提供该 LSA 的设备进行确认，LSAck 消息的作用就是向发送 LSA 的设备进行确认。因此，LSAck 消息包含收到的 LSA 头部。

③ 数据包长度：作用是标识 OSPF 数据包的长度。数据包长度字段所标识的字节数中包含 OSPF 头部。

④ Router-ID：作用是标识 OSPF 数据包始发设备的 Router-ID。

⑤ 区域 ID：作用是标识 OSPF 数据包属于的 OSPF 区域。

⑥ 校验和：包含整个 OSPF 数据包（除认证字段外）的 IP 校验和，其作用是确保

数据包没有在传输过程中发生变化。

⑦ 认证类型：作用是标识对 OSPF 数据包执行的认证流程。

⑧ 认证：用于认证，字段长度为 64 位。

### 2.5.6　OSPF 协议数据表

在对 OSPF 协议进行研究、设计、部署和排错时，有 3 个数据表发挥着至关重要的作用，即 OSPF 邻居表、LSDB 表和 OSPF 路由表。

OSPF 邻居表的作用是记录 OSPF 路由器各邻居设备的状态，包括邻居设备是通过哪个接口发现的、邻居设备的 Router-ID、邻居状态、（同步 DD 数据包时的）主从设备身份、邻居的 DR 优先级、邻居所在二层网络的 DR 和 BDR（接口的 IP 地址）、邻居接口的 MTU 值等信息。

在 VRP 系统中，如果管理员希望查看一台路由器的 OSPF 邻居表，可以使用命令 **display ospf peer**。

LSDB 表是 OSPF 路由器保存链路状态信息的数据库。这个数据库保存自己产生的和从邻居 OSPF 路由器接收的 LSA，其中，每条 LSA 会标注 LSA 类型及发送该 LSA 的路由器的 Router-ID。

在 VRP 系统中，如果管理员希望查看一台路由器的 LSDB 表，可以使用命令 **display ospf lsdb**。

OSPF 路由表是路由信息的集合。该集合包括以 OSPF 路由器为根，针对 LSDB 表的链路状态信息运行 SPF 算法得到的去往各个网络的最优路径。OSPF 路由表中包含目的网络（Destination）、开销（Cost）、下一跳地址（NextHop）、通告该路由条目的路由器（AdvRouter）、该路由所在区域等信息。

在 VRP 系统中，网管理员希望查看一台路由器的 OSPF 路由表，可以使用命令 **display ospf routing**。

### 2.5.7　OSPF 协议在 VRP 系统中的配置命令

管理员需要在 VRP 系统中执行下列配置步骤，使设备运行 OSPF 协议。

步骤 1：启用 OSPF 进程。

在一台华为路由器上启用 OSPF 进程，管理员需要进入 VRP 系统的系统视图，并输入命令 **ospf** [ *process-id* | **router-id** *router-id*]，其中，*process-id* 标识不同的 OSPF 进程。如果不输入 *process-id*，系统会使用默认值 1。管理员在同一台设备上可以运行多个不同的 OSPF 进程。如果没有输入 *router-id*，系统会先从逻辑环回接口的 IP 地址中选择最大的作为 *router-ID*。如果没有配置逻辑环回接口的 IP 地址，系统会从物理接口的 IP 地址中选择最大的作为 *router-ID*。

当管理员在 VRP 系统视图中输入命令 **ospf** [*process-id* | **router-id** *router-id*]后，VRP 系统进入 OSPF 进程视图。

步骤 2：创建 OSPF 区域。

管理员在 OSPF 进程视图中输入命令 **area** *area-id*，创建 OSPF 区域，同时进入对应的 OSPF 区域视图。*area-id* 可以使用十进制或者点分十进制形式。

步骤 3：指定运行 OSPF 协议的接口（链路）。

在 OSPF 区域视图中，管理员需要使用命令 **network** *network-address wildcard-mask* 指定在这个 OSPF 区域中运行 OSPF 协议的接口（链路）。*network-address* 需要管理员输入这个接口的网络地址。*wildcard-mask* 被称为通配符掩码，通过子网掩码取反得到。例如，18 位子网掩码 255.255.192.0 转换为通配符掩码，即为 0.0.63.255。在当前的区域视图中，要让接口 64.32.16.1/20 所在的网络运行 OSPF 协议，则输入命令 network 64.32.16.0 0.0.15.255 即可。

除了上述的必要操作外，管理员常常还需要在 VRP 系统中调整一些重要的 OSPF 协议参数，包括 OSPF 接口开销、带宽参考值和 DR 优先级。

OSPF 接口开销是管理员为运行 OSPF 协议的接口指定的开销值。VRP 系统会给每个激活的 OSPF 接口配置一个开销值。在管理员没有设置开销值的情况下，OSPF 接口以 100 Mbit/s 和接口带宽的商作为默认开销值。管理员也可以在接口视图下使用命令 **ospf cost** *cost* 配置 OSPF 接口开销值，其中，*cost* 的取值范围是 1～65535。

管理员也可以修改带宽参考值，即把 100 Mbit/s 修改为其他带宽参考值。具体做法是进入 OSPF 进程视图，输入命令 **bandwidth-reference** *value*。带宽参考值 *value* 的取值范围是 1～2147483648。

在实际项目中，管理员通常希望干预 DR/BDR 的选举，把指定的路由器（接口）选举为 DR。这时，管理员需要进入对应接口的接口视图，输入命令 **ospf dr-priority** *priority* 设置这个接口的 DR 优先级，这个值的取值范围是 0～255，值越大，优先级越高。

### 2.5.8 ICMP

RFC 777 定义了 ICMP（Internet Control Message Protocol，因特网控制消息协议）。ICMP 定义了设备如何通过控制消息获得关于通信环境的反馈信息。目前，查询 IPv4 网络并提供报错机制的 ICMP 是 ICMPv4；查询 IPv6 网络并提供报错机制的 ICMP 是 ICMPv6，本节介绍的 ICMP 为 ICMPv4。

ICMP 工作在网络层，但 ICMP 消息封装在 IP 数据包内部，因此，在网络层的框架中，ICMP 的层级高于 IP。ICMP 是封装在 IP 数据包内部的，因此也有一个协议号，ICMPv4 的协议号是 1。

ICMP 头部封装结构如图 2-42 所示，各字段的作用如下。

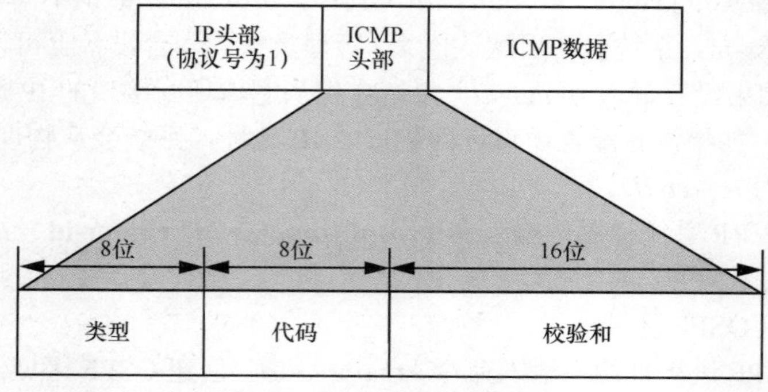


图 2-42 ICMP 头部封装结构

① 类型：作用是标识 ICMP 消息的类型。

② 代码：作用是标识 ICMP 消息的表意。

③ 校验和：包含在大量的协议封装中，作用是执行错误检测。

常见的 ICMP 消息类型和代码字段组合见表 2-5。

表 2-5 常见的 ICMP 消息类型和代码字段组合

| 类型 | 代码 | ICMP 消息类型 |
|---|---|---|
| 0 | 0 | 回声应答（Echo-Reply） |
| 3 | 0 | 目标网络不可达 |
| | 1 | 目标主机不可达 |
| | 2 | 目标协议不可达 |
| | 3 | 目标端口不可达 |
| 5 | 0 | 重定向网络 |
| | 1 | 重定向主机 |
| 8 | 0 | 回声请求（Echo-Request） |
| 11 | 0 | 生存时间超时 |
| 12 | 0 | IP 数据包头部参数错误 |

例如，ICMP 消息的类型字段的值为 3，代码字段的值为 0，表示这个 ICMP 消息是一个目标网络不可达消息。

基于 ICMP 常用的工具有 Ping 和 Tracert。

### 1. Ping 工具

Ping 工具的作用是利用 ICMP 协议的回声请求消息和回声应答消息，判断始发设备到目的设备之间的网络层是否可以实现双向通信。如果可以实现双向通信，则 Ping 工具还可以提供丢包率和数据包往返时间。Ping 工具检测网络层双向通信的过程如图 2-43 所示。

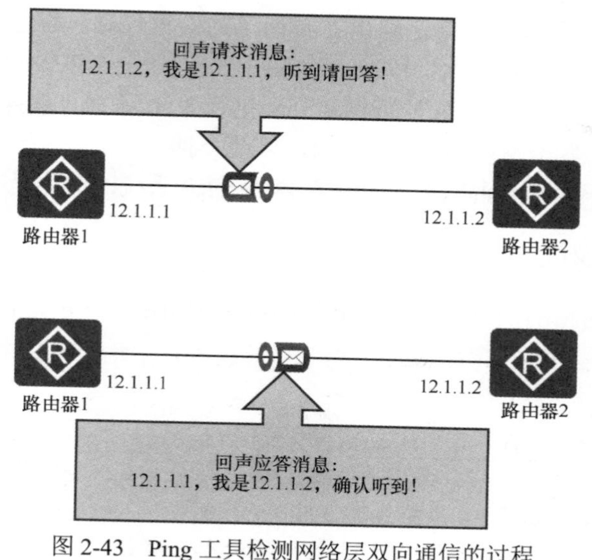


图 2-43 Ping 工具检测网络层双向通信的过程

收到目的设备的回声应答消息，表示始发设备与目的设备之间在网络层可以实现双向通信。

Ping 工具在 VRP 系统的命令是 **ping** *IP-address*，其中，*IP-address* 为目的设备的 IP 地址。

2. Tracert 工具

Tracert 工具利用 ICMP 消息的生存时间测试从当前设备到目的设备的数据发送路径。Tracert 工具的测试原理如下：路由设备收到生存时间（TTL）为 0 的数据包时会丢弃，并且向始发设备发送类型字段值为 11、代码字段值为 0 的 ICMP 生存超时消息。这时，通过 Tracert 工具查看路径的设备会封装一系列 TTL 值从 1 开始依次递增的消息，并陆续发往目的设备。在这些消息通过转发路径到达目的设备的过程中，它们的 TTL 值每经历一跳路由设备，就会减少 1，于是路径中的各台设备会向始发设备发送 ICMP 生存时间超时消息，因此原设备也就获得了消息从当前设备到目的设备经历的路径。上述过程可以简化为图 2-44 所示的过程。

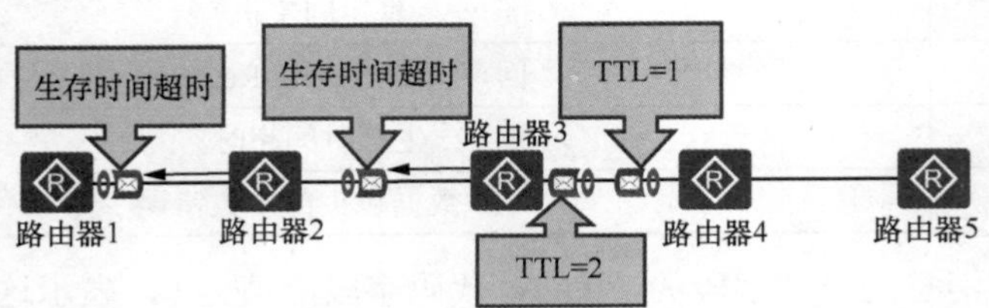


图 2-44　使用 Tracert 工具测试发送数据的路径

在图 2-44 中，路由器 1 使用 Tracert 工具发起测试，并向目的设备路由器 5 发送一系列数据包，每个数据包的 TTL 值依次递增。当路由器 2 接收到 TTL 值为 1 的数据包时，将数据包的 TTL 值减 1，导致该数据包的 TTL 值为 0。于是路由器 2 向路由器 1 发送一个 ICMP TTL 超时消息。同时路由器 2 也会对 TTL 值为 2、3、4 的数据包分别执行 TTL 值减 1 的操作，使 TTL 值变为 1、2、3，并且将它们转发给路径中的下一台设备。当路径中的路由器 3 收到 TTL 值已经由 2 减为 1 的数据包时，将这个数据包的 TTL 值再减 1，导致该数据包 TTL 为 0，于是向路由器 1 发送了一个 ICMP TTL 超时消息。同时路由器 3 也会对 TTL 值为 2、3 的数据包分别执行 TTL 值减 1 的操作，使 TTL 值变为 1、2，并且将它们转发给路径中的路由器 4，以此类推。

Tracert 工具在不同平台的命令不同，在华为 VRP 系统的命令是 **tracert** *IP-address*。

### 2.5.9 OSPF 协议配置

沿用前文静态路由的网络拓扑，OSPF 协议配置如图 2-45 所示，可实现 3 台路由器之间的互联互通。

图 2-45　OSPF 协议配置

按照网络拓扑所示搭建实验环境并配置接口 IP 地址后，路由器 1 和路由器 2 之间可以建立直连关系，路由器 2 和路由器 3 之间也可以建立直连关系，因此，本实验的目的是让路由器 1 与路由器 3 之间可以进行通信。

在 OSPF 协议的配置中，管理员首先需要设定一些参数，见表 2-6。

表 2-6　OSPF 协议配置的一些参数

| 参数 | 路由器 1 | 路由器 2 | 路由器 3 |
| --- | --- | --- | --- |
| OSPF 进程 ID | 1 | 2 | 3 |
| OSPF Router-ID | 1.1.1.1 | 2.2.2.2 | 3.3.3.3 |
| OSPF 区域 ID | 0 | 0 | 0 |

OSPF 进程 ID 的作用是在同一台路由器上区分 OSPF 进程，只具有本地意义，即无论两台路由器的 OSPF 进程 ID 是否相同，它们都可以建立 OSPF 邻居关系。为了通过本实验向读者实际展示这种效果，路由器 1、路由器 2 和路由器 3 分别使用不同的 OSPF 进程 ID。本实验会为每台路由器创建环回接口，并将其 IP 地址作为 OSPF 路由器的 Router-ID。本实验将展示单区域 OSPF 的配置，因此 3 台路由器运行的 OSPF 区域都是骨干区域，即区域 0。

路由器 1、路由器 2 和路由器 3 的相关配置分别见例 2-1、例 2-2 和例 2-3。

**例 2-1**　路由器 1 上的相关配置

```
<Huawei>system-view
Enter system view, return user view with Ctrl+Z.
[Huawei]sysname R1
[R1]interface GigabitEthernet 0/0/0
[R1-GigabitEthernet0/0/0]ip address 10.0.0.1 24
[R1-GigabitEthernet0/0/0]quit
[R1]interface LoopBack 0
[R1-LoopBack0]ip address 1.1.1.1 32
[R1-LoopBack0]quit
[R1]ospf 1 router-id 1.1.1.1
[R1-ospf-1]area 0
[R1-ospf-1-area-0.0.0.0]network 10.0.0.1 0.0.0.0
[R1-ospf-1-area-0.0.0.0]network 1.1.1.1 0.0.0.0
```

**例 2-2**　路由器 2 上的相关配置

```
<Huawei>system-view
Enter system view, return user view with Ctrl+Z.
[Huawei]sysname R2
[R2]interface GigabitEthernet 0/0/0
[R2-GigabitEthernet0/0/0]ip address 10.0.0.2 24
[R2-GigabitEthernet0/0/0]quit
[R2]interface GigabitEthernet 0/0/1
[R2-GigabitEthernet0/0/1]ip address 20.0.0.2 24
[R2-GigabitEthernet0/0/1]quit
[R2]interface LoopBack 0
[R2-LoopBack0]ip address 2.2.2.2 32
[R2-LoopBack0]quit
[R2]ospf 2 router-id 2.2.2.2
[R2-ospf-2]area 0
[R2-ospf-2-area-0.0.0.0]network 10.0.0.2 0.0.0.0
[R2-ospf-2-area-0.0.0.0]network 20.0.0.2 0.0.0.0
[R2-ospf-2-area-0.0.0.0]network 2.2.2.2 0.0.0.0
```

例 2-3　路由器 3 上的相关配置

```
<Huawei>system-view
Enter system view, return user view with Ctrl+Z.
[Huawei]sysname R3
[R3]interface GigabitEthernet 0/0/1
[R3-GigabitEthernet0/0/1]ip address 20.0.0.3 24
[R3-GigabitEthernet0/0/1]quit
[R3]interface LoopBack 0
[R3-LoopBack0]ip address 3.3.3.3 32
[R3-LoopBack0]quit
[R3]ospf 3 router-id 3.3.3.3
[R3-ospf-3]area 0
[R3-ospf-3-area-0.0.0.0]network 20.0.0.3 0.0.0.0
[R3-ospf-3-area-0.0.0.0]network 3.3.3.3 0.0.0.0
```

配置完成后，3 台路由器建立了 OSPF 邻居关系，使用命令 **display ospf 2 peer brief** 在路由器 2 上查看它的 OSPF 邻居关系，详见例 2-4。可以看到，路由器 2 有两个状态为 Full 的邻居路由器都是区域 0 中的邻居，分别通过 G0/0/0 和 G0/0/1 建立，同时还可以看到邻居路由器的 Router-ID。

例 2-4　在路由器 2 上验证 OSPF 邻居关系

```
[R2]display ospf 2 peer brief

   OSPF Process 2 with Router ID 2.2.2.2
          Peer Statistic Information
 ----------------------------------------------------------------------------
 Area Id        Interface                     Neighbor id       State
 0.0.0.0        GigabitEthernet0/0/0          1.1.1.1           Full
 0.0.0.0        GigabitEthernet0/0/1          3.3.3.3           Full
 ----------------------------------------------------------------------------
```

可以查看路由器 1 的路由表，并在其中寻找通过 OSPF 学习到的路由，详见例 2-5。从路由表中可以看到，3 条通过 OSPF 学习到的路由为去往路由器 2 和路由器 3 环回接口的路由，以及路由器 2 和路由器 3 之间直连网段的路由。

例 2-5　查看路由器 1 中通过 OSPF 学习到的路由

```
[R1]display ip routing-table
Route Flags: R - relay, D - download to fib
------------------------------------------------------------------------------
Routing Tables: Public
      Destinations : 11       Routes : 11

Destination/Mask     Proto   Pre  Cost  Flags NextHop         Interface

        1.1.1.1/32  Direct  0    0     D    127.0.0.1       LoopBack0
        2.2.2.2/32  OSPF    10   1     D    10.0.0.2        GigabitEthernet0/0/0
        3.3.3.3/32  OSPF    10   2     D    10.0.0.2        GigabitEthernet0/0/0
       10.0.0.0/24  Direct  0    0     D    10.0.0.1        GigabitEthernet0/0/0
       10.0.0.1/32  Direct  0    0     D    127.0.0.1       GigabitEthernet0/0/0
     10.0.0.255/32  Direct  0    0     D    127.0.0.1       GigabitEthernet0/0/0
       20.0.0.0/24  OSPF    10   2     D    10.0.0.2        GigabitEthernet0/0/0
      127.0.0.0/8   Direct  0    0     D    127.0.0.1       InLoopBack0
      127.0.0.1/32  Direct  0    0     D    127.0.0.1       InLoopBack0
127.255.255.255/32  Direct  0    0     D    127.0.0.1       InLoopBack0
255.255.255.255/32  Direct  0    0     D    127.0.0.1       InLoopBack0
```

在路由器 1 上，以 1.1.1.1 为源，对 3.3.3.3 发起 Ping 测试，详见例 2-6。在 **Ping** 命令中使用关键词 **-a** 可以指定发起 Ping 测试的源 IP 地址。从命令执行内容中可以看出测试成功。

**例 2-6**　发起 Ping 测试

```
[R1]ping -a 1.1.1.1 3.3.3.3
  PING 3.3.3.3: 56  data bytes, press CTRL_C to break
    Reply from 3.3.3.3: bytes=56 Sequence=1 ttl=254 time=60 ms
    Reply from 3.3.3.3: bytes=56 Sequence=2 ttl=254 time=30 ms
    Reply from 3.3.3.3: bytes=56 Sequence=3 ttl=254 time=30 ms
    Reply from 3.3.3.3: bytes=56 Sequence=4 ttl=254 time=30 ms
    Reply from 3.3.3.3: bytes=56 Sequence=5 ttl=254 time=30 ms

  --- 3.3.3.3 ping statistics ---
    5 packet(s) transmitted
    5 packet(s) received
    0.00% packet loss
    round-trip min/avg/max = 30/36/60 ms
```

## 2.6　在 VRP 系统中使用静态路由和 OSPF 协议构建小型路由网络

OSPF 协议作为一种能够适用于中大型园区网环境的动态路由协议，广泛部署于工作环境中，读者需要掌握 OSPF 协议的配置、验证和排错方法。本节以 4 台路由器构成的小型网络为例，展示 OSPF 协议的基本配置和一些可选参数配置。小型路由网络如图 2-46 所示。

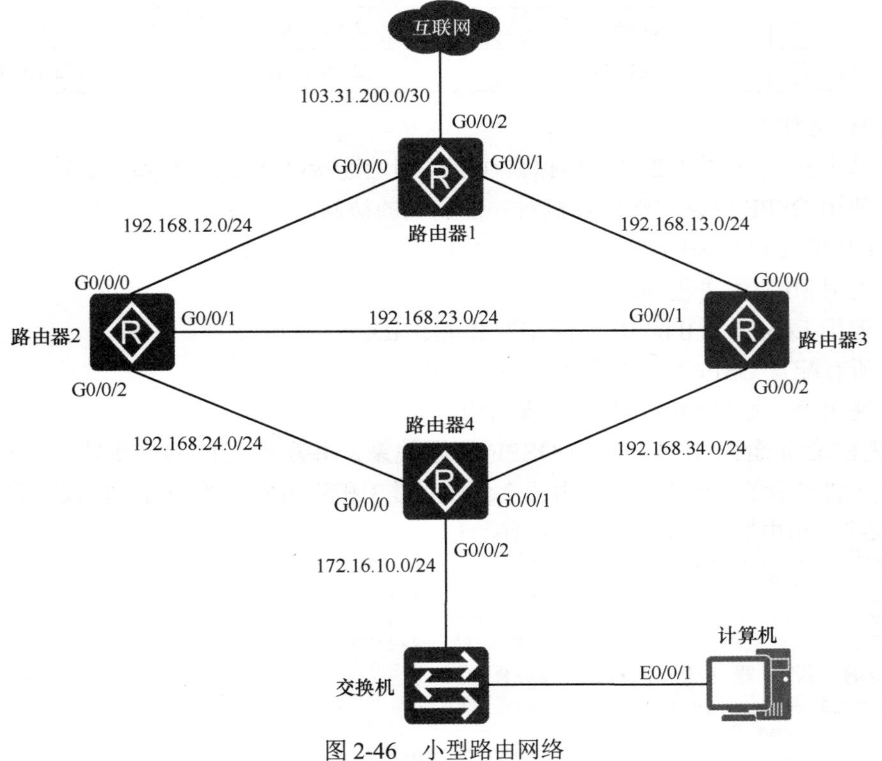


图 2-46　小型路由网络

本实验使用的 IP 地址规划见表 2-7。

表 2-7 IP 地址规划

| 设备 | 接口 | IP 地址 | 默认网关 |
|---|---|---|---|
| 路由器 1 | G0/0/0 | 192.168.12.1/24 | N/A |
| | G0/0/1 | 192.168.13.1/24 | N/A |
| | G0/0/2 | 103.31.200.1/30 | N/A |
| | Loopback 0 | 10.0.0.1/32 | N/A |
| 路由器 2 | G0/0/0 | 192.168.12.2/24 | N/A |
| | G0/0/1 | 192.168.23.2/24 | N/A |
| | G0/0/2 | 192.168.24.2/24 | N/A |
| | Loopback 0 | 10.0.0.2/32 | N/A |
| 路由器 3 | G0/0/0 | 192.168.13.3/24 | N/A |
| | G0/0/1 | 192.168.23.3/24 | N/A |
| | G0/0/2 | 192.168.34.3/24 | N/A |
| | Loopback 0 | 10.0.0.3/32 | N/A |
| 路由器 4 | G0/0/0 | 192.168.24.4/24 | N/A |
| | G0/0/1 | 192.168.34.4/24 | N/A |
| | G0/0/2 | 172.16.10.4/24 | N/A |
| | Loopback 0 | 10.0.0.4/32 | N/A |
| 计算机 | E0/0/1 | 172.16.10.10/24 | 172.16.10.4 |

实验任务如下。

① 路由器 1 的 G0/0/2 接口模拟去往互联网的连接，计算机模拟内部主机。

② 使用 OSPF 协议实现计算机对外部主机的访问。

③ OSPF 协议相关的参数设置要求如下。

a. 使用 10 作为进程号。

b. 使用 Loopback 0 的 IP 地址作为 Router-ID。

c. 所有配置 OSPF 协议的接口属于骨干区域。

d. 路由器 1 通过 OSPF 发布缺省路由。

首先建立 4 台路由器之间的 OSPF 邻居关系，并观察当前的流量路径。例 2-7～例 2-10 分别展示了路由器 1、路由器 2、路由器 3 和路由器 4 的 OSPF 协议配置。

例 2-7 路由器 1 上的 OSPF 协议配置

```
[R1]ospf 10 router-id 10.0.0.1
[R1-ospf-10]area 0
[R1-ospf-10-area-0.0.0.0]network 10.0.0.1 0.0.0.0
[R1-ospf-10-area-0.0.0.0]network 192.168.12.1 0.0.0.0
[R1-ospf-10-area-0.0.0.0]network 192.168.13.1 0.0.0.0
```

例 2-8 路由器 2 上的 OSPF 协议配置

```
[R2]ospf 10 router-id 10.0.0.2
[R2-ospf-10]area 0
[R2-ospf-10-area-0.0.0.0]network 10.0.0.2 0.0.0.0
[R2-ospf-10-area-0.0.0.0]network 192.168.12.2 0.0.0.0
[R2-ospf-10-area-0.0.0.0]network 192.168.23.2 0.0.0.0
[R2-ospf-10-area-0.0.0.0]network 192.168.24.2 0.0.0.0
```

例 2-9　路由器 3 上的 OSPF 协议配置

```
[R3]ospf 10 router-id 10.0.0.3
[R3-ospf-10]area 0
[R3-ospf-10-area-0.0.0.0]network 10.0.0.3 0.0.0.0
[R3-ospf-10-area-0.0.0.0]network 192.168.13.3 0.0.0.0
[R3-ospf-10-area-0.0.0.0]network 192.168.23.3 0.0.0.0
[R3-ospf-10-area-0.0.0.0]network 192.168.34.3 0.0.0.0
```

例 2-10　路由器 4 上的 OSPF 协议配置

```
[R4]ospf 10 router-id 10.0.0.4
[R4-ospf-10]area 0
[R4-ospf-10-area-0.0.0.0]network 10.0.0.4 0.0.0.0
[R4-ospf-10-area-0.0.0.0]network 192.168.24.4 0.0.0.0
[R4-ospf-10-area-0.0.0.0]network 192.168.34.4 0.0.0.0
[R4-ospf-10-area-0.0.0.0]network 172.16.10.4 0.0.0.0
```

配置完成后，通过 **display ospf 10 peer brief** 验证每台路由器的 OSPF 邻居关系。通过这条命令，读者可以确认路由器 1 和路由器 4 分别与路由器 2 和路由器 3 建立了邻居关系（Full 状态），不仅如此，路由器 2 和路由器 3 之间也建立了 OSPF 邻居关系（Full 状态）。

读者可以使用 **display ospf peer** 命令查看某个邻居的详细信息。下面以在路由器 2 上查看路由器 3 的详细信息为例，使用命令 **display ospf 10 peer GigabitEthernet 0/0/1** 查看 OSPF 邻居的详细信息，见例 2-11。

例 2-11　查看 OSPF 邻居的详细信息

```
[R2]display ospf 10 peer GigabitEthernet 0/0/1

     OSPF Process 10 with Router ID 10.0.0.2
         Neighbors

 Area 0.0.0.0 interface 192.168.23.2(GigabitEthernet0/0/1)'s neighbors
 Router ID: 10.0.0.3          Address: 192.168.23.3
   State: Full  Mode:Nbr is  Master  Priority: 1
   DR: 192.168.23.2  BDR: 192.168.23.3  MTU: 0
   Dead timer due in 34  sec
   Retrans timer interval: 5
   Neighbor is up for 00:55:39
   Authentication Sequence: [ 0 ]
```

从例 2-11 中可以看到 OSPF 邻居的信息，比如，建立邻居的接口 IP 地址（本端和对端）、DR 和 BDR、邻居建立时长等。

读者还可以使用 **display ospf interface** 命令，查看 OSPF 接口的信息，例 2-12 仍以路由器 2 的 G0/0/1 接口为例，展示该命令的输出信息。

例 2-12　查看 OSPF 接口信息

```
[R2]display ospf interface GigabitEthernet 0/0/1

     OSPF Process 10 with Router ID 10.0.0.2
         Interfaces


 Interface: 192.168.23.2 (GigabitEthernet0/0/1)
 Cost: 1       State: DR        Type: Broadcast    MTU: 1500
 Priority: 1
 Designated Router: 192.168.23.2
 Backup Designated Router: 192.168.23.3
 Timers: Hello 10 , Dead 40 , Poll  120 , Retransmit 5 , Transmit Delay 1
```

从例 2-12 中可以看到与 OSPF 接口相关的一些参数，如 Hello 计时器、Dead 计时器、Poll 计时器等。

当多台路由器参与同一个 OSPF 区域的运行时，这些路由器针对该区域的 LSDB 是相同的，也就是说，在这个环境中，4 台路由器的 LSDB 是完全相同的。下面以计算机所在网段为例进行查看，该网段是由路由器 4 进行通告的，可以使用命令 **display ospf 10 lsdb router 10.0.0.4** 来进行查看，详见例 2-13。

例 2-13 在路由器 4 上查看 OSPF LSDB

```
[R4]display ospf 10 lsdb router 10.0.0.4

     OSPF Process 10 with Router ID 10.0.0.4
               Area: 0.0.0.0
          Link State Database


  Type       : Router
  Ls id      : 10.0.0.4
  Adv rtr    : 10.0.0.4
  Ls age     : 1466
  Len        : 72
  Options    :  E
  seq#       : 8000002e
  chksum     : 0x8950
  Link count: 4
   * Link ID: 192.168.24.4
     Data    : 192.168.24.4
     Link Type: TransNet
     Metric : 1
   * Link ID: 192.168.34.4
     Data    : 192.168.34.4
     Link Type: TransNet
     Metric : 1
   * Link ID: 172.16.10.0
     Data    : 255.255.255.0
     Link Type: StubNet
     Metric : 1
     Priority : Low
   * Link ID: 10.0.0.4
     Data    : 255.255.255.255
     Link Type: StubNet
     Metric : 0
     Priority : Medium
```

例 2-13 展示了路由器 4 上该命令的输出信息，对于所查看的这个路由器 LSA 来说，它的 Ls id 是 10.0.0.4，类型是路由器 LSA（见例 2-13 的第一个阴影部分）。例 2-13 第二个阴影部分突出显示了计算机所在网段的链路状态信息，可以从该区域的其他路由器中查看到相同的信息。以路由器 1 为例，例 2-14 展示了在路由器 1 上输入相同命令后的输出信息。阴影部分突出显示的内容与路由器 4 相同。

例 2-14 在路由器 1 上查看 OSPF LSDB

```
[R1]display ospf 10 lsdb router 10.0.0.4

     OSPF Process 10 with Router ID 10.0.0.1
               Area: 0.0.0.0
          Link State Database


  Type       : Router
  Ls id      : 10.0.0.4
  Adv rtr    : 10.0.0.4
  Ls age     : 1463
  Len        : 72
```

```
  Options    :  E
  seq#       : 8000002e
  chksum     : 0x8950
  Link count: 4
   * Link ID: 192.168.24.4
     Data    : 192.168.24.4
     Link Type: TransNet
     Metric : 1
   * Link ID: 192.168.34.4
     Data    : 192.168.34.4
     Link Type: TransNet
     Metric : 1
   * Link ID: 172.16.10.0
     Data    : 255.255.255.0
     Link Type: StubNet
     Metric : 1
     Priority : Low
   * Link ID: 10.0.0.4
     Data    : 255.255.255.255
     Link Type: StubNet
     Metric : 0
     Priority : Medium
```

现在再来看看路由器 1 根据 LSDB 计算的路由信息。读者可以使用 **display ip routing-table protocol ospf** 查看路由表中的 OSPF 路由。例 2-15 中展示了路由器 1 的 OSPF 路由，其中阴影部分突出显示了去往计算机所在网段的路由，从中可以发现，路由器 1 计算出了两条等价路径。

**例 2-15　在路由器 1 上查看 OSPF 路由**

```
[R1]display ip routing-table protocol ospf
Route Flags: R - relay, D - download to fib
------------------------------------------------------------------------------
Public routing table : OSPF
        Destinations : 7        Routes : 10

OSPF routing table status : <Active>
        Destinations : 7        Routes : 10

Destination/Mask    Proto  Pre  Cost      Flags NextHop         Interface

       10.0.0.2/32  OSPF   10   1           D   192.168.12.2    GigabitEthernet0/0/0
       10.0.0.3/32  OSPF   10   1           D   192.168.13.3    GigabitEthernet0/0/1
       10.0.0.4/32  OSPF   10   2           D   192.168.12.2    GigabitEthernet0/0/0
                    OSPF   10   2           D   192.168.13.3    GigabitEthernet0/0/1
    172.16.10.0/24  OSPF   10   3           D   192.168.12.2    GigabitEthernet0/0/0
                    OSPF   10   3           D   192.168.13.3    GigabitEthernet0/0/1
   192.168.23.0/24  OSPF   10   2           D   192.168.12.2    GigabitEthernet0/0/0
                    OSPF   10   2           D   192.168.13.3    GigabitEthernet0/0/1
   192.168.24.0/24  OSPF   10   2           D   192.168.12.2    GigabitEthernet0/0/0
   192.168.34.0/24  OSPF   10   2           D   192.168.13.3    GigabitEthernet0/0/1

OSPF routing table status : <Inactive>
        Destinations : 0        Routes : 0
```

现在路由器 1 通过路由表知道了该如何访问计算机，计算机通过默认网关的设置知道应该将去往本网段之外的数据包都发送给 172.16.10.4。那么，计算机现在可以实现与互联网之间的通信了吗？

答案是还不行，这是因为路由器 4 并不知道该如何去往互联网。这时，网络管理员需要在路由器 1 上创建一条静态默认路由指向互联网，并且让路由器 1 通过 OSPF 发布这条默认路由。例 2-16 中展示了路由器 1 上的相关配置。

例 2-16　在路由器 1 上创建并发布默认路由

```
[R1]ip route-static 0.0.0.0 0.0.0.0 GigabitEthernet 0/0/2 103.31.200.2
[R1]ospf 10
[R1-ospf-10]default-route-advertise
```

创建静态默认路由的命令本章在之前已经介绍过了，现在来看看如何将其通过 OSPF 协议发布出去。**default-route-advertise** 命令的完整语法格式为：

**default-route-advertise** [ [ **always** | **permit-calculate-other** ] | **cost** *cost* | **type** *type* | **route-policy** *route-policy-name* [ **match-any** ] ]

例 2-16 使用的 **default-route-advertise** 命令没有添加任何可选参数，当路由器 1 拥有有效的默认路由且该默认路由不是 OSPF 路由时，会通过 OSPF 协议通告默认路由。当路由器 1 中没有有效的默认路由时，若希望路由器 1 仍通过 OSPF 协议通告默认路由，就需要添加关键词 **always**。在这条命令中，**cost** 用来设置开销，缺省值为 1；**type** 用来设置外部路由类型，缺省值为 2（第二类外部路由）。其他参数的用途读者可以查阅华为设备配置指南。

下面逐步验证路由器 1 上的配置，首先查看路由器 1 上配置的默认路由，详见例 2-17。例 2-17 使用命令 **display ip routing-table protocol static** 查看静态路由，从阴影部分可以看到当前活跃的静态路由 0.0.0.0/0。

例 2-17　路由器 1 上配置的默认路由

```
[R1]display ip routing-table protocol static
Route Flags: R - relay, D - download to fib
------------------------------------------------------------------------------
Public routing table : Static
        Destinations : 1        Routes : 1        Configured Routes : 1

Static routing table status : <Active>
        Destinations : 1        Routes : 1

Destination/Mask    Proto   Pre  Cost     Flags NextHop         Interface

       0.0.0.0/0   Static  60   0          D   103.31.200.2    GigabitEthernet0/0/2

Static routing table status : <Inactive>
        Destinations : 0        Routes : 0
```

然后查看路由器 4 是否通过 OSPF 学习到了默认路由。例 2-18 中展示了命令 **display ip routing-table protocol ospf** 的输出内容，从中可以看出，路由器 4 通过 OSPF 学习到了默认路由，并且可以通过路由器 2 和路由器 3 进行访问。

例 2-18　路由器 4 通过 OSPF 学习到默认路由

```
[R4]display ip routing-table protocol ospf
Route Flags: R - relay, D - download to fib
------------------------------------------------------------------------------
Public routing table : OSPF
        Destinations : 7        Routes : 10

OSPF routing table status : <Active>
        Destinations : 7        Routes : 10

Destination/Mask    Proto   Pre  Cost     Flags NextHop         Interface

       0.0.0.0/0   O_ASE   150  1          D   192.168.24.2    GigabitEthernet0/0/0
                   O_ASE   150  1          D   192.168.34.3    GigabitEthernet0/0/1
      10.0.0.1/32  OSPF    10   2          D   192.168.24.2    GigabitEthernet0/0/0
                   OSPF    10   2          D   192.168.34.3    GigabitEthernet0/0/1
      10.0.0.2/32  OSPF    10   1          D   192.168.24.2    GigabitEthernet0/0/0
      10.0.0.3/32  OSPF    10   1          D   192.168.34.3    GigabitEthernet0/0/1
  192.168.12.0/24  OSPF    10   2          D   192.168.24.2    GigabitEthernet0/0/0
```

```
    192.168.13.0/24  OSPF    10   2        D      192.168.34.3    GigabitEthernet0/0/1
    192.168.23.0/24  OSPF    10   2        D      192.168.24.2    GigabitEthernet0/0/0
                     OSPF    10   2        D      192.168.34.3    GigabitEthernet0/0/1

 OSPF routing table status : <Inactive>
        Destinations : 0       Routes : 0
```

最后从计算机向互联网发起 ping 测试，见例 2-19。需要注意的是，这里需要使用的目的 IP 地址是 103.31.200.2。例 2-19 中显示 ping 测试成功。

**例 2-19**　从计算机向互联网发起 ping 测试

```
PC>ping 103.31.200.2

Ping 103.31.200.2: 32 data bytes, Press Ctrl_C to break
From 103.31.200.2: bytes=32 seq=1 ttl=125 time=31 ms
From 103.31.200.2: bytes=32 seq=2 ttl=125 time=31 ms
From 103.31.200.2: bytes=32 seq=3 ttl=125 time=16 ms
From 103.31.200.2: bytes=32 seq=4 ttl=125 time=31 ms
From 103.31.200.2: bytes=32 seq=5 ttl=125 time=32 ms

--- 103.31.200.2 ping statistics ---
  5 packet(s) transmitted
  5 packet(s) received
  0.00% packet loss
  round-trip min/avg/max = 16/28/32 ms
```

至此这个实验就结束了。读者可以按照本实验的网络拓扑进行实验练习，并且可以尝试断开某两台路由器之间的连接（比如路由器 1 与路由器 2 之间），观察 OSPF 路由的变化。在通过这个实验掌握 OSPF 协议的基本配置后，读者可以研究如何通过更改开销值来影响 OSPF 路由器的选路。在《HCIA-Datacom 网络技术实验指南》一书中，有针对单区域 OSPF 协议的实验练习，其涵盖了更多 OSPF 特性，感兴趣的读者可以进行参考学习。

## 练 习 题

1. IP 根据 IP 数据包头部的哪个字段判断解封装后的数据应交给哪个协议？（　　）

   A. 源端口　　　　B. 目的端口

   C. 协议　　　　　D. 服务类型

2. 下列哪项协议提供的是面向连接的通信？（　　）

   A. TCP　　　　B. UDP

   C. IP　　　　　D. ICMP

3. IP 地址 192.168.64.64/26 中包含了几个主机 IP 地址？（　　）

   A. 65　　　　B. 64

   C. 63　　　　D. 62

4. 下列哪个 IP 地址与其他 3 个 IP 地址不处于同一个网络？（　　）

   A. 192.168.0.129/26　　　　B. 192.168.0.127/26

   C. 192.168.0.125/26　　　　D. 192.168.0.123/26

5. 当一台路由器通过两个不同的来源学习到去往同一个网络的路由条目，会使用下列

哪个参数来决定将哪个路由条目放入路由表？（ ）

A. DR 优先级　　B. 路由优先级

C. 开销　　D. Router-ID

6. 如果一台路由器的路由表中有多个路由条目都可以匹配某个数据包的目的 IP 地址，路由器将如何处理这个数据包？（ ）

A. 同时参照所有匹配的路由条目执行转发

B. 参照首个匹配的路由条目执行转发

C. 参照匹配位数最多的路由条目执行转发

D. 丢弃数据包不执行任何转发

7. 在配置静态路由条目时，管理员不可以提供关于目的网络的哪些信息？（ ）

A. IP 地址/掩码　　B. MAC 地址

C. 下一跳地址　　D. 出站接口

8. OSPF 协议没有定义下列哪种网络类型？（ ）

A. 点到多点网络　　B. 多点到多点网络

C. 广播网络　　D. 非广播多路访问网络

9. 两台 OSPF 路由器会在下列哪个状态下协商数据库同步的主从状态？（ ）

A. Init　　B. 2-way

C. ExStart　　D. ExChange

10. （选择两项）下列哪两种类型的 OSPF 网络不选举 DR/BDR？（ ）

A. 点到点网络　　B. 点到多点网络

C. 广播网络　　D. 非广播多路访问网络

11. 下列哪种类型不属于 OSPF 路由器的分类？（ ）

A. 内部路由器　　B. 外部路由器

C. 区域边界路由器　　D. 骨干路由器

12. 下列哪种类型的消息中包含 LSA，但不仅仅包含 LSA 头部？（ ）

A. DD 数据包　　B. LSR

C. LSU　　D. LsAck 消息

13. 下列哪种类型消息的目的是请求自己所需的 LSA？（ ）

A. DD 数据包　　B. LSR

C. LSU　　D. LsAck 消息

14. 下列哪项参数不能用点分十进制来表示？（ ）

A. IP 地址　　B. OSPF 区域 ID

C. Router-ID　　D. OSPF 开销值

**答案：**

1. C　2. A　3. D　4. A　5. B　6. C　7. B　8. B　9. C　10. A B　11. B　12. C　13. B　14. D

# 第3章 构建以太交换网络

本章主要内容

3.1 以太网技术

3.2 交换机基本原理

3.3 STP 的基本原理与配置

3.4 VLAN 的基本原理与配置

3.5 链路聚合和堆叠的基本原理与配置

3.6 VLAN 间路由

3.7 搭建小型交换网络

设计网络层的目的是连接不同的网络，因此第 2 章介绍了跨网络，或者说网际通信的原理与实现方式。但是，很多网络工程师设计、实施和维护的常常是园区网，因而掌握网络内部的工作机制非常重要。

本章将介绍以太网交换技术，包括以太网协议的原理与封装、交换机转发数据帧的机制、以太网的防环协议及其配置等，并通过示例演示如何使用华为交换机搭建小型交换网络。

**本章重点**

- 以太网协议的原理与封装
- 交换机转发数据帧的机制
- 生成树与快速生成树协议的原理与配置
- VLAN（Virtual Local Area Network，虚拟局域网）的原理与配置
- 链路技术与堆叠技术的原理与配置

## 3.1 以太网技术

### 3.1.1 共享介质以太网与冲突域

以太网最初采用的是第 1 章中提到的同轴电缆（10 Base-5 和后来的 10 Base-2），组成总线型拓扑。彼时，整个局域网中的终端设备都连接到同一种介质（同轴电缆）上，形成同轴电缆以太网，如图 3-1 所示。

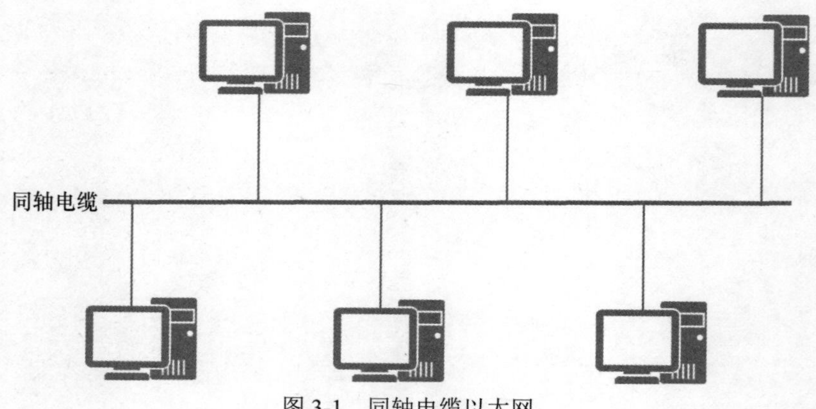


图 3-1 同轴电缆以太网

在同轴电缆以太网环境中，人们需要在同轴电缆上钻一个洞，把一个叫作抽头的连接器接入洞中，以把各个设备连接到同轴电缆上。

同轴电缆以太网存在争用共享介质的问题。如果多台设备同时发送数据，那么这些数据的电信号会在同轴电缆中相互干扰，导致无法识别数据。这种干扰称为冲突，形成冲突的网络域称为冲突域。同轴电缆中发生冲突的情况如图 3-2 所示，这时同轴电缆连接的所有设备处于同一个冲突域。

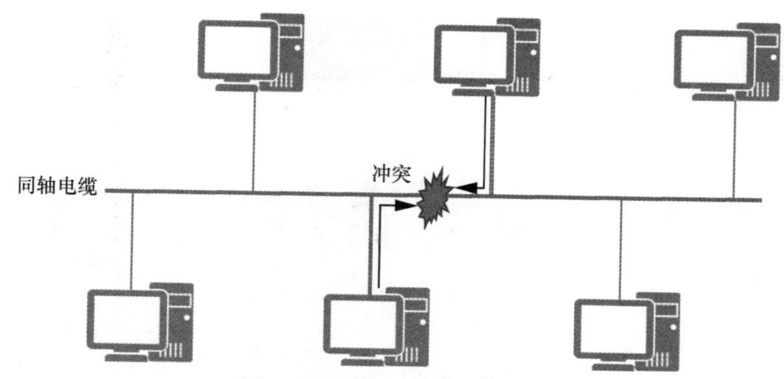


图 3-2　同轴电缆中发生冲突

为了避免发生冲突，早期的以太网标准 IEEE 802.3 引入了 CSMA/CD（Carrier Sense Multiple Access with Collision Detection，带冲突检测的载波监听多路访问）技术。这种技术规定，处于同一个冲突域的设备如果在发送数据时检测到共享介质中发生了冲突，那么随机等待一段时间再发送数据。CSMA/CD 技术虽然早已过时，但揭示了一个事实，即冲突域越大，竞争转发介质的设备越多，网络的效率越低。

同轴电缆以太网存在接线复杂、传输距离短等问题，加上总线型拓扑固有的缺陷，使其渐渐被采用星形拓扑的以太网（简称星形拓扑以太网）替代，星形拓扑以太网由屏蔽双绞线介质连接的集线器连接终端设备，如图 3-3 所示，这种以太网标准为 10Base-T，其中，10 指传输数据速率为 10Mbit/s，T 指传输介质为双绞线。

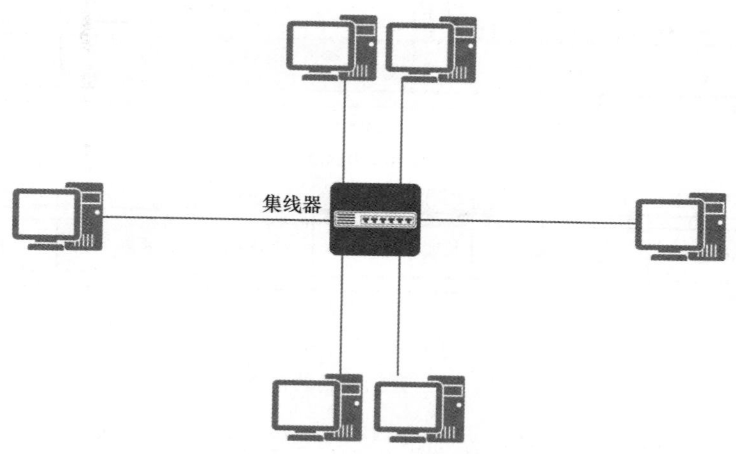


图 3-3　星形拓扑以太网

然而，星形拓扑以太网并没有从本质上解决共享介质的问题，这是因为集线器只是把收到的数据不加区分地从所有端口转发出去，与集线器连接的所有设备仍然处于同一个冲突域。当集线器连接的任意两台设备同时发送数据时，仍然会导致冲突，如图 3-4 所示。

在图 3-4 中，计算机 1 发送的数据被集线器不加区分地转发给所有设备，因此当计算机 2 同时发送数据时，网络就产生了冲突。

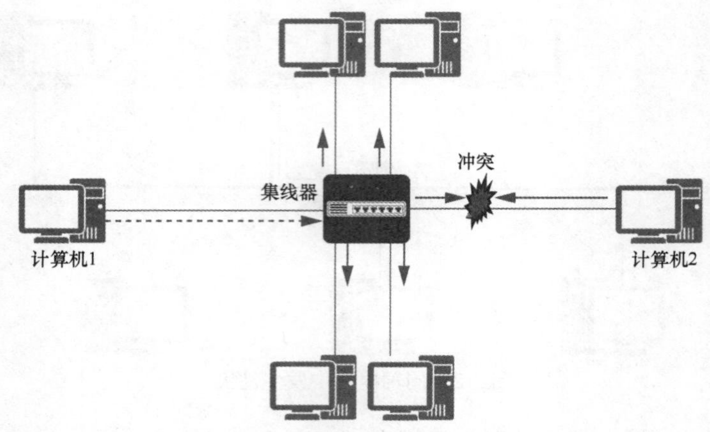


图 3-4 星形以太网中的冲突

所以，集线器组成的以太网在本质上仍然是共享介质的以太网，因此，它同样需要使用 CSMA/CD 技术规避冲突。然而，如果将集线器换成交换机，所有终端设备就不再属于同一个冲突域，这是由交换机的工作机制决定的，3.2 节将介绍交换机的工作机制。

### 3.1.2 以太网的封装

以太网一共有两种标准：Ethernet II 标准和 IEEE 802.3 标准。这两种标准定义的数据帧封装格式存在一定的差异，如图 3-5 所示。

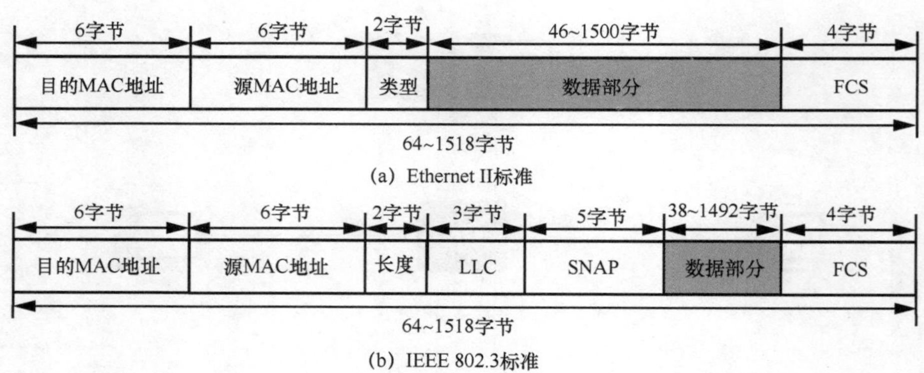


图 3-5 数据帧封装格式

以太网头部封装中各个字段介绍如下。

① 目的 MAC 地址/源 MAC 地址：标识数据帧始发设备的数据链路层地址及其目的数据链路层地址。

② 类型：Ethernet II 标准定义的类型的正式名称是以太类型（EtherType）。该字段的作用类似于 IP 头部的协议字段，标识这个数据帧的数据载荷由哪个上层协议封装，以便让接收方知道应该在解封装之后，把这个数据帧交给对应的上层协议进行处理。例如，字段的取值为 0x0800，表示这个数据帧封装的是一个 IPv4 数据包；取值为 0x86DD，表示这个数据帧封装的是 IPv6 数据包；取值为 0x0806，表示这个数据帧封装的是 ARP 数据包。

③ 长度：IEEE 802.3 标准中该字段的作用是标识数据帧数据载荷部分的长度。鉴于

IEEE 802.3 标准在推出时，Ethernet II 标准既成事实，为了让设备可以识别出以太网数据帧是使用 Ethernet II 标准封装的，还是使用 IEEE 802.3 标准封装的，IEEE 802.3x-1997 标准规定：如果字段的值大于或等于 0x0600，则此字段是类型字段，封装数据帧使用的是 Ethernet II 标准；如果字段的值小于 0x05DC，则此字段是长度字段，封装数据帧使用的是 IEEE 802.3 标准。目前，网络设备都可以兼容这两种标准的数据帧。

④ LLC：Logical Link Control，逻辑链路控制，由 DSAP（Destination Service Access Point，目的服务访问点）、SSAP（Source Service Access Point，源服务访问点）和 Control（控制）组成。该字段的作用如下。

- DSAP/SSAP：字段长度均为 1 字节。服务访问点字段的初衷类似于 Ethernet II 标准定义的 EtherType 字段或者 IP 头部定义的协议字段，但表意不仅仅针对上层的协议。例如，若服务访问点取值为 06，则表示这是一个 IP 数据包；若取值为 AA，则表示这个数据帧使用了后面的 SNAP 字段。
- Control：字段长度为 1 字节，取值通常为 0x03。

⑤ SNAP：Sub-network Access Protocol，子网访问协议，由 3 字节的机构代码（Organization Code）和 2 字节的类型（Type）组成。

- 机构代码：取值为 0。
- 类型：该字段目的与 Ethernet II 封装中 EtherType 字段的目的相同。

⑥ FCS：Frame Check Sequence，帧校验序列，目的是让接收方判断数据帧在传输过程中是否发生了差错。

目前在以太网中，虽然采用 Ethernet II 标准封装的数据帧更常见，但设备可以兼容这两种封装格式的数据帧。

**注释**：为了避免争议，这里需要强调，以太网数据帧在目的 MAC 地址之前，还会包含 7 字节的前导符（Preamble）和 1 字节的 SFD（Start Frame Delimiter，帧开始符）。它们的作用是让接收方同步自己的时钟，并且告诉接收方以太网数据帧的目的 MAC 地址及后续内容从哪里开始。

## 3.2　交换机基本原理

集线器连接的设备之所以处于同一个冲突域中，是因为集线器只会把一个接口的数据通过所有接口转发出去。于是，如果其他接口连接的设备也在发送数据，那么就会发生冲突。不难想象，如果星形拓扑以太网的中心节点设备记得自己的接口连接的设备（MAC 地址），那么只需要把数据帧从对应的接口发送出去，这样即使其他接口连接的设备同时发送数据，也不会发生冲突，这时，中心节点设备的每个端口连接的网络域就成了一个独立的冲突域。

### 3.2.1　网桥的工作方式和交换机的由来

Bridge（网桥）直译为中文就是桥，它在本质上就是一座连接两个冲突域的桥梁，指把目的地在“河对岸”的数据帧桥接过去。网桥有一种缓存机制，通过记录数据帧源 MAC 地址的方式，记录每个端口直连设备的 MAC 地址。于是，如果网桥发现一个数据帧的目的 MAC

地址连接的端口就是收到这个数据帧的端口，那么不会转发这个数据帧，如图 3-6 所示。

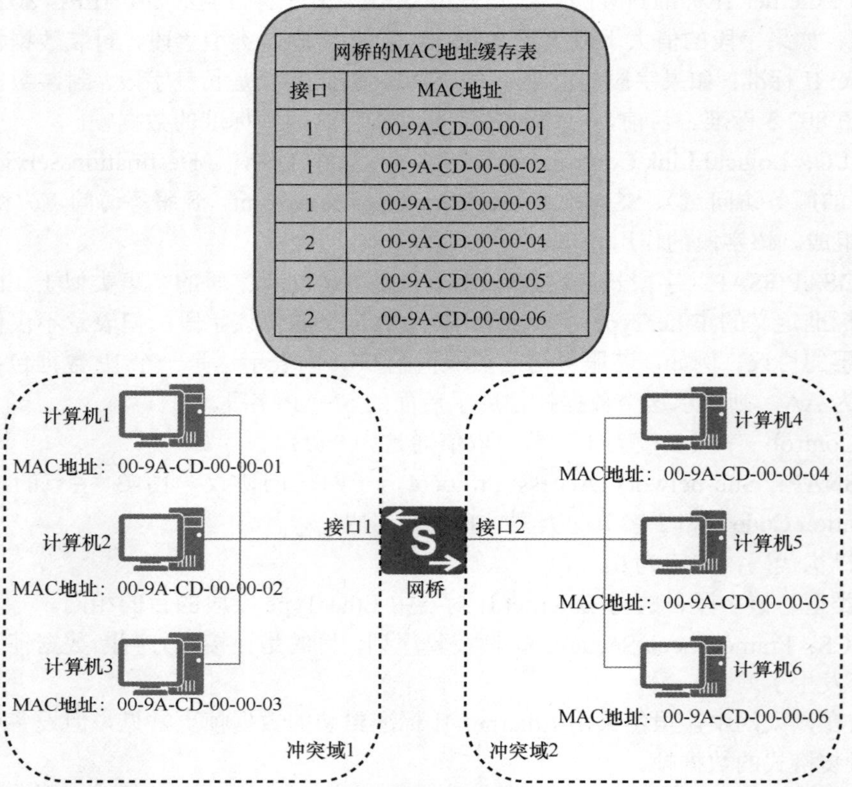
网桥的MAC地址缓存表
接口
MAC地址
1
00-9A-CD-00-00-01
1
00-9A-CD-00-00-02
1
00-9A-CD-00-00-03
2
00-9A-CD-00-00-04
2
00-9A-CD-00-00-05
2
00-9A-CD-00-00-06
计算机1
MAC地址：00-9A-CD-00-00-01
计算机2
MAC地址：00-9A-CD-00-00-02
计算机3
MAC地址：00-9A-CD-00-00-03
接口1
S
网桥
接口2
计算机4
MAC地址：00-9A-CD-00-00-04
计算机5
MAC地址：00-9A-CD-00-00-05
计算机6
MAC地址：00-9A-CD-00-00-06
冲突域1
冲突域2

图 3-6 网桥及其缓存机制

网桥的出现实现了一个端口对应一个冲突域的效果。1990 年，美国的网络硬件公司 Kalpana 推出了第一台多端口网桥，并且将其命名为 EtherSwitch。自那以后，人们渐渐开始以 Switch（交换机）代指以太网环境中的多端口网桥。很显然，交换机工作在数据链路层，负责根据数据链路层的 MAC 地址来对数据帧执行相应的处理。几年之后，具备网络层功能的交换机走向了市场。为了加以区分，人们把（除被管理的相关功能之外）只具备数据链路层功能的交换机称为二层交换机，把具备网络层（及更高层功能）、支持高速三层转发的交换机称为三层交换机。

## 3.2.2 交换机的工作方式

交换机有一个专门保存端口与 MAC 地址对应关系的数据表——MAC 地址表。MAC 地址表是交换机赖以转发数据帧的核心。

当交换机收到一个单播数据帧时，会在 MAC 地址表中查找该数据帧的源 MAC 地址和目的 MAC 地址。如果 MAC 地址表中不包含这个数据帧的源 MAC 地址，那么交换机把这个 MAC 地址与接收这个数据帧的端口记录到 MAC 地址表的一个表项中，并且按照设置好的计时器启动倒计时，让这个条目可以在 MAC 地址表中保存一段指定的时间，之后（如果未被重置）被清除。如果 MAC 地址表包含这个数据帧的源 MAC 地址，那么交换机按照设置好的计时器时间重置计时器，让这个条目可以在 MAC 地址表中继续保存设定的时间，之后（如果未被再次重置）被清除。

**注释**：MAC 地址表对条目有效期进行倒计时的计时器时间称为老化时间（Aging Time）。一个表项如果在达到老化时间后仍然未被重置，那么会被清除。不同产品默认的老化时间不尽相同，例如华为 S 系列交换机默认的老化时间是 300 s。网络管理员可以修改 MAC 地址表的老化时间。

如果 MAC 地址表不包含这个单播数据帧的目的 MAC 地址，那么交换机会把这个数据帧从除接收该数据帧的接口之外的所有端口发送出去。这种单播数据帧称为未知单播数据帧，而交换机对其执行的操作称为泛洪。

交换机对未知单播数据帧执行泛洪操作的过程如图 3-7 所示。

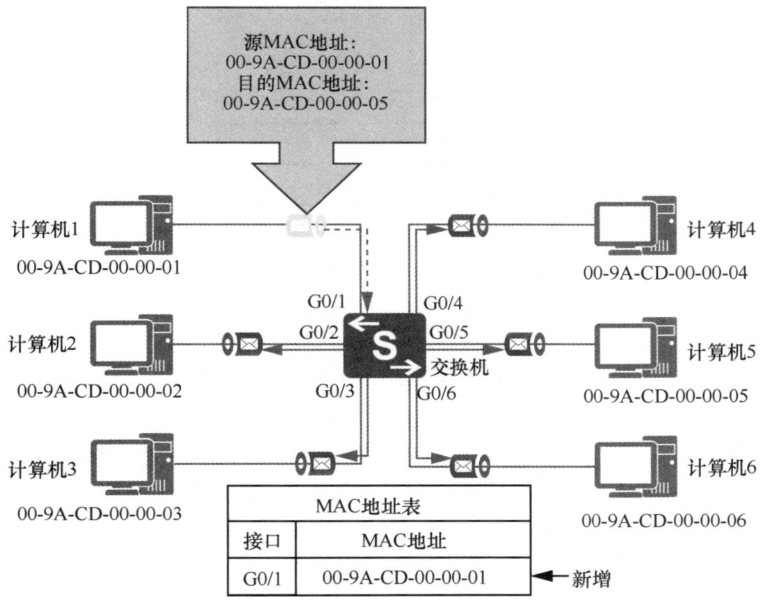


图 3-7　交换机对未知单播数据帧执行泛洪操作的过程

由图 3-7 可知，交换机从接口 G0/1 收到一个源 MAC 地址为 00-9A-CD-00-00-01、目的 MAC 地址为 00-9A-CD-00-00-05 的数据帧。假设这台交换机的 MAC 地址表是空的，此时 MAC 地址表中没有这个数据帧的源 MAC 地址，那么交换机把源 MAC 地址 00-9A-CD-00-00-01 和接口 G0/1 作为一个表项，保存到 MAC 地址表中。同时 MAC 地址表中也没有这个数据帧的目的 MAC 地址，交换机不知道把这个数据帧从哪个端口发送出去，于是执行了泛洪，也就是把这个数据帧从除接口 G0/1 之外的其他接口发送出去。

虽然交换机执行了泛洪，但是如果收到数据帧的设备发现数据帧的目的 MAC 地址与自己的 MAC 地址并不匹配，那么会丢弃这个数据帧。只有与数据帧的目的 MAC 地址匹配的设备才会继续解封装这个数据帧。

如果 MAC 地址表包含这个单播数据帧的目的 MAC 地址，并且该目的 MAC 地址对应的端口不是接收数据帧的端口，那么交换机会把数据帧通过对应的端口发送出去。交换机的这种转发操作如图 3-8 所示。

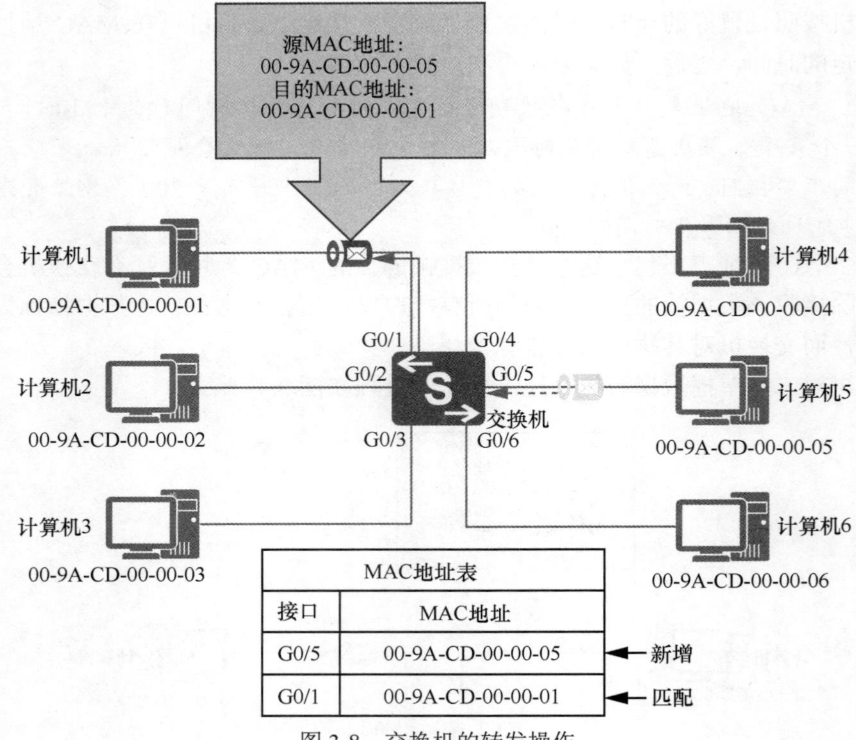


图 3-8　交换机的转发操作

由图 3-8 可知，交换机从接口 G0/5 收到源 MAC 地址为 00-9A-CD-00-00-05、目的 MAC 地址为 00-9A-CD-00-00-01 的单播数据帧。因为 MAC 地址表中没有该数据帧的源 MAC 地址，所以交换机把 MAC 地址 00-9A-CD-00-00-05 和接口 G0/5 作为一个表项，保存到 MAC 地址表。同时，因为 MAC 地址表记录了数据帧的目的 MAC 地址与接口 G0/1 的对应关系，所以交换机把这个单播数据帧从接口 G0/1 转发出去，其他接口不会受到影响。

如果 MAC 地址表包含这个单播数据帧的目的 MAC 地址，且其对应的端口就是接收数据帧的端口，那么交换机不会对数据帧执行任何处理，这种操作称为丢弃。交换机的丢弃操作如图 3-9 所示。

由图 3-9 可知，交换机从接口 G0/1 收到源 MAC 地址为 00-9A-CD-00-00-0A、目的 MAC 地址为 00-9A-CD-00-00-01 的单播数据帧。因为交换机的 MAC 地址表中没有该数据帧的源 MAC 地址，所以交换机把 MAC 地址 00-9A-CD-00-00-0A 和接口 G0/1 作为一个表项，保存到 MAC 地址表。同时，因为 MAC 地址表记录了数据帧的目的 MAC 地址与接口 G0/1 的对应关系，所以交换机对该单播数据帧执行了丢弃操作。

泛洪、转发和丢弃这 3 种操作是交换机针对单播数据帧而执行的。如果交换机收到一个广播数据帧，那么会直接对这个数据帧执行泛洪操作，如图 3-10 所示。

由图 3-10 可知，交换机从接口 G0/1 收到目的 MAC 地址为广播 MAC 地址的数据帧，并把这个数据帧从除接收它的接口之外的其他接口发送出去。因为交换机在处理广播数据帧时采用泛洪操作，所以说交换机的所有接口处于同一个广播域。

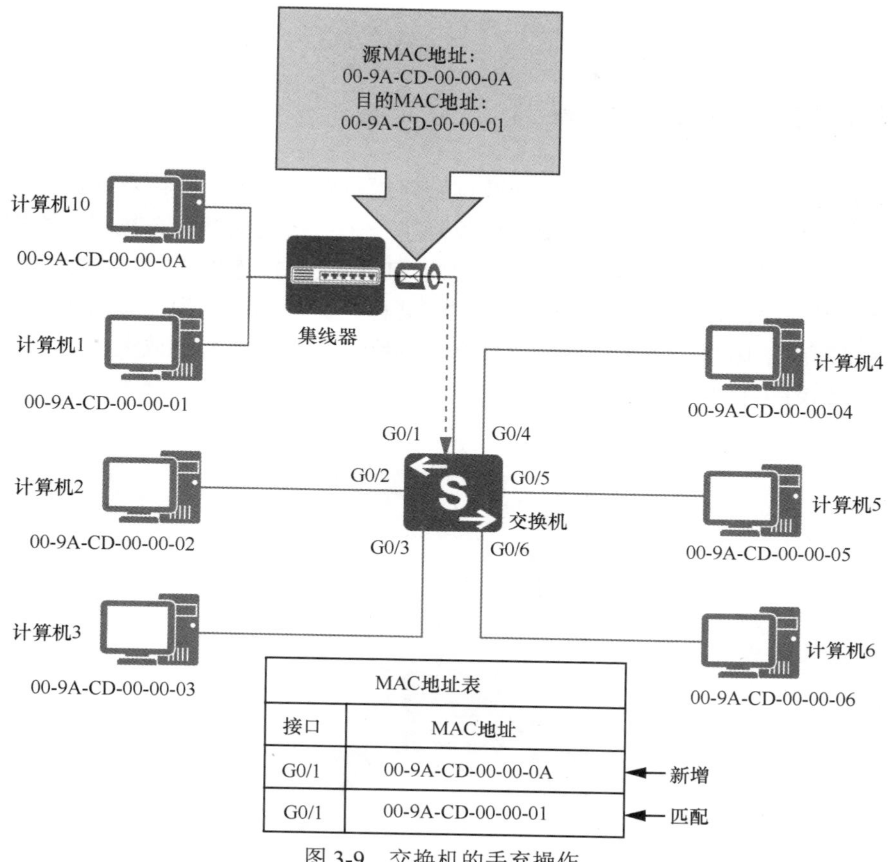


图 3-9　交换机的丢弃操作

图 3-10　交换机对广播数据帧执行泛洪操作

## 3.3　STP 的基本原理与配置

交换机处理广播数据帧的方式，让数据链路层蕴藏着一种风险：环路。

正如上一节介绍的那样，如果交换机收到了一个广播数据帧，会执行泛洪操作，也就是把广播数据帧从其他与接收端口处于相同 VLAN 的端口转发出去。交换机把一个广播数据帧从多个端口转发出去的泛洪操作，在某种意义上可以视为一种功放行为。假设数据链路层形成了环路，那么广播数据帧会在网络中不断地被振荡放大，这种现象称为广播风暴，如图 3-11 所示。

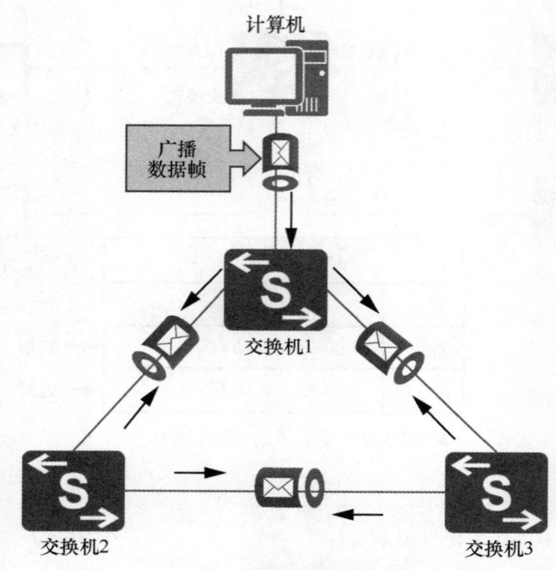


图 3-11　数据链路层环路引发的广播风暴

在图 3-11 中，计算机向交换机 1 发送了一个广播数据帧，交换机 1 把这个数据帧发送给交换机 2 和交换机 3。当交换机 2 收到数据帧时，会把这个数据帧发送给交换机 3；交换机 3 收到来自交换机 2 的数据帧，会继续把这个数据帧发送给交换机 1；当交换机 3 收到交换机 1 发送的数据帧时，会把这个数据帧发送给交换机 2；交换机 2 收到来自交换机 3 的数据帧，会把这个数据帧发送给交换机 1。这样一来，这个广播数据帧会在这个环路中循环往复地进行发送。在大型网络中，这个振荡过程还会导致广播数据帧的数量因每台交换机的泛洪操作而不断增加。最终的结果是，计算机发送一个广播数据帧到二层环路，导致整个网络崩溃。

由此可知，如果以太网形成环路，那么会存在巨大的隐患。然而，以太网恰恰是一个环路无处不在的环境，如图 3-12 所示。

由图 3-12 可知，每台接入交换机连接了一对上行的汇聚交换机，而这对汇聚交换机互联，这 3 台交换机组成了一个以太网环路，如图 3-12 中的虚线框所示。这种环路在局域网拓扑中广泛存在。

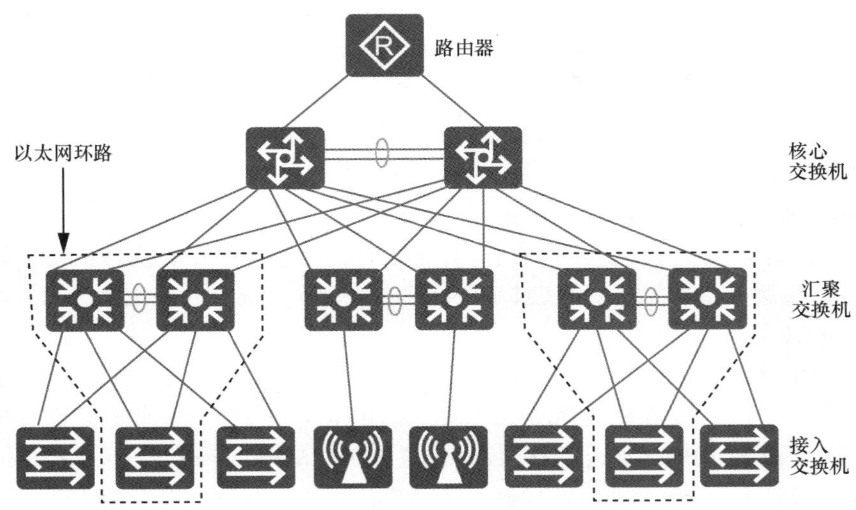


图 3-12　以太网中的环路

从设计层面上看，这样的环路可以避免单点故障。如果每台接入交换机只连接一台汇聚交换机，那么它们之间的链路或者接口无论发生任何故障，这台接入交换机下连的端点设备会与局域网中的其他部分断开，这种在物理上杜绝环路的做法本身就不值得作为一种推荐的设计方案。理想的做法是，交换机之间能够运行某种协议，这种协议有能力发现网络中的环路，并且让交换机之间通过协商选择环路中的一条链路作为备用链路。协议能够逻辑地断开这条备用链路，当网络中出现故障时，再自动恢复被断开的环路，让备用链路发挥作用，这样既避免了环路带来的风险，也规避了单点故障的隐患。

1983 年，美国的数字设备公司 DEC 给一位名叫拉迪亚 • 珀尔曼（Radia Perlman）的咨询工程师安排了一项任务，请她开发一种简单的协议，让局域网中的网桥能够发现网络中的环路。而她设计的这种协议就是大名鼎鼎的 STP（Spanning Tree Protocol，生成树协议）。后来，IEEE 按照珀尔曼设计的算法把 STP 标准化为 IEEE 802.1D。

### 3.3.1　BPDU 的封装字段

STP 的工作机制如下。

首先，局域网中的交换机通过相互交换 BPDU（Bridge Protocol Data Unit，桥协议数据单元）消息，选举一台根交换机（Root）。根交换机的所有端口自动成为 DP（Designated Port，指定端口），非根交换机选择距离根交换机最近的端口作为 RP（Root Port，根端口）。然后，每一条数据链路段选举一个距离根交换机最近的端口作为 DP。最后，既不是 RP 也不是 DP 的端口会被阻塞，形成一个无环路的数据链路网络。

**注释**：STP 在设计时，交换机尚未问世，因此，STP 的术语均以（网）桥指代交换机。不过到了今天，根桥和根交换机早已成为可以相互替换的同义词，因而本书用根交换机来指代 STP 术语中的根桥。

BPDU 的封装格式如图 3-13 所示，各字段含义如下。

| PID | PVI | BPDU类型 | 标志 | 根ID | RPC | 桥ID | 端口ID | 消息寿命 | 最大寿命 | Hello时间 | 转发时延 |
|---|---|---|---|---|---|---|---|---|---|---|---|

图 3-13 BPDU 的封装格式

① PID：Protocol ID，协议 ID，取值为 0。

② PVI：Protocol Version ID，协议版本 ID，取值为 0。

③ BPDU 类型：标识 BPDU 的类型。BPDU 分为两种类型：取值为 0x00，表示是配置 BPDU；取值为 0x80，表示是 TCN BPDU（Topology Change Notification BPDU，拓扑变化通知 BPDU）。

a. 配置 BPDU：在初始状态下，交换机周期性地相互发送配置 BPDU，形成 STP 树。建立 STP 树后，只有根交换机周期性地发送配置 BPDU，非根交换机收到配置 BPDU 后，通过指定端口把配置 BPDU 发送出去，实现配置 BPDU 从根交换机向各个交换机的传输。

b. TCN BPDU：非根交换机在检测到拓扑变化之后，通过根端口生成，并且向根交换机发送。

**注释**：关于根交换机、根端口和指定端口的概念，下文中会进行介绍。读者暂且可以这样理解：STP 是一种树形拓扑，这种拓扑的树根是根交换机，根端口是非根交换机指向根交换机的端口，指定端口是交换机指向“下游”非根交换机的端口。在 STP 树形成之后，配置 BPDU 是从根交换机往其他非根交换机发送的 BPDU；TCN BPDU 是从非根交换机发往根交换机的 BPDU。

④ 标志：标识 BPDU 的类型。

⑤ 根 ID：Root ID，标识根交换机的桥 ID。一台交换机在启动时，会把自己的桥 ID 设置为根 ID，向其他交换机发送封装好的 BPDU。当每台交换机收到 BPDU 时，会用自己的桥 ID 和这个 BPDU 中的根 ID 进行比较，以此判断网络中的根交换机。

⑥ RPC：Root Path Cost，根路径开销，标识交换机端口到达根交换机的开销。在选举根端口和指定端口的过程中，总是涉及让交换机选择距离根交换机最“近”的端口。在 STP 环境中，路径的“远近”是以 RPC 量度的，因此，在端口选举中，RPC 值较小的端口会赢得选举。一个启用的 STP 端口会维护一个开销值，这个开销值的默认大小与端口的带宽成反比。网络管理员也可以手动设置各端口的开销值。一个端口的 RPC 值等于 BPDU 从根交换机到这台设备的路径中，经历的所有入站接口的开销之和。RPC 的计算如图 3-14 所示。

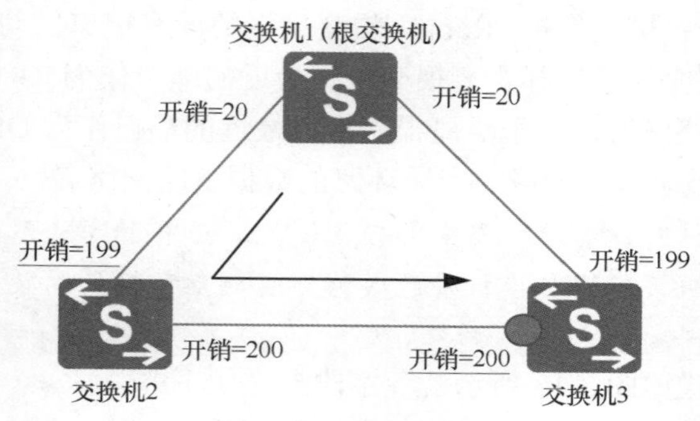


图 3-14 RPC 的计算

在图 3-14 中，交换机 3 的圆形端口的 RPC=199+200=399，这是因为从根交换机发送的 BPDU 会从开销为 199 和开销为 200 的两个端口入站。

⑦ 桥 ID：Bridge ID，由高 16 位的桥优先级和低 48 位的 MAC 地址构成。因为桥优先级有 16 位，所以其取值范围是 0～65535（$2^{16}$=65536）。网络管理员可以手动设置桥优先级，但必须把这个值设置为 4096 的整数倍。桥优先级的默认值是 32768。交换机之间通过 BPDU 选举根交换机时，桥 ID 值最小的设备为根交换机。

⑧ 端口 ID：Port ID，其目的是在特定情况下选举指定端口。端口 ID 由高 4 位的端口优先级和低 12 位的端口号组成。网络管理员可以手动设置端口优先级，华为交换机上的端口优先级默认为 128，取值范围是 0～240。管理员必须把端口优化级设置为 16 的整数倍。

⑨ 消息寿命：标识配置 BPDU 从根交换机发送后，经过了几台交换机的转发。

⑩ 最大寿命：标识交换机经过多长时间没有收到任何 BPDU，这时会认为该端口连接的链路发生了故障。该参数的默认值是 20s。

⑪ Hello 时间：标识根交换机周期性地发送配置 BPDU 的时间间隔，默认时间为 2s。

⑫ 转发时延：标识交换机在侦听（Listening）和学习（Learning）状态下停留的时间，默认时间为 15s。STP 的接口状态机在后文中会进行介绍。

### 3.3.2　STP 的选举流程

STP 建立生成树的第一步是选举根交换机。在选举过程中，每一台交换机会发送以自己的桥 ID 作为根 ID 的配置 BPDU，向其他交换机声明自己的根交换机身份。同时，每台交换机也会查看自己收到的配置 BPDU，并且把自己的桥 ID 和（接收到的）BPDU 中的根 ID 进行比较。如果交换机发现（接收到的）BPDU 的根 ID 小于（即优于）自己的桥 ID，那么认定配置 BPDU 的发送方才是根交换机，并将发送方的桥 ID 作为根 ID，表示自己已经认可发送方是这个网络中的根交换机。

下面，以图 3-15 所示的环境为例，说明 STP 的选举流程。

由图 3-15 可知，运行 STP 的交换机 1、交换机 2 和交换机 3 分别把桥 ID 封装为根 ID，并向其他交换机发送 BPDU 消息。当收到另外两台交换机发送的 BPDU，并查看了其中的根 ID 后，这些交换机会达成一个共识，那就是交换机 1 的桥 ID 值最小。于是，这 3 台运行 STP 的交换机认可交换机 1 是这个以太网络的根交换机，如图 3-16 所示。

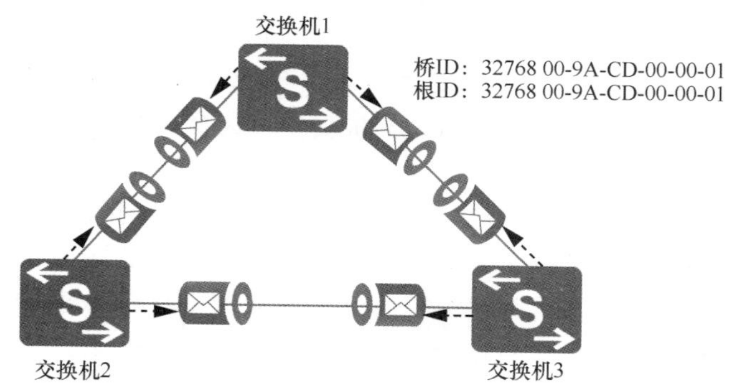


图 3-15　STP 选举流程

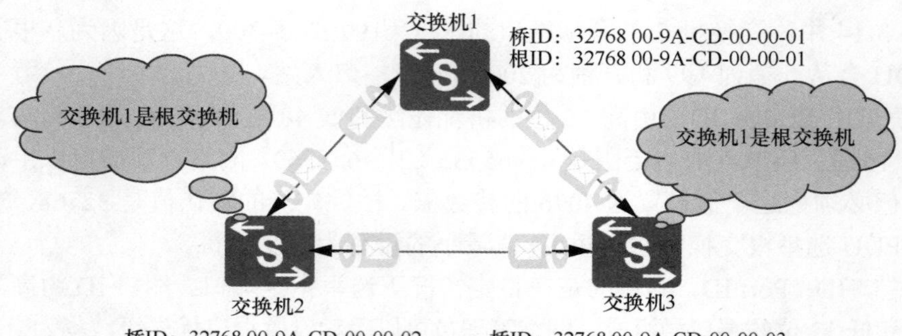


图 3-16 交换机通过 BPDU 选举出了根交换机

选举出根交换机之后，每台非根交换机根据根交换机发送的配置 BPDU 判断自己距离根交换机最近的端口，并将该端口选为根端口。由于 STP 是通过 RPC 来定义远近的，每台非根交换机先比较所有端口的 RPC。如果两个及以上端口的 RPC 相同，那么非根交换机选择对端桥 ID 最低的端口。如果有多个端口的对端桥 ID 相同，那么非根选择对端端口 ID 最低的端口。如果多个对端的端口 ID 相同，非根交换机比较自己本地端口的端口 ID，并且选择本地端口 ID 最低的端口。

非根交换机选择根端口如图 3-17 所示。

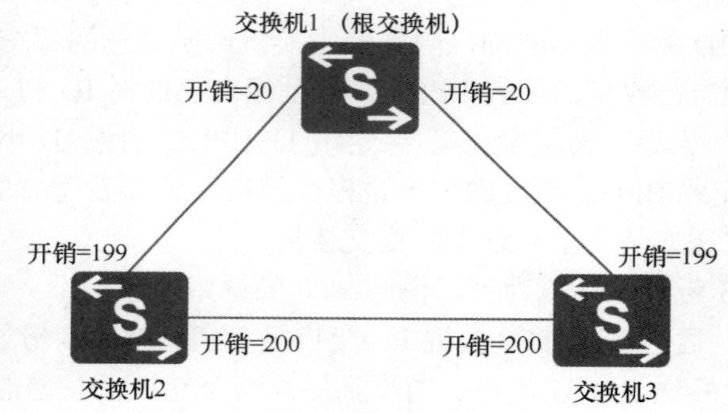


图 3-17 非根交换机选择根端口

在图 3-17 中，交换机 2 通过比较，发现自己上方端口的 RPC 为 199，右侧端口的 RPC 为 399（即 199+200），因此交换机 2 把上方的端口选为根端口。同样地，交换机 3 通过比较，发现自己上方端口的 RPC 为 199，左侧端口的 RPC 为 399（即 199+200），因此选择上方的端口作为根端口。每台非根交换机选择的根端口如图 3-18 所示。

除了选择根端口外，交换机还需要在非根端口中选择指定端口。指定端口是在一个数据链路网段中进行选择，每个数据链路网段中只能有一个指定端口。这里要注意的是，本节在 STP 选举中提到的数据链路网段不是网络层中网段的概念，数据链路网段是指交换机相互连接的物理链路和交换机端口。例如图 3-18 中有 3 条链路，其中每条链路与连接它们的两个端口构成了一个数据链路网段。每个这样的网段需要选出一个指定端口，具体的原则如下。

首先，根交换机的所有端口为指定端口，如图 3-19 所示。

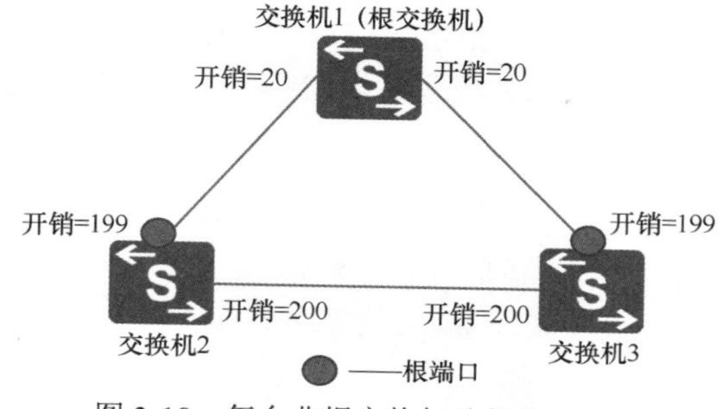


图 3-18　每台非根交换机选择的根端口

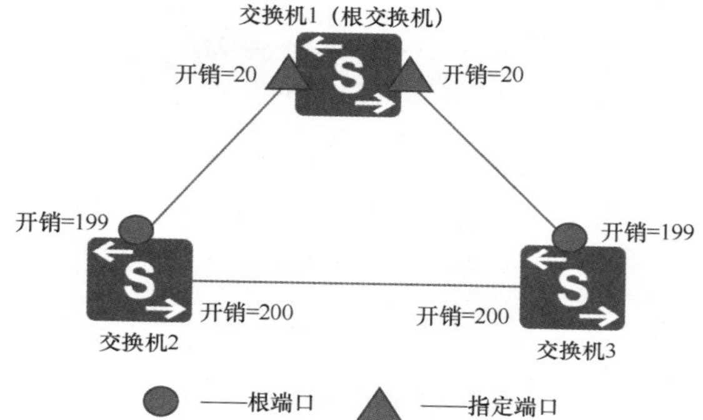


图 3-19　根交换机的所有端口为指定端口

然后，其他数据链路网段选举指定端口，选举原则如下。

① RPC 最低的端口被选举为指定端口。

② 如果同一个数据链路网段有多个端口的 RPC 相同，桥 ID 最低的端口被选举为指定端口。

③ 如果同一个数据链路网段有多个端口的桥 ID 相同，端口 ID 最低的端口被选举为指定端口。

STP 在一个数据链路网段中选举指定端口如图 3-20 所示。交换机 2 右侧端口的 RPC 值和交换机 3 左侧端口的 RPC 值都是 399，因此需要比较这两个端口的桥 ID。如果网络管理员没有设置桥优先级，那么交换机 2 的右侧端口被选举为指定端口，因为交换机 2 的 MAC 地址小于交换机 3 的 MAC 地址。

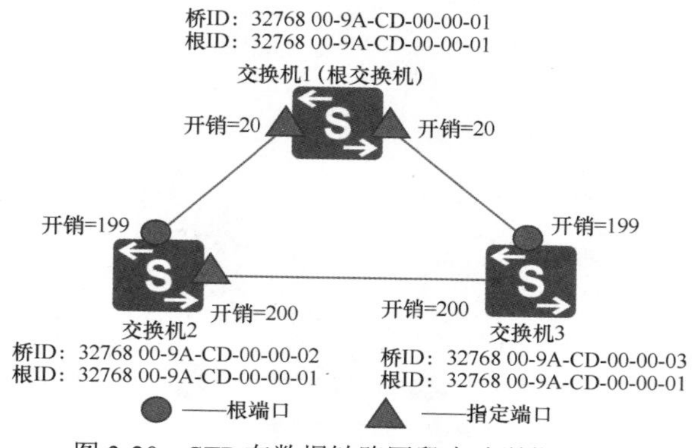


图 3-20　STP 在数据链路网段中选举指定端口

最后，一旦根交换机、根端口、指定端口选举完成，其余的端口会被阻塞，即交换机 3 的左侧端口被阻塞，这种被 STP 阻塞的端口叫作预备端口。通过预备端口打破以太网中的环路，是选举的最终目的。预备端口如图 3-21 所示。

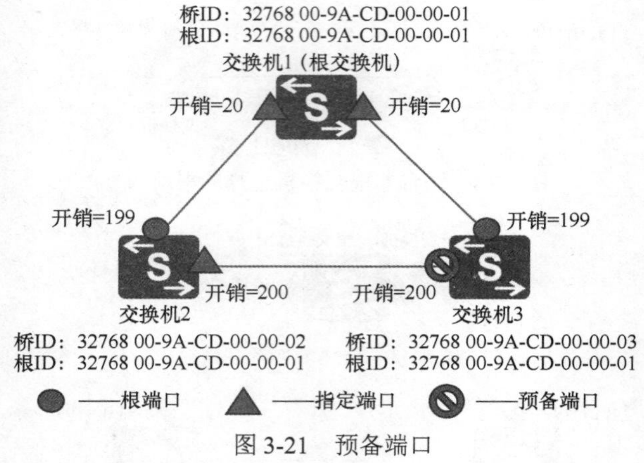


图 3-21 预备端口

STP 的选举与 DR/BDR 的选举存在重要的区别，那就是根交换机的角色是可以抢占的，也就是说，如果一个以太网已经选举出根交换机，但是在此之后，一个根 ID 值比根交换机更小的交换机连接到以太网，那么这台新连接的交换机就会抢占根交换机的角色。鉴于 STP 具备这种抢占机制，网络管理员如果需要确保网络中的某台交换机始终充当根交换机的角色，那么应该在配置阶段，把希望其充当根交换机的那台设备桥优先级值设置为 0。

有些细心的读者在阅读过程中很容易产生一个疑惑：桥 ID 是由桥优先级和 MAC 地址组成的，而 MAC 地址在理论上是各不相同的，这样怎么会产生桥 ID 相同的情形，以至于需要比较端口 ID 呢？下面分情况进行讨论。

如果有多个端口的对端桥 ID 相同，它们会选择对端口中 ID 值最小的端口作为根端口。其实，这种情形不难理解。对端桥 ID 相同意味着一台交换机有两个或者多个的非根端口连接到同一台交换机，这时如果不使用 STP（或者其他相关技术），这两台交换机就会形成环路。因此，STP 只会把其中的一个端口选举为根端口，如图 3-22 所示。

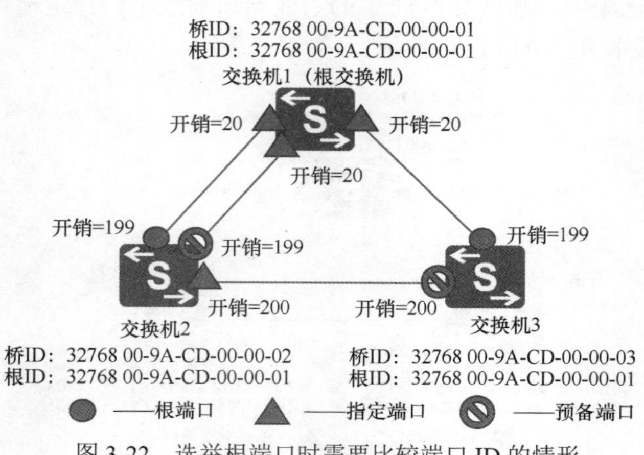


图 3-22 选举根端口时需要比较端口 ID 的情形

由图 3-22 可知，交换机 1 和交换机 2 有两条链路平行相连。由于交换机 1 是根交换机，交换机 2 需要选举根端口。交换机 2 右侧端口的 RPC 为 399，上面两个端口的 RPC 为 199，因此右侧端口被排除。因为交换机上面两个端口的对端为交换机 1，所以这两个端口对端的桥 ID 相同，此时需要比较对端的端口 ID 来确定根端口。如果这两个端口中不选举一个作为根端口，并且阻塞另一个端口，那么交换机 1 和交换机 2 之间就会形成环路。

在之后的 STP 流程中，交换机 1 作为根交换机，其所有端口均为指定端口，因此它和交换机 2 之间的数据链路网段也就不需要再选举指定端口了。这样一来，STP 阻塞平行链路中落选的端口。因此在图 3-22 中可以看到，交换机 2 上面右侧的端口被阻塞了。这就是为什么需要通过端口 ID 作为最后的根端口选举标准。

下面介绍一种更罕见的情形，即为什么指定端口的选举也需要用端口 ID 来打破平衡。

交换机是一种端口密度很高（即端口数量很多）的设备。可想而知，如果一个机房疏于理线，那么线路会呈现出杂乱的状况，以致工程师错误地把一条线缆的两端接到同一台交换机的两个端口上。在集线器仍然大行其道的年代，这样的错误因为涉及更多的线缆和接口，所以出现的概率更高，排查起来也更加复杂。然而，如果 STP 不能发现并且纠正这种错误，那么这台设备会形成二层环路。这时，STP 同样可以发挥作用。

试想，如果工程师错误地将一条线缆的两端连接在同一台交换机上，鉴于指定端口的选择就是在数据链路层网段上进行的，那么这条线缆连接的两个端口当然拥有相同的 RPC 和桥 ID，于是 STP 通过比较它们的端口 ID 来阻塞掉其中的一个端口，从而避免二层环路的出现。

### 3.3.3　STP 的接口状态机

STP 定义了接口实现状态过渡的流程。这个过程有阻塞（Blocking）状态、侦听（Listening）状态、学习（Learning）状态和转发（Forwarding）状态。

① 阻塞状态：当一个端口既没有成为根端口，也没有成为指定端口时，会被阻塞，也就是进入阻塞状态，这是为了避免网络中出现环路。阻塞状态并不是端口对外关闭，而是仍然会接收并且处理 BPDU，但是不会学习 MAC 地址，也不会对外转发 BPDU。交换机也不会把数据帧从处于阻塞状态的端口发送出去。

② 侦听状态：侦听状态表示 STP 已经把这个端口认定为根端口或者指定端口，因而允许这个端口开始从阻塞状态向转发状态过渡。因此，侦听状态是从阻塞状态向转发状态过渡的一种临时状态。在侦听状态下，接口不会学习 MAC 地址，交换机也还不会把数据从侦听状态的端口发送出去。但是，这个端口已经可以接收并且对外发送 BPDU。由于 BPDU 包含转发时延。转发时延定义了侦听状态和学习状态下的停留时间，默认为 15s。也就是说，当一个端口进入侦听状态后，在默认情况下会在这个状态下停留 15s。

③ 学习状态：侦听状态结束后的下一个状态，也就是从阻塞状态向转发状态过渡的下一个临时状态。在该状态下，交换机不会把数据转发出去，但是，端口已经开始学习 MAC 地址，同时也可以继续接收并且对外发送 BPDU。转发时延定义了交换机在学习状态下的停留时间，默认为 15s，因此，当一个端口进入学习状态后，在默认情况下会停留 15s。

④ 转发状态：当一个端口进入转发状态后，交换机会通过这个端口对外转发数据帧。这个端口会继续学习 MAC 地址、接收并且发送 BPDU。因此，转发状态是一个端口履行其正常交换功能的状态。

虽然转发状态不是临时状态，但端口角色会随着网络拓扑的变化发生改变，当根端口或指定端口失去身份时，会直接从转发状态过渡到阻塞状态。

STP 端口在不同状态下执行的功能见表 3-1。

表 3-1 STP 端口在不同状态下执行的功能

| 状态 | 接收并处理 BPDU | 对外发送 BPDU | 学习 MAC 地址 | 转发数据 |
|---|---|---|---|---|
| 阻塞状态 | **是** | 否 | 否 | 否 |
| 侦听状态 | 是 | **是** | 否 | 否 |
| 学习状态 | 是 | 是 | **是** | 否 |
| 转发状态 | 是 | 是 | 是 | **是** |

STP 的接口状态机比较容易理解，这个状态机完全是由一个端口是不是具有根端口或者指定端口的角色所驱动的。总结起来就是，当一个端口被选举为根端口或者指定端口时，会沿着侦听状态—学习状态的路径过渡到转发状态。当一个端口失去了根端口或者指定端口的角色时，会立刻过渡到阻塞状态。

当然，读者也不难发现，当一个端口被选举为根端口或者指定端口后，交换机并不会立刻开始使用这个端口转发数据帧。这种设计层面的谨慎并不难理解，毕竟，广播风暴一旦发生，造成的后果不堪设想。

即使如此，STP 的效率不够高仍然是不争的事实，人们希望有一种更高效的机制来实现以太网的网络收敛。

**注释：** 网络收敛是指经过一段协商过程之后，网络进入的稳定状态。

### 3.3.4 RSTP 的原理

STP 的机制之所以效率不高，是因为这种机制为了避免形成环路而规定端口无条件地等待很长时间，然后才能开始对外转发数据。例如，一个处于阻塞状态的端口需要先在最大寿命定义的时间内没有收到对端发送的 BPDU，才能开始向转发状态过渡。在过渡过程中，这个端口还需要等待两倍的转发时延，才能过渡到转发状态。如果按照计时器默认的时间计算，这 3 个时间之和已经长达 50s。

如果希望不使用计时器来硬性地规定等待时间，又能避免网络中出现临时环路，那么新协议需要采用一种一边收敛、一边选举的规则，判断哪些端口应该进入转发状态，哪些端口则必须阻塞。RSTP（Rapid Spanning Tree Protocol，快速生成树协议）定义了这样一种协商机制。RSTP 是 IEEE 在 2001 年推出的一项协议，旨在实现生成树网络的快速收敛。这项协议的标准化名称为 IEEE 802.1w 标准。

RSTP 定义了端口类型，不过只定义了点到点类型端口和共享类型端口。点到点类型端口指交换机的一个端口通过一条链路与另一台交换机的端口直接相连。共享类型端口指交换机的一个端口连接到一个由多台交换机组成的共享型网络。

STP 针对点到点端口定义了 P/A（Proposal/Agreement）机制，旨在达到一边收敛、一边选举的效果，规避计时器给收敛效率带来的影响，实现生成树网络的快速收敛。

下面通过图 3-23，解释 P/A 机制是如何让 RSTP 网络做到一边收敛，一边选举的。

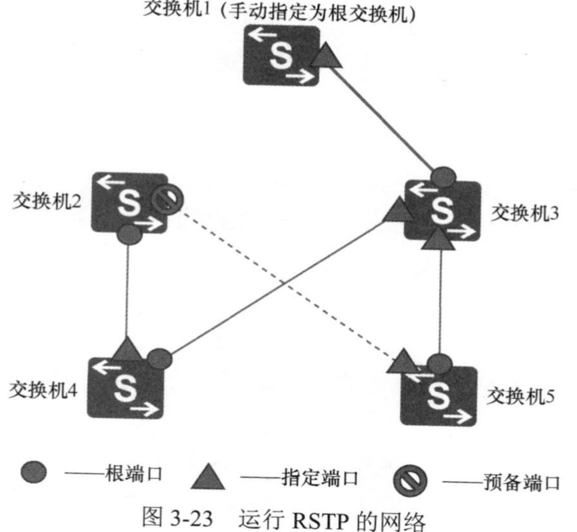


图 3-23　运行 RSTP 的网络

在图 3-23 所示的网络中，交换机 1 被网络管理员手动指定为根交换机。交换机 1 连接交换机 3 的链路拥有最大的带宽（如图 3-23 中粗线所示），因此这条链路的开销最小，其余 4 条链路的开销相等。交换机 2 连接交换机 5 的端口是预备端口，因此交换机 2 连接交换机 5 的链路不能转发数据帧。目前，这个以交换机 1 为根的以太网络不存在环路。

为了提升网络的转发效率，交换机 1 和交换机 2 用一条高速链路连接，这条链路的带宽与交换机 1 和交换机 3 之间的链路带宽相同，如图 3-24 所示。

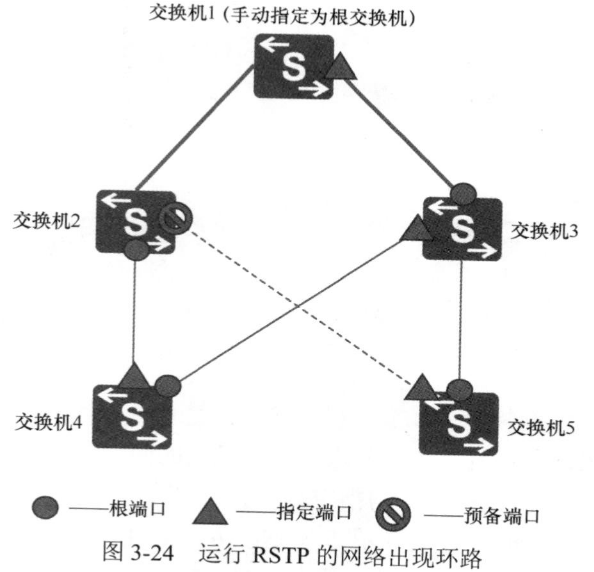


图 3-24　运行 RSTP 的网络出现环路

可以看到，如果这个网络的所有端口仍然扮演过去的角色，只是交换机 1 和交换机 2 相连的链路开始承担数据转发任务，这个网络就会沿交换机 1-交换机 2-交换机 4-交换机 3-交换机 1 形成一个环路。如果这个网络的所有端口仍然扮演过去的角色，同时交换机 1 和交换机 2 相连的链路并不承担任何转发任务，这个网络的转发操作显然就不是最优的。因为网络管理员刚刚添加的高速链路被浪费了，所以，RSTP 需要重新执行生成树的计算。同时，正如前面介绍的那样，RSTP 定义的这个流程没有转发时延计时器的参与。端口角色一旦确定即可开始转发数据，而且网络中还不会形成临时环路。在这个网络中，RSTP 的操作如下。

① 交换机 1 被手动配置为根交换机，其所有端口成为指定端口。

② RSTP 让交换机 1 通过与交换机 2 连接的端口向交换机 2 发送一个标志位为 Proposal 的 BPDU（简称 Propose BPDU），提议交换机 2 让接收 Propose BPDU 的端口立刻进入转发状态。

③ 当交换机 2 收到 BPDU 时，首先判断接收 BPDU 的端口是不是根端口。由于交换机 1 是根交换机，且与连接交换机 2 的链路拥有最大的带宽，因此，接收 Proposal BPDU 的端口就是根端口。于是，交换机 2 向交换机 1 发送一条标志位为 Agreement 的 BPDU（简称 Agreement BPDU），允许交换机 1 让其连接交换机 2 的那个端口直接进入转发状态。此时网络形成交换机 1—交换机 2—交换机 4—交换机 3—交换机 1 的环路。因此，RSTP 让交换机 2 把所有指定端口置为阻塞状态，以避免环路的生成。

④ 交换机 1 在收到 Agreement BPDU 之后，会跳过计时器，令其与交换机 2 连接的端口直接进入转发状态。这就是交换机 1 执行 P/A 机制的同步流程，如图 3-25 所示。

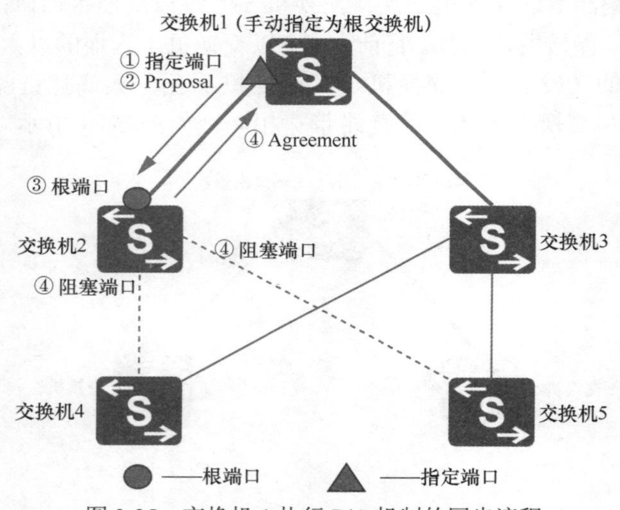


图 3-25 交换机 1 执行 P/A 机制的同步流程

在图 3-25 中，虽然交换机 1 和交换机 2 之间的链路可以转发数据帧，但网络中仍然不存在环路。接下来，交换机 2 会继续执行 P/A 机制的同步流程，具体过程如下。

① 交换机 2 确认本地的根端口与指定端口。

② 交换机 2 向交换机 4 和交换机 5 发送 Proposal BPDU，提议使交换机 4 和交换机 5 与自己连接的两个端口进入转发状态。交换机 2 执行 P/A 同步的流程如图 3-26 所示。

交换机 4 和交换机 5 继续执行 P/A 机制同步流程，给交换机 3 发送 Proposal BPDU，提议把与交换机 3 连接的两个端口置为转发状态。然而，当交换机 3 收到 Proposal BPDU 时，发现 BPDU 的端口不是根端口，这是因为交换机 3 的根端口是与交换机 1 连接的端口。

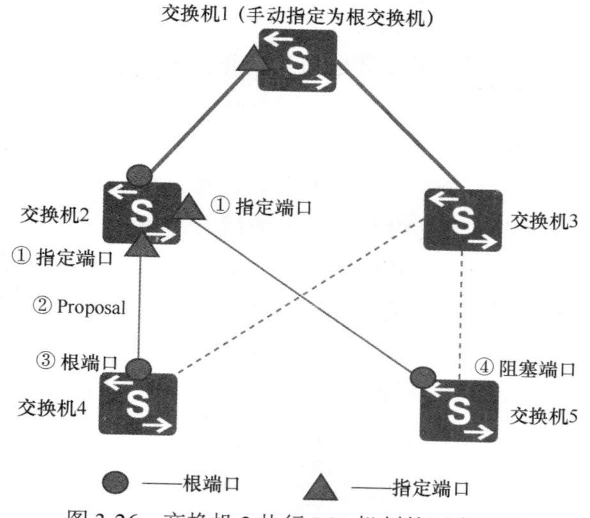


图 3-26 交换机 2 执行 P/A 机制的同步流程

此时，RSTP 需要在交换机 3 连接交换机 4 和交换机 5 的两条链路中，分别选举一个指定端口，落选的端口则成为预备端口，交换机 3 连接交换机 4 和交换机 5 的端口为指定端口，交换机 4 和交换机 5 连接交换机 3 的端口为预备端口且进入阻塞状态，如图 3-27 所示。至此，RSTP 网络完成了重收敛。

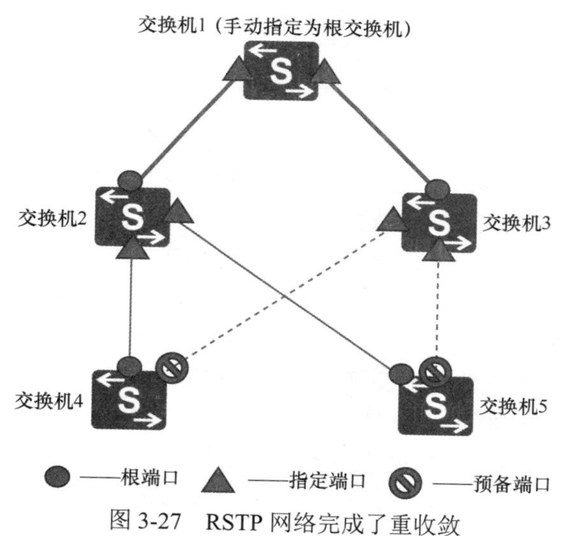


图 3-27 RSTP 网络完成了重收敛

关于 P/A 机制，需要补充的是，如果一台交换机的 RSTP 指定端口为共享类型端口，那么该端口不会对外发送 Proposal BPDU，而是参照传统 STP 执行状态过渡。这是因为共享类型端口往往连接了不只一台交换机，以任何一台交换机响应的 Agreement BPDU 作为依据快速过渡到转发状态，都意味着共享类型端口连接的其他交换机可能处在一条环路的路径中。

此外，如果一台交换机的 RSTP 指定端口对外发送了 Proposal BPDU，但没有收到对端响应的 Agreement BPDU，那么这个端口也会按照传统 STP 执行状态过渡。这种方式使 RSTP 能够与传统的 STP 相兼容。

除 P/A 机制之外，RSTP 还定义了其他可以快速过渡到转发状态的机制，例如，RSTP 定义了两种处于阻塞状态的端口：预备端口和备份端口。

① 预备端口：收到的最优 BPDU 是由其他交换机发送的。当这台交换机的根端口或者根端口连接的链路发生故障时，优先级最高的预备端口不需要等待计时器，也不需要经历过渡状态，会立刻进入转发状态接替根端口的角色。

② 备份端口：接收到的最优 BPDU 是由本交换机发送的。当备份端口所在数据链路网段的指定端口发生故障时，优先级最高的备份端口不需要等待计时器（但会经历过渡状态），立刻接替指定端口的角色。

预备端口和备份端口如图 3-28 所示。

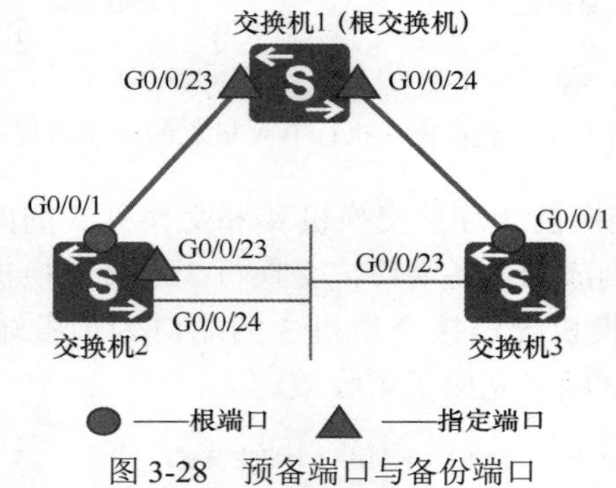


图 3-28　预备端口与备份端口

由图 3-28 可知，交换机 1 是根交换机，与交换机 1 连接的交换机 2 和交换机 3 的端口 G0/0/1 均为根端口。同时交换机 2 右侧的两个端口 G0/0/23 和 G0/0/24，以及交换机 3 左侧的端口 G0/0/23 均作为共享类型的端口连接到一条共享链路。在这条链路的选举中，交换机 2 的端口 G0/0/23 被选举为指定端口。

共享链路中的最优 BPDU 来自交换机 2 的端口 G0/0/23，因此，对于交换机 2 的端口 G0/0/24 来说，更优的 BPDU 是由交换机 2 发送的，即交换机 2 的端口 G0/0/24 为备份端口，在指定端口发生故障时接替其角色。对于交换机 3 的端口 G0/0/23 来说，更优的 BPDU 是由交换机 2 发送的，即交换机 3 的端口 G0/0/23 为预备端口，在交换机 3 的根端口发生故障时接替其角色。端口接替情况如图 3-29 所示。

RSTP 还定义了一种特殊类型的点到点端口，称为边缘端口。

终端设备之所以被称为终端，是因为它们不再为其他设备提供连接和转发，因此，交换机连接终端设备的端口是不会处于转发环路中的。RSTP 把连接终端设备的端口设置为边缘端口。RSTP 在计算生成树时不会考虑边缘端口，这些端口也不需要等待计时器时间就可以直接进入转发状态。

当然，边缘端口的设置存在一定风险，如果网络管理员把实际连接到交换机的端口设置为边缘端口，而交换机又不加区分地让它进入转发状态，那么网络会存在转发环路的风险。因此，交换机增加了这样的机制：一旦边缘端口收到 BPDU（终端设备通常不会发送，只有交换机才会发送），交换机会忽略其边缘端口的设置。同时，RSTP 会把这个端口考虑进去，重新计算网络的生成树拓扑。

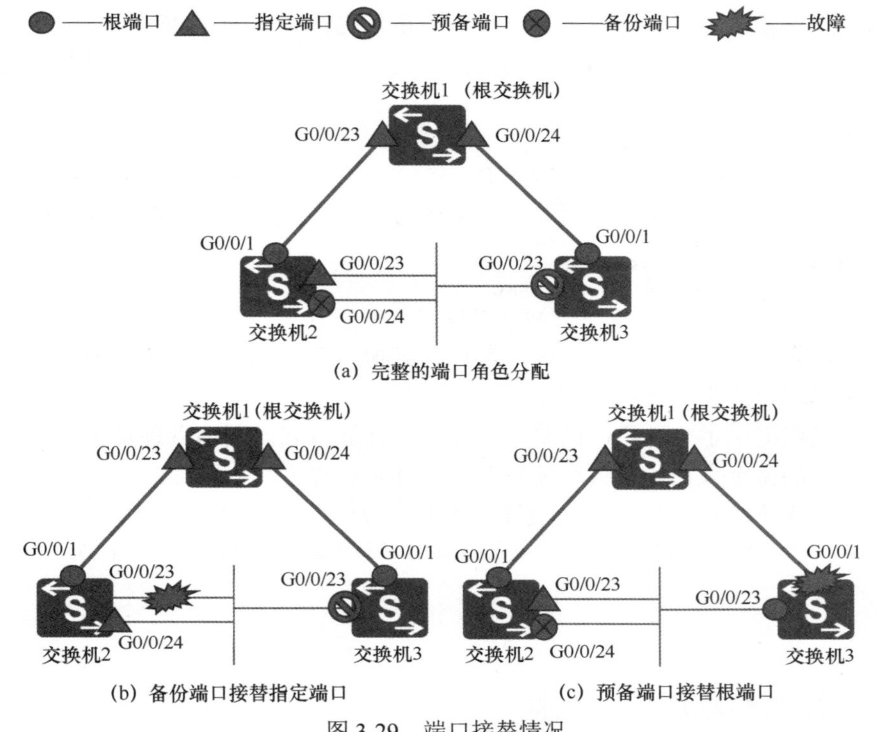


图 3-29　端口接替情况

### 3.3.5　STP 与 RSTP 的配置

网络管理员要对交换机的生成树运行机制进行配置，需要先进入系统视图。在系统视图下，网络管理员可以使用下列命令启用 STP（包括 STP 的各种模式）。

```
[Huawei] stp enable
```

在默认情况下，华为交换机的 STP 处于启用状态。管理员在系统视图下，通过下面的命令修改 STP 的模式。

```
[Huawei] stp mode { stp | rstp | mstp }
```

如果网络管理员输入的是关键词 stp，那么这台交换机运行传统的 STP（IEEE 802.1d 标准）。如果网络管理员输入的是关键词 rstp，那么这台交换机运行 RSTP（IEEE 802.1w 标准）。如果网络管理员输入的是关键词 mstp，那么这台交换机运行 MSTP（Multiple Spanning Tree Protocol，多生成树协议）。

此外，网络管理员如果需要把一台交换机设置为根交换机，那么需要在系统视图下输入下列命令。

```
[Huawei] stp root primary
```

华为交换机的桥优先级默认为 32768。管理员输入了上述命令之后，设备的桥优先级会成为 0。

网络管理员如果希望把一台交换机设置为备用根交换机，让它在主根交换机发生故障时成为根交换机，那么需要在系统视图下输入下列命令。

```
[Huawei] stp root secondary
```

网络管理员输入了上述命令之后，设备的桥优先级会成为 4096。

如果网络管理员希望把桥优先级的值修改为自己希望的参数，则可以在系统视图下使用下列命令。

```
[Huawei] stp priority priority
```

桥优先级（priority）的取值范围是 0～65535。值越小，桥优先级越高。

除了上述命令外，网络管理员还可以进入接口视图，使用下面两条命令来修改相关接口的开销值和端口优先级。

```
[Huawei-GigabitEthernet0/0/1] stp cost cost
[Huawei-GigabitEthernet0/0/1] stp priority priority
```

端口的优先级默认值为 128。关于端口开销值，交换机默认使用一种路径开销计算标准，并根据端口的带宽进行计算。

华为交换机提供了 3 种不同的端口路径开销计算方式。网络管理员可以在系统视图下，使用下面的命令来指定交换机使用的路径开销计算方式。

```
[Huawei] stp pathcost-standard { dot1d-1998 | dot1t | legacy }
```

在默认情况下，华为交换机会使用 dot1t（IEEE 802.1t 标准）计算端口路径开销值。

## 3.4 VLAN 的基本原理与配置

把各个终端设备连接到一台交换机（或者多台互联的交换机），目的是可以在一个局域网中通过交换机来相互通信。随着网络规模的扩大，人们不希望一台交换机（或者一组互联交换机）连接的全部终端设备处于同一个广播域，因为这些终端设备可能属于不同的部门。例如，在图 3-30 所示的拓扑中，交换机连接的一部分终端设备属于市场部，一部分属于财务部，还有一部分属于工程部。

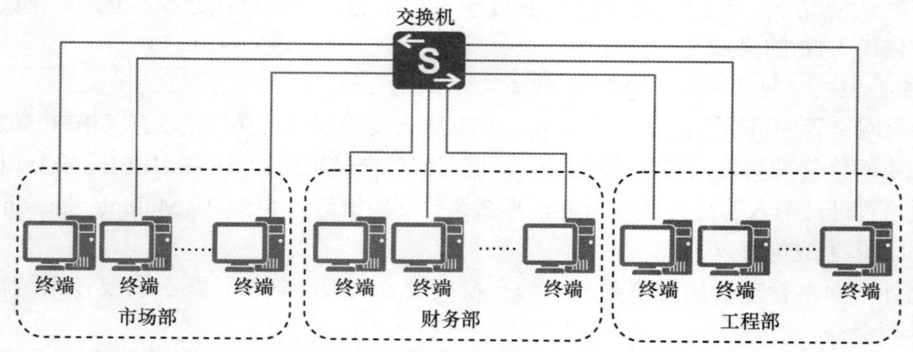


图 3-30 交换机连接的终端属于不同部门

不同部门的终端设备处于同一个局域网，不仅存在安全隐患，而且会浪费无关设备的资源。

为此，交换机引入了 VLAN。

VLAN 是网络管理员按照网络的实际需求，把交换机连接的部分终端设备划分到一个虚拟的局域网中，各个虚拟的局域网彼此隔离。在没有三层设备或者模块参与的情况下，交换机不会把从属于某个 VLAN 的端口收到的数据帧，通过属于另一个 VLAN 的端口发送出去。

VLAN 是一个独立的广播域。换句话说，网络管理员可以通过 VLAN 技术，把一个广播域划分为多个广播域，如图 3-31 所示。

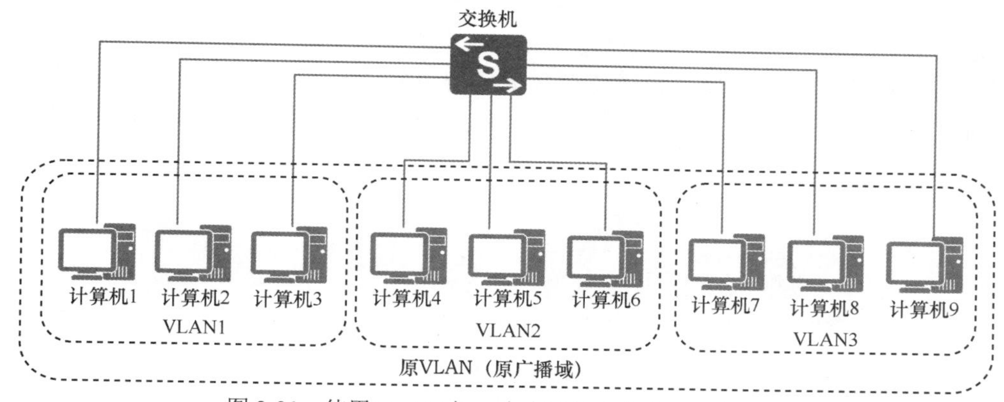


图 3-31　使用 VLAN 把一个广播域划分为多个广播域

在图 3-31 中，当交换机通过与计算机 1 直连的端口收到一个广播数据帧时，只会把这个数据帧通过与计算机 2 和计算机 3 直连的两个端口泛洪出去，而不会通过其他端口进行泛洪，这是因为只有这两个端口和交换机与计算机 1 直连的端口处于同一个 VLAN 中。

### 3.4.1　IEEE 802.1Q 标准与 VLAN 标签

数据帧在以太网中传输时经常需要经过多台交换机进行转发。为了确保 VLAN 的划分在整个网络中生效，而不是只在某台交换机上生效，数据帧在转发时必须携带某种标识，告诉接收方自己属于哪个 VLAN。

IEEE 802.1Q 标准定义了在无标记（Untagged）数据帧的基础上插入 VLAN 标签的标准，这个标签中包含 TPID（Tag Protocol Identifier，标签协议标识符）、PRI（Priority，优先级）、CFI（Canonical Format Indicator，标准格式指示符）和 VID（VLAN ID）4 个字段。插入 VLAN 标签的数据帧如图 3-32 所示，标签中各字段具体如下。

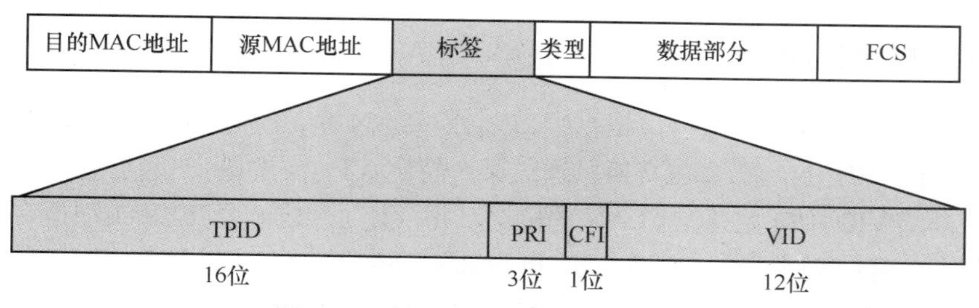


图 3-32　插入 VLAN 标签的数据帧

① TPID：字段长度为 16 位（2 字节），标识数据帧的类型。如果数据帧是 IEEE 802.1Q 标准数据帧，那么这个字段的取值为 0x8100。

② PRI：标识数据帧的优先级。当网络出现拥塞时，交换机会优先转发优先级高的数据帧。该字段长度为 3 位，取值范围为 0～7。

③ CFI：在以太网环境中，这个字段的取值固定为 0，表示这是一个标准格式的 MAC 地址。

④ VID：标识数据帧来自哪个 VLAN。该字段长度为 12 位，取值范围为 0～4095，其中，0 和 4095 为 IEEE 802.1Q 标准保留值，因而用户使用的 VID 取值范围为 1～4094。

因为 IEEE 802.1Q 标准数据帧携带了 VLAN 标签，所以当一台交换机转发数据帧时，可以通过该标签让对方交换机知道这个数据帧所属的 VLAN，进而可以只使用属于该 VLAN 的端口转发（泛洪）这个数据帧。IEEE 802.1Q 标准数据帧的 VLAN 标签如图 3-33 所示。

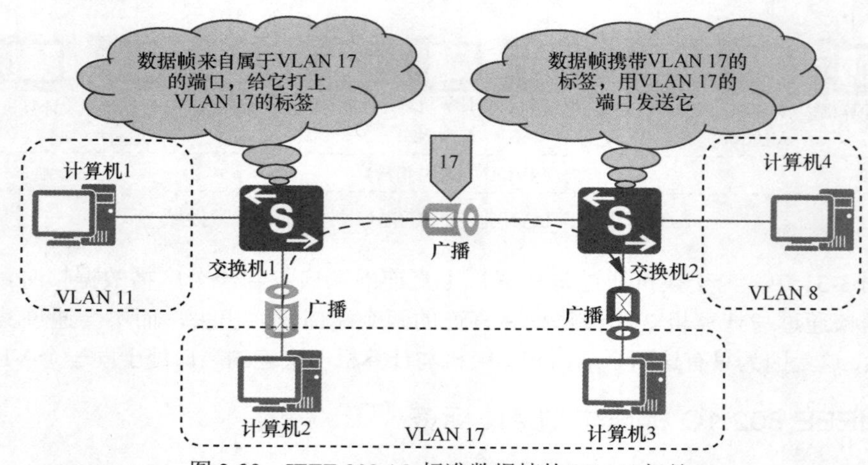


图 3-33 IEEE 802.1Q 标准数据帧的 VLAN 标签

由图 3-33 可知，VLAN17 的计算机 2 发送了一个广播数据帧。交换机 1 收到数据帧后，发现该数据帧来自属于 VLAN 17 的端口，于是打上 VLAN 17 的标签，然后从其他属于 VLAN 17 的端口泛洪出去，同时发送给交换机 2。交换机 2 收到这个数据帧后，根据标签判断来自哪个 VLAN，然后摘掉数据帧的 VLAN 标签，把数据帧还原为原始的以太网数据帧，从所有属于 VLAN 17 的端口泛洪出去。于是，计算机 3 就收到了这个数据帧。通过 IEEE 802.1Q 标准，网络管理员可以跨交换机给整个局域网划分 VLAN。

### 3.4.2 VLAN 的划分

VLAN 的划分方式有很多种，根据端口划分 VLAN 是广泛使用的一种。如果网络管理员使用端口划分 VLAN，那么在交换机通过某个特定 VLAN 的端口收到无标记的数据帧之后，会在头部的 VID 中打上对应 VLAN 的标记，并将其封装成一个 IEEE 802.1Q 标准数据帧。

除了根据端口划分 VLAN 外，还可以根据 MAC 地址划分 VLAN。如果网络管理员使用 MAC 地址划分 VLAN，那么需要配置 VLAN 和 MAC 地址的映射表。当交换机收到一个无标记的数据帧时，会根据数据帧的源 MAC 地址查找映射表，并且根据查表结果给数据帧封装 VID，并把它封装成一个 IEEE 802.1Q 标准数据帧。根据 MAC 地址划分 VLAN 如图 3-34 所示。

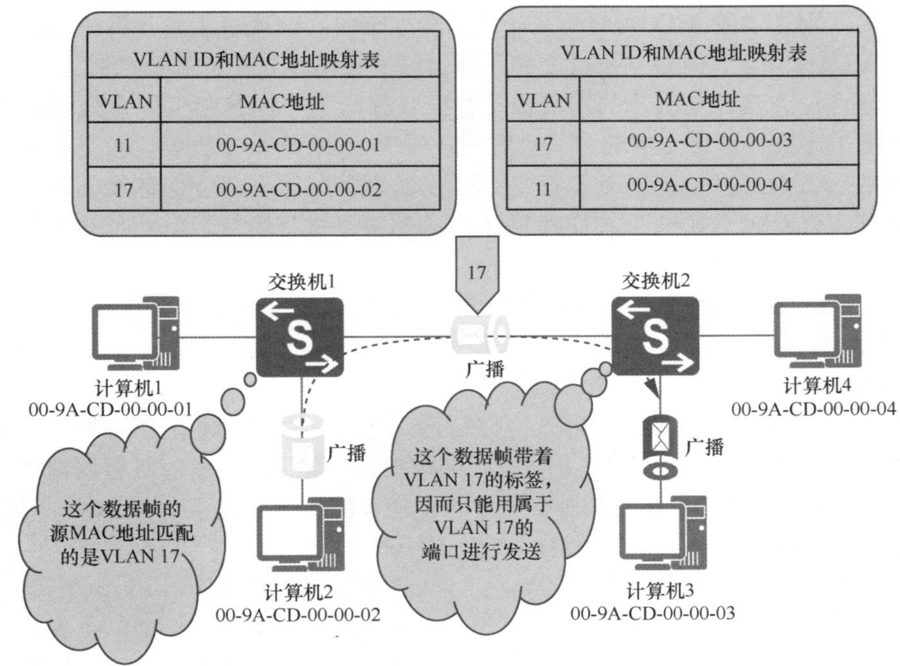


图 3-34　根据 MAC 地址划分 VLAN

在图 3-34 中，网络管理员采用根据 MAC 地址划分 VLAN 的方式，配置 VLAN ID 和 MAC 地址映射表。当交换机 1 收到计算机 2 发送的广播数据帧时，使用这个数据帧的源 MAC 地址查找映射表，并发现这个数据帧属于 VLAN 17。于是交换机 1 给这个数据帧打上 VLAN 17 的标签，然后从其他属于 VLAN 17 的端口泛洪出去（图 3-34 中没有显示这些端口），同时也把该数据帧发送给交换机 2。交换机 2 收到这个数据帧后，根据标签判断这个数据帧来自 VLAN 17，并摘掉数据帧的 VLAN 标签，把数据帧还原为原始的以太网数据帧，然后在对应的 VLAN 中进行泛洪。

根据 MAC 地址划分 VLAN 的做法之所以不像使用端口划分那么常见，是因为这种划分方式一方面会大大增加网络工程师的工作负担，另一方面会导致安全性不佳——如今，伪装 MAC 地址已经成为一项几乎没有技术门槛的操作。不过，根据 MAC 地址划分 VLAN 也不是没有好处，这种方式可以避免因设备连接端口的改变而重新划分 VLAN 的问题。

除了可以使用端口和 MAC 地址划分 VLAN 外，一些交换机还可以通过其他方式进行划分，比如 IP 地址。这些划分方式在逻辑上和前面介绍的 VLAN 划分方式并无二致，都是由交换机根据映射表为收到的数据帧分配 VLAN 标签。读者可以自行举一反三。鉴于在实践当中，这些做法并不常用，且限于篇幅，本章不再赘述。当然，无线局域网环境很少使用交换机端口连接终端设备，而是使用 SSID（Service Set Identifier，服务集标识符）划分 VLAN。

### 3.4.3　交换机的二层端口工作模式

交换机连接交换机的端口，与交换机连接终端的端口，在处理数据帧的方式上存在着巨大的区别。以图 3-33 为例，从接收的角度来看，交换机 1 给计算机 2 发送的数据帧打上 VLAN 标签，但是交换机 2 并不会再给交换机 1 发送的数据帧打上 VLAN 标签，反而在通过连接计算机 3 的端口转发数据帧时摘除 VLAN 标签。从发送的角度来看，交换机 1 连接计算机 2 的端口只会转发属于 VLAN 17 的数据帧，而交换机 1 连接交换机 2 的端口则可以转发属于不同 VLAN 的数据帧，这样才能保证属于多个 VLAN 的数据帧都可以跨越交换机 1 和交换机 2 之间的链路进行通信。由此可知，交换机的二层端口存在着不同的工作模式。

华为交换机支持 3 种二层端口工作模式，这些端口分别是 Access 端口、Trunk 端口和 Hybird 端口。

### 1. Access 端口

Access 端口一般翻译为接入端口，旨在为终端设备（如计算机、服务器）提供接入服务，而这些终端设备发送的往往是无标记的数据帧。如果网络管理员根据端口来划分 VLAN，那么 Access 端口只能被划分到某个特定的 VLAN 中，则这个 VLAN 被称为（该 Access 端口的）PVID（Port VLAN ID，端口 VLAN ID）。

**注释：** *无论处于交换机哪种工作模式，每个二层端口应该拥有一个 PVID。如果网络管理员没有配置，则二层端口的默认 PVID 是 1，即二层端口默认属于 VLAN 1。*

具体到操作层面，当交换机通过 Access 端口收到无标记的数据帧时，会接收这个数据帧，这也是 Access 端口最常见的情形。此外，当交换机通过 Access 端口收到一个标记的数据帧时，会比较这个数据帧的 VLAN 标签和 Access 端口所在的 VLAN，如果两者相同，则接收该数据帧；如果两者不同，则丢弃该数据帧。Access 端口对不同数据帧的处理方式如图 3-35 所示。

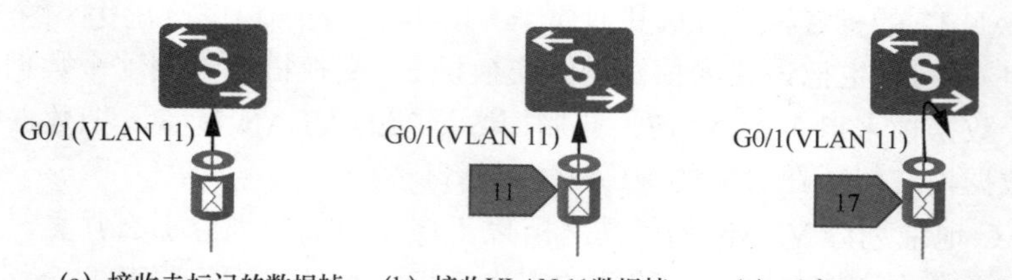


图 3-35　Access 端口对不同数据帧的处理方式

在图 3-35（a）中，未标记的数据帧被 VLAN 11 的 Access 端口接收。在图 3-35（b）中，携带 VLAN 11 标签的数据帧也被 VLAN 11 的 Access 端口接收。在图 3-35（c）中，携带 VLAN 17 标签的数据帧则被丢弃了，这是因为这个数据帧携带的 VLAN ID 和接收它的端口所在 VLAN 不同。

交换机在使用 Access 端口对外转发数据帧时，会匹配数据帧的 VLAN 标签和端口所在的 VLAN ID，只有在两者相同时才会使用这个端口进行转发，并且在转发时摘除数据帧的 VLAN 标签。使用 Access 端口转发数据帧如图 3-36 所示。

在图 3-36 中，交换机收到一个携带 VLAN 17 标签的广播数据帧。在匹配数据帧的 VLAN 标签和端口所在的 VLAN ID 之后，交换机把这个数据帧从所有属于 VLAN 17 的端口（图中仅显示一个这样的端口）泛洪出去。

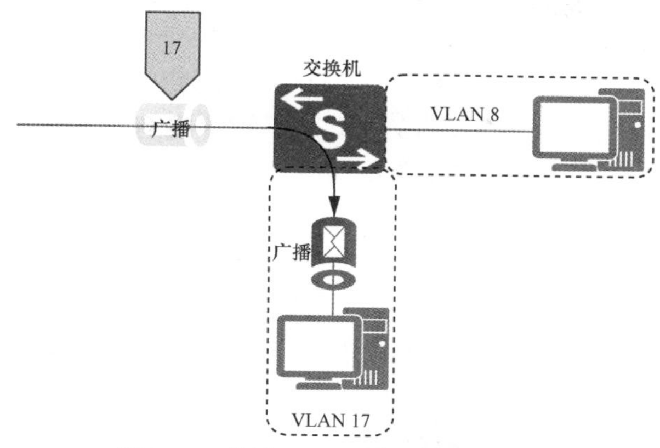


图 3-36　使用 Access 端口转发数据帧

### 2. Trunk 端口

Trunk 端口可以翻译为干道端口，但是在实际交流中，人们往往直接称其为 Trunk 端口。这种类型端口的作用是连接其他交换机。交换机与交换机之间通过 Trunk 端口相连的链路称为 Trunk 链路。交换机需要通过这条链路实现多个 VLAN 之间的跨交换机通信，因此，Trunk 端口可以转发和接收属于多个 VLAN 的数据帧，往往也会转发和接收属于多个 VLAN 的数据帧。网络管理员不仅需要指定 Trunk 端口所在的 VLAN（PVID），还要针对各个 Trunk 端口配置一个允许的 VLAN ID 列表，并指定这条 Trunk 链路允许携带哪些 VLAN ID 的数据帧通过。

在操作层面，当交换机通过 Trunk 端口接收未标记的数据帧时，会给这个数据帧打上其所在 VLAN 的标签（PVID），然后判断 VLAN ID 是否在允许通过的 VLAN ID 列表中。如果数据帧的 VLAN ID 在这个列表中，则在该 VLAN 中对其进行转发；如果不在，则丢弃这个数据帧。

在发送方面，当交换机通过 Trunk 端口收到标记的数据帧时，会直接判断其 VLAN ID 是否在 VLAN ID 列表中。如果在这个列表中，则在这个 VLAN 中对数据帧进行转发；如果不在，则丢弃。Trunk 端口对不同数据帧的处理方式如图 3-37 所示。

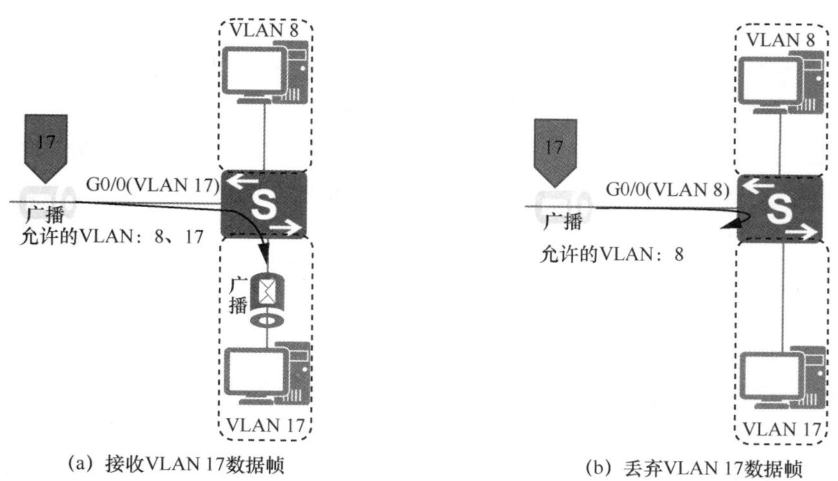


图 3-37　Trunk 端口对不同数据帧的处理方式

图 3-37（a）中，携带 VLAN 17 标签的广播数据帧被 Trunk 端口接收了，这是因为 VLAN 17 在允许的 VLAN ID 列表中。交换机接收了这个广播数据帧，并且把该数据帧通过自己所有在 VLAN 17 中的端口进行泛洪。图 3-37（b）中，携带 VLAN 17 标签的数据帧被 Trunk 端口丢弃了，这是因为 VLAN 17 并不在 Trunk 端口允许的 VLAN ID 中。

当交换机确定使用 Trunk 端口转发数据帧时，需要判断该数据帧的 VLAN ID 标签是不是与 Trunk 端口所在的 VLAN（PVID）相同。如果相同，则交换机摘除数据帧的标签，以无标记的形式通过 Trunk 端口进行发送；如果不同，则交换机直接把数据帧原样通过 Trunk 链路转发出去。使用 Trunk 端口转发数据帧如图 3-38 所示。

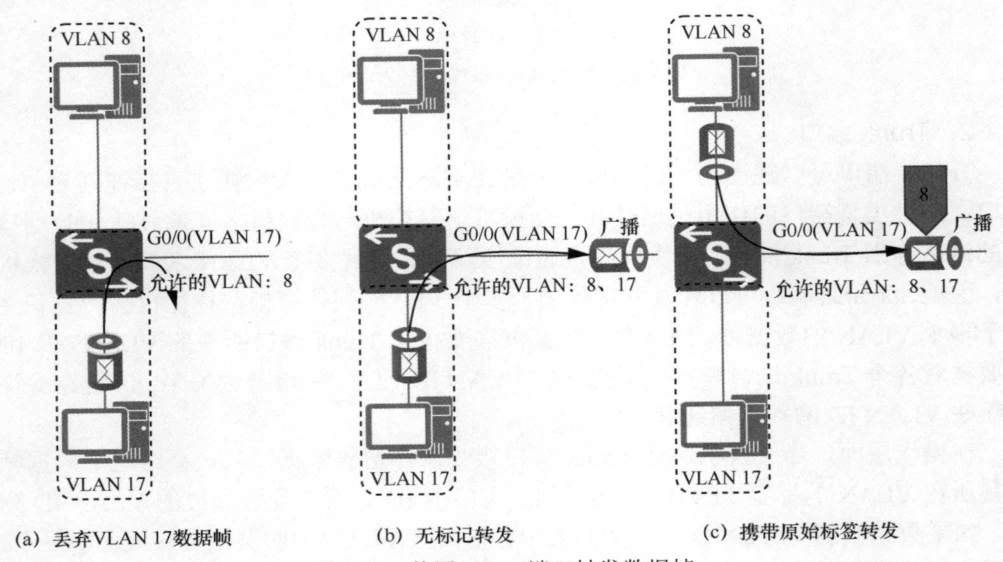


图 3-38　使用 Trunk 端口转发数据帧

图 3-38（a）中的交换机需要通过右侧的 Trunk 端口转发一个携带 VLAN 17 标签的数据帧，但是因为这个端口允许的 VLAN ID 列表并不包括 VLAN 17，所以交换机丢弃了这个数据帧。图 3-38（b）中交换机右侧的 Trunk 端口允许的 VLAN ID 包含 VLAN 17，因而交换机使用该 Trunk 端口发送数据帧。同时数据帧的 VLAN ID 和这个 Trunk 端口的 VLAN ID 相同，因此交换机摘掉了数据帧的 VLAN 标签，以无标记的形式把数据帧从 Trunk 端口转发出去。图 3-38（c）中交换机使用 Trunk 端口转发数据帧，但是数据帧携带的标签是 VLAN 8，和这个 Trunk 端口所在的 VLAN 不同，因此交换机没有摘掉数据帧的 VLAN 标签，把这个数据帧以携带着原始标签（VLAN 8）的形式从 Trunk 端口转发出去。

### 3．Hybrid 端口

Hybrid 端口的工作机制比 Trunk 端口和 Access 端口更复杂，它的工作方式包含了 Trunk 端口和 Access 端口的逻辑。Trunk 端口和 Access 端口均可以看成是一种特殊类型的 Hybrid 端口。华为交换机默认的端口类型就是 Hybrid 端口。

Hybrid 端口和 Access 端口与 Trunk 端口一样，需要配置端口 VLAN ID。同时，Hybrid 端口也像 Trunk 端口一样拥有允许的 VLAN ID 列表。它存在两个允许的 VLAN ID 列表，其中，一个是无标记的 VLAN ID 列表，另一个是标记的 VLAN ID 列表。只要数据帧的

VLAN ID 属于这两个列表中任何一个列表包含的 VLAN ID，Hybrid 端口就可以对其进行处理，而不会直接将其丢弃。

具体来说，当交换机通过 Hybrid 端口收到无标记的数据帧时，会打上数据帧所在 VLAN 的标签（PVID），然后判断该 VLAN 是否在任何一个允许的 VLAN ID 列表中。如果在，则交换机对其进行转发；如果不在，则交换机丢弃这个数据帧。

当交换机通过 Hybrid 端口收到标记的数据帧时，会直接判断数据帧的 VLAN ID 是否在任何一个允许的 VLAN ID 列表中。如果在，则交换机对其进行转发；如果均不在，则丢弃。

当交换机使用 Hybrid 端口转发数据帧时，首先查看这个数据帧的 VLAN ID 是不是在任何一个允许的 VLAN ID 列表中。只有当数据帧的 VLAN ID 在某个允许的 VLAN ID 列表中，交换机才会使用该 Hybrid 端口转发数据帧；如果均不在，则交换机丢弃数据帧。

如果这个数据帧的 VLAN ID 在无标记 VLAN ID 列表中，那么交换机摘除数据帧的标签，然后通过 Hybrid 端口把数据帧发送出去。如果这个数据帧的 VLAN ID 在标记的 VLAN ID 列表中，那么交换机直接把这个数据帧原样通过 Trunk 链路转发出去。

通过对 Hybrid 端口工作原理的学习，读者应该不难发现，如果 Hybrid 端口配置的未标记 VLAN ID 列表中只包含 Hybrid 端口的 PVID，那么该 Hybrid 端口在操作上等效于一个 Trunk 端口（拥有相同的标记 VLAN ID 列表和 PVID）。如果 Hybrid 端口配置的无标记 VLAN ID 列表中只包含该端口的 PVID，同时其标记 VLAN ID 列表中不包含任何 VLAN，那么这个 Hybrid 端口在操作上等效于一个 Access 端口（拥有相同的 PVID）。因此，在学习这些端口的工作模式时，建议读者对 Hybrid 端口和 Trunk 端口进行比照学习。

### 3.4.4　VLAN 与二层端口工作模式的配置

在实际工作中，VLAN 和二层端口工作模式的配置命令大概是网络管理员输入次数最多、使用频率最高的命令。

#### 1．VLAN 的配置

首先，如果网络管理员希望在交换机上创建一个 VLAN，则需要在系统视图下输入下列命令。

```
[Huawei] vlan vlan-id
```

输入上述命令后，交换机会创建对应的 VLAN，并进入该 VLAN 的视图。如果交换机上已经存在该 VLAN，系统则直接进入该 VLAN 的视图。这里再次强调一下：*vlan-id* 的值为整数，取值范围是 1～4094。

如果网络管理员希望在交换机上创建多个连续的 VLAN，则在系统视图下输入下列命令。

```
[Huawei] vlan batch { vlan-id1 [to vlan-id2]}
```

在这条命令中，*vlan-id1* 是网络管理员希望创建的第一个 VLAN 的编号，*vlan-id2* 是网络管理员希望创建的最后一个 VLAN 的编号。

#### 2．Access 端口的配置

如果网络管理员希望配置一个端口的二层端口工作模式，那么需要进入该端口的接口视图进行配置。当网络管理员希望把一个端口配置为 Access 端口时，需要在接口视图下输入下列命令。

```
[Huawei-GigabitEthernet0/0/1] port link-type access
```

接下来，如果网络管理员希望给 Access 端口指定 PVID，将 Access 端口划分到指定的 VLAN 中，那么需要在 Access 端口的接口视图下输入下列命令。

```
[Huawei-GigabitEthernet0/0/1] port default vlan vlan-id
```

### 3. Trunk 端口的配置

如果网络管理员希望把一个端口配置为 Trunk 端口，则需要在该端口的接口视图下输入下列命令。

```
[Huawei-GigabitEthernet0/0/1] port link-type trunk
```

接下来，如果网络管理员希望给 Trunk 端口指定 PVID，那就需要在这个 Trunk 端口的接口视图下输入下列命令。

```
[Huawei-GigabitEthernet0/0/1] port trunk pvid vlan vlan-id
```

Trunk 端口除了配置 PVID 外，还可以配置允许的 VLAN ID 列表。如果网络管理员希望给一个 Trunk 端口配置允许的 VLAN ID 列表，那么需要在 Trunk 端口的接口视图下输入下列命令。

```
[Huawei-GigabitEthernet0/0/1] port trunk allow-pass vlan{{vlan-id1[tovlan-id2]}|all}
```

在这条命令中，网络管理员也可以一次性把多个连续的 VLAN 添加到 Trunk 端口允许的 VLAN ID 列表中，其中，*vlan-id1* 是第一个 VLAN 的编号，*vlan-id2* 是最后一个 VLAN 的编号。此外，如果网络管理员希望这个 Trunk 端口把所有 VLAN 添加到允许的 VLAN ID 列表中，那么可以直接输入关键词 **all**，不需要输入单个 VLAN 的 VLAN ID。

### 4. Hybrid 端口的配置

如果网络管理员希望把一个端口配置为 Hybrid 端口，那么需要在该端口的接口视图下输入下列命令。

```
[Huawei-GigabitEthernet0/0/1] port link-type hybrid
```

类似地，如果网络管理员希望给 Hybrid 端口指定 PVID，那么需要在这个 Hybrid 端口的接口视图下输入下列命令。

```
[Huawei-GigabitEthernet0/0/1] port hybrid pvid vlan vlan-id
```

Hybrid 端口除了配置 PVID 外，还可以配置允许的无标记 VLAN ID 列表和标记 VLAN ID 列表。如果网络管理员希望给一个 Hybrid 端口配置允许的无标记 VLAN ID 列表，那么在该 Trunk 端口的接口视图下输入下列命令。

```
[Huawei-GigabitEthernet0/0/1] port hybrid untagged vlan{{vlan-id1[tovlan-id2]}|all}
```

类似地，如果网络管理员希望给一个 Hybrid 端口配置允许的标记 VLAN ID 列表，那么需要在该 Trunk 端口的接口视图下输入下列命令。

```
[Huawei-GigabitEthernet0/0/1] port hybrid tagged vlan{{vlan-id1[tovlan-id2]}|all}
```

上述两条命令的关键词虽然和指定 Trunk 端口的 VLAN ID 列表略有不同，但是网络管理员指定的参数与 Trunk 端口的命令却别无二致。如果网络管理员希望一次性地把多个连续的 VLAN 添加到 Hybrid 端口允许的无标记或标记 VLAN ID 列表中，则 *vlan-id1* 是第一个 VLAN 编号，*vlan-id2* 是最后一个 VLAN 编号。此外，如果网络管理员希望该 Hybrid 端口把所有 VLAN 添加到允许的标记或未标记 VLAN ID 列表中，则直接输入关键词 **all**，不需要输入单个 VLAN 的 VLAN ID。

### 3.4.5　VBST[①]与 MST[②]

虽然网络管理员可以通过划分 VLAN 的方式把一个局域网划分成多个虚拟局域网，但是如果整个物理局域网仍然只能收敛为一棵生成树，那么网络中难免会产生大量的流量次优问题。因此，合乎逻辑的方式是，每个虚拟局域网收敛为独立的生成树，或者网络管理员设置生成树的数量和哪些 VLAN 共享相同的生成树。

为了让读者更加清晰地理解网络收敛为多棵生成树的意义与应用，下面使用图 3-39 和图 3-40 所示的两个简单的网络拓扑分别解释这个问题。

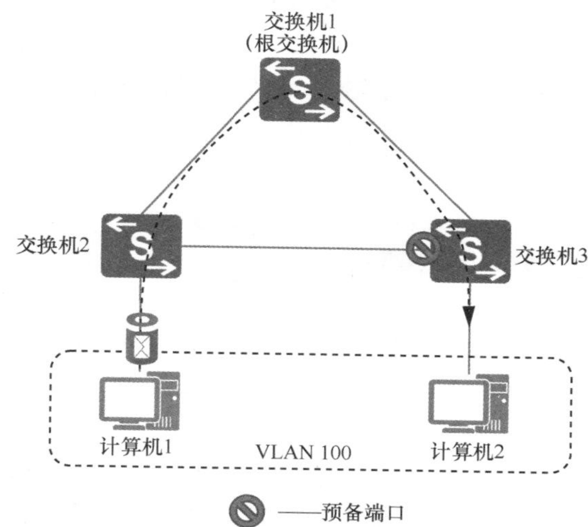


图 3-39　整个物理局域网收敛为一棵生成树

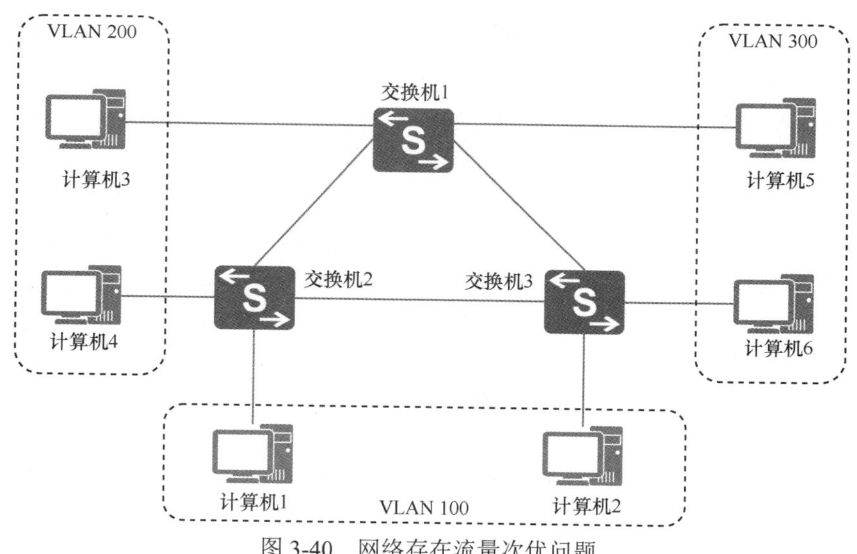


图 3-40　网络存在流量次优问题

① VBST（VLAN-Based Spanning Tree，基于 VLAN 的生成树）
② MST（Multiple Spanning Tree，多生成树）

在图 3-39 中，假设整个物理局域网只能收敛为一棵生成树，那么这棵生成树的根交换机是交换机 1，交换机 3 连接交换机 2 的端口为预备端口，因而该端口被阻塞。同时，交换机 2 和交换机 3 都连接了一些属于 VLAN 100 的终端设备（计算机 1 和计算机 2）。由于交换机 3 连接交换机 2 的端口遭到了阻塞，交换机 3 不能用该端口转发数据。在这个场景中，当交换机 2 连接的计算机 1 需要和交换机 3 连接的计算机 2 进行通信时，即使交换机 1 没有连接任何属于 VLAN 100 的终端设备，也必须为它们之间的所有通信数据执行转发。

显然，因为交换机 1 没有连接任何属于 VLAN 100 的终端设备，所以我们希望这个局域网的根交换机可以由交换机 2 或交换机 3 来充当，但这种“头痛医头”的做法遇到图 3-40 所示的场景会立刻显得捉襟见肘。

在图 3-40 中，交换机 1 没有连接 VLAN 100 的终端设备，交换机 2 没有连接 VLAN 300 的终端设备，交换机 3 没有连接 VLAN 200 的终端设备。在这个简单的场景中，如果整个物理局域网只能收敛为一棵生成树，那么无论哪台交换机被选为根交换机，整个网络都会在为某个 VLAN 中的终端设备转发数据帧时出现流量次优的问题。于是，解决这个问题的唯一方式就是网络收敛出多棵生成树。

于是，华为提出了 VBST 的解决方案。如果使用这种生成树解决方案，则整个网络会基于每个 VLAN 收敛出不同的生成树。接下来，每个 VLAN 沿着各自的生成树进行转发。这样一来，不仅图 3-39 出现的问题可以得到解决，而且还可以充分利用每条链路的带宽执行数据转发。

然而，这也出现了一个新的问题，当整个局域网存在大量的 VLAN 时，每个 VLAN 收敛出一棵生成树，意味着网络中需要针对各个 VLAN 来生成、转发 BPDU，并计算出大量生成树，这会导致整个网络的资源被大量消耗。不仅如此，当网络每次发生变更和变化时，消耗大量网络资源的事件就会发生。

2002 年，IEEE 发布了 MSTP 的 IEEE 802.1s 标准。MSTP 支持 MSTI（Multiple Spanning Tree Instance，多生成树实例），网络管理员可以把任意多个 VLAN 捆绑为一个生成树实例，每个生成树实例收敛为一棵生成树。MSTP 采用 RSTP 的收敛机制，但 MSTP 在每个网络收敛一棵树和每个 VLAN 收敛一棵树之间找到了一种平衡，网络管理员可以根据自己的需要设置网络中的生成树实例数量，决定哪些 VLAN 共用同一棵生成树。本章的最后一节通过一个简单的实验向读者展示 MSTP 的配置方法，这里不再单独对 MSTP 的配置命令进行介绍。

## 3.5 链路聚合和堆叠的基本原理与配置

当两台交换机之间的链路非常重要，数据转发压力很大时，人们自然而然地会想到使用多条链路来连接这两台交换机。这种处理方式有两方面考虑：一方面可以避免唯一的链路发生故障，造成两台交换机之间的转发链路中断；另一方面也可以提升两台交换机之间的带宽。但是使用两条链路连接两台交换机会形成二层环路，STP 也会阻塞其中的某个端口，以便打断这个环路。这样一来，虽然两台交换机之间确实拥有一条冗余链路，但这条冗余链路不会被用于转发数据帧。换句话说，在主用链路可以正常转发数据帧的情况下，这条冗余链路就被白白地浪费了。推而广之，无论人们使用多少条链路来连接两台交换机，为了避免形成二层环路，这两台交换机仍然只用其中的一条链路转发数据帧。

两台交换机之间使用多条平行链路进行连接是一种非常常用的网络解决方案，为了避免浪费链路带宽，一种称为以太网链路聚合的技术应运而生。

### 3.5.1　链路聚合

以太网链路聚合简称链路聚合，或者 Eth-Trunk。这种技术的思路是在逻辑上把多条 Trunk 链路捆绑为一条 Eth-Trunk 链路，同时这条逻辑链路将每一端的多个端口捆绑为一个端口。于是在逻辑上，二层环路不复存在，也就不需要阻塞任何端口了。Eth-Trunk 如图 3-41 所示，涉及的术语如下。

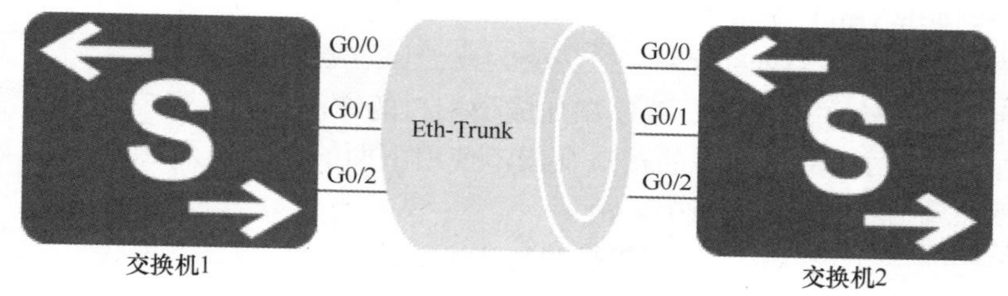


图 3-41　Eth-Trunk 示意

① LAG（Link Aggregation Group，链路聚合组）：是指由多条物理链路组成的逻辑链路。LAG 的两端各有一个由多个物理端口形成的逻辑端口，这个逻辑端口称为 Eth-Trunk 端口。

② 成员端口/链路：组成 Eth-Trunk 端口/链路的各个物理端口/链路。

③ 活动端口/链路：指 Eth-Trunk 成员端口/链路中，参与数据帧转发的成员端口/链路。活动端口/链路也称为选中（Selected）端口/链路。

④ 非活动端口/链路：指 Eth-Trunk 成员端口/链路中，不参与数据帧转发的成员端口/链路。非活动端口/链路也称为非选中（Unselected）端口/链路。

⑤ 聚合模式：指多条 Trunk 链路聚合为 Eth-Trunk 链路的方式。

### 3.5.2　聚合模式

聚合模式分为手工模式（手动模式）和 LACP（Link Aggregation Control Protocol，链路聚合控制协议）模式，其中，LACP 模式是使用 LACP 自动协商建立 Eth-Trunk 链路。下面分别介绍这两种模式的原理与配置。

#### 1. 手工模式

手工模式指 Eth-Trunk 链路在建立的过程中不进行协商。在两端的交换设备上，网络管理员通过配置的方式把成员端口添加为 Eth-Trunk 端口。因为没有动态协议参与这个过程，所以 Eth-Trunk 链路是否能够正常进行通信就只能靠网络管理员手动进行确认。

手工模式的配置比较简单。网络管理员在系统视图中使用下面的命令创建一个 Eth-Trunk 端口。

```
[Huawei] interface eth-trunk trunk-id
```

可以看出，这条命令实际上创建了一个类型为 Eth-Trunk 的接口，并且给它配置一个 ID。输入这条命令后，系统会进入 Eth-Trunk 端口的接口视图。然后，网络管理员使用下面的命令把 Eth-Trunk 端口的聚合模式设置为手工模式。

```
[Huawei-Eth-Trunk1] mode manual load-balance
```

注释：鉴于 VRP 系统默认使用手工聚合模式，因此配置这条命令后，使用命令 **display this** 无法查看该命令。

创建 Eth-Trunk 端口，并且设置了聚合模式后，网络管理员需要选择把一些物理端口添加到 Eth-Trunk 端口中，作为成员端口。为了达到这个目的，网络管理员可以在 Eth-Trunk 端口的接口视图下，使用下面的命令指定成员端口的类型和编号，把对应的物理端口添加到 Eth-Trunk 端口中。

```
[Huawei-Eth-Trunk1] trunkport interface-type { interface-number }
```

上述命令只是给 Eth-Trunk 端口添加成员端口的方法之一。还有一种方法是进入要加入 Eth-Trunk 端口的成员端口的接口视图，使用下面的命令输入 Eth-Trunk 端口编号，把该端口添加到 Eth-Trunk 端口中。

```
[Huawei-GigabitEthernet0/0/1] eth-trunk trunk-id
```

如果网络管理员希望把不同速率的端口添加到同一个 Eth-Trunk 端口中，则需要在该 Eth-Trunk 端口的接口视图中输入下列命令。

```
[Huawei-Eth-Trunk1] mixed-rate link enable
```

如果网络管理员不输入上面这条命令，系统默认只接受把相同速率的端口添加到同一个 Eth-Trunk 端口的操作。

手工模式的配置比较简单，但是很容易人为地引入错误，因此并不推荐 Eth-Trunk 链路使用手工模式。在一般情况下，只有在（一台及以上）交换机不支持 LACP 模式的情况下，才使用手工模式来创建 Eth-Trunk 链路。

### 2. LACP 模式

当两台交换机通过 LACP 模式搭建 Eth-Trunk 链路时，它们之间要先交互 LACPDU（LACP Data Unit，LACP 数据单元）进行协商，确保对端的成员端口确实属于同一个 Eth-Trunk 端口。

在两台交换机协商建立 Eth-Trunk 链路时，它们相互发送的 LACPDU 中包含交换设备优先级、端口优先级、接口号、MAC 地址等参数，这些参数的作用是选举端口/链路成为活动端口/链路。

在 LACP 模式下，网络管理员通过命令设置 Eth-Trunk 端口的最大活动端口数量。在完成设置后，Eth-Trunk 端口所有的成员端口中最多只能有这个数量的成员端口参与数据帧的转发。Eth-Trunk 链路两端的交换机要保证最大活动端口数必须一致。

Eth-Trunk 链路两端的交换机首先确认设备优先级较低的成为 Eth-Trunk 链路的主动端，另一台成为被动端。然后，双方按照主动端交换机的端口优先级选择活动端口，优先级越低越会优先成为活动端口。选举完成之后，主动端交换机通过 LACPDU

把选举结果发送给被动端交换机，被动端交换机则按照选举结果把与主动端交换机的活动端口直连的端口作为本端的活动端口。同时，网络管理员也可以设置 LACP 模式的设备优先级和端口优先级。不仅如此，网络管理员还可以设置 Eth-Trunk 端口的最小活动端口数量。

设置 LACP 模式之前，网络管理员同样需要在系统视图中使用下面的命令创建一个 Eth-Trunk 端口。

```
[Huawei] interface eth-trunk trunk-id
```

接下来，网络管理员使用下面的命令把 Eth-Trunk 端口的聚合模式设置为 LACP 模式。

```
[Huawei-Eth-Trunk1] mode lacp
```

创建 Eth-Trunk 端口，并且设置聚合模式之后，网络管理员需要选择把哪些物理端口添加到 Eth-Trunk 端口中，作为成员端口。

如果网络管理员希望配置 Eth-Trunk 端口最大的活动端口数量，则需要在 Eth-Trunk 端口的接口视图下使用下列命令进行设置。

```
[Huawei-Eth-Trunk1] max active-linknumber {number}
```

同样，如果网络管理员希望配置 Eth-Trunk 端口最小的活动端口数量，则需要在 Eth-Trunk 端口的接口视图下使用下列命令进行设置。

```
[Huawei-Eth-Trunk1] least active-linknumber {number}
```

在使用上述两条命令进行设置时，网络管理员需要在{*number*}中输入 Eth-Trunk 端口指定的最大/最小活动端口数量。

如果网络管理员希望给一台交换机配置 LACP 设备优先级，那么需要在设备的系统视图下输入下列命令。

```
[Huawei] lacp priority priority
```

同样，如果网络管理员希望给一台交换机的接口配置 LACP 端口优先级，那么需要在对应端口的接口视图下输入下列命令。

```
[Huawei-GigabitEthernet0/0/1] lacp priority priority
```

Eth-Trunk 技术在网络中很常见，常用于汇聚交换机之间，以及接入交换机与汇聚交换机之间。另外，人们也可以在服务器和接入交换机之间使用 Eth-Trunk，把服务器的两个及以上网卡聚合为一个网卡组，与对端接入交换机的 Eth-Trunk 端口建立 Eth-Trunk 链路。Eth-Trunk 技术几种常见的使用场景如图 3-42 所示。

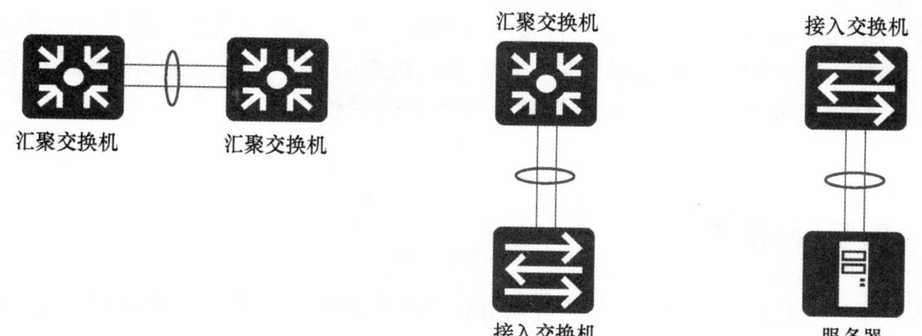


图 3-42　Eth-Trunk 技术的几种常见的使用场景

除了 Eth-Trunk 技术外，人们还会使用一些其他的技术来提升二层网络的冗余性，例如堆叠技术。

### 3.5.3 堆叠技术

多条物理链路可以捆绑为一条虚拟的逻辑链路，多台物理交换机也可以捆绑为一台逻辑上的交换机，以此提升冗余性，这就是堆叠技术。

堆叠技术可以实现多对一的设备虚拟化，也可以规避因 STP 打断环路、阻塞冗余端口而造成的带宽浪费。使用堆叠技术提升链路使用率如图 3-43 所示。

图 3-43 使用堆叠技术提升链路使用率

图 3-43 中左侧的网络环境没有使用堆叠技术，为了避免出现二层环路，STP 阻塞了网络的一个端口。在图 3-43 右侧的网络环境中，两台交换机通过堆叠技术成为了一台逻辑交换机，于是网络管理员可以通过 Eth-Trunk 技术将这台逻辑交换机与其他交换机相连接，从而实现跨设备的 Eth-Trunk 链路。堆叠技术同样可以避免 STP 阻塞链路，提升链路和端口的使用效率。

一般来说，如果使用堆叠技术的交换机是华为 S12700 系列的框式交换机，那么这种逻辑交换机称为 CSS（Cluster Switch System，集群交换机系统），简称为集群；如果使用堆叠技术的是华为 S5700 系列的盒式交换机，则这种逻辑交换机称为 iStack（intelligent Stack，智能堆叠）。两者在原理上并没有显著区别，但是在使用层面，CSS 只支持对两台交换机进行堆叠，iStack 则支持多台交换机建立堆叠。

完成配置和连接后，使用堆叠技术的几台交换机根据交换机的启动状态、优先级和 MAC 地址选举一台主交换机。这台主交换机负责管理逻辑交换机，并从其他交换机那里收集网络拓扑信息，同时选举一台备用交换机。备用交换机的作用是在主交换机发生故障时接替主交换机。完成选举之后，其他交换机都会同步并运行主交换机的配置文件。网络管理员只需要对主交换机发起管理，就可以管理整个堆叠。

## 3.6 VLAN 间路由

人们利用 VLAN 技术把一个局域网分成多个广播域，这是出于提升网络安全性和节省网络资源的考虑。在大多数情况下，人们依旧希望使用不同的 VLAN 实现相互通信。

VLAN 间通信应该采用网际通信的方式，通过三层设备和技术来实现，换而言之，VLAN 间通信使用图 3-44 所示的逻辑拓扑来完成通信。

在图 3-44 中，VLAN 100 中各个主机的 IP 地址处于网络 192.168.1.0/24 中，VLAN 200 中各个主机的 IP 地址则处于子网 172.16.1.0/24 中。VLAN 100 的每一台主机把自己的默认网关指定为路由器接口 G0/0 的 IP 地址，VLAN 200 的主机把自己的默认网关指定为路由器接口 G0/1 的 IP 地址。VLAN 100 的子网和 VLAN 200 的子网都是路由器的直连子网，因此路由器本身就拥有去往网络 192.168.1.0/24 和网络 172.16.1.0/24 的路由，当路由器的 G0/0 接口收到 VLAN 100 的主机发往 VLAN 200 的数据时，会查询路由表，发现 VLAN 200 数据包需要通过接口 G0/1 转发，于是路由器把这个数据包转发到 VLAN 200 中。

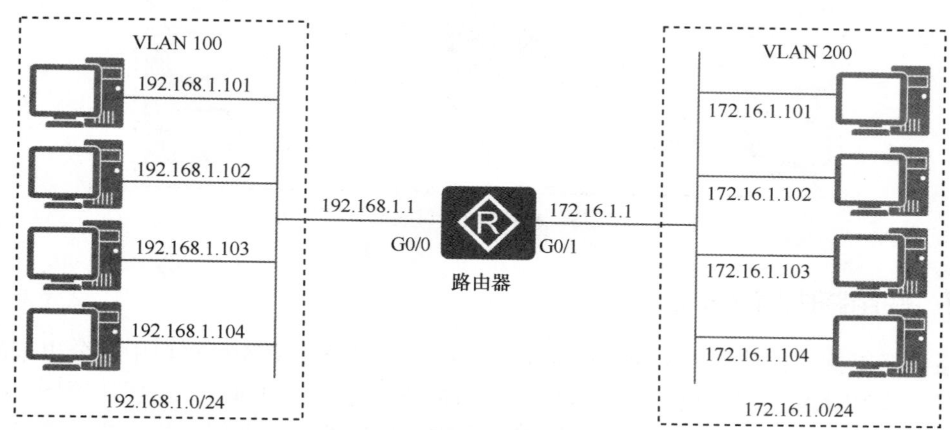

图 3-44　VLAN 间通信的逻辑拓扑

路由器是怎么用一个接口连接 VLAN 中那么多台主机的？这便是逻辑拓扑。

简而言之，逻辑拓扑是针对某个分层或者协议环境，对网络进行提炼所形成的拓扑结构。图 3-44 所示即为一个三层（网络层）的逻辑拓扑，因而这个拓扑中只会体现网络层设备及其转发数据包的相关信息，如接口和 IP 地址，而这种分层或者协议的下层环境，是逻辑拓扑隐藏的内容。在技术语境中，我们称这些隐藏的信息对该逻辑拓扑"透明"，所谓透明，顾名思义，就是指不可见。

逻辑拓扑常用在项目中，除了网络层逻辑拓扑外，人们还在不同的环境中使用不同的逻辑拓扑展示某个分层或者协议环境的网络。

### 3.6.1　使用路由器物理接口

与图 3-44 的逻辑拓扑最接近的一种连接方式是使用路由器物理接口建立连接。使用路由器物理接口建立逻辑拓扑，旨在让路由器的各个物理接口分别服务于一个独立的 VLAN。使用路由器物理接口建立的拓扑如图 3-45 所示。

图 3-45 所示的连接方式相当于逻辑拓扑底层架设了一台二层交换机，这台交换机连接每一台计算机和路由器的接口。网络管理员根据计算机在逻辑拓扑中所属的 VLAN，把与计算机相连的交换机端口划分到相应的 VLAN 中，并且让 VLAN 100

中的主机均以路由器接口 G0/0 的 IP 地址作为默认网关，VLAN 200 中的主机均以路由器接口 G0/1 的 IP 地址作为默认网关。

经过上述的配置，图 3-45 所示的物理拓扑就变成了图 3-44 所示的逻辑拓扑。使用路由器物理接口的方式非常直观，但这种方法会在极大程度上受到硬件资源的制约。

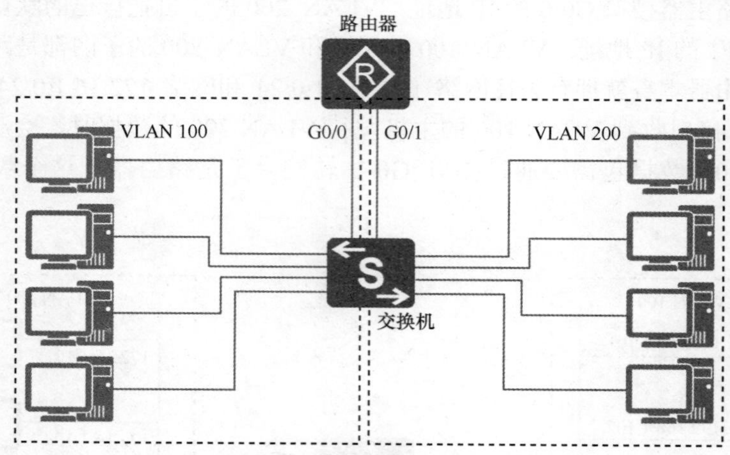


图 3-45 使用路由器物理接口建立连接的方式

### 3.6.2 使用路由器子接口

路由器支持一种被称为子接口的功能。子接口是从路由器物理接口中划分出来的逻辑接口，和 VLAN 一样，也属于虚拟化功能的范畴。当一个物理接口需要在逻辑上拆分成多个接口使用时，网络管理员就可以在这个物理接口的基础上创建相应的子接口。子接口的表示形式是物理接口 ID+子接口 ID。

使用路由器子接口建立连接的方式如图 3-46 所示。

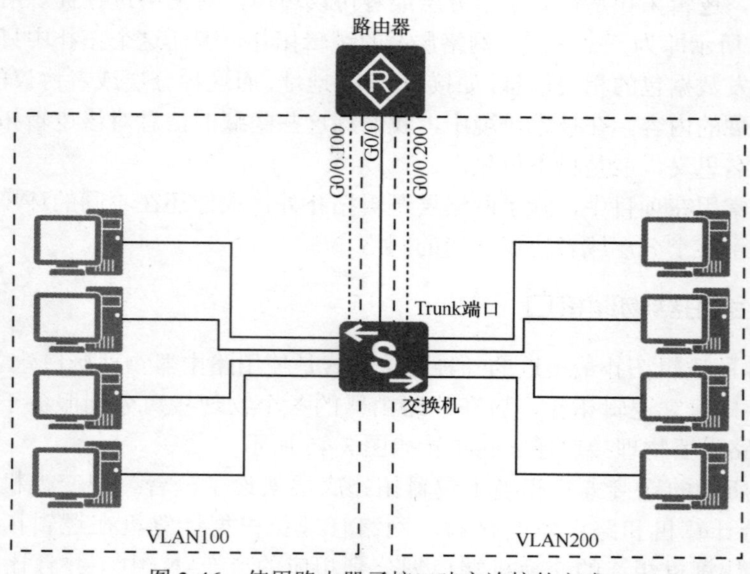


图 3-46 使用路由器子接口建立连接的方式

图 3-46 在物理的连接方式上与图 3-45 只存在一点差异，那就是在使用子接口时，交换机和路由器之间只通过一个路由器接口（即 G0/0）、一个交换机端口和一条链路连接。

在交换机端，网络管理员根据各计算机在逻辑拓扑中所在的 VLAN，把连接它们的端口划分到相应的 VLAN 当中。同时，因为连接路由器的链路用来传输所有 VLAN 中的数据帧，所以网络管理员不能把它划分到任何一个特定的 VLAN 中，而需要设置为图 3-46 所示的 Trunk 端口。

在路由器端，网络管理员需要在连接交换机的物理接口 G0/0 上，对每个 VLAN 创建一个子接口，然后指定这些子接口分别处理来自某个特定 VLAN（即携带某个 VLAN 标签）的数据帧，并配置所负责 VLAN 的 IP 地址。一般来说，当网络管理员使用路由器子接口转发 VLAN 之间的数据包时，会设置子接口 ID 与对应 VLAN 的 VLAN ID 相同，这样便于记忆，不容易出现人工配置的错误。根据这种配置原则，VLAN 100 创建的子接口是 G0/0.100，VLAN 200 创建的子接口是 G0/0.200。

网络管理员可以让 VLAN 100 的主机均以路由器子接口 G0/0.100 的 IP 地址作为默认网关、VLAN 200 的主机则均以路由器子接口 G0/0.200 的 IP 地址作为默认网关。使用路由器子接口实现 VLAN 间通信如图 3-47 所示。

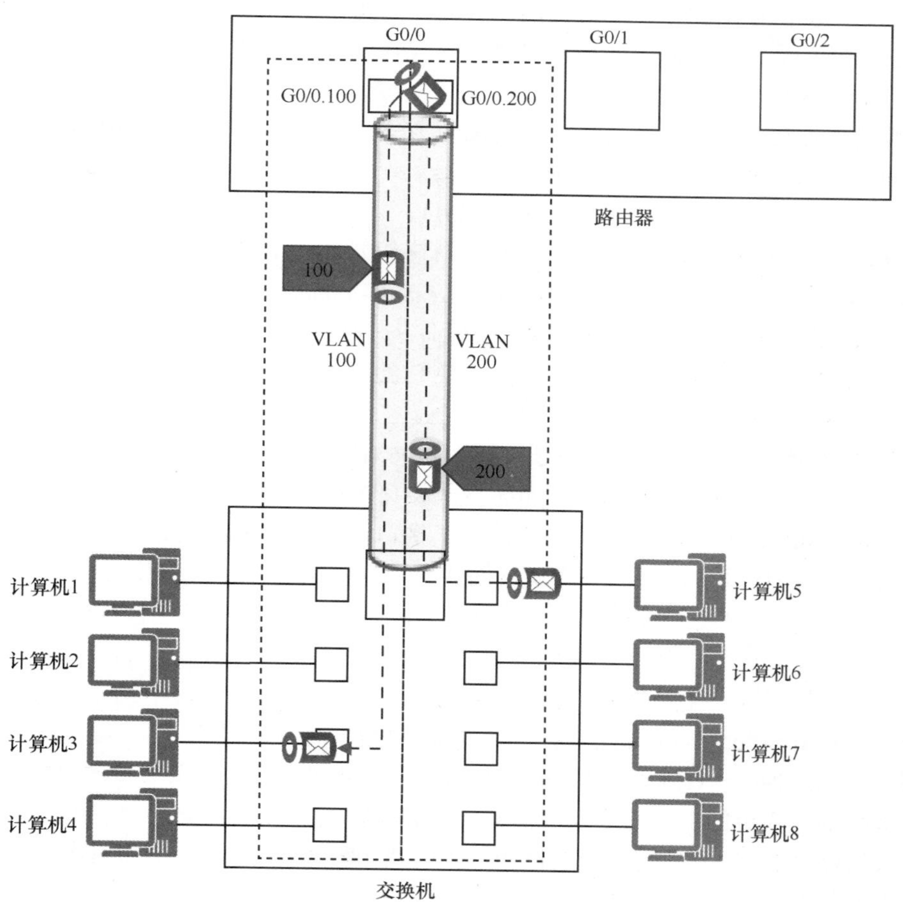


图 3-47　使用路由器子接口实现 VLAN 间通信

在图 3-47 中可以看到，交换机在划分到 VLAN 200 中的 Access 端口中接收一个计算机 5 发送的数据帧后并打上了 VLAN 200 的标签，然后通过 Trunk 端口把该数据帧发送到路由器的 G0/0 端口。因为计算机 5 发现这个数据包的目的 IP 地址位于另一个网络中，因此它在这个数据帧的目的MAC 地址上封装了自己网关的MAC 地址，即为G0/0.200 端口的 MAC 地址。

当路由器的接口 G0/0.200 收到带有 VLAN 200 标签的数据帧时，会摘除数据帧的标签，并且进一步解封装。当解封装到网络层时，路由器针对数据包的目的 IP 地址查询路由表，发现 G0/0.100 是这个数据包目的网络的直连接口，而 G0/0.100 端口关联到 VLAN 100。然后路由器使用接口 G0/0.100 转发封装标签 VLAN 100 的数据帧。如果路由器之前通过 ARP 请求已获取数据包目的 IP 地址对应的 MAC 地址，此时，路由器封装数据帧二层头部时，把该 MAC 地址（即图 3-47 中计算机 3 的 MAC 地址）封装为数据帧的目的 MAC 地址。

交换机在通过 Trunk 端口接收 VLAN 100 数据帧时，对应地查看相应的 MAC 地址表，并摘除数据帧的 VLAN 标签，把数据帧从与其目的 MAC 地址（即图 3-47 计算机 3 的 MAC 地址）对应的端口转发出去。

由上述可得，使用路由器子接口的方式与使用路由器物理接口非常接近，不同之处仅在于路由器与交换机之间应使用几对接口（或几条链路）相连，以及交换机端的端口模式和路由器端是否会使用子接口。

本章的重点在于交换机的工作方式与配置方式。然而，鉴于使用路由器子接口实现 VLAN 间通信的主要配置差异均体现在路由器上，因此下面介绍如何在路由器上创建子接口，以及如何设置路由器子接口的 VLAN ID。

创建路由器子接口的命令十分简单，网络管理员只需要在系统视图下输入命令 **interface** *interface-type interface-number.sub-interface-number*，便可创建子接口。例如，若网络管理员在路由器 1 的系统视图下输入下列命令，则路由器 1 的系统就会在物理接口 G0/0 下创建子接口 G0/0.100，并且进入子接口的视图下。

```
[R1] interface GigabitEthernet 0/0.100
```

在图 3-46 所示的环境中，创建子接口后，网络管理员再配置子接口的 IP 地址，并且设置子接口的 VLAN。当网络管理员设置子接口 VLAN 时，需要在子接口视图下输入命令 **dot1q termination vid** *vlan-id* 指定这个子接口作为哪个 VLAN 的默认网关。例如，在图 3-46 所示的环境中，当网络管理员创建出 G0/0.100 接口，进入该子接口的视图并且配置 IP 地址后，输入下列命令，可以设置子接口的 VLAN 为 VLAN 100。

```
[R1-GigabitEthernet0/0.100] dot1q termination vid 100
```

路由器子接口默认不会转发广播数据帧，但网络管理员可以在对应子接口的视图下，使用命令 **arp broadcast enable** 启动子接口的广播数据转发功能。

除了上面两种 VLAN 间通信的实现方式外，局域网中常常部署大量的三层交换机。如果连接终端计算机的交换机本身就能够支持路由功能，则只需要一台三层交换机就可以实现 VLAN 间路由，从而不需要依赖额外的路由器来执行 VLAN 间路由。这种连接方式是本书要介绍的第 3 种连接方式。

### 3.6.3　使用三层交换机连接

既然三层交换机支持路由转发功能，那么 VLAN 间路由就不需要通过连接外部路由器来实现了。于是，图 3-44 所示的逻辑拓扑的物理连接方式就变成了把所有计算机连接到这台三层交换机上这种简单的方法了，如图 3-48 所示。

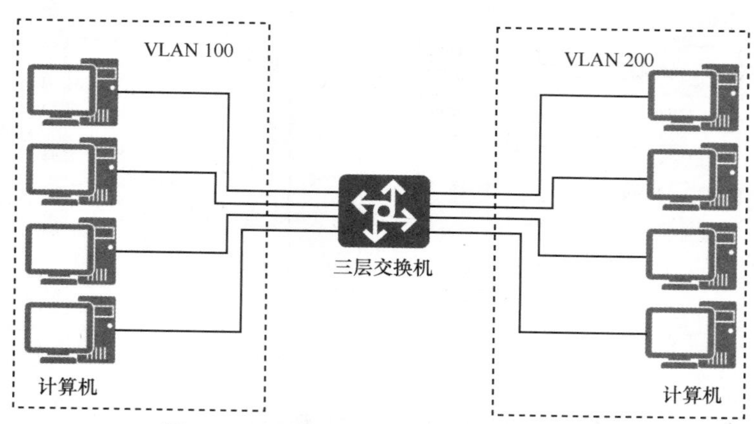


图 3-48　使用三层交换机实现连接的方式

对于三层交换机来说，网络管理员可以把它的每个端口指定为二层端口或三层端口，其中，二层端口在运作上和传统的二层交换机端口相同，三层端口的工作方式则相当于普通的路由器端口。网络管理员可以在三层端口上配置 IP 地址等路由器端口的参数。

那么问题来了，对于图 3-48 所示的这种连接方式，网络管理员应该把连接各个计算机的端口设置为二层端口还是三层端口呢？

显然，设置成三层端口是不合理的，这是因为三层端口的工作方式相当于普通的路由器端口。路由器是用来连接不同网络的，这样一来，每个三层端口必须位于一个不同的 VLAN 中，但本节的环境要求 8 台计算机属于两个不同的网络，而不是每台计算机属于一个网络。

然而，把这些端口都设置成二层端口也存在问题。二层端口虽然可以被划分到两个不同的 VLAN 中，但不能配置 IP 地址。如果不能配置 IP 地址，那么计算机的默认网关如何设置？三层交换机的路由表又要如何填写这两个直连网络的出站端口？

使用二层端口似乎比使用三层端口更合理一些，毕竟只要同一个 VLAN 中的二层端口都能够关联到同一个三层端口，一切问题都会迎刃而解。这样一来，VLAN 中的计算机只需要把三层端口的 IP 地址作为自己的默认网关。同样，在三层交换机的路由表中，每个网络（即每个 VLAN）的直连路由条目也均以该 VLAN 对应的三层端口作为出站端口。于是，在三层交换机内部就可以形成一个转发结构，如图 3-49 所示。

针对这一类需求，交换机定义了一种被称为 VLANIF 接口的三层虚拟接口。在使用三层交换机实现 VLAN 间路由的环境中，网络管理员只需要针对各 VLAN 创建与其 VLAN ID 相同的 VLANIF 接口，并且在 VLANIF 接口上配置 IP 地址，就可以让这些接口成为各 VLAN 的网关，三层交换机的路由模块也就可以实现 VLAN 间路由。例如，在图 3-49 所示的环境中，网络管理员需要创建 VLANIF100 和 VLANIF200 两个 VLANIF 接口，并且分别给它们配置 IP 地址作为 VLAN100 和 VLAN200 的网关。

网络管理员在系统视图下输入命令 **interface vlanif** *vlan-id*，创建对应的 VLANIF 接口，同时进入这个 VLANIF 接口的接口视图。接下来，网络管理员给这个接口配置 IP 地址即可。

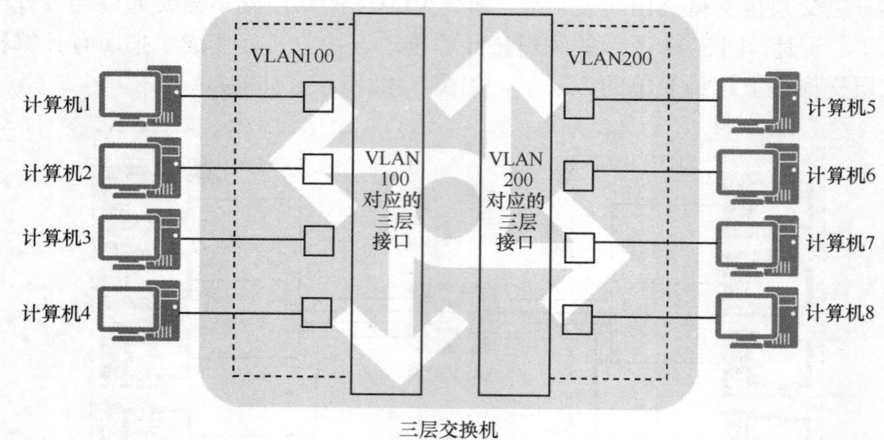


图 3-49　三层交换机内部的转发结构

使用三层交换机实现 VLAN 间路由如图 3-50 所示。

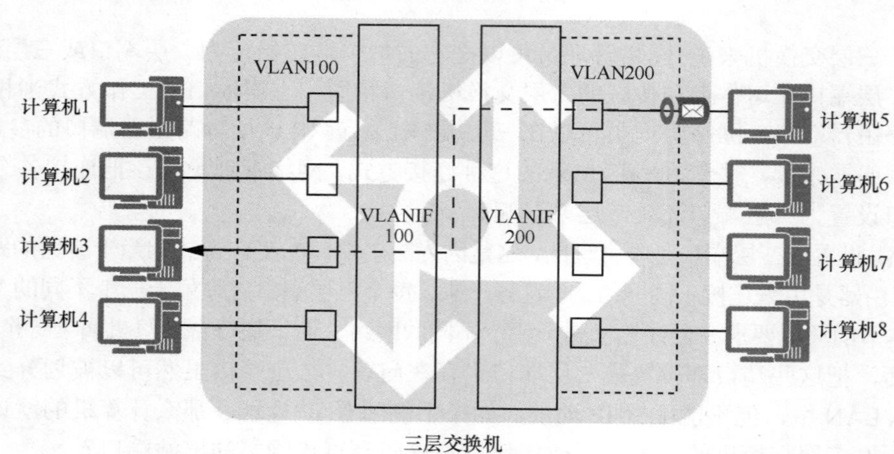


图 3-50　使用三层交换机实现 VLAN 间通信

在图 3-50 所示的环境中，假设三层交换机已经拥有了必要的 MAC 地址表条目和 ARP 表条目。这时，交换机在通过自己划分到 VLAN 200 中的 Access 端口收到一个计算机 5 发送的数据帧后，给该数据帧封装上 VLAN 200 的标签，但在把这个数据交给 VLANIF 200 接口时，VLANIF 接口又摘掉了这个标签。交换机在收到这个数据帧之后，把它交给路由模块中的 VLANIF 200 接口，因为计算机 5 发现这个数据包的目的 IP 地址位于另一个网络中，因此会在这个数据帧的目的 MAC 地址上封装自己网关的 MAC 地址，即 VLANIF 200 接口的 MAC 地址。

交换机的 VLANIF 200 接口对这个数据帧执行进一步解封装。当解封装到网络层时，交换机针对数据包的目的 IP 地址查询路由表，发现自己的 VLANIF 100 是这个数据包目的网络的直连接口，于是使用自己的 VLANIF 100 接口转发这个数据帧，并且给这个数据帧封装上 VLAN 100 的标签。如果交换机之前已经通过 ARP 请求，获取了这个数据包的 IP 地址所对应的 MAC 地址，则会在封装数据帧二层头部的时候，把这个 MAC 地址（即图 3-50 中计算机 3 的 MAC 地址）封装为数据帧的目的 MAC 地址。这时，交换机再把这个数据帧交付给自己的交换模块。

当交换机的交换模块继续处理这个数据帧时，发现这个数据帧属于 VLAN 100，于是交换机查看对应 MAC 地址表，找到计算机 3 的 MAC 地址与自己相应端口的对应关系，然后摘除这个数据帧的标签，从与这个 MAC 地址（即图 3-50 中计算机 3 的 MAC 地址）对应的端口转发出去。

## 3.7　搭建小型交换网络

本节将使用生成树和 VLAN 技术为读者展示一个小型交换网络在搭建中需要配置的交换参数。小型交换网络实验拓扑如图 3-51 所示。

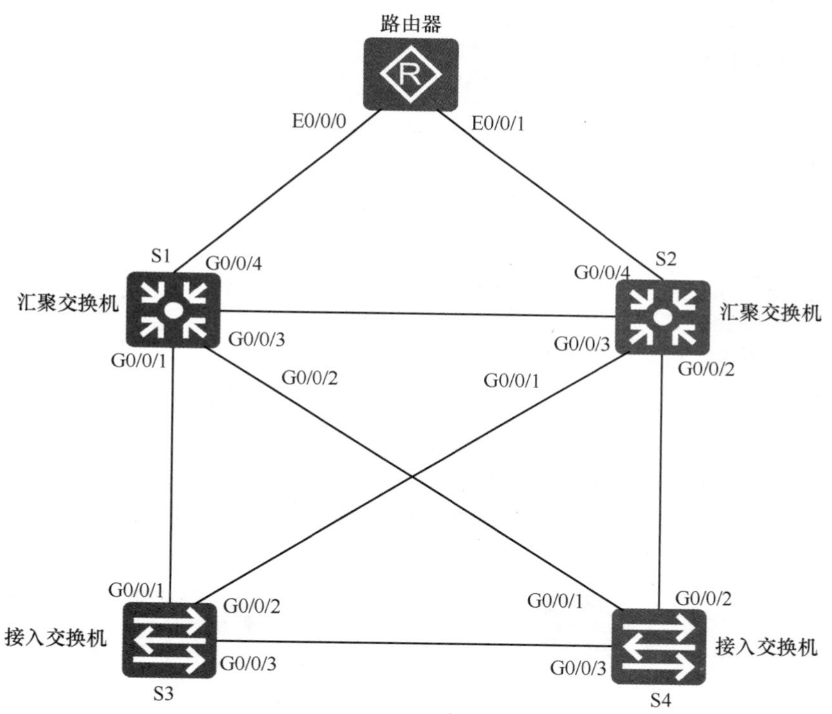


图 3-51　小型交换网络实验拓扑

在图 3-51 的网络环境中，S1 和 S2 为汇聚交换机，S3 和 S4 为接入交换机，路由器作为所有 VLAN 的网关。搭建的小型交换网络需要满足以下要求。

① 在所有交换机上创建 VLAN 10 和 VLAN 20。

② 配置 MSTP，使 S1 作为 VLAN 10 的根桥、VLAN 20 的备份根桥。

③ 配置 MSTP，使 S2 作为 VLAN 20 的根桥、VLAN 10 的备份根桥。

④ 配置路由器作为 VLAN 10 和 VLAN 20 的网关。

小型交换网络将使用的 IP 地址规划见表 3-2。

表 3-2　IP 地址规划

| 设备 | 接口 | IP 地址 | 子网掩码 | 默认网关 |
|---|---|---|---|---|
| 路由器 | Vlanif 10 | 10.0.10.1 | 255.255.255.0 | N/A |
| | Vlanif 20 | 10.0.20.1 | 255.255.255.0 | N/A |

在将 4 台交换机按照实验拓扑组成交换网络环境后，读者可以使用命令 **display stp brief** 来观察默认情况下的 STP 状态。交换机 S1、S2、S3 和 S4 默认的 STP 状态详见例 3-1～例 3-4。

例 3-1　查看 S1 上默认的 STP 状态

```
[S1]display stp brief
 MSTID  Port                        Role  STP State     Protection
   0    GigabitEthernet0/0/1        ROOT  FORWARDING      NONE
   0    GigabitEthernet0/0/2        ALTE  DISCARDING      NONE
   0    GigabitEthernet0/0/3        DESI  FORWARDING      NONE
```

例 3-2　查看 S2 上默认的 STP 状态

```
[S2]display stp brief
 MSTID  Port                        Role  STP State     Protection
   0    GigabitEthernet0/0/1        ROOT  FORWARDING      NONE
   0    GigabitEthernet0/0/2        ALTE  DISCARDING      NONE
   0    GigabitEthernet0/0/3        ALTE  DISCARDING      NONE
```

例 3-3　查看 S3 上默认的 STP 状态

```
[S3]display stp brief
 MSTID  Port                        Role  STP State     Protection
   0    GigabitEthernet0/0/1        DESI  FORWARDING      NONE
   0    GigabitEthernet0/0/2        DESI  FORWARDING      NONE
   0    GigabitEthernet0/0/3        DESI  FORWARDING      NONE
```

例 3-4　查看 S4 上默认的 STP 状态

```
[S4]display stp brief
 MSTID  Port                     Role  STP State     Protection
   0    GigabitEthernet0/0/1     DESI  FORWARDING      NONE
   0    GigabitEthernet0/0/2     DESI  FORWARDING      NONE
   0    GigabitEthernet0/0/3     ROOT  FORWARDING      NONE
```

根据上述 4 个示例可以确定交换网络的根交换机为 S3，如图 3-52 所示。

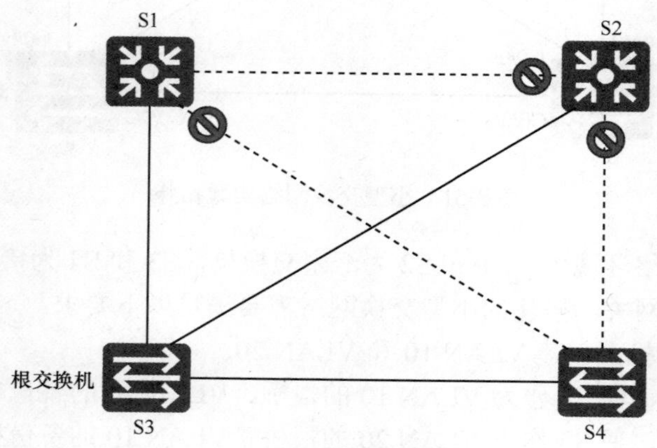


图 3-52　默认的 STP 状态

图 3-52 中所示的阻塞链路和所剩的交换路径显然不是希望的状态，因此网络管理员有必要对此进行调整。华为设备默认的 STP 模式为 MSTP，因此无须对 STP 的启用与模式进行配置。如果需要更改 STP 模式，可以使用命令 **stp mode**{ **mstp** | **stp** | **rstp** }。

网络管理员在配置 MSTP 时需要创建 MST 域，当两台交换机具有相同的下列参数时，就属于同一个 MST 域。

① MST 域的名称。

② MST 实例与 VLAN 的映射关系。

③ MST 域的修订级别。

在本实验中，需要在 4 台交换机上配置的信息如下。

① 批量创建 VLAN：使用命令 **vlan batch 10 20** 创建多个 VLAN。

② Trunk 端口的配置如下。

a. 使用命令 **port link-type trunk** 将端口模式设置为 Trunk。

b. 使用命令 **port trunk allow-pass vlan 10 20** 允许端口传输 VLAN 10 和 VLAN 20 的数据帧。

③ 使用命令 **stp region-configuration** 进入 MST 域配置视图。

a. 使用命令 **region-name** *name* 设置 MST 域的名称。本实验使用 hcia 作为域名。

b. 使用命令 **instance** *instance-id* **vlan** { *vlan-id1* [ **to** *vlan-id2* ] }配置 MST 实例与 VLAN 的映射关系。一个实例可以对应多个 VLAN，在本实验中，实例 10 对应 VLAN 10，实例 20 对应 VLAN 20。

c. 使用命令 **revision-level** *level*，配置交换设备的 MST 域修订级别。在缺省情况下，交换设备 MST 域的修订级别是 0。要想让多台交换设备属于同一个 MST 域，那么这些交换设备必须拥有相同的以下配置：MST 域的域名、多生成树实例和 VLAN 的映射关系，以及 MST 域的修订级别。

d. 使用命令 **active region-configuration** 激活 MST 域配置。

交换机 S1、S2、S3 和 S4 的端口配置和 MST 域配置详见例 3-5～例 3-8。

**例 3-5**　S1 上的端口配置和 MST 域配置

```
[S1]vlan batch 10 20
[S1]interface GigabitEthernet 0/0/1
[S1-GigabitEthernet0/0/1]port link-type trunk
[S1-GigabitEthernet0/0/1]port trunk allow-pass vlan 10 20
[S1-GigabitEthernet0/0/1]quit
[S1]interface GigabitEthernet 0/0/2
[S1-GigabitEthernet0/0/2]port link-type trunk
[S1-GigabitEthernet0/0/2]port trunk allow-pass vlan 10 20
[S1-GigabitEthernet0/0/2]quit
[S1]interface GigabitEthernet 0/0/3
[S1-GigabitEthernet0/0/3]port link-type trunk
[S1-GigabitEthernet0/0/3]port trunk allow-pass vlan 10 20
[S1-GigabitEthernet0/0/3]quit
[S1]interface GigabitEthernet 0/0/4
[S1-GigabitEthernet0/0/4]port link-type trunk
[S1-GigabitEthernet0/0/4]port trunk allow-pass vlan 10 20
[S1-GigabitEthernet0/0/4]quit
[S1]stp region-configuration
[S1-mst-region]region-name hcia
[S1-mst-region]instance 10 vlan 10
[S1-mst-region]instance 20 vlan 20
[S1-mst-region]active region-configuration
Info: This operation may take a few seconds. Please wait for a moment...done.
```

例 3-6　S2 上的端口配置和 MST 域配置

```
[S2]vlan batch 10 20
[S2]interface GigabitEthernet 0/0/1
[S2-GigabitEthernet0/0/1]port link-type trunk
[S2-GigabitEthernet0/0/1]port trunk allow-pass vlan 10 20
[S2-GigabitEthernet0/0/1]quit
[S2]interface GigabitEthernet 0/0/2
[S2-GigabitEthernet0/0/2]port link-type trunk
[S2-GigabitEthernet0/0/2]port trunk allow-pass vlan 10 20
[S2-GigabitEthernet0/0/2]quit
[S2]interface GigabitEthernet 0/0/3
[S2-GigabitEthernet0/0/3]port link-type trunk
[S2-GigabitEthernet0/0/3]port trunk allow-pass vlan 10 20
[S2-GigabitEthernet0/0/3]quit
[S2]interface GigabitEthernet 0/0/4
[S2-GigabitEthernet0/0/4]port link-type trunk
[S2-GigabitEthernet0/0/4]port trunk allow-pass vlan 10 20
[S2-GigabitEthernet0/0/4]quit
[S2]stp region-configuration
[S2-mst-region]region-name hcia
[S2-mst-region]instance 10 vlan 10
[S2-mst-region]instance 20 vlan 20
[S2-mst-region]active region-configuration
Info: This operation may take a few seconds. Please wait for a moment...done.
```

例 3-7　S3 上的端口配置和 MST 域配置

```
[S3]vlan batch 10 20
[S3]interface GigabitEthernet 0/0/1
[S3-GigabitEthernet0/0/1]port link-type trunk
[S3-GigabitEthernet0/0/1]port trunk allow-pass vlan 10 20
[S3-GigabitEthernet0/0/1]quit
[S3]interface GigabitEthernet 0/0/2
[S3-GigabitEthernet0/0/2]port link-type trunk
[S3-GigabitEthernet0/0/2]port trunk allow-pass vlan 10 20
[S3-GigabitEthernet0/0/2]quit
[S3]interface GigabitEthernet 0/0/3
[S3-GigabitEthernet0/0/3]port link-type trunk
[S3-GigabitEthernet0/0/3]port trunk allow-pass vlan 10 20
[S3-GigabitEthernet0/0/3]quit
[S3]stp region-configuration
[S3-mst-region]region-name hcia
[S3-mst-region]instance 10 vlan 10
[S3-mst-region]instance 20 vlan 20
[S3-mst-region]active region-configuration
Info: This operation may take a few seconds. Please wait for a moment...done.
```

例 3-8　S4 上的端口配置和 MST 域配置

```
[S4]vlan batch 10 20
[S4]interface GigabitEthernet 0/0/1
[S4-GigabitEthernet0/0/1]port link-type trunk
[S4-GigabitEthernet0/0/1]port trunk allow-pass vlan 10 20
[S4-GigabitEthernet0/0/1]quit
[S4]interface GigabitEthernet 0/0/2
[S4-GigabitEthernet0/0/2]port link-type trunk
[S4-GigabitEthernet0/0/2]port trunk allow-pass vlan 10 20
[S4-GigabitEthernet0/0/2]quit
[S4]interface GigabitEthernet 0/0/3
[S4-GigabitEthernet0/0/3]port link-type trunk
[S4-GigabitEthernet0/0/3]port trunk allow-pass vlan 10 20
[S4-GigabitEthernet0/0/3]quit
[S4]stp region-configuration
[S4-mst-region]region-name hcia
[S4-mst-region]instance 10 vlan 10
[S4-mst-region]instance 20 vlan 20
[S4-mst-region]active region-configuration
Info: This operation may take a few seconds. Please wait for a moment...done.
```

配置完成后，再次使用 **display stp brief** 命令查看 STP 的状态，看看会发生什么变化。以 S1 为例，其 STP 状态见例 3-9。

**例 3-9**　激活 MST 域后的 S1 STP 状态

```
[S1]display stp brief
 MSTID  Port                        Role  STP State     Protection
   0    GigabitEthernet0/0/1        ROOT  FORWARDING      NONE
   0    GigabitEthernet0/0/2        ALTE  DISCARDING      NONE
   0    GigabitEthernet0/0/3        ALTE  DISCARDING      NONE
   0    GigabitEthernet0/0/4        DESI  FORWARDING      NONE
  10    GigabitEthernet0/0/1        ALTE  DISCARDING      NONE
  10    GigabitEthernet0/0/2        ALTE  DISCARDING      NONE
  10    GigabitEthernet0/0/3        ROOT  FORWARDING      NONE
  10    GigabitEthernet0/0/4        DESI  FORWARDING      NONE
  20    GigabitEthernet0/0/1        ALTE  DISCARDING      NONE
  20    GigabitEthernet0/0/2        ALTE  DISCARDING      NONE
  20    GigabitEthernet0/0/3        ROOT  FORWARDING      NONE
  20    GigabitEthernet0/0/4        DESI  FORWARDING      NONE
```

从例 3-9 的命令输出内容中可以看出，交换机已经按照前面的配置开始计算多生成树了，但当前每个实例的计算结果是相同的。当前交换机有两个自定义实例：实例 10 和实例 20。实例 0 是缺省实例，所有未被关联到其他自定义实例中的 VLAN，都属于缺省实例。可以使用命令 **display stp region-configuration** 来查看 MST 域的配置，以及实例与 VLAN 的映射关系，详见例 3-10。建议读者在激活 MST 配置之前，先检查 MST 配置。

**例 3-10**　检查 MST 配置

```
[S1]display stp region-configuration
 Oper configuration
   Format selector    :0
   Region name        :hcia
   Revision level     :0

   Instance   VLANs Mapped
     0        1 to 9, 11 to 19, 21 to 4094
    10        10
    20        20
```

按照实验要求对 S1 和 S2 进行配置，使它们分别成为 VLAN 10 和 VLAN 20 的根桥，以及 VLAN 20 和 VLAN 10 的备份根桥。可以使用如下命令进行配置。

① 使用命令 **stp** [ **instance** *instance-id* ] **root primary** 将设备设置为指定实例的根桥。若不指定实例 ID，则将设备设置为实例 0 上的根桥。这条命令会将交换机的设备优先级设置为 0，且无法更改。

② 使用命令 **stp** [ **instance** *instance-id* ] **root secondary** 将设备设置为指定实例的备份根桥。若不指定实例 ID，则将设备设置为实例 0 上的备份根桥。这条命令会将交换机的设备优先级设置为 4096，且无法更改。

S1 和 S2 上的相关配置详见例 3-11 和例 3-12。

**例 3-11**　S1 上的配置

```
[S1]stp instance 10 root primary
[S1]stp instance 20 root secondary
```

**例 3-12**　S2 上的配置

```
[S2]stp instance 10 root secondary
[S2]stp instance 20 root primary
```

查看 4 台交换机 S1、S2、S3、S4 的 STP 状态，详见例 3-13～例 3-16。

例 3-13 查看 S1 上的 STP 状态

```
[S1]display stp brief
 MSTID  Port                        Role  STP State     Protection
   0    GigabitEthernet0/0/1        ROOT  FORWARDING      NONE
   0    GigabitEthernet0/0/2        ALTE  DISCARDING      NONE
   0    GigabitEthernet0/0/3        ALTE  DISCARDING      NONE
   0    GigabitEthernet0/0/4        DESI  FORWARDING      NONE
  10    GigabitEthernet0/0/1        DESI  FORWARDING      NONE
  10    GigabitEthernet0/0/2        DESI  FORWARDING      NONE
  10    GigabitEthernet0/0/3        DESI  FORWARDING      NONE
  10    GigabitEthernet0/0/4        DESI  FORWARDING      NONE
  20    GigabitEthernet0/0/1        DESI  FORWARDING      NONE
  20    GigabitEthernet0/0/2        DESI  FORWARDING      NONE
  20    GigabitEthernet0/0/3        ROOT  FORWARDING      NONE
  20    GigabitEthernet0/0/4        DESI  FORWARDING      NONE
```

例 3-14 查看 S2 上的 STP 状态

```
[S2]display stp brief
 MSTID  Port                        Role  STP State     Protection
   0    GigabitEthernet0/0/1        ROOT  FORWARDING      NONE
   0    GigabitEthernet0/0/2        DESI  FORWARDING      NONE
   0    GigabitEthernet0/0/3        DESI  FORWARDING      NONE
   0    GigabitEthernet0/0/4        DESI  FORWARDING      NONE
  10    GigabitEthernet0/0/1        DESI  FORWARDING      NONE
  10    GigabitEthernet0/0/2        DESI  FORWARDING      NONE
  10    GigabitEthernet0/0/3        ROOT  FORWARDING      NONE
  10    GigabitEthernet0/0/4        DESI  FORWARDING      NONE
  20    GigabitEthernet0/0/1        DESI  FORWARDING      NONE
  20    GigabitEthernet0/0/2        DESI  FORWARDING      NONE
  20    GigabitEthernet0/0/3        DESI  FORWARDING      NONE
  20    GigabitEthernet0/0/4        DESI  FORWARDING      NONE
```

例 3-15 查看 S3 上的 STP 状态

```
[S3]display stp brief
 MSTID  Port                        Role  STP State     Protection
   0    GigabitEthernet0/0/1        DESI  FORWARDING      NONE
   0    GigabitEthernet0/0/2        DESI  FORWARDING      NONE
   0    GigabitEthernet0/0/3        DESI  FORWARDING      NONE
  10    GigabitEthernet0/0/1        ROOT  FORWARDING      NONE
  10    GigabitEthernet0/0/2        ALTE  DISCARDING      NONE
  10    GigabitEthernet0/0/3        ALTE  DISCARDING      NONE
  20    GigabitEthernet0/0/1        ALTE  DISCARDING      NONE
  20    GigabitEthernet0/0/2        ROOT  FORWARDING      NONE
  20    GigabitEthernet0/0/3        ALTE  DISCARDING      NONE
```

例 3-16 查看 S4 上的 STP 状态

```
[S4]display stp brief
 MSTID  Port                        Role  STP State     Protection
   0    GigabitEthernet0/0/1        DESI  FORWARDING      NONE
   0    GigabitEthernet0/0/2        ALTE  DISCARDING      NONE
   0    GigabitEthernet0/0/3        ROOT  FORWARDING      NONE
  10    GigabitEthernet0/0/1        ROOT  FORWARDING      NONE
  10    GigabitEthernet0/0/2        ALTE  DISCARDING      NONE
  10    GigabitEthernet0/0/3        DESI  FORWARDING      NONE
  20    GigabitEthernet0/0/1        ALTE  DISCARDING      NONE
  20    GigabitEthernet0/0/2        ROOT  FORWARDING      NONE
  20    GigabitEthernet0/0/3        DESI  FORWARDING      NONE
```

通过使用上述命令输出内容，实例 10 和实例 20 的 STP 状态总结如图 3-53 所示。

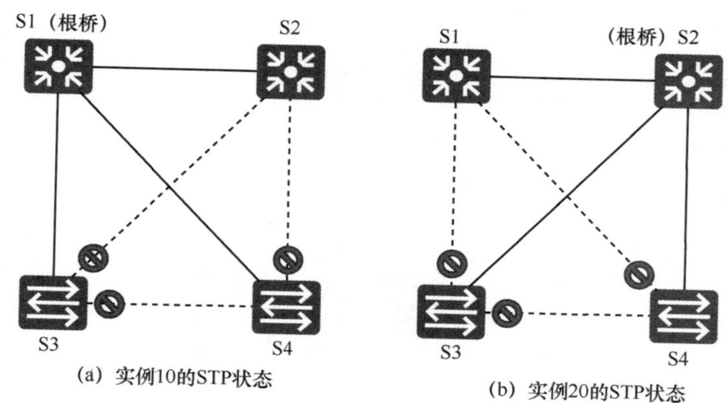


图 3-53　实例 10 和实例 20 的 STP 状态总结

通过图 3-53 可以看出，实例 10 和实例 20 计算出的生成树不同，并有不同的根桥。另外，从命令输出内容中也可以发现，实例 0 的根桥并没有发生改变。

可以使用命令 **display stp instance** *instance-id* 来查看具体实例的 STP 状态，详见例 3-17。

**例 3-17**　查看具体实例的 STP 状态

```
[S1]display stp instance 10
-------[MSTI 10 Global Info]-------
MSTI Bridge ID              :0.4c1f-ccc9-0822
MSTI RegRoot/IRPC           :0.4c1f-ccc9-0822 / 0
MSTI RootPortId             :0.0
MSTI Root Type              :Primary root
Master Bridge               :0.4c1f-ccb2-4cf3
Cost to Master              :20000
TC received                 :14
TC count per hello          :0
Time since last TC          :0 days 9h:34m:23s
Number of TC                :8
Last TC occurred            :GigabitEthernet0/0/1
 ----[Port1(GigabitEthernet0/0/1)][FORWARDING]----
 Port Role                  :Designated Port
 Port Priority              :128
 Port Cost(Dot1T )          :Config=auto / Active=20000
 Designated Bridge/Port   :0.4c1f-ccc9-0822 / 128.1
 Port Times                 :RemHops 20
 TC or TCN send             :4
 TC or TCN received         :6
 ----[Port2(GigabitEthernet0/0/2)][FORWARDING]----
 Port Role                  :Designated Port
 Port Priority              :128
 Port Cost(Dot1T )          :Config=auto / Active=20000
 Designated Bridge/Port   :0.4c1f-ccc9-0822 / 128.2
 Port Times                 :RemHops 20
 TC or TCN send             :6
 TC or TCN received         :3
 ----[Port3(GigabitEthernet0/0/3)][FORWARDING]----
```

```
 Port Role              :Designated Port
 Port Priority          :128
 Port Cost(Dot1T )      :Config=auto / Active=20000
 Designated Bridge/Port   :0.4c1f-ccc9-0822 / 128.3
 Port Times             :RemHops 20
 TC or TCN send         :7
 TC or TCN received     :5
 ----[Port4(GigabitEthernet0/0/4)][FORWARDING]----
 Port Role              :Designated Port
 Port Priority          :128
 Port Cost(Dot1T )      :Config=auto / Active=20000
 Designated Bridge/Port   :0.4c1f-ccc9-0822 / 128.4
 Port Times             :RemHops 20
 TC or TCN send         :11
 TC or TCN received     :0
```

如果读者想要确认某个 VLAN 的 STP 状态，以及它所属的实例，可以使用命令 **display stp vlan** *vlan-id*。以 S1 为例，在例 3-18 中展示了 VLAN 10 的 STP 状态。从命令输出内容中可以确认 VLAN 10 所关联的实例是实例 10，同时从端口角色可以判断出 S1 为根桥。

例 3-18　查看 VLAN 10 的 STP 状态

```
[S1]display stp vlan 10
 ProcessId   InstanceId   Port                          Role  State
 ----------------------------------------------------------------------
     0           10       GigabitEthernet0/0/1          DESI  FORWARDING
     0           10       GigabitEthernet0/0/2          DESI  FORWARDING
     0           10       GigabitEthernet0/0/3          DESI  FORWARDING
     0           10       GigabitEthernet0/0/4          DESI  FORWARDING
```

读者还可以从端口的角度来查看 STP 信息，比如在 S1 上查看端口 G0/0/1 的 STP 状态，详见例 3-19。例 3-19 中的阴影部分突出显示了命令输出中的 3 个标题，第一个标题下面展示的是实例 0 的信息，如果没有配置自定义实例的话，该命令仅会显示这个部分的信息。另外两个标题分别展示了实例 10 和实例 20 的信息，读者可以从这两部分确认 S1 在实例 10 中的设备优先级为 0（详见查看结果中的 0.4c1f-ccc9-0822，开头的 0 表示设备优先级），在实例 20 中的设备优先级为 4096（详见查看结果中的 4096.4c1f-ccc9-0822）。这两个值与前文中的配置相符。

例 3-19　查看端口 G0/0/1 的 STP 状态

```
[S1]display stp interface GigabitEthernet 0/0/1
-------[CIST Global Info][Mode MSTP]-------
CIST Bridge             :32768.4c1f-ccc9-0822
Config Times            :Hello 2s MaxAge 20s FwDly 15s MaxHop 20
Active Times            :Hello 2s MaxAge 20s FwDly 15s MaxHop 19
CIST Root/ERPC          :0    .4c1f-ccb2-4cf3 / 0
CIST RegRoot/IRPC       :0    .4c1f-ccb2-4cf3 / 20000
CIST RootPortId         :128.1
BPDU-Protection         :Disabled
TC or TCN received      :72
TC count per hello      :0
STP Converge Mode       :Normal
Time since last TC      :0 days 9h:53m:58s
Number of TC            :21
Last TC occurred        :GigabitEthernet0/0/1
----[Port1(GigabitEthernet0/0/1)][FORWARDING]----
 Port Protocol          :Enabled
```

```
 Port Role              :Root Port
 Port Priority          :128
 Port Cost(Dot1T )      :Config=auto / Active=20000
 Designated Bridge/Port   :0.4c1f-ccb2-4cf3 / 128.1
 Port Edged             :Config=default / Active=disabled
 Point-to-point         :Config=auto / Active=true
 Transit Limit          :147 packets/hello-time
 Protection Type        :None
 Port STP Mode          :MSTP
 Port Protocol Type     :Config=auto / Active=dot1s
 BPDU Encapsulation     :Config=stp / Active=stp
 PortTimes              :Hello 2s MaxAge 20s FwDly 15s RemHop 20
 TC or TCN send         :2
 TC or TCN received     :6
 BPDU Sent              :1595
         TCN: 0, Config: 0, RST: 0, MST: 1595
 BPDU Received          :2826
         TCN: 0, Config: 0, RST: 0, MST: 2826

-------[MSTI 10 Global Info]-------
MSTI Bridge ID          :0.4c1f-ccc9-0822
MSTI RegRoot/IRPC       :0.4c1f-ccc9-0822 / 0
MSTI RootPortId         :0.0
MSTI Root Type          :Primary root
Master Bridge           :0.4c1f-ccb2-4cf3
Cost to Master          :20000
TC received             :14
TC count per hello      :0
Time since last TC      :0 days 9h:26m:50s
Number of TC            :8
Last TC occurred        :GigabitEthernet0/0/1
 ----[Port1(GigabitEthernet0/0/1)][FORWARDING]----
 Port Role              :Designated Port
 Port Priority          :128
 Port Cost(Dot1T )      :Config=auto / Active=20000
 Designated Bridge/Port   :0.4c1f-ccc9-0822 / 128.1
 Port Times             :RemHops 20
 TC or TCN send         :4
 TC or TCN received     :6

-------[MSTI 20 Global Info]-------
MSTI Bridge ID          :4096.4c1f-ccc9-0822
MSTI RegRoot/IRPC       :0.4c1f-cc8c-748d / 20000
MSTI RootPortId         :128.3
MSTI Root Type          :Secondary root
Master Bridge           :0.4c1f-ccb2-4cf3
Cost to Master          :20000
TC received             :14
TC count per hello      :0
Time since last TC      :0 days 9h:25m:25s
Number of TC            :10
Last TC occurred        :GigabitEthernet0/0/3
 ----[Port1(GigabitEthernet0/0/1)][FORWARDING]----
 Port Role              :Designated Port
 Port Priority          :128
 Port Cost(Dot1T )      :Config=auto / Active=20000
 Designated Bridge/Port   :4096.4c1f-ccc9-0822 / 128.1
 Port Times             :RemHops 19
 TC or TCN send         :4
 TC or TCN received     :6
```

至此，VLAN 10 和 VLAN 20 内部的主机之间可以进行通信了。接下来通过路由器的配置，实现两个 VLAN 之间的通信。路由器会以二层接口连接汇聚交换机（S1 和 S2），通过 VLANIF 接口配置 IP 地址，并将其作为该 VLAN 中主机的默认网关。路由器上的配置详见例 3-20。

例 3-20 路由器配置

```
[Router]vlan batch 10 20
Info: This operation may take a few seconds. Please wait for a moment...done.
[Router]interface Ethernet 0/0/0
[Router-Ethernet0/0/0]port link-type trunk
[Router-Ethernet0/0/0]port trunk allow-pass vlan 10 20
[Router-Ethernet0/0/0]quit
[Router]interface Ethernet 0/0/1
[Router-Ethernet0/0/1]port link-type trunk
[Router-Ethernet0/0/1]port trunk allow-pass vlan 10 20
[Router-Ethernet0/0/1]quit
[Router]stp region-configuration
[Router-mst-region]region-name hcia
[Router-mst-region]instance 10 vlan 10
[Router-mst-region]instance 20 vlan 20
[Router-mst-region]active region-configuration
[Router]interface Vlanif 10
[Router-Vlanif10]ip address 10.0.10.1 24
[Router-Vlanif10]quit
[Router]interface Vlanif 20
[Router-Vlanif20]ip address 10.0.20.1 24
```

查看路由器上的 STP 状态，详见例 3-21。由此可见，已启用连接 S1 和 S2 的链路。

例 3-21 查看路由器上的 STP 状态

```
[Router]display stp brief
 MSTID  Port                        Role  STP State     Protection
   0    Ethernet0/0/1               ALTE  DISCARDING      NONE
   0    Ethernet0/0/2               ROOT  FORWARDING      NONE
  10    Ethernet0/0/1               ROOT  FORWARDING      NONE
  10    Ethernet0/0/2               ALTE  DISCARDING      NONE
  20    Ethernet0/0/1               ALTE  DISCARDING      NONE
  20    Ethernet0/0/2               ROOT  FORWARDING      NONE
```

接下来验证配置结果，VLAN 10 是否可以与 VLAN 20 进行通信。为了进行测试，将 S3 的端口 G0/0/4 配置 Access 模式并将其 VLAN 设置为 VLAN 10。该端口连接一台计算机，并将其 IP 地址配置为 10.0.10.2，网关指向 10.0.10.1。在 S4 的端口 G0/0/4 上配置 Access 模式并将其 VLAN 设置为 VLAN 20，该端口连接一台计算机，并将其 IP 地址配置为 10.0.20.2，网关指向 10.0.20.1。S3 和 S4 上的端口配置详见例 3-22 和例 3-23。

例 3-22 S3 的端口配置

```
[S3]interface GigabitEthernet 0/0/4
[S3-GigabitEthernet0/0/4]port link-type access
[S3-GigabitEthernet0/0/4]port default vlan 10
```

例 3-23 S4 的端口配置

```
[S4]interface GigabitEthernet 0/0/4
[S4-GigabitEthernet0/0/4]port link-type access
[S4-GigabitEthernet0/0/4]port default vlan 20
```

在 VLAN 10 PC 上发起 ping 测试，测试 VLAN 10 与 VLAN 20 之间的连通性，目的地址为 10.0.20.2，测试结果详见例 3-24，两台计算机之间可以相互访问。

例 3-24 测试 VLAN 10 与 VLAN 20 之间的连通性

```
PC>ping 10.0.20.2

Ping 10.0.20.2: 32 data bytes, Press Ctrl_C to break
From 10.0.20.2: bytes=32 seq=1 ttl=127 time=125 ms
From 10.0.20.2: bytes=32 seq=2 ttl=127 time=125 ms
```

```
From 10.0.20.2: bytes=32 seq=3 ttl=127 time=109 ms
From 10.0.20.2: bytes=32 seq=4 ttl=127 time=109 ms
From 10.0.20.2: bytes=32 seq=5 ttl=127 time=141 ms

--- 10.0.20.2 ping statistics ---
  5 packet(s) transmitted
  5 packet(s) received
  0.00% packet loss
  round-trip min/avg/max = 109/121/141 ms
```

## 练习题

1. 使用下列哪种方式连接的以太网属于共享介质以太网？（　　）

   A. 集线器　　B. 二层交换机
   B. 三层交换机　　D. 路由器

2. 在两种以太网数据帧（Ethernet II 标准和 IEEE 802.3 标准）中，下列哪种是它们不同时包含的字段？（　　）

   A. 目的 MAC 地址　　B. 源 MAC 地址
   C. 类型/EtherType　　D. FCS

3. Ethernet II 标准的以太网数据帧用头部的哪个字段标识这个数据帧的上层协议？（　　）

   A. 类型/EtherType　　B. 长度
   C. DSAP　　D. SNAP

4. 交换机对未知单播数据帧的处理方法是哪一种？（　　）

   A. 转发　　B. 泛洪
   C. 丢弃　　D. 路由

5. 交换机之间先对比下列哪个参数以选举根交换机？（　　）

   A. RPC　　B. MAC 地址
   C. 桥优先级　　D. 端口 ID

6. 一台交换机先对比各个端口的哪个参数以选择自己的根端口？（　　）

   A. RPC　　B. 对端交换机的 MAC 地址
   C. 对端交换机的桥优先级　　D. 对端端口的端口 ID

7. 快速生成树的 P/A 机制适用于哪种类型的端口？（　　）

   A. 广播　　B. 共享
   C. 点到多点　　D. 点到点

8. 华为交换机的二层端口默认模式为哪种模式？（　　）

   A. Access 模式　　B. Trunk 模式
   C. Hybrid 模式　　D. Disable 模式

9. 下列哪种方式可以把多条平行的物理 Trunk 链路捆绑为一条逻辑链路（Eth-Trunk 链路），从而提升链路的利用率？（　　）

   A. 堆叠　　B. 链路聚合
   C. 集群　　D. 生成树

10. 如果通过三层交换机的交换模块实现 VLAN 间路由，VLAN 中各终端的默认网关是哪种？（　　）

A. 该 VLAN 的 VLANIF 接口　　B. 该 VLAN 对应的路由器子接口

C. 连接各终端的交换机三层端口　　D. 连接各终端的交换机二层端口

**答案：**

1. A　2. C　3. A　4. B　5. C　6. A　7. D　8. C　9. B　10. A

# 第 4 章 网络安全基础与网络接入

本章主要内容

4.1 ACL 的基本原理及配置方法

4.2 AAA 的原理及应用场景

4.3 NAT 的基本原理

作为网络安全基础的入门章节，本章首先介绍如何让设备根据一定规则判断是否应该对数据包执行转发，即通过 ACL（Access Control List，访问控制列表）限制网络流量，并且结合华为设备的配置方法，展示 ACL 的配置命令；然后介绍 AAA（Authentication Authorization and Accounting，认证、授权和计费）的基本原理和使用场景。当前几乎所有网络环境中都能看到 AAA 的身影，可见 AAA 对提升网络安全性是多么重要；最后，介绍 NAT（Network Address Translation，网络地址转换）。在园区网环境中，网关路由器一般会执行 NAT，协助内部主机连接互联网。

**本章重点**

- ACL 的基本原理
- ACL 的配置方法
- AAA 的原理和应用场景
- NAT 的基本原理
- NAT 的配置方法

## 4.1 ACL 的基本原理及配置方法

ACL 的作用是对网络的访问进行控制，通过一些参数匹配特定的流量，并且指明需要对流量执行的操作。ACL 可以用在很多地方，例如流量过滤、NAT、防火墙策略、QoS 等。本章仅对 ACL 在流量过滤中的用法（即在 traffic-filter 中调用 ACL）进行介绍。利用 ACL 来过滤网络中的流量，不仅保证一定程度的网络安全性，还可以减少网络中的无用流量，节省带宽。

### 4.1.1 ACL 的组成

ACL 由一组具有特定顺序的语句组成，每一条语句由如下信息构成。

① 匹配项：需要匹配的流量。根据 ACL 种类的不同，设备可以根据不同的参数对流量进行匹配。网络管理员可以使用与 IP 相关的一些参数来对流量进行匹配，包括源 IP 地址、目的 IP 地址、源端口号、目的端口号等。

② 动作：允许或拒绝。允许表示放行相匹配的数据包，拒绝表示丢弃相匹配的数据包。动作的具体执行方法以应用 ACL 的功能为准。

③ 编号：作用是决定这条语句在 ACL 中的位置，可配置的编号范围为 0～4294967294。在一些情况下，编号所代表的位置非常重要，这是因为设备在查询 ACL 时，会根据编号从小到大按序查找匹配项，一旦发现匹配项，就会立即执行与该匹配项所关联的动作，停止继续查找并退出 ACL 匹配逻辑。

除了网络管理员自定义的 ACL 语句外，每个 ACL 末尾还有一条隐含语句，这条隐含语句可以匹配任意的数据包。所有与网络管理员手动配置的语句不匹配的数据包，会与 ACL 末尾的隐含语句相匹配，即数据包“未匹配”ACL 中的条目。针对 ACL 的流量过滤功能，设备会放行所有与网络管理员手动配置的语句不匹配的数据包。

以流量过滤功能和 Telnet 功能为例，不同功能模块中 ACL 的处理机制见表 4-1。

表 4-1　不同功能模块中 ACL 的处理机制

| ACL 处理机制 | 流量过滤 | Telnet |
| --- | --- | --- |
| permit | permit（放行数据包） | permit（允许登录） |
| deny | deny（丢弃数据包） | deny（拒绝登录） |
| ACL 中配置了规则，但未匹配任何规则（未匹配） | permit（功能不生效） | deny（拒绝登录） |
| ACL 中未配置任何规则 | permit（功能不生效） | permit（允许登录） |
| 未创建 ACL | permit（功能不生效） | permit（允许登录） |

从表 4-1 可以看出，流量过滤和 Telnet 这两个功能模块对 ACL 处理行为的解释不同，对未匹配结果的处理也不同，因此，读者在为功能模块设置 ACL 时，需要查询华为设备配置手册，确认 ACL 的配置方式。

ACL 的组成示例，如图 4-1 所示。

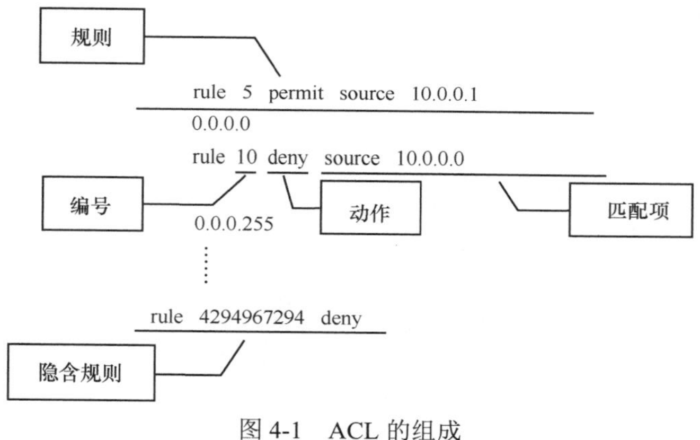


图 4-1　ACL 的组成

## 4.1.2　ACL 的分类和标识

ACL 可以从两个不同的角度进行分类：规则定义方式和标识方法。

按规则定义方式进行划分，ACL 可以分为基本 ACL、高级 ACL、二层 ACL 和用户自定义 ACL。华为数通设备会根据网络管理员设置的 ACL 编号判断 ACL 的类型。

基于 ACL 规则定义方式的部分分类方法见表 4-2。完整的 ACL 分类方法请参考华为设备配置手册，其中包括 IPv6 ACL 等分类。

按标识方法进行划分，ACL 可以分为数字型 ACL 和命名型 ACL。从表 4-2 中也可以看出，每种类型的 ACL 对应着一系列编号。华为数通设备通过编号可以识别出 ACL 的类型，并为网络管理员提供相应的配置选项。

对于命名型 ACL 来说，网络管理员可以在命名的同时指定该 ACL 的编号，使设备能够识别出它的类型。当网络管理员没有指定命名型 ACL 的编号时，设备默认该 ACL 为高级 ACL，并且从 3999 开始自动为其分配一个空闲编号。

表 4-2　基于 ACL 规则定义方式的部分分类方法

| 分类 | ACL 编号范围 | 描述 |
| --- | --- | --- |
| 基本 ACL | 2000～2999 | 主要基于数据包的源 IP 地址对流量进行匹配 |
| 高级 ACL | 3000～3999 | 主要基于数据包的源和目的 IP 地址、IP 协议类型、ICMP 类型、TCP/UDP 源和目的端口号等第 3 层和第 4 层信息对流量进行匹配 |
| 二层 ACL | 4000～4999 | 主要基于数据帧的源和目的 MAC 地址、二层协议类型等第二层信息对流量进行匹配 |
| 用户自定义 ACL | 5000～5999 | 主要基于报文头（二层头部、IPv4 头部等）、偏移位置、字符串掩码和用户自定义字符串来对流量进行匹配。以报文头作为基准，指定从报文的第几个字节开始与字符串掩码进行与运算，并将提取的字符串与用户自定义的字符串进行对比，以此进行匹配 |

## 4.1.3 ACL 的匹配机制

ACL 的匹配机制指当设备需要将接收的数据包与一个 ACL 进行匹配时所遵从的规则。ACL 的匹配机制非常简单，就是按照规则的编号顺序从小到大进行匹配，一旦发现匹配项，立即按照该规则定义的动作执行操作，并终止匹配，退出 ACL 匹配逻辑。ACL 匹配机制如图 4-2 所示。

源IP地址：10.0.0.1

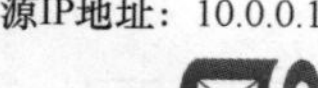

ACL

rule 10 deny source 10.0.0.0 0.0.0.255
rule 20 permit source 10.0.0.1 0.0.0.0
rule 30 permit source any

匹配！

解析

规则10：拒绝源IP地址——10.0.0.0/24
规则20：放行源IP地址——主机10.0.0.1
规则30：放行源IP地址——任意

图 4-2　ACL 匹配机制（1）

如图 4-2 所示，设备需要将源 IP 地址为 10.0.0.1 的数据包与 ACL 进行匹配，并根据匹配结果决定对该数据包执行的动作。网络管理员的意图是放行来自主机 10.0.0.1 的流量，并且拒绝这个子网中其他主机的流量。由于 ACL 按照规则的编号顺序进行匹配，且一旦匹配就会立即执行动作并退出 ACL 匹配逻辑，因此，在图 4-2 中，来自源 IP 地址 10.0.0.1 的数据包会与规则 10 相匹配，并且被设备拒绝。

ACL 的匹配原则不是最长匹配，而是顺序匹配，因此按照图 4-2 所示的配置方式，规则 20 永远不会获得匹配。为了使 ACL 的工作效果与网络管理员的意图相符合，需要按照图 4-3 所示的 ACL 匹配机制来调整 ACL 的配置。

源IP地址：10.0.0.1

ACL

rule 10 permit source 10.0.0.1 0.0.0.0
rule 20 deny source 10.0.0.0 0.0.0.255
rule 30 permit source any

不匹配继续查找
匹配！

解析

规则10：放行源IP地址——主机10.0.0.1
规则20：拒绝源IP地址——10.0.0.0/24
规则30：放行源IP地址——任意

图 4-3　ACL 匹配机制（2）

如图 4-3 所示，对于匹配范围部分重叠的多条规则来说，应将更为精确的匹配规则放到较为模糊的匹配规则之前，这样可以使流量匹配到更精确的规则，并按照这条规则的动作对数据包进行处理。

ACL 匹配机制可以总结为如下几点。

① 规则编号按照从小到大的顺序进行匹配。

② 一旦匹配成功，立即执行该条规则所定义的动作，终止匹配并退出 ACL 匹配逻辑。

③ 在编写 ACL 规则时，对于匹配范围部分重叠的多条规则，需要将更精确的规则放在靠前的位置，使其可以正确匹配到数据包，并使设备对数据包执行相应的动作。

下面将视野扩大到整个数字通信设备（例如路由器）的范围，来看看当设备在接收和转发数据包时，涉及 ACL 的工作流程。ACL 匹配机制的流程如图 4-4 所示。

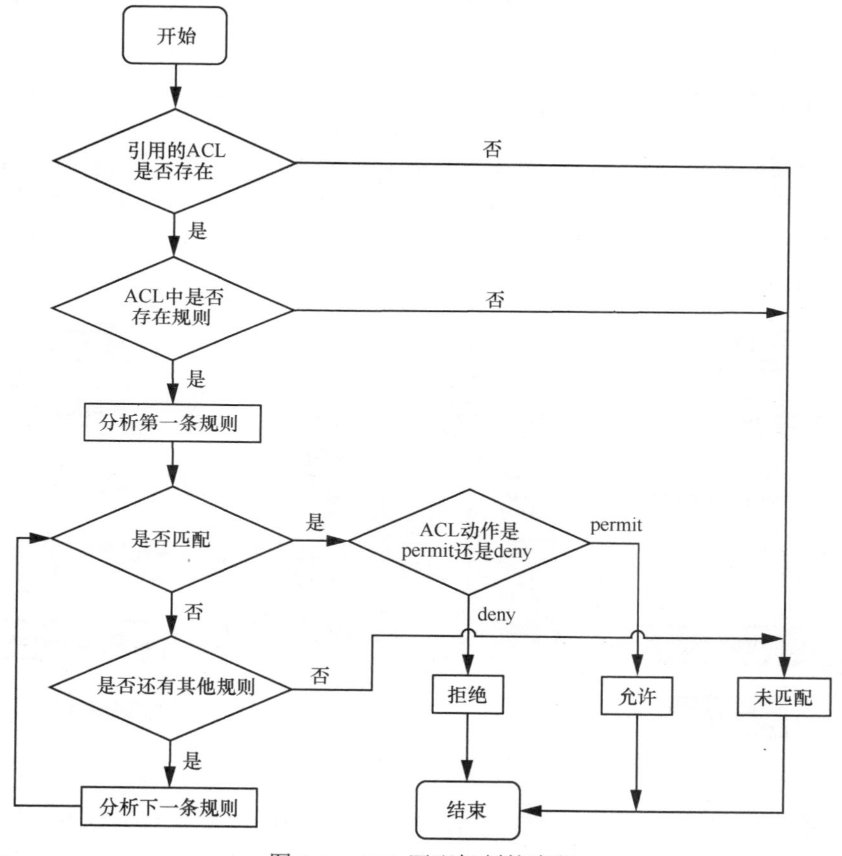


图 4-4　ACL 匹配机制的流程

图 4-4 所示的 ACL 匹配机制的流程可以与表 4-1 对应。ACL 的匹配机制一共有 3 种匹配结果：拒绝、允许、未匹配，其中，拒绝和允许分别对应规则中指定的动作：deny 和 permit。对于未匹配，以下 3 种情况会被判定为未匹配。

① 引用的 ACL 不存在：在路由器接口上引用一个 ACL，却发现路由器的配置中未创建该 ACL。例如，在路由器接口 G0/0/1 的入方向上引用了 ACL 2000。当路由器从接口 G0/0/1 收到数据包时，应该根据 ACL 2000 过滤数据包，但配置中却没有 ACL 2000。

此时，路由器会如常处理所有数据包，就好像接口上未引用入方向 ACL。

② ACL 中不存在任何规则：在路由器接口上引用一个 ACL，并且路由器的配置中也有该 ACL，但 ACL 中却没有配置任何自定义规则。例如，在路由器接口 G0/0/1 的入方向上引用了 ACL 2000，当路由器从接口 G0/0/1 收到数据包时，应该根据 ACL 2000 过滤数据包，并且在配置中找到 ACL 2000，但 ACL 2000 中未配置任何规则。此时，路由器会如常处理所有数据包，就好像接口上未引用入方向 ACL。

③ ACL 中没有与数据包相匹配的规则：在路由器接口上引用一个 ACL，路由器配置中有该 ACL，ACL 中也包含一条或多条规则，但没有任何一条规则与数据包相匹配。例如，在路由器接口 G0/0/1 的入方向上引用了 ACL 2000，当路由器从接口 G0/0/1 收到数据包时，应该根据 ACL 2000 过滤数据包，路由器在配置中找到了 ACL 2000，并根据 ACL 2000 中的配置规则与数据包进行匹配，但未匹配成功。此时，路由器认为数据包的匹配结果为未匹配，放行数据包。

### 4.1.4 ACL 的方向

为了对特定的流量进行过滤，ACL 必须被部署在流量路径中。在网络中，流量是有方向性的，每个数据包都有源信息和目的信息，如源 IP 地址、目的 IP 地址等，因此，在选择 ACL 在流量路径中的部署位置时，需考虑流量的方向。以一台路由器的两个接口为例，描述 ACL 的方向，如图 4-5 所示。

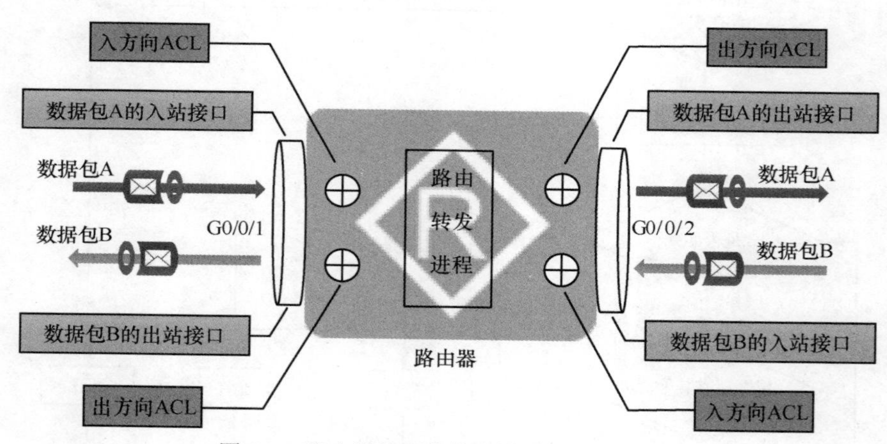


图 4-5 路由器的两个接口描述的 ACL 方向

在图 4-5 中，对于数据包 A 来说，路由器从接口 G0/0/1 接收数据包 A，并将其从接口 G0/0/2 转发出去；对于数据包 B 来说，路由器从接口 G0/0/2 接收数据包 B，并将其从接口 G0/0/1 转发出去。

网络管理员需要从路由器的角度考虑 ACL 的方向。以数据包 A 为例，从路由器的角度来看，数据包 A 从接口 G0/0/1 “进入” 路由器，从接口 G0/0/2 “离开” 路由器。对于路由器来说，数据包 A 的 “入口” 是接口 G0/0/1，“出口” 是接口 G0/0/2，因此，在路由器上对与数据包 A 路径相同的数据包进行过滤时，要在接口 G0/0/1 上设置入方向 ACL，在接口 G0/0/2 上设置出方向 ACL。

在图 4-5 中，路由器中间有一个方框标记了“路由转发进程”，表示路由器通过查找路由表等路由信息，将数据包转发到相应的出站接口的行为。以数据包 A 为例，数据包 A 在进入接口 G0/0/1 后，进入路由转发进程前，首先与接口 G0/0/1 的入方向 ACL 进行匹配。入方向 ACL 如果放行数据包 A，那么数据包 A 进入路由转发进程，在路由器判断出数据包 A 的出站接口为 G0/0/2 之后，将其发送到接口 G0/0/2。此时，路由器会将数据包 A 与接口 G0/0/2 的出方向 ACL 进行匹配。当确认出方向 ACL 放行了数据包 A 时，路由器才会将数据包 A 从接口 G0/0/2 转发出去。

由于数据包 B 的流量方向与数据包 A 相反，因此，过滤数据包 A 的 ACL 无法对数据包 B 进行过滤。对于数据包 B 来说，需要在接口 G0/0/2 上设置入方向 ACL 进行过滤；或者在接口 G0/0/1 上设置出方向 ACL，对数据包 B 进行过滤。

综上所述，一台路由器的每个接口上可以同时设置一个入方向 ACL，一个出方向 ACL，但一个方向上只能设置一个 ACL。

前面介绍了多种 ACL，下面仅针对基本 ACL 和高级 ACL 的配置进行介绍。

### 4.1.5 基本 ACL 的配置

基本 ACL 的配置步骤包含以下 3 步。

步骤 1：创建基本 ACL。

创建基本 ACL 可分为创建数字型的基本 ACL 和命名型的基本 ACL。在创建数字型的基本 ACL 时，网络管理员在 VRP 系统的系统视图中使用的命令格式如下。

```
[Huawei] acl [ number ] acl-number [ match-order { auto | config } ]
```

网络管理员在系统视图中输入命令 **acl 2000**，即在系统中成功创建了 ACL 2000，同时进入 ACL 2000 视图。

创建数字型基本 ACL 的命令包含以下关键词和配置参数。

① **number**：可选关键词。在创建数字型的基本 ACL 时，网络管理员可以省略此关键词，直接输入 ACL 的编号。

② *acl-number*：ACL 的编号。基本 ACL 的编号范围是 2000～2999。在使用特定的编号创建 ACL 后，系统会根据 ACL 类型提供规则配置参数。

③ **match-order** { **auto** | **config** }：指定 ACL 中规则的匹配顺序。这是一组关键词，必须在 **auto** 和 **config** 之间选择一个。缺省的 ACL 匹配顺序是 **config**。

a. **auto** 指自动排序，即系统会根据深度优先的匹配原则，将 ACL 中配置的多个规则按照精确度从高到低进行排序，并以此顺序对数据包进行匹配。由于基本 ACL 只能根据数据包的源 IP 地址进行匹配，因此深度优先的匹配原则如下。

- 比较源 IP 地址范围，源 IP 地址范围小的规则优先。IP 地址通配符掩码中 0 的位数多的，IP 地址范围小。
- 在源 IP 地址范围相同的条件下，规则编号小的优先，即按照网络管理员的输入顺序自然排序。

b. **config** 指配置顺序，即按照网络管理员指定的规则编号从小到大进行排序。当网络管理员没有指定规则编号时，系统会按照步长的设置，根据网络管理员的输入顺序，自动对规则按从小到大进行排序。

在创建命名型的基本 ACL 时，网络管理员在 VRP 系统的系统视图中使用的命令如下。

```
[Huawei] acl name acl-name { basic | acl-number } [ match-order { auto | config } ]
```

创建命名型的基本 ACL 的命令包含以下关键词和配置参数。

① **name**：必选关键词。在创建命名型的基本 ACL 时，网络管理员必须使用 **name** 关键词。

② *acl-name*：必选参数，设置命名型基本 ACL 的名称。

③ **basic** | *acl-number*：必选参数，选择其一进行配置即可。如果使用 **basic**，系统会按照从大到小的顺序选择可用的基本 ACL 编号进行自动分配，即从 2999 开始分配。如果使用 *acl-number* 进行配置，系统会根据编号所属范围来判断 ACL 的类型。

④ **match-order** { **auto** | **config** }：与数字型的基本 ACL 的对应字段相同。

步骤 2：配置基本 ACL 的规则。

基本 ACL 中可以配置的参数为源 IP 地址、是否分段，还可以配置执行过滤的时间，命令如下。

```
rule [ rule-id ] { deny | permit } [ source { source-address source-wildcard | any }|
time-range time-name ]
```

配置基本 ACL 规则的命令包含以下关键词和配置参数。

① **rule** [ *rule-id* ]：设置规则编号。规则编号是一个可选参数。在缺省情况下，系统会根据步长自动进行编号设置。默认步长为 5。系统在自动编号时，选取的第 1 个编号为步长值（即 5），第 2 个编号为第 1 个编号加步长（即 5+5=10），第 3 个编号为第 2 个编号加步长（即 10+5=15），以此类推。

② **deny** | **permit**：设置规则的动作，**deny** 表示拒绝，**permit** 表示允许。

③ **source** { *source-address source-wildcard* | **any** }：设置匹配项。基本 ACL 需要根据源 IP 地址信息进行匹配，因此这一组是必选参数。网络管理员可以使用源 IP 地址+通配符掩码的方式指定一台主机或多台主机，也可以使用 **any** 指定任意主机。**any** 相当于源 IP 地址设置为 0.0.0.0，通配符掩码设置为 255.255.255.255。

④ **time-range** *time-name*：设置 ACL 规则生效的时间段。*time-name* 是系统中配置的时间段名称，设备根据设定的时间段应用这条规则对数据包进行过滤。这是一组可选参数，当网络管理员没有在规则中配置这组参数时，该 ACL 规则总是生效。当网络管理员在规则中引用了一个系统中不存在的时间范围时，该规则不生效。

步骤 3：应用基本 ACL。

在流量过滤功能中应用基本 ACL 需要进入接口视图，命令如下。

```
traffic-filter {inbound | outbound} acl {bas-acl | adv-acl | name acl-name}
```

应用基本 ACL 的命令包含以下关键词和配置参数。

① **inbound** | **outbound**：指明基本 ACL 的应用方向，**inbound** 表示这是一个入方向的基本 ACL，过滤从接口收到的流量；**outbound** 表示这是一个出方向的基本 ACL，过滤从接口转发的流量。

② **acl** { *bas-acl* | *adv-acl* | **name** *acl-name* }：将具体的基本 ACL 应用在接口上。网络管理员可以在其中设置基本 ACL 的编号，也可以使用关键词 **name** 来指定命名型的基本 ACL。

基本 ACL 的配置拓扑如图 4-6 所示。

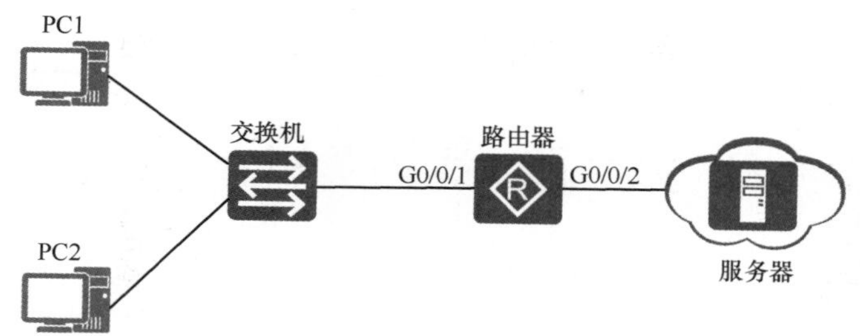


图 4-6　基本 ACL 的配置

基本 ACL 配置使用的 IP 地址见表 4-3。

表 4-3　基本 ACL 配置使用的 IP 地址

| 设备 | 接口 | IP 地址 | 子网掩码 |
|---|---|---|---|
| PC1 | E0/0/1 | 192.168.10.10 | 255.255.255.0 |
| PC2 | E0/0/1 | 192.168.20.20 | 255.255.255.0 |
| 服务器 | E0/0/1 | 10.0.20.20 | 255.255.255.0 |

基本 ACL 的配置不涉及网络互通的基础配置，所有网络设备之间已经实现了完全互联，即两台计算机都可以访问服务器。

现在要做的是通过基本 ACL，使 PC1 无法向服务器发起访问，但 PC2 与服务器之间的访问不受影响。我们需要在路由器上完成配置，在接口 G0/0/1 或者接口 G0/0/2 上应用基本 ACL 来满足需求。在过滤流量时，尽早过滤无用流量既可以节省网络带宽，又可以节约路径中其他设备的资源。若在接口 G0/0/1 入方向调用基本 ACL，则会使 PC1 不仅不能和服务器通信，也无法和 PC2 通信，因此，我们选择在接口 G0/0/2 出方向配置基本 ACL，对 PC1 的流量进行过滤。路由器配置基本 ACL 的相关命令详见例 4-1。

**例 4-1**　配置基本 ACL

```
<Router>system-view
Enter system view, return user view with Ctrl+Z.
[Router]acl 2000
[Router-acl-basic-2000]rule deny source 192.168.10.0 0.0.0.255
[Router-acl-basic-2000]rule permit source any
[Router-acl-basic-2000]quit
[Router]interface GigabitEthernet 0/0/2
[Router-GigabitEthernet0/0/1]traffic-filter outbound acl 2000
```

在配置完成后，可以使用命令 **display acl 2000** 来查看配置中的基本 ACL，详见例 4-2。从命令的输出内容中可以看出，ACL 2000 中有 2 条规则，步长为 5。由于例 4-2 的配置中并没有指定 ACL 规则的编号，从命令的输出内容中可以看到，路由器自动为这两条规则设置了编号，分别为 5 和 10。

**例 4-2**　查看配置中的基本 ACL

```
[Router]display acl 2000
Basic ACL 2000, 2 rules
Acl's step is 5
 rule 5 deny source 192.168.10.0 0.0.0.255
 rule 10 permit
```

这时可以测试基本 ACL 的配置是否符合预期，从 PC1 向服务器发起 ping 测试，详见例 4-3。测试结果为失败，PC1 无法访问服务器。

例 4-3　从 PC1 向服务器发起 ping 测试

```
PC1>ping 10.0.20.20

Ping 10.0.20.20: 32 data bytes, Press Ctrl_C to break
Request timeout!
Request timeout!
Request timeout!
Request timeout!
Request timeout!

--- 10.0.20.20 ping statistics ---
  5 packet(s) transmitted
  0 packet(s) received
  100.00% packet loss
```

从 PC2 向服务器发起 ping 测试，详见例 4-4。测试结果为成功，PC2 能够访问服务器。

例 4-4　从 PC2 向服务器发起 ping 测试

```
PC2>ping 10.0.20.20

Ping 10.0.20.20: 32 data bytes, Press Ctrl_C to break
From 10.0.20.20: bytes=32 seq=1 ttl=254 time=47 ms
From 10.0.20.20: bytes=32 seq=2 ttl=254 time=16 ms
From 10.0.20.20: bytes=32 seq=3 ttl=254 time=47 ms
From 10.0.20.20: bytes=32 seq=4 ttl=254 time=47 ms
From 10.0.20.20: bytes=32 seq=5 ttl=254 time=15 ms

--- 10.0.20.20 ping statistics ---
  5 packet(s) transmitted
  5 packet(s) received
  0.00% packet loss
  round-trip min/avg/max = 15/34/47 ms
```

若服务器区域中有一些服务器允许 PC1 访问，该如何配置？如果服务器区域中有一些服务器不允许 PC2 访问，又该如何配置？

基本 ACL 只能根据数据包的源 IP 地址进行过滤，因而存在局限性。对于上述情况，我们需要依靠高级 ACL 来完成。

### 4.1.6　高级 ACL 的配置

高级 ACL 的配置步骤有以下 3 步。

步骤 1：创建高级 ACL。

创建高级 ACL 可分为创建数字型的高级 ACL 和命名型的高级 ACL。创建数字型的高级 ACL 时，网络管理员在 VRP 系统的系统视图中使用的命令格式如下。

```
[Huawei]acl[number]acl-number[match-order{auto|config}]
```

网络管理员在系统视图中输入命令 **acl 3000**，即在系统中成功创建了 ACL 3000，同时进入 ACL 3000 视图中。

创建数字型的高级 ACL 的命令包含以下关键词和配置参数。

① **number**：可选关键词，在创建数字型的高级 ACL 时，网络管理员可以省略此关键词，直接输入 ACL 的编号。

② *acl-number*：ACL 的编号，高级 ACL 的编号范围是 3000～3999。在使用特定的编号创建 ACL 后，系统会根据 ACL 类型提供规则配置参数。

③ **match-order { auto | config }**：指定 ACL 中规则的匹配顺序。这是一组关键词，必须在 **auto** 和 **config** 之间选择一个。缺省的 ACL 匹配顺序是 **config**。

a. **auto** 指自动排序，即系统会根据深度优先的匹配原则，将 ACL 中配置的多个规则按照精确度从高到低进行排序，并以此顺序对数据包进行匹配。深度优先的匹配原则如下。

- 比较协议范围，指定 IP 承载的协议的规则优先。
- 在协议范围相同的条件下，比较源 IP 地址范围。源 IP 地址范围小的规则优先，IP 地址通配符掩码中 0 的位数多的，IP 地址范围小。
- 在协议范围、源 IP 地址范围相同的条件下，比较目的 IP 地址范围。目的 IP 地址范围小的规则优先，IP 地址通配符掩码中 0 的位数多的，IP 地址范围小。
- 在协议范围、源 IP 地址范围和目的 IP 地址范围相同的条件下，比较第 4 层端口号（TCP/UDP）范围。端口号范围小的规则优先。
- 在上述范围都相同的条件下，规则编号小的优先。

b. **config** 指配置顺序，即按照网络管理员指定的规则编号从小到大进行排序。当网络管理员没有指定规则编号时，系统会按照步长的设置，根据网络管理员的输入顺序，自动对规则按从小到大进行排序。

创建命名型的高级 ACL 时，网络管理员在 VRP 系统的系统视图中使用的命令如下。

```
[Huawei] acl name acl-name { advance | acl-number } [ match-order { auto | config } ]
```

创建命名型的高级 ACL 的命令包含以下关键词和配置参数。

① **name**：必选关键词，在创建命名型的高级 ACL 时，网络管理员必须使用 **name** 关键词。

② *acl-name*：必选参数，设置命名型高级 ACL 的名称。

③ **advance** | *acl-number*：必选参数，选择其一进行配置即可。如果使用 **advance**，系统会按照从大到小的顺序选择可用的高级 ACL 编号进行自动分配，即从 3999 开始分配。如果使用 *acl-number* 进行配置，系统会根据编号所属范围来判断 ACL 的类型。实际上网络管理员可以配置高级 ACL 编号，使之成为高级 ACL。

④ **match-order** { **auto** | **config** }：与数字型的高级 ACL 的对应字段相同。

步骤 2：配置高级 ACL 的规则。

根据 IP 承载的协议类型的不同，系统会提供不同的参数组合。当协议类型为 IP、TCP 或 UDP 时，网络管理员进行匹配的参数有所不同。本书仅以 IP、TCP 和 UDP 为例，介绍高级 ACL 规则的命令语法。

当协议类型为 IP 时，配置高级 ACL 规则的命令如下。

```
rule [ rule-id ] { deny | permit } ip [ destination { destination-address destination-wildcard | any } | source { source-address source-wildcard | any } | time-range time-name ]
```

配置高级 ACL 规则的命令包含以下关键词和配置参数。

① **rule** [ *rule-id* ]：设置规则编号，是一个可选参数。在缺省情况下，系统会根据步长自动进行编号设置。默认步长为 5。系统在自动编号时，选取的第 1 个编号为步长值（即 5），第 2 个编号为第 1 个编号加步长（即 5+5=10），第 3 个编号为第 2 个编号加步长（即 10+5=15），以此类推。

② **deny** | **permit**：设置规则的动作，**deny** 表示拒绝，**permit** 表示允许。

③ **ip**：设置匹配项为任意 IP 协议。

④ **destination** { *destination-address destination-wildcard* | **any** }：设置匹配项，根据目

的 IP 地址进行匹配。这是一组可选参数，网络管理员可以使用目的 IP 地址+通配符掩码的方式指定一台主机或多台主机，也可以使用关键词 **any** 指定任意主机。**any** 相当于源 IP 地址设置为 0.0.0.0，且通配符掩码设置为 255.255.255.255。

⑤ **source** { *source-address source-wildcard* | **any** }：设置匹配项，根据源 IP 地址进行匹配。这是一组可选参数，网络管理员可以使用源 IP 地址+通配符掩码的方式指定一台主机或多台主机，也可以使用关键词 **any** 指定任意主机。**any** 相当于源 IP 地址设置为 0.0.0.0，且通配符掩码设置为 255.255.255.255。

⑥ **time-range** *time-name*：设置 ACL 规则生效的时间段。*time-name* 是系统中配置的时间段名称，设备根据设定的时间段采用这条规则对数据包进行过滤。这是一组可选参数，当网络管理员没有在规则中配置这组参数时，该 ACL 规则总是生效。当网络管理员在规则中引用了一个系统中不存在的时间范围时，该 ACL 规则不会生效。

当协议类型为 TCP 时，配置高级 ACL 规则的命令如下。

```
rule[rule-id]{deny|permit}{protocol-number|tcp}[destination{destination-address destination-wildcard|any} | destination-port { eq port | gt port | lt port | range port-start port-end } |source{source-address source-wildcard|any}|source-port{ eq port | gt port | lt port | range port-start port-end } | tcp-flag { ack | fin | syn }| time-range time-name]
```

配置高级 ACL 规则的命令包含以下关键词和配置参数。

① **rule** [ *rule-id* ]：与 IP 类型的高级 ACL 的对应字段相同。

② **deny** | **permit**：与 IP 类型的高级 ACL 的对应字段相同。

③ *protocol-number* | **tcp**：指定协议类型为 TCP，可以使用协议号 6 来指定，也可以使用关键词 **tcp** 进行指定。

④ **destination** { *destination-address destination-wildcard* | **any** }：与 IP 类型的高级 ACL 的对应字段相同。

⑤ **destination-port** { **eq** *port* | **gt** *port* | **lt** *port* | **range** *port-start port-end* }：指定需要匹配的 TCP 目的端口号或目的端口号范围。这是一组可选参数，如果不指定则表示匹配任意目的端口。它包含的参数组合如下。

a. **eq** *port*：匹配等于目的端口号。

b. **gt** *port*：匹配大于目的端口号。

c. **lt** *port*：匹配小于目的端口号。

d. **range** *port-start port-end*：匹配目的端口号范围。

⑥ **source** { *source-address source-wildcard* | **any** }：与 IP 类型的高级 ACL 的对应字段相同。

⑦ **source-port** { **eq** *port* | **gt** *port* | **lt** *port* | **range** *port-start port-end* }：指定需要匹配的 TCP 源端口号或源端口号范围。这是一组可选参数，如果不指定则表示匹配任意源端口。它包含的参数组合如下。

a. **eq** *port*：匹配等于源端口号。

b. **gt** *port*：匹配大于源端口号。

c. **lt** *port*：匹配小于源端口号。

d. **range** *port-start port-end*：匹配源端口号范围。

⑧ **tcp-flag** { **ack** | **fin** | **syn** }：指定 TCP 报文头部中的标记，例如 **ack** 表示 ACK，**fin**

表示 FIN，**syn** 表示 SYN。

⑨ **time-range** *time-name*：与 IP 类型的高级 ACL 的对应字段相同。

当协议类型为 UDP 时，配置高级 ACL 规则的命令如下。

```
rule[rule-id] {deny|permit} {protocol-number | udp } [destination {destination-address destination-wildcard| any} | destination-port { eq port | gt port | lt port | range port-start port-end } |source{source-address source-wildcard|any} | source-port { eq port| gt port | lt port | range port-start port-end } | time-range time-name]
```

配置高级 ACL 规则的命令包含以下关键词和配置参数。

① **rule** [ *rule-id* ]：与 IP 类型的高级 ACL 的对应字段相同。

② **deny** | **permit**：与 IP 类型的高级 ACL 的对应字段相同。

③ *protocol-number* | **udp**：指定协议类型为 UDP，可以使用协议号 17 来指定，也可以使用关键词 **udp** 进行指定。

④ **destination** { *destination-address destination-wildcard* | **any** }：与 IP 类型的高级 ACL 对应字段相同。

⑤ **destination-port** { **eq** *port* | **gt** *port* | **lt** *port* | **range** *port-start port-end* }：指定需要匹配的 UDP 目的端口号或目的端口号范围。这是一组可选参数，如果不指定则表示匹配任意目的端口。它包含的参数组合如下。

a. **eq** *port*：匹配等于目的端口号。

b. **gt** *port*：匹配大于目的端口号。

c. **lt** *port*：匹配小于目的端口号。

d. **range** *port-start port-end*：匹配目的端口号范围。

⑥ **source** { *source-address source-wildcard* | **any** }：与 IP 类型的高级 ACL 对应字段相同。

⑦ **source-port** { **eq** *port* | **gt** *port* | **lt** *port* | **range** *port-start port-end* }：指定需要匹配的 UDP 源端口号或源端口号范围。这是一组可选参数，如果不指定则表示匹配任意源端口。它包含的参数组合如下。

a. **eq** *port*：匹配等于源端口号。

b. **gt** *port*：匹配大于源端口号。

c. **lt** *port*：匹配小于源端口号。

d. **range** *port-start port-end*：匹配源端口号范围。

⑧ **time-range** *time-name*：与 IP 类型的高级 ACL 的对应字段相同。

步骤 3：应用高级 ACL。

在流量过滤功能中应用高级 ACL 需要进入接口视图，命令如下。

```
traffic-filter { inbound | outbound } acl { bas-acl | adv-acl | name acl-name }
```

应用高级 ACL 的命令包含以下关键词和配置参数。

① **inbound** | **outbound**：指明高级 ACL 的应用方向。**inbound** 表示这是一个入方向的高级 ACL，过滤接口收到的流量；**outbound** 表示这是一个出方向的高级 ACL，过滤从接口转发的流量。

② **acl** { *bas-acl* | *adv-acl* | **name** *acl-name* }：将具体的高级 ACL 应用在接口上。网络管理员可以在其中设置高级 ACL 的编号，也可以使用关键词 **name** 来指定命名型的高级 ACL。

高级 ACL 的配置如图 4-7 所示。

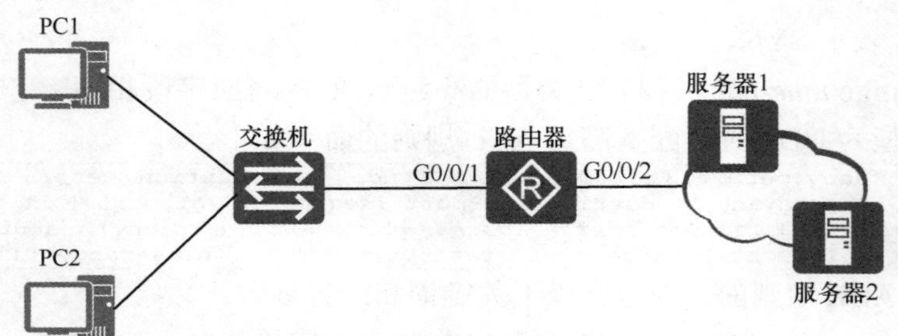


图 4-7　高级 ACL 的配置

高级 ACL 配置使用的 IP 地址见表 4-4。

表 4-4　高级 ACL 配置使用的 IP 地址

| 设备 | 接口 | IP 地址 | 子网掩码 |
|---|---|---|---|
| PC1 | E0/0/1 | 192.168.10.10 | 255.255.255.0 |
| PC2 | E0/0/1 | 192.168.20.20 | 255.255.255.0 |
| 服务器 1 | E0/0/1 | 10.0.10.10 | 255.255.255.0 |
| 服务器 2 | E0/0/1 | 10.0.20.20 | 255.255.255.0 |

为了演示 ACL 的配置及效果，高级 ACL 配置不涉及网络互通的基础配置，所有网络设备之间已经实现了完全互联，即两台计算机可以访问两台服务器。

现在我们需要做的是通过高级 ACL，使 PC1 只能访问服务器 1，PC2 只能访问服务器 2。我们需要将路由器的接口 G0/0/1 入方向配置高级 ACL。路由器配置高级 ACL 的相关命令详见例 4-5。

例 4-5　配置高级 ACL

```
<Router>system-view
Enter system view, return user view with Ctrl+Z.
[Router]acl 3000
[Router-acl-adv-3000]rule permit ip source 192.168.10.0 0.0.0.255 destination
10.0.10.0 0.0.0.255
[Router-acl-adv-3000]rule permit ip source 192.168.20.0 0.0.0.255 destination
10.0.20.0 0.0.0.255
[Router-acl-adv-3000]rule deny ip
[Router-acl-adv-3000]quit
[Router]interface GigabitEthernet 0/0/1
[Router-GigabitEthernet0/0/1]traffic-filter inbound acl 3000
```

配置完成后，可以使用命令 **display acl 3000** 来查看配置中的高级 ACL，详见例 4-6。从命令的输出内容中可以看出，ACL 3000 中有 3 条规则，步长为 5。例 4-5 的配置中并没有指定 ACL 规则的编号，从命令输出中可以看到，路由器自动为 3 条规则设置了编号，分别为 5、10 和 15。

例 4-6　查看配置中的高级 ACL

```
[Router]display acl 3000
Advanced ACL 3000, 3 rules
Acl's step is 5
 rule 5 permit ip source 192.168.10.0 0.0.0.255 destination 10.0.10.0 0.0.0.255
 rule 10 permit ip source 192.168.20.0 0.0.0.255 destination 10.0.20.0 0.0.0.255
 rule 15 deny ip
```

这时可以测试高级 ACL 的配置是否符合预期，从 PC1 向两台服务器发起 ping 测试，详见例 4-7。测试结果为 PC1 能够访问服务器 1，无法访问服务器 2。

例 4-7　从 PC1 向服务器发起 ping 测试

```
PC10>ping 10.0.10.10

Ping 10.0.10.10: 32 data bytes, Press Ctrl_C to break
From 10.0.10.10: bytes=32 seq=1 ttl=254 time=62 ms
From 10.0.10.10: bytes=32 seq=2 ttl=254 time=46 ms
From 10.0.10.10: bytes=32 seq=3 ttl=254 time=47 ms
From 10.0.10.10: bytes=32 seq=4 ttl=254 time=62 ms
From 10.0.10.10: bytes=32 seq=5 ttl=254 time=62 ms

--- 10.0.10.10 ping statistics ---
  5 packet(s) transmitted
  5 packet(s) received
  0.00% packet loss
  round-trip min/avg/max = 46/55/62 ms

PC1>ping 10.0.20.20

Ping 10.0.20.20: 32 data bytes, Press Ctrl_C to break
Request timeout!
Request timeout!
Request timeout!
Request timeout!
Request timeout!

--- 10.0.20.20 ping statistics ---
  5 packet(s) transmitted
  0 packet(s) received
  100.00% packet loss
```

从 PC2 向两台服务器发起 ping 测试，详见例 4-8。测试结果为 PC2 无法访问服务器 1，能够访问服务器 2。

例 4-8　从 PC2 向服务器发起 ping 测试

```
PC2>ping 10.0.10.10

Ping 10.0.10.10: 32 data bytes, Press Ctrl_C to break
Request timeout!
Request timeout!
Request timeout!
Request timeout!
Request timeout!

--- 10.0.10.10 ping statistics ---
  5 packet(s) transmitted
  0 packet(s) received
  100.00% packet loss

PC>ping 10.0.20.20

Ping 10.0.20.20: 32 data bytes, Press Ctrl_C to break
From 10.0.20.20: bytes=32 seq=1 ttl=254 time=32 ms
From 10.0.20.20: bytes=32 seq=2 ttl=254 time=31 ms
From 10.0.20.20: bytes=32 seq=3 ttl=254 time=15 ms
From 10.0.20.20: bytes=32 seq=4 ttl=254 time=15 ms
From 10.0.20.20: bytes=32 seq=5 ttl=254 time=16 ms

--- 10.0.20.20 ping statistics ---
  5 packet(s) transmitted
  5 packet(s) received
  0.00% packet loss
  round-trip min/avg/max = 15/21/32 ms
```

## 4.2　AAA 的原理及应用场景

AAA 提供了人们所需的用户管理功能，是认证（Authentication）、授权（Authorization）

和计费（Accounting）的简称。其中，认证确保用户的身份；授权确保用户所能够执行的行为；计费记录用户执行的行为，如用户的上线时间和离线时间。

网络设备可以提供本地的认证和授权。在较大规模的网络中，我们可以设置单独的 AAA 服务器来提供集中式安全管理。在集中式 AAA 安全管理环境中，最常使用的协议是 RADIUS（Remote Authentication Dial In User Service，远程认证拨号用户服务）。

### 4.2.1 AAA 的基本概念

#### 1. 认证

认证功能可以在用户试图访问网络时，识别用户的身份，判断用户是否为合法用户。认证功能的描述如图 4-8 所示。

图 4-8 展示了使用 AAA 服务器进行身份认证的环境，该环境中的设备如下。

① 终端设备是认证用户身份信息。

② NAS（Network Access Server，网络接入服务器）通常是交换机或路由器。

③ AAA 服务器是包含用户信息的设备，用来提供认证功能。

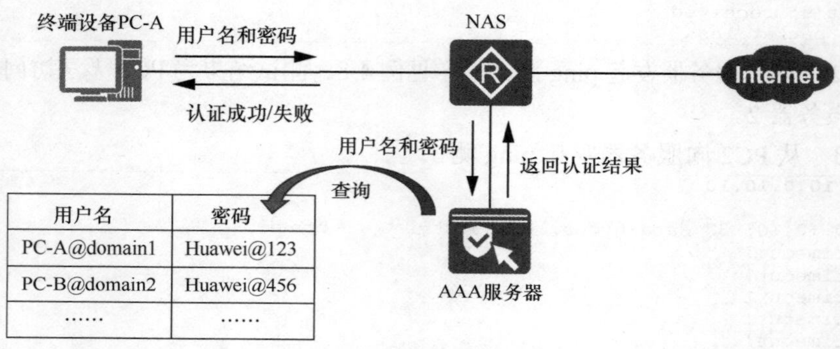


图 4-8 认证功能的描述

AAA 支持以下 3 种认证方式。

① 不认证：不对用户的身份进行认证。这并不是一种安全的做法，因此很少被采用。

② 本地认证：在使用本地认证时，NAS 实际上充当了 AAA 服务器的角色，在 NAS 本地存储执行认证所需的用户信息（例如用户名和密码）。这种方法的优点是响应速度快，运营成本低；缺点是存储的用户信息量会受到 NAS 的硬件限制，不适合存储大量用户信息。因此本地认证主要用于对用户登录网络设备进行身份认证，比如 Telnet、SSH 等。

③ 远端认证：使用单独的 AAA 服务器进行身份认证。在这种环境中，NAS 作为 AAA 客户端，使用 RADIUS 与 RADIUS 服务器进行通信，或者使用 HWTACACS（Huawei Terminal Access Controller Access-Control System，华为终端访问控制器访问控制系统）与 HWTACACS 服务器进行通信。这种方法的优点是 AAA 服务器可以存储大量的用户凭据信息，可以作为计费服务器存储大量行为日志，可以实现集中式管理；缺点是运营成本高，并且需要较专业的技术支持。

在 AAA 服务器存储了用户身份认证信息的情况下，用户进行身份认证时，AAA 服务器会将用户发来的凭据与数据库中存储的身份信息进行对比，两者匹配则认证成功，两者不匹配则认证失败。

用户凭据可以是以下信息。

① 密码。

② 用户名和密码。

③ 数字证书。

图 4-8 以用户名和密码作为用户凭据，展示了使用 AAA 服务器进行身份认证的过程，如下。

① 用户从终端设备向 NAS 发送用户名和密码。

② NAS 将收到的用户名和密码转发给 AAA 服务器。

③ AAA 服务器通过查询数据库中的记录，获得认证结果。

④ AAA 服务器将认证结果返回给 NAS。

⑤ NAS 根据认证结果允许用户的接入，或者拒绝用户的接入。

**2．授权**

授权是指授予合法用户能够执行的行为，即授予用户权限。根据需求的不同，以及用户访问设备的不同，权限可能是用户可以访问的资源或可以执行的操作。授权功能的描述如图 4-9 所示。

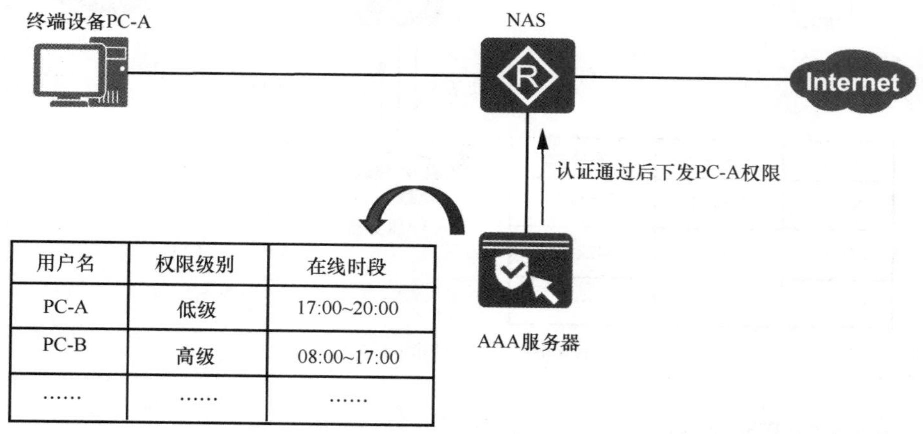


图 4-9　授权功能的描述

AAA 支持如下 3 种授权方式。

① 不授权：不对用户进行授权。根据使用场景的不同，用户可能无须授权，或者会以其他方式获得授权。

② 本地授权：在使用本地授权时，NAS 实际上充当了 AAA 服务器的角色，在 NAS 本地存储了执行授权所需的用户权限信息（如 VLAN）。

③ 远端授权：使用单独的 AAA 服务器进行授权。在这种环境中，NAS 作为 AAA 客户端，使用 RADIUS 与 RADIUS 服务器进行通信，或者使用 HWTACACS 与 HWTACACS 服务器进行通信，具体如下。

a. RADIUS 授权：可以向通过 RADIUS 服务器认证的用户进行授权。RADIUS 的授权功能与其认证功能绑定，不能单独使用。

b. HWTACACS 授权：可以向所有用户进行授权。

在使用远端授权的环境中，用户的权限可以同时来自 AAA 服务器和 NAS 服务器，但当两者的权限范围冲突时，以 AAA 服务器下发的授权信息为准。

在对用户进行授权时，为了确保安全，应该仅授予用户执行所需功能时的最小权限，以防止发生恶意或意外的网络行为。

3. 计费

计费功能可以记录用户的行为，以及与该行为相关的参数，比如时间戳。计费功能的描述如图 4-10 所示。

AAA 支持如下两种计费方式。

① 不计费：用户的行为不会产生任何活动日志。

② 远端计费：通过 RADIUS 服务器或 HWTACACS 服务器进行远端计费。

计费功能除了可以记录用户的在线时长和流量外，还可以详细记录用户的其他行为。例如，在对用户的上网行为进行计费时，可以记录用户访问的网站；在对用户登录网络设备进行计费时，可以记录用户在网络设备上执行的操作等。

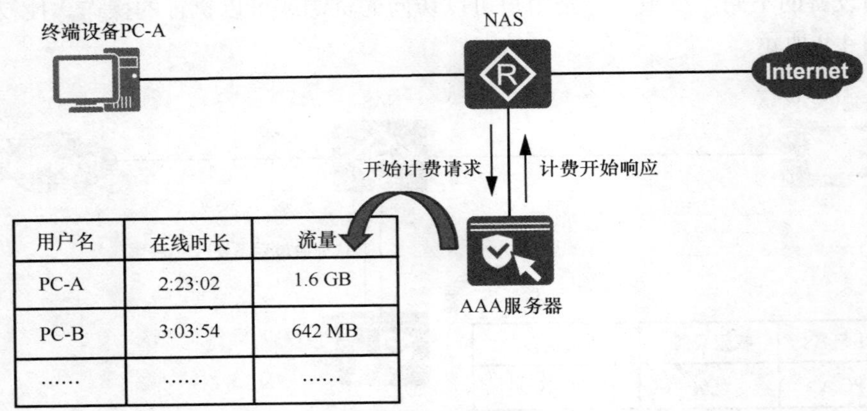


图 4-10 计费功能的描述

## 4.2.2 AAA 的实现方式

AAA 的客户端/服务器模型如图 4-11 所示。

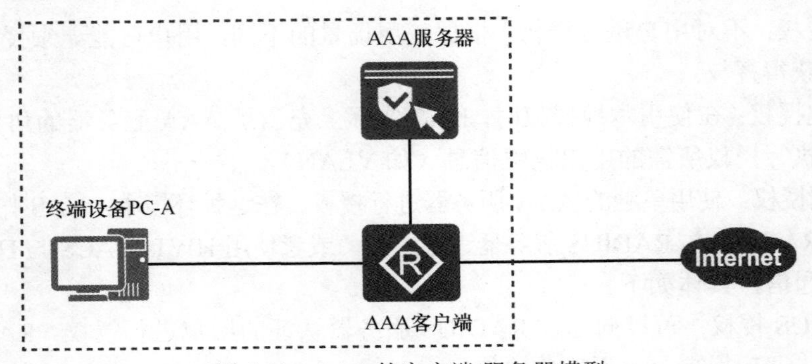


图 4-11 AAA 的客户端/服务器模型

在 AAA 环境中，用户认证的完整流程如下。

① 用户在访问网络之前，需要与 AAA 客户端建立连接。

② AAA 客户端在允许用户访问网络之前，会向用户询问特定的用户凭据信息。

③ 用户在接收到相关询问后，将用户凭据发送给 AAA 客户端。

④ AAA 客户端将用户凭据发送到 AAA 服务器。

⑤ AAA 服务器将数据库中存储的用户资料与用户凭据进行对比，得出认证结果和授权结果，并将结果返回 AAA 客户端。

⑥ AAA 客户端根据 AAA 服务器返回的结果，判断是否允许用户接入网络。

⑦ 通过认证的用户可以访问网络，未通过认证的用户则会被阻止访问网络。

AAA 服务器与 AAA 客户端之间使用特殊的协议进行通信，最常用的是 RADIUS。RADIUS 可以提供对用户的认证、授权和计费功能，这项协议定义在 RFC 2865 和 RFC 2866 中。RADIUS 将认证和授权绑定，因此无法单独使用 RADIUS 进行授权。RADIUS 使用 UDP 作为传输协议，使用 UDP 端口 1812 进行认证和授权，使用 UDP 端口 1813 进行计费。

RADIUS 的工作流程如图 4-12 所示。

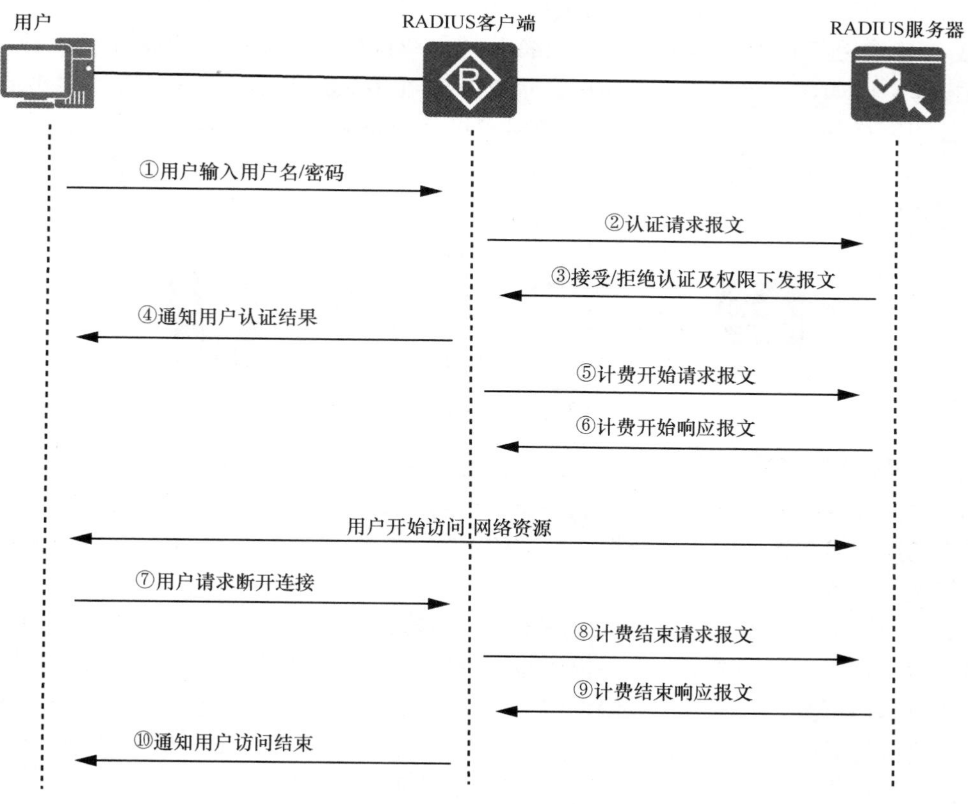


图 4-12　RADIUS 的工作流程

RADIUS 的工作流程中包含以下步骤。

① 用户在接入网络时，根据用户凭据将相应的值（例如用户名和密码）发送给

RADIUS 客户端（即 NAS）。

② RADIUS 客户端将包含用户名和密码的认证请求报文发送到 RADIUS 服务器。

③ RADIUS 服务器接收请求报文后进行验证，若验证通过，则将认证成功的结果和授权信息返回给 RADIUS 客户端；若验证未通过，则将认证失败的结果返回给 RADIUS 客户端。

④ RADIUS 客户端通知用户认证是否成功。

⑤ 当认证通过时，用户被允许接入网络，RADIUS 客户端向 RADIUS 服务器发送计费开始请求报文。

⑥ RADIUS 服务器返回计费开始响应报文并开始计费。

⑦ 用户不再需要访问网络时，发起下线请求，请求断开连接。

⑧ RADIUS 客户端向 RADIUS 服务器提交计费结束请求报文。

⑨ RADIUS 服务器返回计费结束响应报文并停止计费。

⑩ RADIUS 客户端通知用户访问结束。

### 4.2.3 AAA 的应用场景

AAA 的应用场景根据用户不同的接入方式，可以划分为以下几种。

① 登录用户管理：指用户作为设备管理员或操作员登录网络设备并对设备进行一些操作，比如，通过 Console 接口登录以及通过 Telnet/SSH 远程登录。为了保障网络设备和网络的安全，一般需要对这类用户进行严格限制，比如，限制用户登录使用的 IP 地址或登录后可以执行的命令，以及记录用户执行的操作等。登录用户管理如图 4-13 所示。

图 4-13 登录用户管理

对于登录用户管理的 AAA 应用场景来说，技术人员可以在网络设备中配置本地 AAA 方案，由网络设备充当 AAA 服务器。当用户发起登录请求时，网络设备会根据用户输入的用户名和密码在本地数据库中进行查找，决定是允许用户登录（并赋予其权限）还是拒绝用户登录。

② NAC（Network Admission Control，网络接入控制）：指用户作为网络使用者连接网络，对某些网络资源或互联网进行访问。例如公司员工或访客，这些用户可以是有线用户，也可以是无线用户。为了保障网络安全，网络管理员可以在接入交换机上配置 AAA 方案，并将其配置为 AAA 客户端，并由 AAA 服务器对接入用户进行统一管理。在用户访问网络的过程中，AAA 服务器还可以记录用户使用的网络资源。

### 4.2.4 AAA 的基本配置

华为数字通信设备支持将不同的认证、授权和计费方案组合使用，也可以使其相互形成备份，例如当远端 AAA 服务器无响应时，使用本地认证等。

在使用本地方式进行认证和授权时，网络管理员需要预先将用户名、密码、权限等相关用户信息配置在数字通信设备上，这种方式多用于限制用户的登录行为。

本地 AAA 配置流程见表 4-5。

**表 4-5　本地 AAA 配置流程**

| 配置 | 描述 |
| --- | --- |
| 配置本地用户 | 在设备中创建本地用户，并设置密码。当用户尝试登录时，设备会将用户提供的用户凭据与网络管理员预先配置的信息进行对比 |
| 配置 AAA 方案 | 在设备中创建并配置认证、授权和计费方案 |
| 应用 AAA 方案 | 让 Telnet 功能使用本地认证和授权 |

（1）配置本地用户

在配置本地用户时，除了配置用户名和密码外，网络管理员还可以配置本地用户的接入方式、用户级别、闲置切断时间、上线时间、最大连接数量等参数，并且支持本地用户自行修改密码。

本地用户的接入类型分为如下类别。

① 管理类：通过 Telnet、SSH、HTTP、API、FTP 等协议进行连接的用户，在缺省情况下，属于 default_admin 域。

② 普通类：通过 802.1x、PPP 和 Web 进行认证的用户，在缺省情况下，属于 default 域。

在创建本地用户时，网络管理员需要在系统视图下使用命令 **aaa** 进入 AAA 视图，并在 AAA 视图下执行用户接入方面的安全配置，比如创建本地用户、设置用户级别。使用命令 **aaa** 进入 AAA 视图的方法详见例 4-9。从例 4-9 中的阴影部分可以观察到命令提示符的变化，设备名称后的“-aaa”表示网络管理员已经进入 AAA 视图。

**例 4-9**　进入 AAA 视图

```
<Router>system-view
[Router]aaa
[Router-aaa]
```

在 AAA 视图中，创建本地用户的命令如下。

```
local-user username password cipher password
```

在这条命令中，网络管理员需要为本地用户设置用户名和密码。在创建本地用户时，可以以“用户名@域名”的形式设置用户名，指定用户所属的域。创建本地用户的命令详见例 4-10，用户名为 hcia，密码为 Huawei@123。从例 4-10 中的阴影部分可以看到，创建本地用户成功。

**例 4-10**　创建本地用户的命令

```
[Router-aaa]local-user hcia password cipher Huawei@123
Info: Add a new user.
[Router-aaa]
```

本地用户可以作为 Telnet 用户接入路由器，但需要指定其接入类型，命令如下。

```
local-user user-name service-type{{terminal|telnet|ftp| ssh| snmp | http}| ppp|none}
```

在这条命令中，可以选择的接入类型与设备型号相关。在实际工作中，读者可以根据具体的设备型号查看相关的配置指南，了解设备支持的接入类型。在缺省情况下，用户的接入类型是 none，即关闭了所有接入类型。将本地用户 hcia 的接入类型设置为 Telnet 见例 4-11。网络管理员也可以为一个用户同时设置多种接入类型。

**例 4-11** 将本地用户 hcia 的接入类型设置为 Telnet

```
[Router-aaa]local-user hcia service-type telnet
```

设置本地用户的接入类型后，还需要授权该用户，定义用户级别，命令如下。

```
local-user user-name privilege level level
```

用户级别的取值范围为 0～15，值越大，用户级别越高。将本地用户设置为某个级别后，该用户只能使用属于该级别及以下级别的配置命令。在缺省情况下，命令分为以下 4 个级别。

① 级别 0（参观级）：能够使用 ping 和 tracert 工具，从设备向外发起 Telnet 等连接。

② 级别 1（监控级）：能够使用级别 0 的所有命令，还可以使用部分 display 命令。

③ 级别 2（配置级）：能够使用级别 0 和级别 1 的所有命令，也可以使用部分业务配置命令，比如路由配置，还可以保存配置文件。

④ 级别 3（管理级）：最高级别，能够使用所有命令。

级别 4～级别 15 能够实现命令级别的细分和扩展，比如将某条命令的级别进行调整，以便实现更精细的安全性管理。

将本地用户 hcia 的用户级别设置为 15，详见例 4-12。

**例 4-12** 将本地用户 hcia 的用户级别设置为 15

```
[Router-aaa] local-user hcia privilege level 15
```

（2）配置 AAA 方案

配置 AAA 方案包括创建并配置认证方案和授权方案。在 AAA 视图中创建认证方案的命令如下。

```
authentication-scheme authentication-scheme-name
```

这条命令会创建认证方案并进入认证方案视图。设备中有一个默认的认证方案 default，网络管理员无法删除它，但可以对其进行修改。认证方案 default 的策略如下。

① 本地认证方式。

② 认证失败后强制用户下线。

创建名为 hcia 的认证方案详见例 4-13。例 4-13 中的阴影部分表示当前已经处于 hcia 认证方案的视图中。

**例 4-13** 创建名为 hcia 的认证方案

```
[Router-aaa]authentication-scheme hcia
Info: Create a new authentication scheme.
[Router-aaa-authen-hcia]
```

在认证方案视图中，指定认证方式的命令如下。

```
authentication-mode{hwtacacs|local|radius|none}
```

在缺省情况下，认证方式为本地认证。网络管理员可以在认证方式中设置多种认证方式，比如前文提到的先使用远端认证，当远端 AAA 服务器无响应时，再执行本地认证。此时，网络管理员需要按照认证方式的采用顺序进行配置。

① 先进行本地认证，再进行远端认证：当用户名只保存在远端服务器时，认证方式会由本地认证转为远端认证；当本地数据库也保存了用户名，但由于密码错误导致身份认证失败时，则不会转为远端认证。

② 先进行远端认证，再进行本地认证：只有在远端服务器无响应时，才会转为本地认证；当用户名只保存在本地数据库，但远端认证失败时，不会转为本地认证。

先进行本地认证再使用 RADIUS 进行远端认证的配置双认证命令详见例 4-14。

**例 4-14**　配置双认证

```
[Router-aaa-authen-hcia]authentication-mode local radius
```

在 AAA 视图下，除了可配置认证方式外，还可创建授权方式，具体命令如下。

```
authorization-scheme authorization-scheme-name
```

这条命令会创建授权方案并进入授权方案视图。设备中默认有一个名为 default 的授权方案，网络管理员无法删除它，但可以对其进行修改。授权方案 default 的策略如下。

① 本地授权方式。

② 不启用按命令行进行授权。

创建名为 hcia 的授权方案详见例 4-15。例 4-15 中阴影部分表示当前已经处于 hcia 授权方案的视图中。

**例 4-15**　创建名为 hcia 的授权方案

```
[Router-aaa]authorization-scheme hcia
Info: Create a new authorization scheme.
[Router-aaa-author-hcia]
```

在授权方式视图中，指定授权方式的命令如下。

```
authorization-mode {hwhacacs|local|none}
```

本地授权是缺省情况下的授权方式。配置本地授权的命令详见例 4-16。

**例 4-16**　配置本地授权

```
[Router-aaa-author-hcia]authorization-mode local
```

（3）应用 AAA 方案

当针对远程登录进行身份认证时，需要在 VTY 接口下指定认证方案。这时，网络管理员需要先使用以下命令进入 VTY 接口。

```
user-interface vty first-ui-number [last-ui-number]
```

VTY 接口号的范围是 0～4。指定设备使用本地认证的命令如下。

```
authentication-mode aaa
```

将 VTY 接口配置为本地认证的命令详见例 4-17。

**例 4-17**　将 VTY 接口配置为本地认证的命令

```
[Router]user-interface vty 0 4
[Router-ui-vty0-4]authentication-mode aaa
```

（4）验证命令

本地用户 hcia 属于 default_admin 域。以 default_admin 域为例，网络管理员可以使用命令 **display domain name default_admin** 查看域中使用的认证、授权和计费方案，详见例 4-18。例 4-18 中的阴影部分显示了默认的认证、授权和计费方案。

例 4-18　查看 default_admin 域中使用的认证、授权和计费方案

```
[Router]display domain name default_admin

  Domain-name                     : default_admin
  Domain-state                    : Active
  Authentication-scheme-name      : default
  Accounting-scheme-name          : default
  Authorization-scheme-name       : -
  Service-scheme-name             : -
  RADIUS-server-template          : -
  HWTACACS-server-template        : -
  User-group                      : -
```

网络管理员可以使用命令 **display authentication-scheme hcia** 查看认证方案的配置，详见例 4-19。例 4-19 的输出结果显示，该方案采用了先进行本地认证，再进行远端认证的方式。

例 4-19　查看认证方案的配置

```
[Router]display authentication-scheme hcia

  Authentication-scheme-name      : hcia
  Authentication-method           : Local
  Authentication-method           : RADIUS
  Authentication-super method     : Super
```

网络管理员可以使用命令 **display authorization-scheme hcia** 查看授权方案的配置，详见例 4-20。

例 4-20　查看授权方案的配置

```
[Router]display authorization-scheme hcia
-------------------------------------------------------------------------------
  Authorization-scheme-name       : hcia
  Authorization-method            : Local
  Authorization-cmd level  0      : Disabled
  Authorization-cmd level  1      : Disabled
  Authorization-cmd level  2      : Disabled
  Authorization-cmd level  3      : Disabled
  Authorization-cmd level  4      : Disabled
  Authorization-cmd level  5      : Disabled
  Authorization-cmd level  6      : Disabled
  Authorization-cmd level  7      : Disabled
  Authorization-cmd level  8      : Disabled
  Authorization-cmd level  9      : Disabled
  Authorization-cmd level 10      : Disabled
  Authorization-cmd level 11      : Disabled
  Authorization-cmd level 12      : Disabled
  Authorization-cmd level 13      : Disabled
  Authorization-cmd level 14      : Disabled
  Authorization-cmd level 15      : Disabled
  Authorization-cmd no-response-policy      : Online
-------------------------------------------------------------------------------
```

当用户 hcia 通过 Telnet 登录后，可以使用命令 **display users** 查看当前的在线用户，详见例 4-21。

例 4-21　查看当前的在线用户

```
<Router>display users
  User-Intf       Delay     Type   Network Address     AuthenStatus     AuthorcmdFlag
+ 129 VTY 0     00:00:00    TEL    10.0.23.2               pass
  Username : hcia
```

当用户 hcia 登录后，可以使用命令 **display aaa offline-record all** 查看用户的登录信息，详见例 4-22。

例 4-22　查看用户的登录信息

```
[Router]display aaa offline-record all
 -------------------------------------------------------------------
  User name               : hcia
  Domain name             : default_admin
  User MAC                : ffff-ffff-ffff
  User access type        : telnet
  User IP address         : 2.23.0.10
  User ID                 : 1
  User login time         : 2021/08/18 20:03:46
  User offline time       : 2021/08/18 20:12:03
  User offline reason     : user request to offline
 -------------------------------------------------------------------
  Are you sure to display some information?(y/n)[y]:y
[Router]
```

## 4.3　NAT 的基本原理

NAT 最早是作为一种节省 IPv4 地址的方法而广泛流行，如今我们可以在绝大多数网络中看到 NAT 的身影。NAT 不仅可以节省 IP 地址空间，而且能提高网络的安全性，这是因为外部网络中的主机无法直接与内部主机进行通信。另外，企业也能够通过部署 NAT 节省网络的互联成本，这是因为能够在互联网中进行通信的公有 IP 地址并不是免费的。

### 4.3.1　NAT 的原理

顾名思义，NAT 就是通过将一个 IP 地址转换为另一个 IP 地址，来实现各种目的。为了解释地址转换为什么可以起到节省 IPv4 地址的目的，首先介绍一下 RFC 1918 中定义的私有 IP 地址空间。下面分别介绍一下公有 IP 地址和私有 IP 地址的概念。

① 公有 IP 地址：由专门的机构进行管理和分配，可以直接在互联网进行通信，需要付费使用；

② 私有 IP 地址：任何人可以随意使用，无法直接在互联网进行通信，无须付费。

私有 IP 地址的使用如图 4-14 所示。不同网络中的私有 IP 地址范围可以重叠，这是因为这些 IP 地址仅用于园区网络内部。

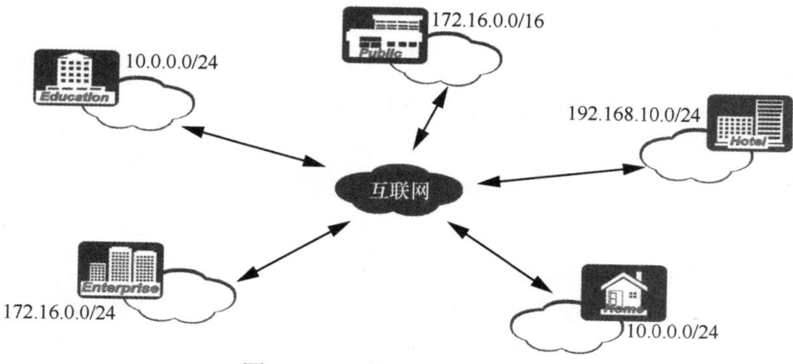


图 4-14　私有 IP 地址的使用

RFC 1918 对私有 IP 地址进行了定义，私有 IP 地址不能直接连接互联网，需要通过 NAT 等技术来实现。由于私有 IP 地址不会（也不能）出现在互联网中，因此每个园区网络可以在其内部使用私有 IP 地址。通过重复利用私有 IP 地址，达到节省 IP 地址空间的目的。在 RFC 1918 中定义的私有 IP 地址见表 4-6。

表 4-6 在 RFC 1918 中定义的私有 IP 地址

| 类别 | IP 地址段 | IP 地址数量 | 描述 |
| --- | --- | --- | --- |
| A 类 | 10.0.0.0～10.255.255.255 | 16777216 | 单个 A 类网络 |
| B 类 | 172.16.0.0～172.31.255.255 | 1048576 | 16 个连续的 B 类网络 |
| C 类 | 192.168.0.0～192.168.255.255 | 65536 | 256 个连续的 C 类网络 |

为了让使用私有 IP 地址的主机能够访问互联网，需要将私有 IP 地址转换为公有 IP 地址。执行这类转换的通常是网络的出口设备，这类设备如路由器或防火墙，负责将私有网络与互联网相连。NAT 设备的工作原理如图 4-15 所示。

在图 4-15 中，主机 A 是一台内网的主机，使用私有 IP 地址，它的 IP 地址为 10.0.0.1。服务器 B 是一台位于互联网中的服务器，使用公有 IP 地址，它的 IP 地址为 8.8.8.8。主机 A 与服务器 B 之间有一台拥有公有 IP 地址为 103.31.200.1 的路由器，该路由器是主机所属园区网的网关设备。主机需要通过这台路由器访问互联网。

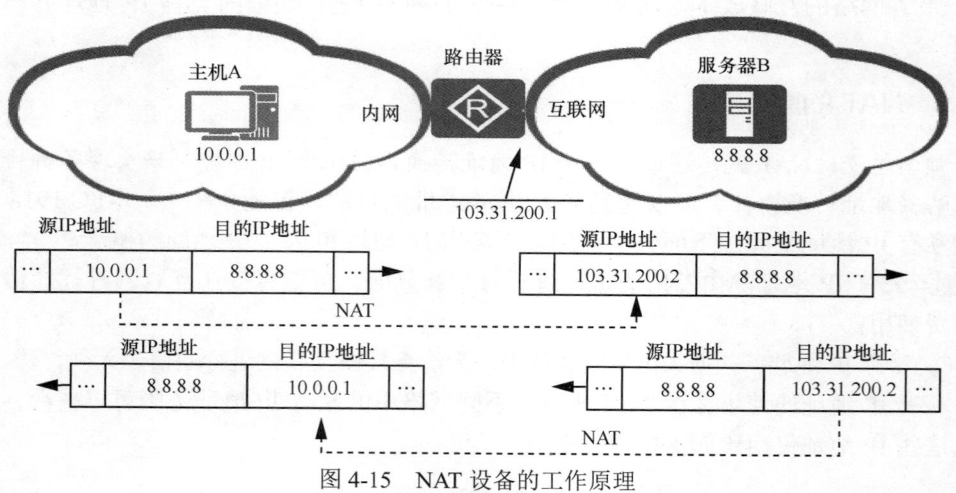


图 4-15 NAT 设备的工作原理

NAT 设备对主机 A 到服务器 B 和服务器 B 到主机 A 的两个数据包执行的操作如下。

① 第 1 个数据包由主机 A 发往服务器 B，因此源 IP 地址为主机 A 的私有 IP 地址 10.0.0.1，目的 IP 地址为服务器 B 的公有 IP 地址 8.8.8.8。路由器收到该数据包后，为了使数据包能够在互联网中继续路由并最终到达服务器 B，会将主机 A 的私有 IP 地址转换为公有 IP 地址：源 IP 地址 10.0.0.1 转换为 103.31.200.2。

② 第2个数据包由服务器B返回主机A，因此源IP地址为服务器B的公有IP地址8.8.8.8，目的 IP 地址为主机 A 的公有 IP 地址 103.31.200.2。路由器收到该数据包后，发现公有 IP 地址 103.31.200.2 对应的是主机 A，因此将数据包的目的 IP 地址 103.31.200.2 转换为 10.0.0.1。

总而言之，NAT 设备会通过更改数据包头部的一些参数，使内网主机发出的数据包能够访问互联网，同时允许从互联网返回的数据包能够顺利到达内网主机。NAT 设备能够更改的数据包头部参数除了源和目的 IP 地址之外，还有源和目的端口号，具体会更改哪些参数与 NAT 的类型相关。下一小节将会详细介绍不同的 NAT 类型。

### 4.3.2　NAT 的类型及其配置

4 种类型的 NAT 介绍如下。

① 静态 NAT：把一个私有 IP 地址映射为一个固定公有 IP 地址。

② 动态 NAT：把一个私有 IP 地址映射为一个非固定公有 IP 地址。静态 NAT 需要网络管理员通过使用命令来绑定私有 IP 地址与公有 IP 地址；动态 NAT 可以将私有 IP 地址与一个地址池中的公有 IP 地址进行动态关联，网络管理员在地址池中指定可以使用的公有 IP 地址范围即可，无须静态配置一对一的映射。需要注意的是，公有地址池中的 IP 地址数量应不少于需要访问互联网的内部主机数量，否则当公有地址池中的 IP 地址耗尽后，更多的内部主机将无法获得 NAT 所需的公有 IP 地址，导致无法访问互联网。

③ NAPT（Network Address Port Translation，网络地址端口转换）和 Easy IP：把多个私有 IP 地址映射为一个或多个公有 IP 地址。NAPT 和 Easy IP 的工作原理相同，在 Easy IP 的配置中，NAT 设备使用本地连接互联网接口的 IP 地址作为公有 IP 地址，为内部主机提供互联网连接。在一般的 NAPT 配置中，网络管理员可以像配置动态 NAT 一样设置地址池，而且地址池中可用的公有 IP 地址数量可以远小于需要访问互联网的内部主机数量。

④ NAT Server：与静态 NAT 类似，也是将一个私有 IP 地址映射为一个固定公有 IP 地址。NAT Server 的映射还添加了端口号信息，使内部主机能够对外（互联网）提供服务。

#### 1．静态 NAT

（1）静态 NAT 的工作原理

静态 NAT 的特点是每个私有 IP 地址有一个与之绑定的公有 IP 地址。这种固定的绑定关系能够实现双向访问，即一旦在 NAT 设备上创建了私有 IP 地址 A 与公有 IP 地址 B 之间的映射关系，互联网上的设备就可以主动向公有 IP 地址 B 发起连接，并成功连接到使用私有 IP 地址 A 的内部主机。图 4-16 展示了静态 NAT 的工作原理。

在图 4-16 展示的使用场景中，路由器需要将 PC1 的私有 IP 地址 10.0.1.1 转换为公有 IP 地址 103.31.200.1，将 PC2 的私有 IP 地址 10.0.2.1 转换为公有 IP 地址 103.31.200.2。PC1 与 PC2 在连接互联网时会以相应的公有 IP 地址进行通信。互联网主机可以主动向内部主机发起访问，即互联网主机 PC3 与内部主机 PC2 进行通信。

静态 NAT 虽然实现了内部主机访问互联网的需求，但一对一的 IP 地址映射并不能节省公有 IP 地址，并且当 PC1 暂时不需要访问互联网时，其他主机也不能使用分配给 PC1 的公有 IP 地址。如果希望内部主机向外提供某些服务，可以限定 NAT 所涉及的 IP 地址和端口号，以确保互联网主机在对内部主机发起访问时，只能访问指定端口。这种需求可以通过 NAT Server 实现，后文会对此进行介绍。

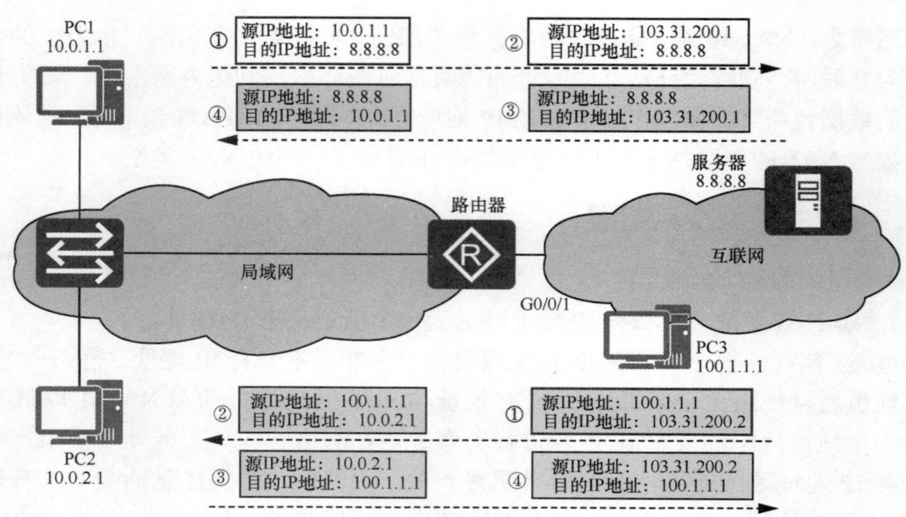


图 4-16 静态 NAT 工作原理

在静态 NAT 中，NAT 设备（如图 4-16 中的路由器）保存着一个 NAT 映射表，记录私有 IP 地址与公有 IP 地址的对应关系，并且 NAT 映射表会与 NAT 设备的某个接口进行关联。假设设备的接口 G0/0/1 与 NAT 映射表进行了关联，则设备会根据以下规则查找映射表并执行相应的 IP 地址转换。

① 从接口 G0/0/1 转发数据包时，设备根据数据包的源 IP 地址查找 NAT 映射表中的私有 IP 地址，并将数据包的源 IP 地址转换为对应条目中映射的公有 IP 地址，这种操作称为正向查找。

② 从接口 G0/0/1 接收数据包时，设备根据数据包的目的 IP 地址查找 NAT 映射表中的公有 IP 地址，并将数据包的目的 IP 地址转换为对应条目中映射的私有 IP 地址，这种操作称为反向查找。

在图 4-16 所示场景的基础上，图 4-17 展示了 NAT 映射表信息，以及查找和转换条目。

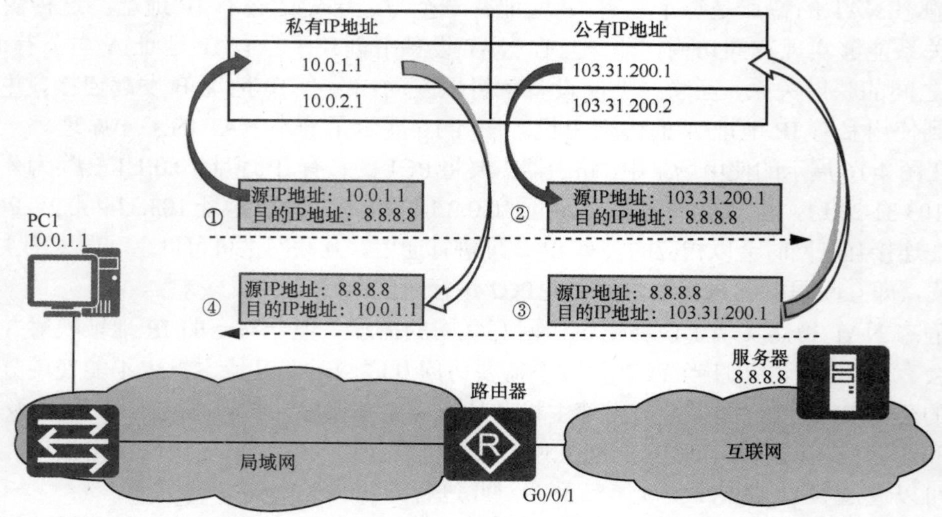


图 4-17 NAT 映射表的信息及查找和转换条目

（2）静态 NAT 的配置

静态 NAT 的配置非常简单，即配置静态的私有 IP 地址与公有 IP 地址之间的映射关系，并且将映射关系与某个接口进行关联。配置静态 NAT 的两种方法如下。

① 直接在具体的接口视图下配置映射关系。

② 在系统视图下配置映射关系，并在接口视图下启用静态 NAT。

在具体的接口视图下配置映射关系的命令如下。

```
nat static global { global-address } inside { host-address }
```

这条命令是两组关键词+参数的组合，**global** { *global-address* }和 **inside** { *host-address* }。其中，**global** 用来配置公有 IP 地址，**inside** 用来配置私有 IP 地址。

在系统视图下配置映射关系时使用的命令与接口视图下配置映射关系时使用的命令相同，但在这种配置方法中，NAT 设备不知道何时使用系统配置的 NAT 映射关系。因此，除了在系统视图中配置映射关系外，还需要在接口视图中使用以下命令启用静态 NAT。

```
nat static enable
```

在接口视图下配置静态 NAT 详见例 4-23。

**例 4-23**　在接口视图下配置静态 NAT

```
[Router]interface GigabitEthernet0/0/1
[Router-GigabitEthernet0/0/1]nat static global 103.31.200.1 inside 10.0.1.1
[Router-GigabitEthernet0/0/1]nat static global 103.31.200.2 inside 10.0.2.1
```

在系统视图下配置静态 NAT 详见例 4-24。

**例 4-24**　在系统视图下配置静态 NAT

```
[Router]nat static global 103.31.200.1 inside 10.0.1.1
[Router]nat static global 103.31.200.2 inside 10.0.2.1
[Router]interface GigabitEthernet0/0/1
[Router-GigabitEthernet0/0/1]nat static enable
```

### 2. 动态 NAT

（1）动态 NAT 的工作原理

静态 NAT 的私有 IP 地址与公有 IP 地址的映射关系固定，当已分配公有 IP 地址的内部主机没有上网需求时，分配给它使用的公有 IP 地址空闲，无法动态地为其他内部主机提供访问互联网的功能。动态 NAT 则通过地址池的概念实现了私有 IP 地址与公有 IP 地址的动态映射，网络管理员可以将可用来分配的公有 IP 地址放在一个地址池中，NAT 设备根据内部主机访问互联网的实际需求分配公有 IP 地址。当公有 IP 地址已与私有 IP 地址进行了映射，它在地址池中的状态会被标记为已使用，其他未进行映射的公有 IP 地址则会被标记为未使用。当内部主机不再访问互联网时，分配给它使用的公有 IP 地址被回收，重新被标记为未使用，并且可以分配给其他内部主机。图 4-18 所示场景展示了动态 NAT 的工作原理，当 PC1 不再访问互联网，公有 IP 地址被回收时，PC2 可以使用相同的公有 IP 地址访问互联网。

在动态 NAT 中，NAT 设备不能仅对地址池中公有 IP 地址的使用状态进行标记，还需要知道公有 IP 地址的分配信息。与静态 NAT 相同，设备会根据 NAT 映射表执行 IP 地址转换，此时 NAT 映射表中的条目是设备根据实际需要动态生成的。动态 NAT 的正向查找过程如图 4-19 所示。

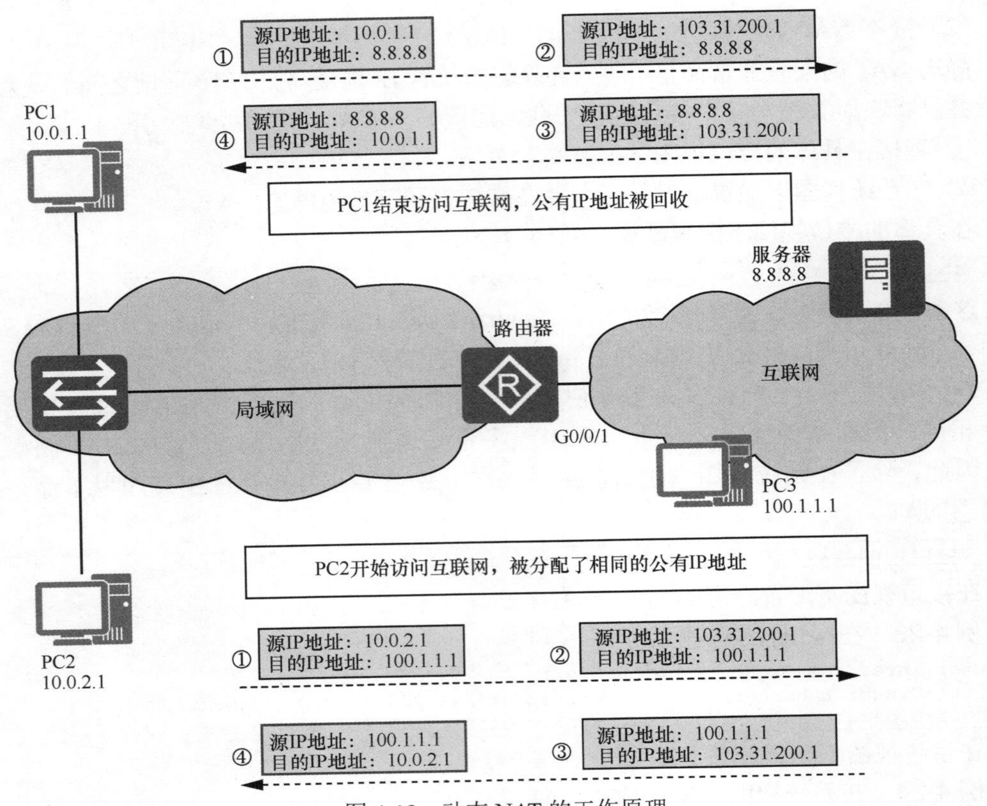


图 4-18 动态 NAT 的工作原理

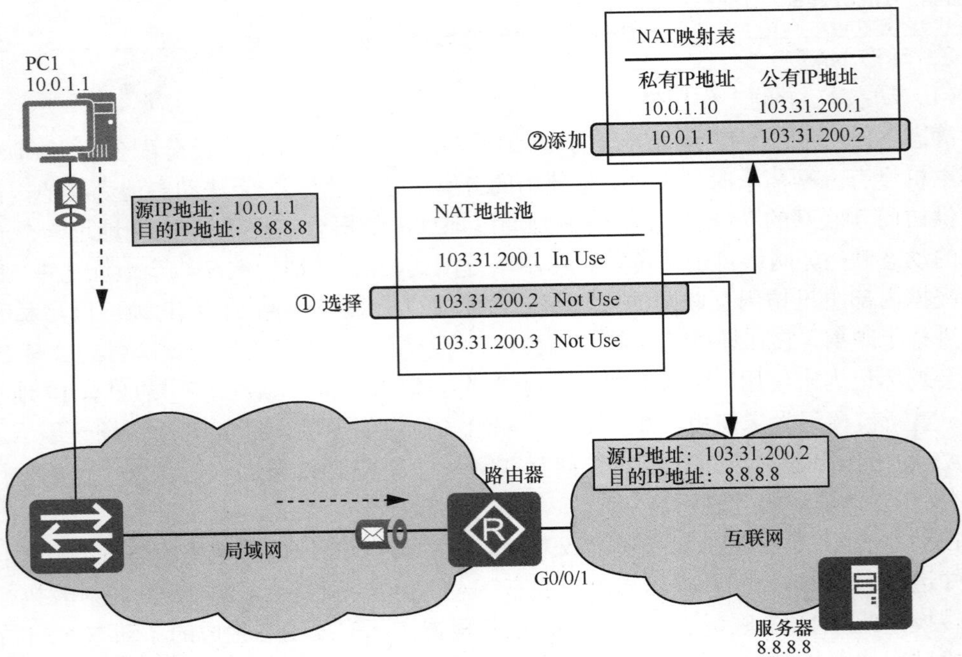


图 4-19 动态 NAT 的正向查找过程

在图 4-19 中，PC1 将自己的私有 IP 地址作为源 IP 地址，以公有 IP 地址 8.8.8.8 为目的 IP 地址发送数据包。路由器判断需要对这个数据包的源 IP 地址执行 NAT，从 NAT 地址池中选择一个未使用（Not Use）的公有 IP 地址，在 NAT 映射表中添加一个条目，将 PC1 的私有 IP 地址 10.0.1.1 与公有 IP 地址 103.31.200.2 相映射，并根据 NAT 映射表的正向查找结果将数据包的源 IP 地址转换为公有 IP 地址。当 NAT 设备从外部网络收到回应的数据包时，根据数据包的目的 IP 地址对 NAT 映射表进行反向查找，并根据查找结果将数据包的目的 IP 地址转换为私有 IP 地址。动态 NAT 的反向查找过程如图 4-20 所示。

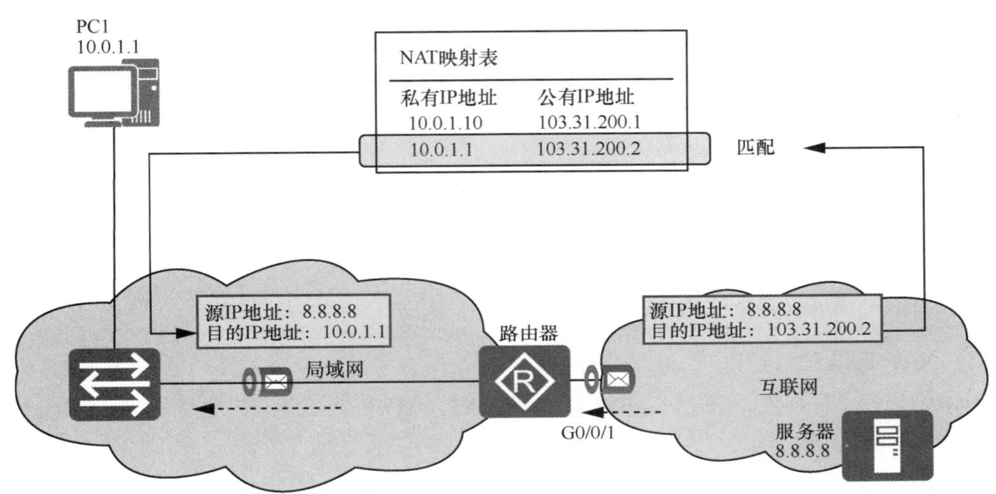


图 4-20　动态 NAT 的反向查找过程

（2）动态 NAT 的配置

与静态 NAT 类似，配置动态 NAT 也需要指定被转换的私有 IP 地址和能够提供转换的公有 IP 地址，但此时私有 IP 地址与公有 IP 地址不是一一对应的关系。配置动态 NAT 的方法如下。

① 指定公有 IP 地址：使用 NAT 地址池指定公有 IP 地址。

② 指定私有 IP 地址：使用 ACL 指定需要被转换的私有 IP 地址。因为只需指定源 IP 地址，所以使用基本 ACL 即可。当 ACL 用于 NAT 时，需要配置 permit 行为，并且匹配源 IP 地址。所有匹配 ACL 规则的数据包需要被转换，未匹配 ACL 规则的数据包则会按照原始方式进行转发处理。

创建 NAT 地址池并指定公有 IP 地址的命令如下。

```
nat address-group group-index start-address end-address
```

这条命令用来配置公有 IP 地址的范围，除了 IP 地址范围中的起始地址和结束地址外，还需要配置地址池编号，便于之后引用。

创建 ACL 并指定私有 IP 地址的命令如下。

```
acl number
```

这条命令可以创建 ACL 并让系统进入 ACL 的配置视图。基本 ACL 的编号范围为 2000～2999，高级 ACL 的编号范围为 3000～3999。

配置 ACL 中的规则需要使用以下命令。

```
rule permit source source-address source-wildcard
```

这条命令可以配置 ACL 中的规则，为了使私有 IP 地址能够被执行 NAT，网络管理员需要配置 permit 行为，并在其中匹配被转换的私有 IP 地址范围。

在接口视图下进行 NAT 配置的命令如下。

```
nat outbound acl-number address-group group-index [no-pat]
```

这条命令是接口视图的命令，指明地址转换的方向为出方向，即在将数据包从该接口转发时，确认是否需要进行 NAT，并在需要时执行。命令中的两个参数分别指定了私有 IP 地址和公有 IP 地址。最后一个可选关键词指不进行端口转换，仅针对 IP 地址进行转换，即执行动态 NAT。在需要进行端口转换的 NAPT 环境中，不配置该关键词。

假设需要转换的私有 IP 地址为 10.0.1.0/24 和 10.0.2.0/24，可用的公有 IP 地址为 103.31.200.1～103.31.200.3，连接互联网的接口为 G0/0/1，在这个环境中，动态 NAT 的配置命令详见例 4-25。

**例 4-25 动态 NAT 的配置命令**

```
[Router]nat address-group 1 103.31.200.1 103.31.200.3
[Router]acl 2000
[Router-acl-basic-2000]rule permit 10.0.1.0 0.0.0.255
[Router-acl-basic-2000]rule permit 10.0.2.0 0.0.0.255
[Router-acl-basic-2000]quit
[Router]interface GigabitEthernet0/0/1
[Router-GigabitEthernet0/0/1]nat outbound 2000 address-group 1 no-pat
```

### 3. NAPT 和 Easy IP

在使用 NAPT 为内部主机提供互联网连接时，可以根据公有 IP 地址的情况来选择部署方式。

① NAPT：当配置了 NAT 设备连接 ISP（Internet Service Provider，互联网服务提供商）的接口 IP 地址和其他应用后，还有空闲的公有 IP 地址，可以选择使用地址池来指定可用公有 IP 地址的方式为内部主机提供可用的公有 IP 地址。

② Easy IP：当配置了 NAT 设备连接 ISP 的接口 IP 地址和其他应用后，已没有空闲的公有 IP 地址，可以选择使用 Easy IP 的方式，复用 NAT 设备连接 ISP 的出口 IP 地址为内部主机提供互联网连接。

（1）NAPT 的工作原理

NAPT 从地址池中选择公有 IP 地址进行转换时，同时对端口号进行转换，实现一对多的转换。一个公有 IP 地址可以为多台内部主机提供上网服务，有效提高 IP 地址的利用率。NAPT 的工作原理应用场景如图 4-21 所示。

在 NAPT 部署环境中，多台内部主机在访问互联网时，可以使用被转换的相同的公有 IP 地址，并且以端口号对它们的流量进行区分。应用 NAPT 的方式有两种：一种是使用 NAT 地址池来指定可用公有 IP 地址；另一种是使用出接口的公有 IP 地址进行转换，也称为 Easy IP。图 4-22 展示了使用地址池来指定可用公有 IP 地址的 NAPT 方式。

在图 4-22 中，内部 PC1 向互联网中的服务器 8.8.8.8 发送数据包，源 IP 地址为 10.0.1.1，源端口号为高位随机端口号，目的 IP 地址为 8.8.8.8，目的端口号为 53（DNS 服务）。路由器为源 IP 地址选择了 NAT 地址池中的第一个可用 IP 地址，同时对源端口号进行了转换。这样，NAPT 通过对端口进行转换，能够使用少数几个公有 IP 地址对大量私有 IP 地址进行转换。当服务器进行响应时，路由器会对返回的数据包进行反向查找，并相应地转换目的 IP 地址。

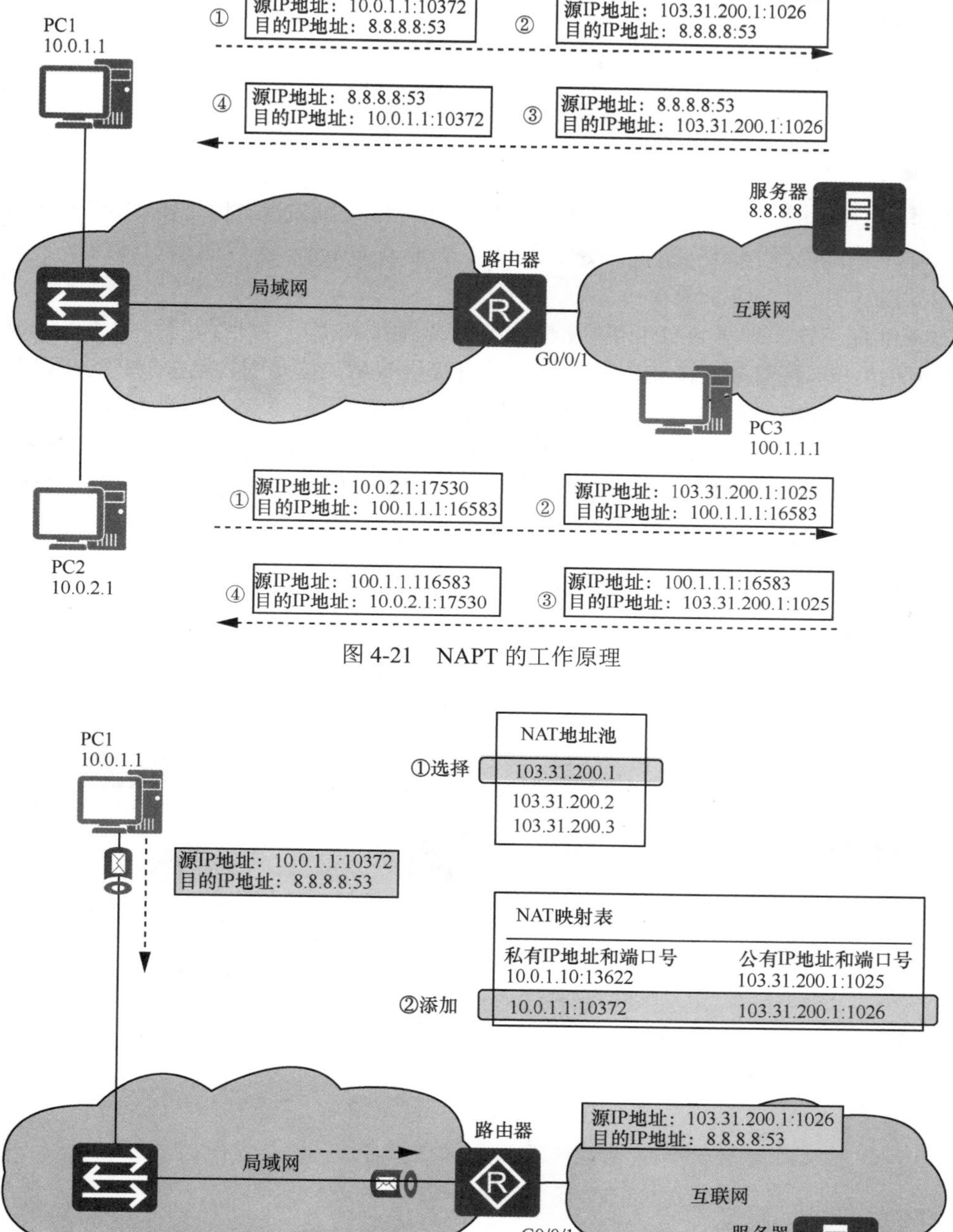


图 4-21　NAPT 的工作原理

图 4-22　使用地址池来指定可用公有 IP 地址的 NAPT 方式

（2）NAPT 的配置

假设需要转换的私有 IP 地址为 10.0.1.0/24 和 10.0.2.0/24，可用公有 IP 地址为 103.31.200.1～103.31.200.3，连接互联网的接口为 G0/0/1，这个环境中 NAPT 的配置命令详见例 4-26。

例 4-26 NAPT 的配置命令

```
[Router]nat address-group 1 103.31.200.1 103.31.200.3
[Router]acl 2000
[Router-acl-basic-2000]rule permit 10.0.1.0 0.0.0.255
[Router-acl-basic-2000]rule permit 10.0.2.0 0.0.0.255
[Router-acl-basic-2000]quit
[Router]interface GigabitEthernet0/0/1
[Router-GigabitEthernet0/0/1]nat outbound 2000 address-group 1
```

例 4-26 基于的需求与动态 NAT 配置的需求相同，因此 NAT 地址池和 ACL 的配置相同，唯一不同的是接口的配置命令中不包含关键词 no-pat，即启用端口转换。

（3）Easy IP 的工作原理

Easy IP 的工作原理与 NAPT 相同，也是结合 IP 地址和端口号进行转换，只不过 Easy IP 的环境更为简单，是直接连接 ISP 的出口 IP 地址提供 NAT，这是因为连接 ISP 的接口 IP 地址通常会使用由 ISP 分配的公有 IP 地址。同时 Easy IP 还有一个特殊的使用场景：使用于不具有固定公有 IP 地址的环境。有些园区网会通过 DHCP、PPPoE 等方式动态地从 ISP 获取公有 IP 地址。在这种环境中，网络管理员无须了解每次获取的 IP 地址，就可以让 NAT 设备使用出口 IP 地址执行 NAT。Easy IP 的工作原理如图 4-23 所示。

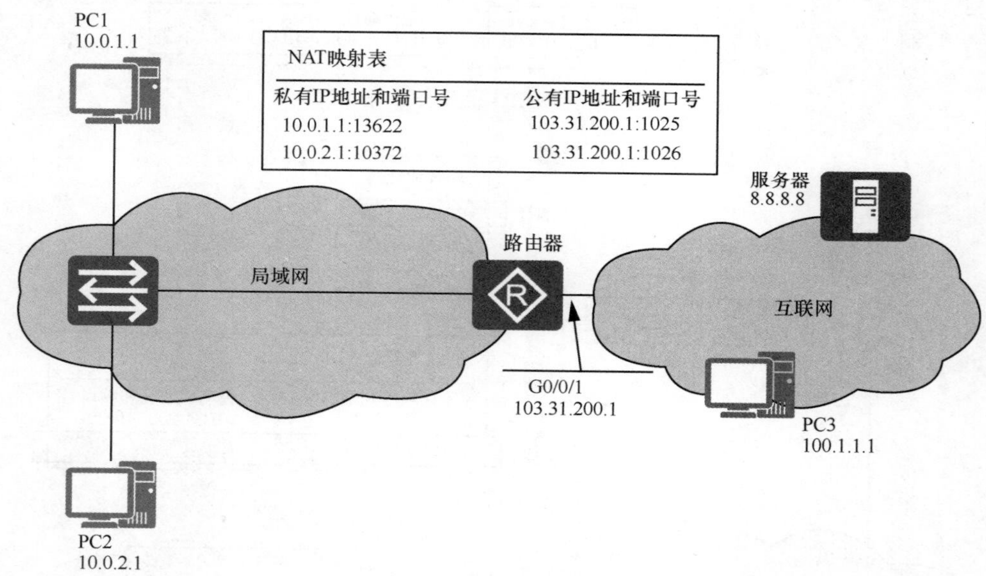


图 4-23 Easy IP 的工作原理

（4）Easy IP 的配置

Easy IP 无须配置 NAT 地址池，只需要在 ACL 中指定需要被转换的私有 IP 地址，并在接口上进行关联即可。Easy IP 的配置方法详见例 4-27，其中，假设需要转换的私有 IP 地址为 10.0.1.0/24 和 10.0.2.0/24，使用连接互联网的接口 G0/0/1 的 IP 地址为 103.31.200.1。

例 4-27 Easy IP 的配置

```
[Router]acl 2000
[Router-acl-basic-2000]rule permit 10.0.1.0 0.0.0.255
[Router-acl-basic-2000]rule permit 10.0.2.0 0.0.0.255
[Router-acl-basic-2000]quit
[Router]interface GigabitEthernet0/0/1
[Router-GigabitEthernet0/0/1]nat outbound 2000
```

### 4. NAT Server

（1）NAT Server 的工作原理

NAT Server 既可让内部服务器能够向外提供服务，也可通过限制外部主机可访问的端口来保障一定程度的网络安全性。NAT Server 在静态 NAT 的基础上添加端口号，将私有 IP 地址+端口号与公有 IP 地址+端口号映射在一起。NAT Server 的工作原理如图 4-24 所示。

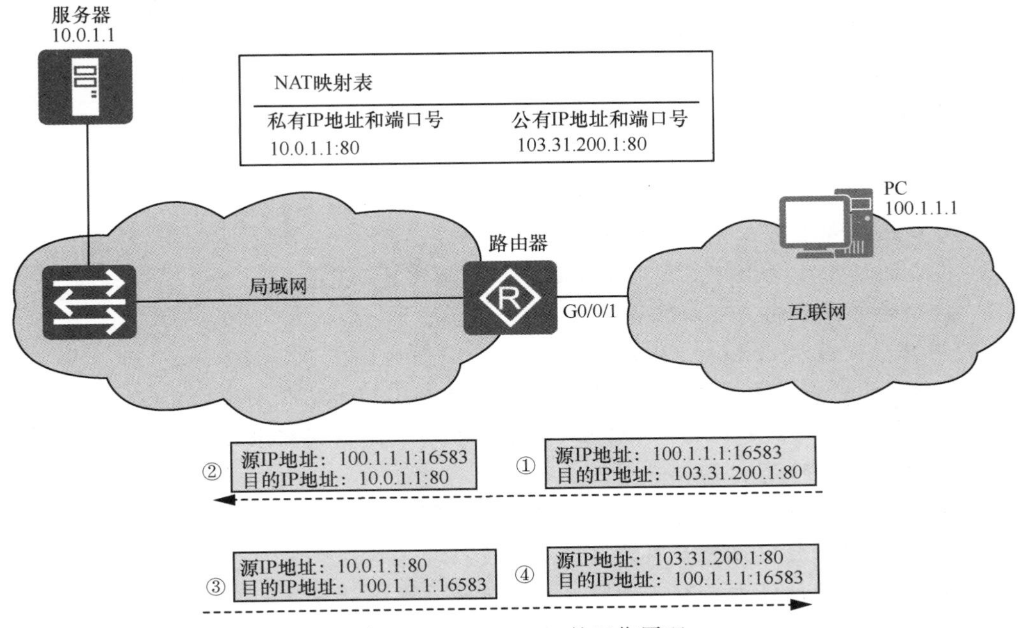


图 4-24　NAT Server 的工作原理

在图 4-24 中，内部服务器需要向外提供 Web 服务（TCP 端口 80），其私有 IP 地址为 10.0.1.1，路由器将内部服务器私有 IP 地址与端口号（10.0.1.1:80）映射为公有 IP 地址和端口号（103.31.200.1:80）。所有访问 103.31.200.1:80 的流量会通过 NAT 执行目的 IP 地址和端口号转换，并正确转发到内部服务器。在服务器进行回应时，路由器会根据映射规则，将服务器的私有 IP 地址和端口号进行相应转换。

（2）NAT Server 的配置

配置 NAT Server 的命令如下。

```
nat server protocol { tcp | udp } global global-address global-port inside host-address host-port
```

在这条命令中，通过关键词 **tcp** 或 **udp** 来确定传输协议，在 **global** 部分设置公有 IP 地址和端口号，在 **inside** 部分设置私有 IP 地址和端口号。

NAT Server 的配置命令详见例 4-28。

**例 4-28　NAT Server 的配置命令**

```
[Router]interface GigabitEthernet0/0/1
[Router-GigabitEthernet0/0/1]nat server protocol tcp global 103.31.200.1 80 inside 10.0.1.1 80
```

## 练习题

1. 下列哪条命令是基本 ACL 规则的创建命令？（　　）

A. rule 10 permit ip　　B. rule 10 permit ip any

C. rule 10 permit source any　　D. rule 10 permit tcp source any

2. 基本 ACL 能够基于下列哪些规则来定义？（　　）

A. 源 IP 地址　　B. 目的 IP 地址

C. 源端口　　D. 目的端口

3. 下列描述中正确的是？（　　）

A. 接口入方向上可以按照类型的不同配置多个 ACL

B. 接口出方向上可以按照类型的不同配置多个 ACL

C. 接口的任意方向上可以按照类型的不同配置多个 ACL

D. 接口的任意方向上可以配置一个 ACL

4. 下列用户中，属于 default_admin 域的是？（　　）

A. 拥有 Telnet 接入方式的 user1@hcia　　B. 拥有 Telnet 接入方式的 user1

C. 拥有网络访问权限的 user1@hcia　　D. 拥有网络访问权限的 user1

5. 以下说法中错误的是？（　　）

A. AAA 支持的认证方式有不认证、本地认证、远端认证

B. AAA 支持的授权方式有不授权、本地授权、远端授权

C. AAA 支持的计费方式有不计费、本地计费、远端计费

D. AAA 支持多种认证和授权方式组合使用

6. 网络管理员用户如需保存设备配置，用户级别至少应该为哪个级别？（　　）

A. 级别 0　　B. 级别 1

C. 级别 2　　D. 级别 3

7. 以下哪种类型的 NAT 无法实现一对多的 IP 地址转换？（　　）

A. 静态 NAT　　B. NAPT

C. Easy IP　　D. NAT Server

8. 要想让内部服务器向外提供服务，最好选用哪种类型的 NAT？（　　）

A. 静态 NAT　　B. NAPT

C. Easy IP　　D. NAT Server

9. 在配置 NAT 地址池时，以下命令正确的是？（　　）

A. [Router]nat ip-pool 1 103.31.200.1 103.31.200.3

B. [Router]nat address-group 1 103.31.200.1 103.31.200.3

C. [Router]nat ip-pool 1 10.0.1.1 10.0.1.254

D. [Router]nat address-group 1 10.0.1.1 10.0.1.254

10. 在使用 ACL 限定需要转换的私有 IP 地址时，以下命令正确的是？（　　）

A. [Router]acl 2000

[Router-acl-basic-2000]rule 5 permit source 192.168.0.0 255.255.255.0

B. [Router]acl 2000

[Router-acl-basic-2000]rule 5 permit source 192.168.0.0 0.0.0.255

C. [Router]acl 2000

[Router-acl-basic-2000]rule 5 deny source 192.168.0.0 255.255.255.0

D. [Router]acl 2000

[Router-acl-basic-2000]rule 5 deny source 192.168.0.0 0.0.0.255

**答案：**

1. C　2. A　3. D　4. B　5. C　6. C　7. A　8. D　9. B　10. B

# 第5章
# 网络服务与应用

本章主要内容

5.1　Telnet 协议的原理与配置

5.2　FTP 的原理与配置

5.3　TFTP 的原理与配置

5.4　DHCP 的原理与配置

5.5　HTTP 的原理

5.6　NTP 的原理

本章对网络中六大常用应用层协议进行简单介绍，包括 Telnet 协议、FTP、TFTP、DHCP、HTTP 和 NTP（Network Time Protocol，网络时间协议）。这些协议在网络中扮演着至关重要的角色，网络技术从业人员不仅应该理解这些协议的工作原理，而且应该掌握它们的基本配置方法。因此，本章会对部分协议在 VRP 系统中的配置命令进行介绍和说明。

**本章重点**

- Telnet 协议的原理与配置
- FTP 的原理与配置
- TFTP 的原理与配置
- DHCP 的原理与配置
- HTTP 的原理
- NTP 的原理

## 5.1 Telnet 协议的原理与配置

设计 Telnet 协议的目的是对远程管理通信进行规范。该协议定义了管理设备（如主机）通过远程连接与被管理设备（如交换机、路由器等）进行交互管理控制信息的标准。Telnet 协议是一种典型的客户端/服务器模型的协议，管理网络基础设施的主机充当 Telnet 客户端，被管理的网络基础设施充当 Telnet 服务器。

作为应用层协议，Telnet 协议在传输层通常使用 TCP，端口号为 23，即 TCP 23 端口。最早版本的 Telnet 协议运行在 NCP 上，由 NCP 提供底层连通性。1983 年，RFC 854 对 Telnet 协议的标准进行更新，指定使用 TCP 建立 Telnet 连接，以传输携带 Telnet 控制信息的数据。之后，当网络管理员使用 Telnet 客户端向被管理设备发起管理连接时，会将 TCP 23 端口作为目的端口。

根据 OSI 参考模型的定义，传输层下方是网络层。Telnet 客户端和服务器之间建立通信的前提条件是这两台设备必须 IP 可达。唯有双方 IP 可达，Telnet 客户端才能够跨越 IP 网络，对 Telnet 服务器实施管理。

当网络管理员通过 Telnet 客户端输入命令后，这些命令会通过 Telnet 连接发送给 Telnet 服务器上的守护进程——Telnetd。Telnetd 负责监听 TCP 23 端口接收的请求。一旦收到 Telnet 命令，Telnetd 会把命令发送给 Telnet 服务器操作系统的接口——Shell。Shell 负责把命令转换成操作系统可以执行的方式，由操作系统执行网络管理员在远端输入命令。Telnet 服务器的工作原理如图 5-1 所示。

当网络管理员通过 Console、Telnet 等方式登录管理设备时，系统会为网络管理员分配一个用户界面，网络管理员可以通过用户界面管理和监控被管理设备与自己之间的会话。Telnet 对应的用户界面被称为虚拟类型终端（Virtual Type Terminal，VTY）用户界面。网络管理员可以为每个 VTY 用户界面配置一系列与认证和授权有关的参数。

Telnet 的配置过程如下。

首先进入设备的系统视图，输入命令 **telnet server enable**，在被管理设备上启用 Telnet 服务器功能，以达到通过 Telnet 协议来远程管理设备的目的。

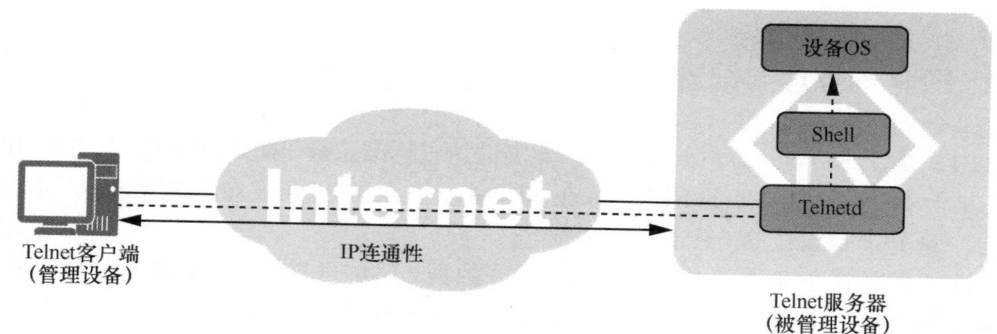


图 5-1　Telnet 的工作原理

输入命令如下。

```
[Huawei] telnet server enable
```

在缺省情况下，运行 VRP 系统的设备不可充当 Telnet 服务器。

进入 VTY 用户界面视图的命令如下。

```
[Huawei] user-interface vty first-ui-number [ last-ui-number ]
```

在这条命令中，*first-ui-number* 是要管理的第 1 个 VTY 用户界面的编号，而 *last-ui-number* 是最后一个 VTY 用户界面的编号。如果网络管理员在系统视图中输入命令 user-interface VTY 1 4，系统就会进入 VTY1、VTY2、VTY3 和 VTY4 这 4 个 VTY 用户界面的管理视图。不同型号的硬件设备支持的 VTY 用户界面数量不同。

在 VTY 用户界面管理视图下，网络管理员可以使用命令 **protocol inbound telnet** 将该 VTY 用户界面支持的协议配置为 Telnet 协议。在缺省情况下，VTY 用户界面支持 SSH 和 Telnet。配置命令如下。

```
[Huawei-ui-vty0-4] protocol inbound telnet
```

在完成上述配置后，网络管理员需要配置 Telnet 协议的认证方式和认证密码。出于安全方面的考虑，VRP 系统并不会指定默认的 Telnet 协议认证方式。网络管理员必须指定各个 VTY 用户界面的认证方式和认证密码，才能通过发起 Telnet 连接来访问 VTY 用户界面。

如果要配置 VTY 用户界面的认证方式，网络管理员需要在 VTY 用户界面管理视图下输入命令 **authentication-mode** { **aaa** | **none** | **password** }，指定网络管理员登录该 VTY 视图的认证方式是 AAA（**aaa**），还是不作认证（**none**），或者使用密码（**password**）进行认证。

如果网络管理员要给 VTY 用户界面设置密码，则需要在 VTY 用户界面管理视图下输入命令 **set authentication password cipher**。在一些版本的 VRP 系统中，网络管理员在设置时只需要在命令后面直接输入密码（如 **set authentication password cipher huawei**）。而在另一些版本的 VRP 系统中，网络管理员需要输入命令 **set authentication password cipher** 后按回车键，再根据 VRP 系统的提示输入密码。

Telnet 协议存在严重的安全隐患，因为它不支持对协议传输的数据进行加密。如果有人在数据传输的过程中截获数据，那么就可以毫无障碍地浏览其中的敏感信息，如密码。鉴于此，人们转而使用支持加密的远程管理协议——SSH 协议。

## 5.2 FTP 的原理与配置

FTP 是针对两台计算机共享文件所定义的协议标准。最早版本的 FTP 发布于 1971 年，早于 TCP，因此早期的 FTP 运行在 NCP 上。直至 1985 年发布的 RFC 959，才定义了基于 TCP/IP 协议栈的 FTP 版本。

目前 FTP 将 TCP 作为传输层协议，保障数据传输的可靠性。FTP 是基于客户端/服务器模型的协议。根据 FTP 的标准，FTP 客户端和 FTP 服务器之间需要建立独立的控制连接和数据连接。在开始传输数据之前，FTP 客户端会向 FTP 服务器的 TCP 21 端口建立控制连接，用以发送 FTP 命令。控制连接建立之后，双方使用控制连接来发送命令，并且通过命令中通告的信息来建立数据连接。除 TCP 21 端口用于建立控制连接之外，TCP 20 端口在 FTP 主动模式下用于建立 FTP 数据连接。

### 5.2.1 FTP 主动模式

FTP 主动模式指 FTP 客户端通过 PORT 命令主动把用来建立数据连接的信息公布给 FTP 服务器的模式。在主动模式下，FTP 客户端和 FTP 服务器传输数据的步骤如下。

步骤 1：FTP 客户端以随机端口作为源端口，以 FTP 服务器的 TCP 21 端口作为目的端口，双方以 TCP 3 次握手的形式建立 TCP 连接，传输 FTP 控制数据。

步骤 2：FTP 客户端通过控制连接发送一条 PORT 命令，这条命令携带的参数包括 FTP 客户端的 IP 地址和用来建立数据连接的端口号。PORT 命令中携带的数据连接端口号和步骤 1 中用来建立控制连接的端口号不同。

步骤 3：通过控制连接收到 PORT 命令的 FTP 服务器以 TCP 20 端口作为源端口，以 PORT 命令中携带的数据连接端口作为目的端口，以 TCP 3 次握手的形式向 FTP 客户端发起建立一条 TCP 连接，传输数据。

步骤 4：FTP 客户端和 FTP 服务器使用数据连接来传输数据。

FTP 通过主动模式建立连接并传输数据的过程如图 5-2 所示。

如果 FTP 客户端位于一个局域网中，同时这个局域网内部使用的是 RFC 1918 私有地址，那么即使 FTP 客户端把 IP 地址通过 PORT 命令发送给 FTP 服务器，FTP 服务器也无法使用这个 IP 地址向 FTP 客户端发起 TCP 3 次握手，这是因为该 IP 地址无法在公网中路由。

为了解决上述问题，FTP 提供了被动模式。

### 5.2.2 FTP 被动模式

在被动模式下，FTP 客户端和 FTP 服务器按照以下步骤来传输数据。

步骤 1：FTP 客户端以随机端口作为源端口，以 FTP 服务器的 TCP 21 端口作为目的端口。源端口和目的端口以 TCP 3 次握手的形式建立 TCP 连接，传输 FTP 控制数据。

步骤 2：当 FTP 客户端需要传输文件时，会通过控制连接发送一条 PASV 命令，其目的是通知 FTP 服务器进入被动模式，并选择用来建立数据连接的端口。

步骤 3：通过控制连接接收到 PASV 命令的 FTP 服务器，以 TCP 21 端口作为源端口，以 FTP 客户端建立控制连接的随机端口作为目的端口，连接使用 Enter PASV 命令来作出响应。Enter PASV 命令中携带的参数包括 FTP 服务器的 IP 地址和用来建立数据连接的端口号。

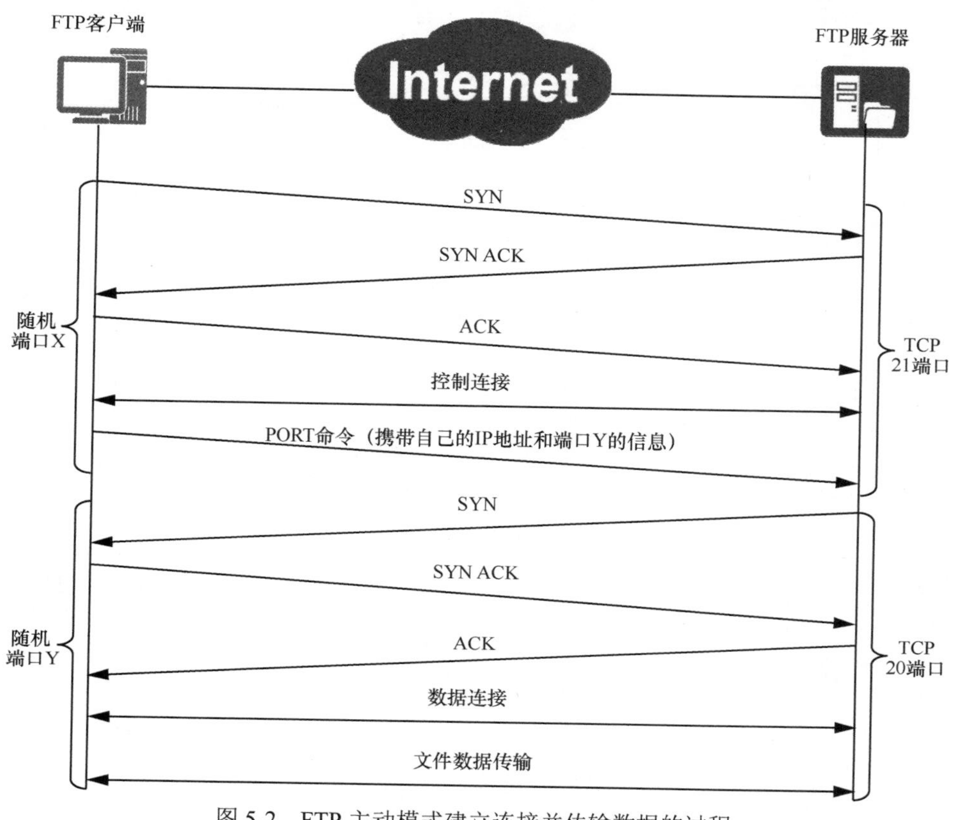


图 5-2　FTP 主动模式建立连接并传输数据的过程

步骤 4：通过控制连接接收到 Enter PASV 命令的 FTP 客户端，以自己建立数据连接的随机端口作为源端口，以 Enter PASV 命令中携带的数据连接端口作为目的端口，以 TCP 3 次握手的形式向 FTP 服务器发起建立一条 TCP 连接，传输数据。

步骤 5：FTP 客户端和 FTP 服务器使用数据连接来传输数据。

FTP 通过被动模式建立连接并传输数据的过程如图 5-3 所示。

数据连接的建立不会对控制连接造成任何影响。不过，在 FTP 客户端与 FTP 服务器之间部署了防火墙的情况下，FTP 客户端和 FTP 服务器通过数据连接传输数据。之后，因为控制连接长时间没有 FTP 命令需要传输，所以防火墙可能因为空闲时间过长而断开控制连接。但这种情况不会导致数据传输中断。

根据传输数据的不同，FTP 定义了 4 种文件传输模式，包括适用于传输文本文件的 ASCII（American Standard Code for Information Interchange，美国信息交换标准代码）模式、适用于传输非文本文件（例如图片、可执行文件）的二进制模式，以及 EBCDIC（Extended Binary Coded Decimal Interchange Code，广义二进制编码的十进制交换码）模式和本地文件模式。根据适用场景，传输网络设备的配置文件、日志文件适合使用 ASCII 模式，传输网络设备的版本文件适合使用二进制模式。

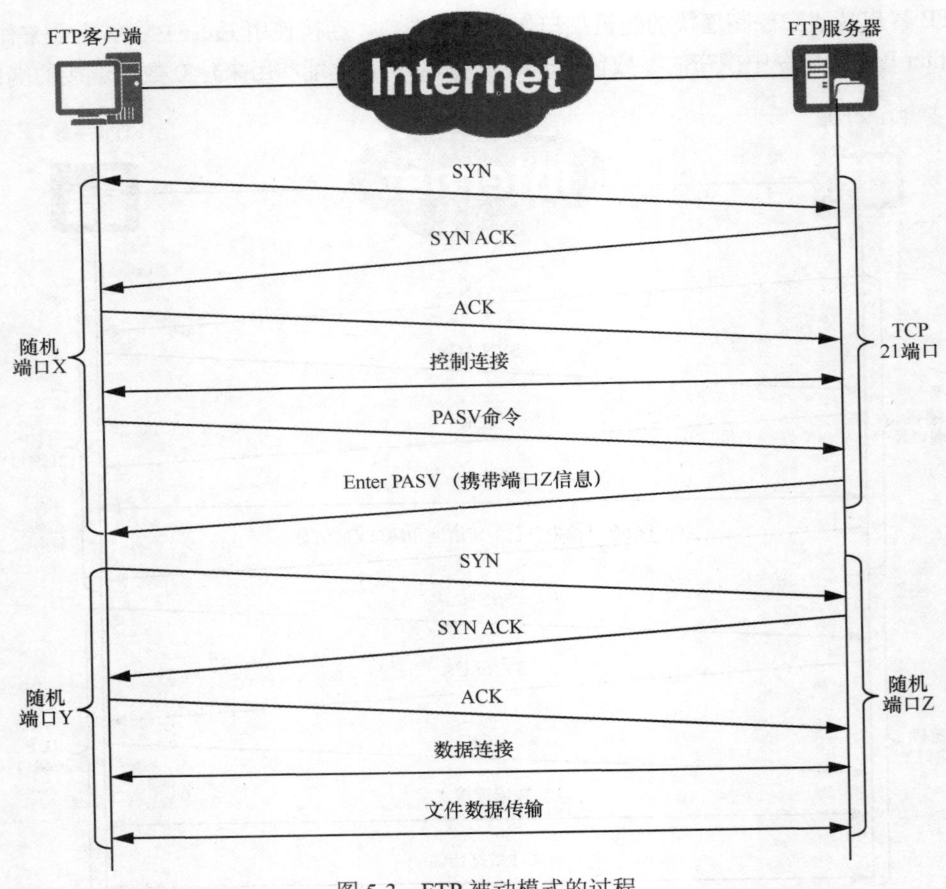


图 5-3 FTP 被动模式的过程

### 5.2.3 FTP 的配置

华为路由器或交换机默认禁用 FTP 服务器的功能。网络管理员如果希望把该华为路由器或交换机配置为一台华为 FTP 服务器，那么需要进入 VRP 系统的系统视图，启用这台设备的 FTP 服务器功能。命令如下。

```
[Huawei] ftp server enable
```

在系统视图下进入 AAA 视图，为访问这台 FTP 服务器的用户设置用户名和密码，指定用户级别、用户对这台 FTP 服务器的 FTP 访问权限、用户通过 FTP 可以访问的目录。命令如下。

```
[Huawei] aaa
[Huawei-aaa] local-user user-name password irreversible-cipher password
[Huawei-aaa] local-user user-name privilege level level
[Huawei-aaa] local-user user-name service-type ftp
[Huawei-aaa] local-user user-name ftp-directory directory
```

网络管理员在指定用户级别时，需要设置用户级别大于或等于 3。

如果使用 VRP 系统作为 FTP 客户端，对 FTP 服务器发起 FTP 访问以传输文件，首先输入命令 **ftp** *ip-address*，与 FTP 服务器建立 FTP 连接，然后根据提示输入 FTP 服务器上指定的用户名和密码。

登录 FTP 服务器后，网络管理员可以执行的命令如下。

① **ascii**：切换至 ASCII 模式。在缺省情况下，FTP 服务器使用 ASCII 模式。

② **binary**：切换至二进制模式。

③ **ls**：查看 FTP 服务器的文件列表。

④ **passive**：FTP 通过被动模式建立连接。

⑤ **undo passive**：FTP 通过主动模式建立连接。

⑥ **get** *file-name*：将 FTP 服务器上的某个文件下载到本地。

⑦ **put** *file-name*：从本地将某个文件上传到 FTP 服务器。

FTP 不会对传输的数据执行加密。除此之外，FTP 的其他安全缺陷记录在 RFC 2577 中。如果希望提升文件传输的安全性，合理的做法是使用 FTPS（FTP-SSL）、SFTP（Secure FTP，安全文件传送协议）和 VPN（Virtual Private Network，虚拟专用网络），以保护 FTP 文件的传输。

## 5.3　TFTP 的原理与配置

TFTP 是一种客户端/服务器模型的文件传输协议，具有设计简单的特点，通过少量代码即可实现，占用非常少的存储资源。TFTP 被广泛应用在计算机启动阶段传输小文件，以及在存储资源十分有限的设备之间传输小文件。20 世纪 80 年代，TFTP 问世。网络设备（例如路由器）作为存储资源十分有限的设备，使用 TFTP 来传输配置文件、镜像文件等。

TFTP 定义了 3 种文件传输模式，包括适用于传输文本文件的 NetASCII 模式、适用于传输非文本文件（如图片、可执行文件）的 Octet 模式，以及 Mail 模式。

RFC 1350 为 TFTP 定义了 5 种消息类型，介绍如下。

① RRQ（读请求）：opcode 字段取值为 1。TFTP 客户端用 RRQ 消息向 TFTP 服务器请求读取/下载数据。RRQ 消息中携带 TFTP 客户端要读取的文件名（Filename）和传输文件模式（Mode）。RRQ 消息最后一个字节为 0，标识 RRQ 消息的结束。

② WRQ（写请求）：opcode 字段取值为 2。TFTP 客户端用 WRQ 消息向 TFTP 服务器请求写入/上传数据。WRQ 消息中携带 TFTP 客户端要写入的文件名（Filename）和传输文件模式（Mode）。WRQ 消息最后一个字节为 0，标识 WRQ 消息的结束。

③ DATA（数据）：opcode 字段取值为 3。TFTP 客户端或 TFTP 服务器通过 DATA 消息向对方传输数据。数据消息应携带 512 字节的数据，除非传输方传输的数据不是 512 字节的整数倍，而这个消息又是传输方在这次传输中所要发送的最后一个数据报文。接收方根据 DATA 消息中携带的数据不足 512 字节，得知这是最后一个 DATA 消息。如果传输方传输的数据正好是 512 字节的整数倍，那么传输方最后会封装一个不包含任何数据的 DATA 消息，告知接收方本次传输结束。2 字节的块编号（Block #）作为每个 DATA 消息（数据块）的标识。

④ ACK（确认）：opcode 字段取值为 4。TFTP 传输层的 UDP 没有提供传输确认机制，因此 TFTP 须自行定义确保传输可靠性的机制，而确认消息由数据消息的接收方发

送给数据消息的发送方，其作用是告知对方已接收前面一个数据消息。根据 TFTP 的定义，数据消息的发送方不会连续发送数据消息，发送每个数据消息后会等待对方发送的确认消息，再发送下一个数据消息。如果发送方在指定时间内没有收到对方发来的确认消息，发送方会重发上一个数据消息。确认消息除了包含 2 位的 opcode 字段之外，还有 2 位的块编号，让接收方告知数据消息的发送方，确认接收到某个数据消息。RFC 1350 的确认消息也用来确认 TFTP 客户端的写请求消息。当 TFTP 服务器确认 TFTP 客户端的写请求消息时，因为 TFTP 客户端此前并没有发送过数据消息，所以确认消息的块编号为 0。根据 RFC 1350 的定义，收到读请求消息的 TFTP 服务器不会用确认消息作出响应，而是会直接向 TFTP 客户端发送第 1 个数据消息。

⑤ ERROR（错误）：opcode 字段取值为 5。ERROR 消息可以确认任何类型的消息，同时会封装一个整数值，标识确认的消息发生了什么类型的错误。无论 DATA 消息是什么模式，ERROR 消息都是 NetASCII 模式。ERROR 消息的最后一个字节为 0，标识 ERROR 消息的结束。

TFTP 客户端从 TFTP 服务器读取/下载数据的流程（RFC 1350）如图 5-4 所示。

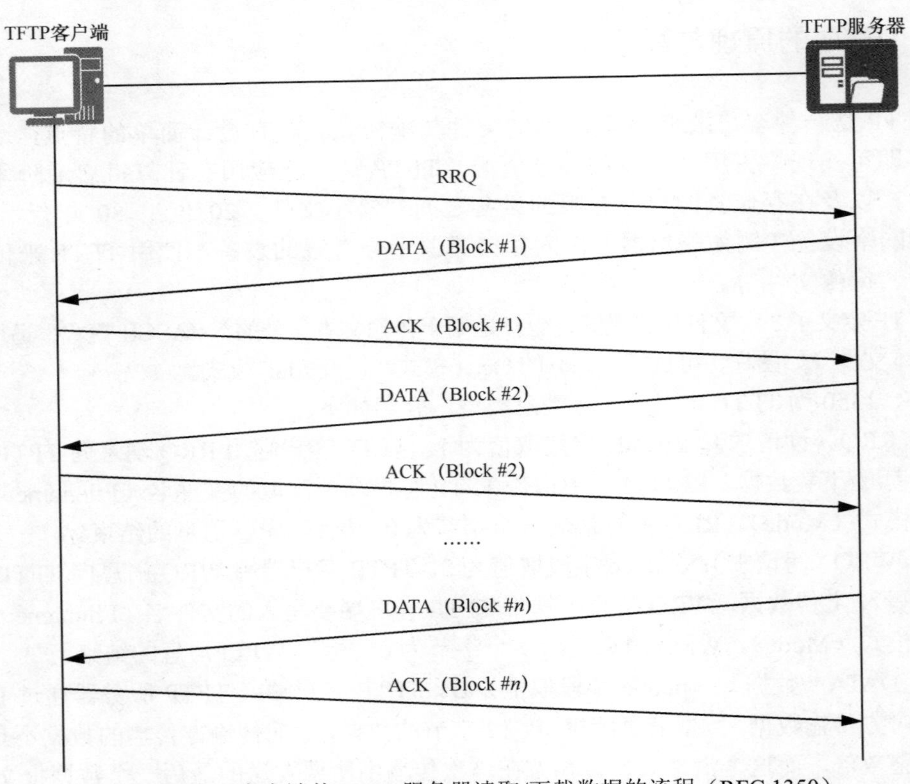


图 5-4　TFTP 客户端从 TFTP 服务器读取/下载数据的流程（RFC 1350）

TFTP 客户端向 TFTP 服务器写入/上传数据的流程（RFC 1350）如图 5-5 所示。

为了避免对只有 opcode 字段和块编号字段的 ACK 消息进行大量修改，RFC 2347 定义了 opcode 字段取值为 6 的 OACK（可选项确认）消息。OACK 专门用来响应 RRQ 消息和 WRQ 消息。OACK 消息中除了 opcode 字段外，还会针对自己响应的 RRQ 消息或 WRQ 消息携带多个可选项和可选项的值，以便分别对请求消息中提出的各个可选项进行响应。

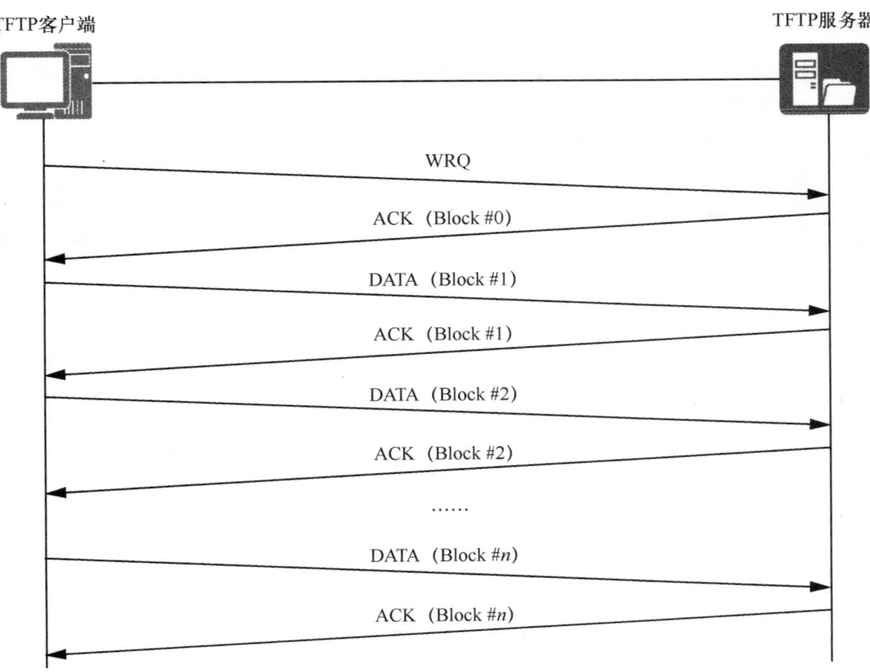


图 5-5　TFTP 客户端向 TFTP 服务器写入/上传数据的流程（RFC 1350）

TFTP 客户端从 TFTP 服务器读取/下载数据的流程（RFC 2347）如图 5-6 所示。TFTP 服务器使用 OACK 消息对 TFTP 客户端的 RRQ 消息作出响应，TFTP 客户端使用 ACK 消息对 TFTP 服务器的 OACK 消息作出响应。收到 ACK 消息的 TFTP 服务器开始发送第一个 DATA 消息。

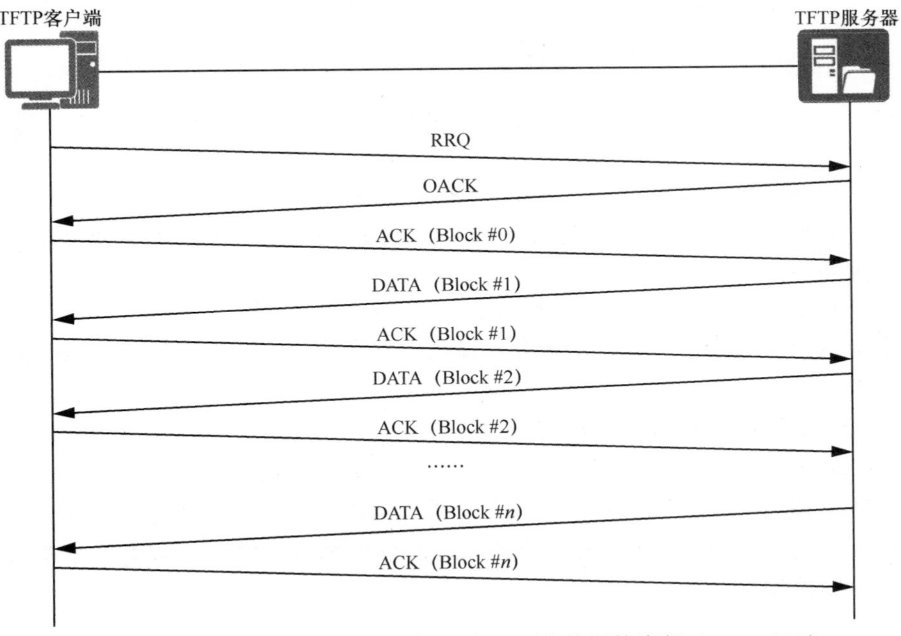


图 5-6　TFTP 客户端从 TFTP 服务器读取/下载数据的流程（RFC 2347）

TFTP 客户端向 TFTP 服务器写入/上传数据的流程（RFC 2347）如图 5-7 所示。TFTP 服务器使用 OACK 消息对 TFTP 客户端的 WRQ 消息作出响应。TFTP 客户端收到 OACK 消息后，向 TFTP 服务器传输第 1 个 DATA 消息。

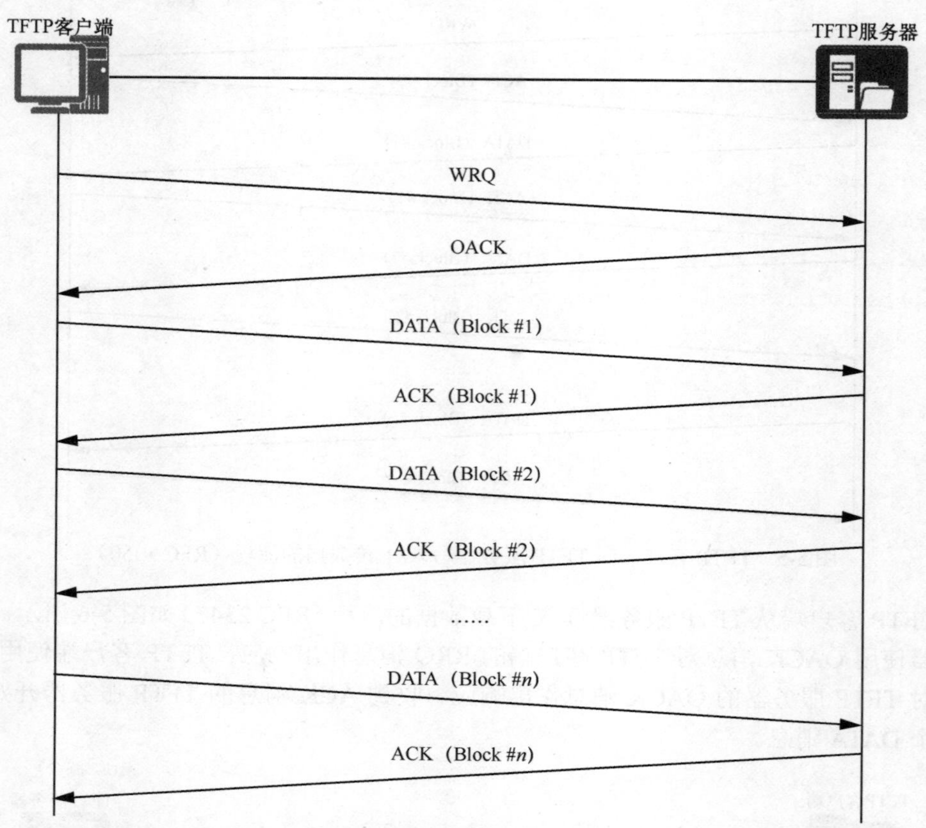


图 5-7 TFTP 客户端向 TFTP 服务器写入/上传数据的流程（RFC 2347）

VRP 系统的网络管理员想要从 TFTP 服务器下载文件，就要在用户视图下输入以下命令。

```
<Huawei> tftp TFTP_Server-IP-address get filename
```

反之，如果 VRP 系统的网络管理员想要向 TFTP 服务器上传文件，就要在用户视图下输入下列命令。

```
<Huawei> tftp TFTP_Server-IP-address put filename
```

在上面两条命令中，网络管理员需要输入的参数为 TFTP 服务器的 IP 地址和下载/上传文件的名字。

TFTP 的简单性体现在以下方面。

① TFTP 无法在客户端上查看 TFTP 服务器的文件列表。

② TFTP 没有提供认证机制，也没有提供加密机制或者补充的加密方式。

在实际使用中，TFTP 不会被用于跨越互联网的数据传输，仅被用于可靠网络内部的设备间数据传输。

## 5.4　DHCP 的原理与配置

对于网络管理员来说，给设备配置 IP 地址是非常简单的事情。但随着技术的发展，不仅网络设备的数量越来越庞大，而且 BYOD（Bring Your Own Device，自带设备）的比例越来越多，这意味着设备的流动性不断增加。在此背景下，网络管理员依然采用手动配置 IP 地址的方式，不仅工作量巨大，而且 IP 地址会发生冲突。

1985 年，RFC 951 中定义了 BOOTP（Bootstrap Protocol，引导协议）。这项协议定义了 IP 网络通过一台服务器自动为网络设备分配 IP 地址的标准。1993 年，DHCP（Dynamic Host Configuration Protocol，动态主机配置协议）问世。这项协议在 BOOTP 的基础上，增加了自动分配可复用地址和其他配置可选项的标准。

### 5.4.1　DHCP 的通信流程与主要的消息类型

DHCP 采用了客户端/服务器模型，是一种无连接的协议。DHCP 服务器使用的是知名端口号 67，DHCP 客户端使用的是知名端口号 68。

DHCP 的通信流程如图 5-8 所示，包括以下几个步骤。

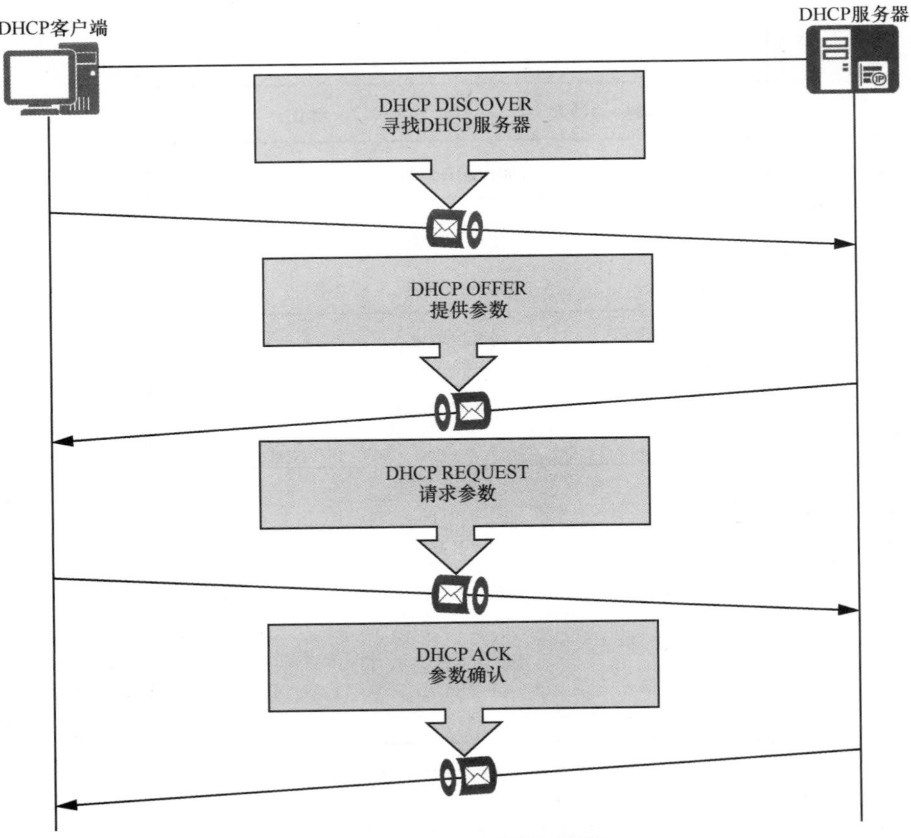


图 5-8　DHCP 的通信流程

① 需要配置 IP 地址的客户端发送 DHCP DISCOVER（DHCP 发现）消息寻找 DHCP 服务器。

② 收到 DHCP DISCOVER 消息的 DHCP 服务器向 DHCP 客户端发送 DHCP OFFER（DHCP 提供）消息，为 DHCP 客户端提供包括 IP 地址在内的配置参数。

③ 收到 DHCP OFFER 消息的 DHCP 客户端向 DHCP 服务器发送 DHCP REQUEST（DHCP 请求）消息，请求使用 DHCP 服务器提供的配置参数。

④ 接收到 DHCP REQUEST 消息的 DHCP 服务器向 DHCP 客户端发送 DHCP ACK（DHCP 确认）消息，确认客户端可以使用这些参数。

图 5-8 所示的流程在逻辑上非常简单，但是遗留了一系列的问题，例如，DHCP 客户端在获得 IP 地址之前，应该用什么地址作为源地址来发送数据包？DHCP 服务器如何向还没有配置 IP 地址的 DHCP 客户端发送配置参数？DHCP 客户端如何判断配置参数就是提供给它的呢？这些问题都需要通过 DHCP 封装格式中的各个字段进行诠释。

### 5.4.2 DHCP 的封装格式

DHCP 的封装格式如图 5-9 所示。

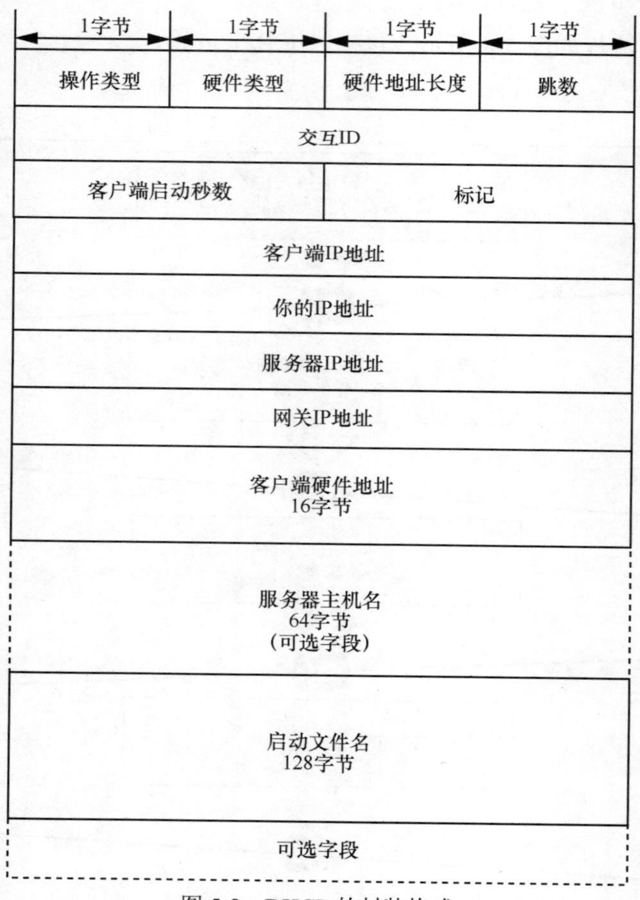


图 5-9 DHCP 的封装格式

DHCP 封装中的各个非可选字段介绍如下。

① 操作类型：标识了消息是由 DHCP 客户端发送给服务器的，还是由 DHCP 服务器发送给 DHCP 客户端的。若是由 DHCP 客户端发送，则该字段的值为 0x01；若是由 DHCP 服务器发送，则该字段的值为 0x02。

② 硬件类型：标识硬件地址的类型，例如，MAC 地址的取值为 0x01。

③ 硬件地址长度：标识硬件地址的字节长度，例如，MAC 地址的长度为 6 字节。该字段的取值为 0x06。

④ 跳数：只有 DHCP 中继代理才会使用。客户端将这个字段设置为 0。

**注释**：一些 DHCP 消息是使用广播进行发送的，而广播消息是不能跨网络传播的，这是因为交换机会隔离广播域。然而，在每个 VLAN 中部署独立 DHCP 服务器的做法明显不合时宜。于是，人们在网络中的路由设备上部署 DHCP 中继代理，由 DHCP 中继代理在 DHCP 服务器和 DHCP 客户端之间中继 DHCP 消息。

⑤ 交互 ID：标识哪些消息属于同一组会话。例如，当多台 DHCP 客户端同时与 DHCP 服务器进行交互时，可以通过交互 ID 区分 DHCP 服务器的消息需要发送给哪些 DHCP 客户端。

⑥ 客户端启动秒数：表示 DHCP 客户端从开始获取地址或地址续租更新后所用的时间，单位为 s。

⑦ 标记：标记字段是由 DHCP 客户端告知 DHCP 服务器，自己是否支持对方直接使用单播来给自己发送 DHCP OFFER 消息，如果支持，那么客户端会把这个字段设置为 0x0000；如果不支持，那么客户端会把这个字段设置为 0x8000。如果 DHCP 服务器发现这个字段的值是 0x8000，那么在向对应的 DHCP 客户端发送 DHCP OFFER 消息时，就会使用广播进行发送。

⑧ 客户端 IP 地址：标识 DHCP 客户端的 IP 地址。如果 DHCP 客户端还没有 IP 地址，那么这个字段就会保留全 0。

⑨ 你的 IP 地址：DHCP 服务器会在 DHCP OFFER 消息和 DHCP ACK 消息中用这个字段来填入它分配给客户端的 IP 地址。对于其他 DHCP 消息，这个字段的取值均为 0。

⑩ 服务器 IP 地址：DHCP 服务器会在 DHCP OFFER 消息和 DHCP ACK 消息中用这个字段填入引导程序中使用的下一台 DHCP 服务器的 IP 地址。对于其他 DHCP 消息，这个字段的取值均为 0。

⑪ 网关 IP 地址：DHCP 中继代理在向 DHCP 服务器转发 DHCP DISCOVER 消息时，会在这个字段填入自己的 IP 地址。

⑫ 客户端硬件地址：DHCP 客户端硬件地址。

⑬ 服务器主机名：DHCP 服务器的主机名。

⑭ 启动文件名：DHCP 服务器会在 DHCP OFFER 消息中填入启动文件的完全限定目录路径名称。

⑮ 可选字段：当 DHCP 客户端或者 DHCP 服务器想要对端为自己提供额外的参数时，可以通过设置可选字段，来表达对可选参数的询问、提供、请求和确认。这些可选参数包括但不限于子网掩码、默认网关地址、IP 地址租期、DNS 服务器地址等。

### 5.4.3 DHCP 主要消息类型的头部封装

#### 1. DHCP DISCOVER 消息

当 DHCP 客户端连接到网络时，会发送 DHCP DISCOVER 消息寻找 DHCP 服务器。此时，DHCP 客户端不知道 DHCP 服务器的 IP 地址，因此 DHCP DISCOVER 消息只能通过广播的方式发送。DHCP 客户端在封装 DHCP DISCOVER 消息时，在以太网头部把自己网卡的 MAC 地址作为数据帧的源 MAC 地址，全 1（FF-FF-FF-FF-FF-FF）作为目的 MAC 地址。在 IP 头部，因为 DHCP 客户端还没有获得 IP 地址，所以把源 IP 地址保留全 0（0.0.0.0），目的 IP 地址使用全 1（255.255.255.255）。在 UDP 头部，DHCP 客户端把源端口号字段设置为 68，目的端口号字段设置为 67。在 DHCP 头部，DHCP 客户端把操作类型字段设置为 0x01。因为 DHCP 客户端连接的是以太网，所以硬件类型字段设置为 0x01，硬件地址长度字段设置为 0x06；跳数字段设置为 0；标记字段设置为 0x0000，即 DHCP 客户端具备接收单播 DHCP OFFER 消息的能力；客户端 IP 地址字段保留全 0，这是因为 DHCP 客户端还没有获得 IP 地址；你的 IP 地址字段设置为 0；客户端硬件地址字段设置为自己的 MAC 地址。

因为 DHCP DISCOVER 消息是一个广播消息，所以子网中的所有设备会接收这个消息。然而，只有 DHCP 服务器（包括伪装的 DHCP 服务器）会对 DHCP DISCOVER 消息作出响应。在一个子网中，如果有多台设备被部署为 DHCP 服务器，那么发送 DHCP DISCOVER 消息的客户端就会接收多个 DHCP OFFER 消息。

图 5-10 显示了 DHCP DISCOVER 消息中封装的重要字段。

#### 2. DHCP OFFER 消息

当 DHCP 服务器收到 DHCP DISCOVER 消息时，会从 DHCP 地址池中选择一个地址分配给请求配置参数的 DHCP 客户端。因为 DHCP 服务器看到 DHCP DISCOVER 消息中的标记字段为 0x0000，即 DHCP 客户端可以用单播的形式接收 DHCP OFFER 消息，所以 DHCP 服务器封装一个单播的数据包。当 DHCP 服务器封装 DHCP OFFER 信息时，在以太网头部把自己的 MAC 地址作为数据帧的源 MAC 地址，把 DHCP 客户端的 MAC 地址作为目的 MAC 地址。在 IP 头部，DHCP 服务器把自己的 IP 地址作为源 IP 地址，把分配给 DHCP 客户端的 IP 地址作为目的 IP 地址。在 UDP 头部，DHCP 客户端把源端口字段设置为 67，把目的端口字段设置为 68。在 DHCP 头部，DHCP 客户端把操作类型字段设置为 0x02，这是因为该消息由 DHCP 服务器发送到 DHCP 客户端；硬件类型字段、硬件地址长度字段和跳数字段的设置不变，仍为 0x01、0x06 和 0；DHCP OFFER 消息会封装对应 DHCP DISCOVER 消息中标记字段的值，因此标记字段设置为 0x0000；客户端 IP 地址字段保留全 0，但是会在你的 IP 地址字段设置分配给 DHCP 客户端的 IP 地址；在客户端硬件地址字段设置为 DHCP 客户端的 MAC 地址。

DHCP OFFER 消息是以单播的形式发送的。因为 PC-A 已经发送了 DHCP DISCOVER 消息，所以交换机的 MAC 地址表保存了 PC-A 的 MAC 地址与自己端口之间的映射关系。收到 DHCP 服务器发送的 DHCP OFFER 消息后，交换机就会把这个消息通过其与 PC-A 相连的端口转发出去。

DHCP DISCOVER消息中封装的重要字段

| 头部 | 字段 | 值 |
| --- | --- | --- |
| DHCP头部 | 操作类型 | 0x01 |
| | 硬件类型 | 0x01 |
| | 硬件地址长度 | 0x06 |
| | 跳数 | 0 |
| | 标记 | 0x0000 |
| | 客户端IP地址 | 0.0.0.0 |
| | 你的IP地址 | 0.0.0.0 |
| | 客户端硬件地址 | PC-A的MAC地址 |
| UDP头部 | 源端口号 | 68 |
| | 目的端口号 | 67 |
| IP头部 | 协议 | 0x11（UDP） |
| | 源IP地址 | 0.0.0.0 |
| | 目的IP地址 | 255.255.255.255 |
| 以太网头部 | 类型 | 0x0800（IP） |
| | 源MAC地址 | PC-A的MAC地址 |
| | 目的MAC地址 | FF-FF-FF-FF-FF-FF |

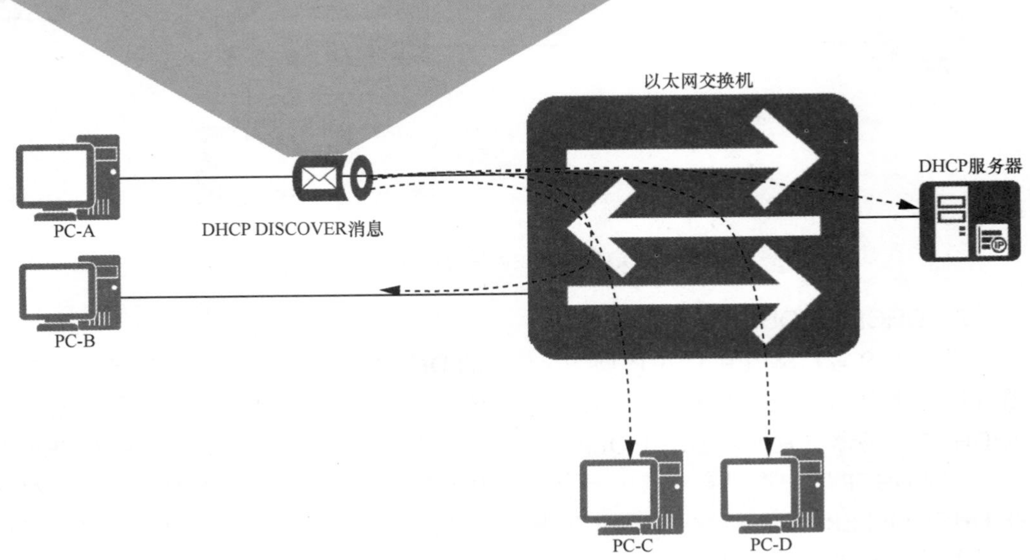


图 5-10　DHCP DISCOVER 消息中封装的重要字段

图 5-11 显示了 DHCP OFFER 消息中封装的重要字段。

DHCP OFFER消息中封装的重要字段

| | | |
|---|---|---|
| DHCP头部 | 操作类型 | 0x02 |
| | 硬件类型 | 0x01 |
| | 硬件地址长度 | 0x06 |
| | 跳数 | 0 |
| | 标记 | 0x0000 |
| | 客户端IP地址 | 0.0.0.0 |
| | 你的IP地址 | 分配给DHCP客户端的IP地址 |
| | 客户端硬件地址 | PC-A的MAC地址 |
| UDP头部 | 源端口号 | 67 |
| | 目的端口号 | 68 |
| IP头部 | 协议 | 0x11（UDP） |
| | 源IP地址 | DHCP服务器的IP地址 |
| | 目的IP地址 | 分配给DHCP客户端的IP地址 |
| 以太网头部 | 类型 | 0x0800（IP） |
| | 源MAC地址 | DHCP服务器的MAC地址 |
| | 目的MAC地址 | PC-A的MAC地址 |

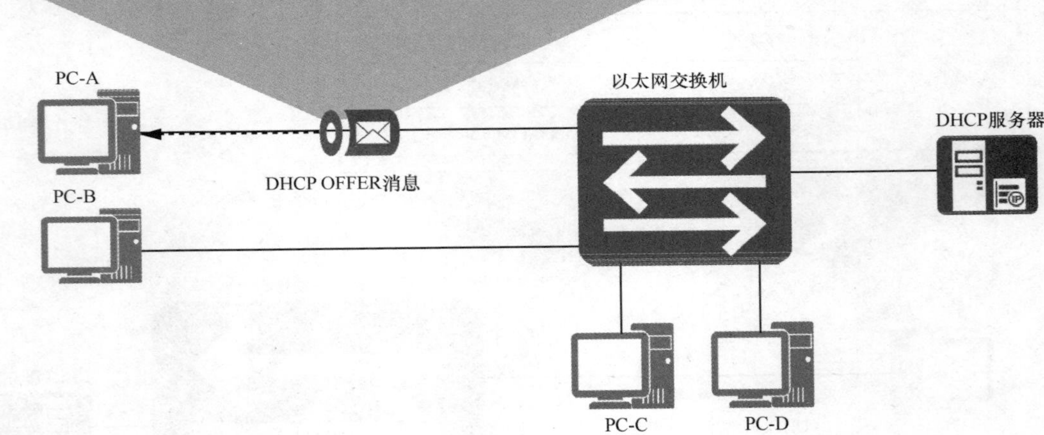


图 5-11 DHCP OFFER 消息中封装的重要字段

### 3．DHCP REQUEST 消息

当 DHCP 客户端收到 DHCP 服务器发来的 DHCP OFFER 消息时，会向 DHCP 服务器发送 DHCP REQUEST 消息来请求使用 DHCP 服务器提供的 IP 地址。如果网络中有多台 DHCP 服务器分别使用 DHCP OFFER 消息对 DHCP 客户端的 DHCP DISCOVER 作出响应，则 DHCP 客户端只会对其中一个 DHCP 服务器发出请求。因为 DHCP 客户端已经在 DHCP OFFER 消息中获得了 DHCP 服务器的 IP 地址，所以 DHCP REQUEST 消息会使用单播的形式进行封装。

**注释：** 部分 DHCP 消息（包括 DHCP DISCOVER、DHCP OFFER、DHCP REQUEST 在内）是使用单播消息还是广播消息进行发送，需要分情况进行讨论。

当 DHCP 客户端封装 DHCP REQUEST 消息时，在以太网头部把自己的 MAC 地址作为数据帧的源 MAC 地址，把 DHCP 服务器的 MAC 地址作为目的 MAC 地址。在 IP 头部，DHCP 客户端把 DHCP 服务器的 IP 地址作为目的 IP 地址，同时把全 0 作为源 IP 地址，这是因为这个 IP 地址还没有得到 DHCP 服务器的确认。在 UDP 头部，DHCP 客户端把源端口字段设置为 68，把目的端口字段设置为 67。在 DHCP 头部，DHCP 客户端把操作类型字段设置为 0x01，这是因为该消息是 DHCP 客户端向 DHCP 服务器发送的；硬件类型字段、硬件地址长度字段和跳数字段仍为 0x01、0x06 和 0；标记字段设置为 0x0000；客户端 IP 地址字段设置为全 0，这是因为这个 IP 地址还没有获得 DHCP 服务器的确认；你的 IP 地址字段设置为全 0，因此，这个消息不是由 DHCP 服务器发送的；客户端硬件地址字段设置为自己的 MAC 地址。

图 5-12 显示了 DHCP REQUEST 消息中封装的重要字段。

DHCP REQUEST消息中封装的重要字段

| | | |
|---|---|---|
| DHCP头部 | 操作类型 | 0x01 |
| | 硬件类型 | 0x01 |
| | 硬件地址长度 | 0x06 |
| | 跳数 | 0 |
| | 标记 | 0x0000 |
| | 客户端IP地址 | 0.0.0.0 |
| | 你的IP地址 | 0.0.0.0 |
| | 客户端硬件地址 | PC-A的MAC地址 |
| UDP头部 | 源端口号 | 68 |
| | 目的端口号 | 67 |
| IP头部 | 协议 | 0x11（UDP） |
| | 源IP地址 | 0.0.0.0 |
| | 目的IP地址 | DHCP服务器的IP地址 |
| 以太网头部 | 类型 | 0x0800（IP） |
| | 源MAC地址 | PC-A的MAC地址 |
| | 目的MAC地址 | DHCP服务器的MAC地址 |

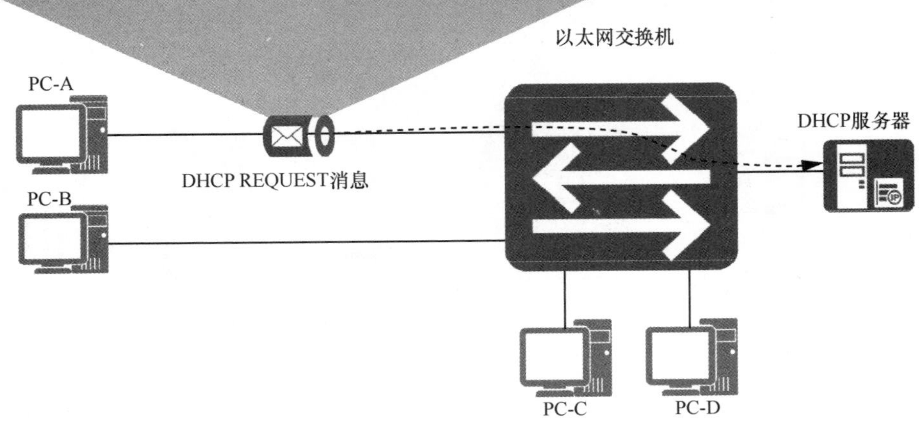


图 5-12　DHCP REQUEST 消息中封装的重要字段

### 4．DHCP ACK 消息

当收到 DHCP 客户端发来的 DHCP REQUEST 消息时，DHCP 服务器会发送单播的 DHCP ACK 消息作出响应，确认 DHCP 客户端可以使用它通过 DHCP OFFER 消息提供的配置参数。

当 DHCP 服务器封装 DHCP ACK 消息时，在以太网头部把自己的 MAC 地址作为数据帧的源 MAC 地址，把 DHCP 客户端 MAC 地址作为目的 MAC 地址。在 IP 头部，DHCP 服务器把自己的 IP 地址作为源 IP 地址，把分配给 DHCP 客户端的 IP 地址作为目的 IP 地址。在 UDP 头部，DHCP 客户端把源端口字段设置为 67，把目的端口字段设置为 68。在 DHCP 头部，DHCP 客户端把操作类型字段设置为 0x02，这是因为 DHCP ACK 是 DHCP 服务器发送给 DHCP 客户端的消息；硬件类型字段、硬件地址长度字段和跳数字段的设置保持不变，仍为 0x01、0x06 和 0；DHCP ACK 消息会封装对应 DHCP REQUEST 消息中标记字段的值，因此标记字段设置为 0x0000；客户端 IP 地址字段继续使用全 0；你的 IP 地址字段设置为分配给 DHCP 客户端的 IP 地址；客户端硬件地址字段被设置为 DHCP REQUEST 消息中对应字段的值，因此这个字段被设置为 DHCP 客户端的 MAC 地址。

图 5-13 显示了 DHCP ACK 消息中封装的重要字段。

DHCP ACK消息中封装的重要字段

| | | |
|---|---|---|
| DHCP头部 | 操作类型 | 0x02 |
| | 硬件类型 | 0x01 |
| | 硬件地址长度 | 0x06 |
| | 跳数 | 0 |
| | 标记 | 0x0000 |
| | 客户端IP地址 | 0.0.0.0 |
| | 你的IP地址 | 分配给DHCP客户端的IP地址 |
| | 客户端硬件地址 | PC-A的MAC地址 |
| UDP头部 | 源端口号 | 67 |
| | 目的端口号 | 68 |
| IP头部 | 协议 | 0x11（UDP） |
| | 源IP地址 | DHCP服务器的IP地址 |
| | 目的IP地址 | 分配给DCHCP客户端的IP地址 |
| 以太网头部 | 类型 | 0x0800（IP） |
| | 源MAC地址 | DHCP服务器的MAC地址 |
| | 目的MAC地址 | PC-A的MAC地址 |

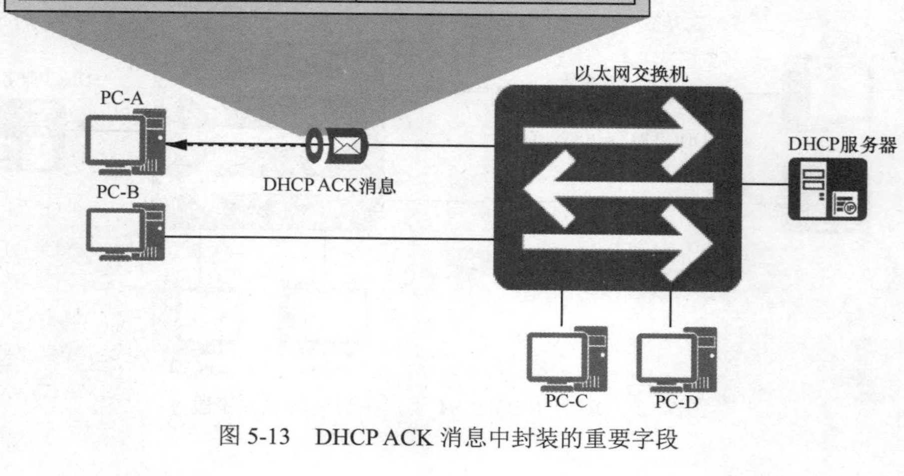

图 5-13 DHCP ACK 消息中封装的重要字段

当图 5-13 中的 PC-A 收到 DHCP 服务器的 DHCP ACK 消息后，就会正式使用 DHCP 服务器提供的 IP 地址进行通信了。

DHCP 客户端从 DHCP 服务器获得的 IP 地址会有一个租期（Lease），其中，租期是指 DHCP 客户端可以使用这个 IP 地址的时长。DHCP 客户端并不会等到租期到期才请求延长租期，因为这样会造成通信中断。当租期还剩一半时，DHCP 客户端就会向为分配当前 IP 地址的 DHCP 服务器发送一条单播的 DHCP REQUEST 消息，请求在原租期结束后可以继续使用该 IP 地址。接收 DHCP REQUEST 消息的 DHCP 服务器如果允许延长租期，就会使用 DHCP ACK 消息作出响应。如果 DHCP 客户端租期过半，且发送的 DHCP REQUEST 消息没有得到 DHCP 服务器响应，就会在租期到达 87.5%时，使用广播发送 DHCP REQUEST 消息，因此，网络中的其他 DHCP 服务器也可以作出回应，这个过程叫作重绑定。

上述流程对 DHCP 的操作原理进行了简化。比如，RFC 2132 定义了 8 种不同类型的 DHCP 消息：除了上文中提到的 DHCP DISCOVER、DHCP OFFER、DHCP REQUEST、DHCP ACK 外，还有 DHCP DECLINE、DHCP NACK、DHCP RELEASE、DHCP INFORM 这 4 种类型的消息。此后，针对 DHCP 更新的 RFC 还定义了 10 种不同类型的 DHCP 消息。此外，本节没有介绍网络中使用 DHCP 中继代理的情形，没有介绍如果 DHCP 客户端不支持通过单播接收 IP 地址的情形，也没有介绍 DHCP 客户端的状态机的情形。这些内容共同构成了 DHCP 复杂的原理，且超出了 HCIA 阶段对考生提出的要求，因此本书不作介绍。

### 5.4.4 DHCP 的配置

如果网络管理员想要把一台 VRP 设备作为 DHCP 服务器，就需要在 VRP 系统的系统视图下启用 DHCP。这是把 VRP 设备配置为 DHCP 服务器的第一步。

这时，网络管理员需要输入 **dhcp enable** 命令，具体如下。

```
[Huawei] dhcp enable
```

在启用了 DHCP 功能后，网络管理员可以选择路由器的指定接口来启用 DHCP 功能。这需要在对应接口的接口视图下输入 **dhcp select interface** 命令，把这个接口设置为提供 DHCP 服务的接口，具体如下。

```
[Huawei-GigabitEthernet0/0/0] dhcp select interface
```

在网络管理员输入上面的命令后，VRP 系统会把这个接口所在的网络作为地址池，即设备会把地址池中的其他地址作为可以分配给 DHCP 客户端的 IP 地址。

如果网络管理员希望把这个接口所在网络的一部分地址排除在 DHCP 地址池之外，那么就需要在接口视图下输入以下命令。

```
[Huawei-GigabitEthernet0/0/0] dhcp server excluded-ip-address start-ip-address
[ end-ip-address ]
```

在这条命令中，网络管理员可以在 *start-ip-address* 部分输入这个接口所在网络中的某一个 IP 地址，然后把该 IP 地址排除在 DHCP 地址池之外；也可以在 *start-ip-address* 部分输入要排除在 DHCP 地址池之外的第一个 IP 地址，同时在 *end-ip-address* 部分输入要排除的最后一个 IP 地址，以便直接把这两个地址及这两个地址之间的所有地址排除在 DHCP 地址池之外。

除了 IP 地址外，DHCP 还可以给客户端分配其他参数。例如，DHCP 服务器可以给 DHCP 客户端分配 DNS 服务器地址。

若网络管理员希望让这个接口充当的 DHCP 服务器为 DHCP 客户端分配 DNS 服务器地址，那么可在对应接口的接口视图下输入 **dhcp server dns-list** *ip-address* 命令，配置分配给 DHCP 客户端的 DNS 服务器地址列表，具体如下。

```
[Huawei-GigabitEthernet0/0/0] dhcp server dns-list ip-address
```

IP 地址的租期默认为 1 天。在接口视图下，网络管理员可以修改 IP 地址的租期，输入以下命令。

```
[Huawei-GigabitEthernet0/0/0] dhcp server lease {day day [ hour hour [minute minute]] |
unlimited }
```

上述流程是网络管理员把 VRP 设备的某个接口配置为 DHCP 服务器的流程。这个接口也是面向 DHCP 客户端的路由器接口，即这个接口同时会作为 DHCP 客户端所在局域网的网关。

除了这种配置方案，网络管理员还可以把 VRP 设备本身配置为一个 DHCP 服务器，并且指定这台 DHCP 服务器为某个非直连网络分配 IP 地址。

在这种情况下，DHCP 服务器不再由某个接口来充当，网络管理员需要手动指定 DHCP 地址池的地址范围和 DHCP 客户端的网关地址。因此，在系统视图下，网络管理员使用 **dhcp enable** 命令全局启用 DHCP 功能之后，需要使用以下命令来生成一个命名的 DHCP 地址池，具体如下。

```
[Huawei] ip pool ip-pool-name
```

在输入这条命令之后，VRP 系统就会进入 IP 地址池视图。在这种视图下，网络管理员需要配置这个 IP 地址池的地址范围、网关列表、DNS 地址列表、租期等。

在配置 IP 地址池的地址范围时，网络管理员需要输入以下命令。

```
[Huawei-ip-pool-2] network ip-address [ mask { mask | mask-length }]
```

在配置网关列表时，网络管理员需要输入以下命令。

```
[Huawei-ip-pool-2] gateway-list ip-address
```

在配置 DNS 地址列表时，网络管理员需要输入以下命令。

```
[Huawei-ip-pool-2] dns-list ip-address
```

在配置 IP 地址租期时，网络管理员可以使用以下命令。

```
[Huawei-ip-pool-2] lease { day day [ hour hour [minute minute]] | unlimited }
```

在完成上述配置之后，网络管理员可以指定在哪个接口启用 DHCP 功能。网络管理员在配置 DHCP 服务器用哪个或者哪些接口来响应来自 DHCP 客户端或 DHCP 中继代理的消息时，需要在对应接口的接口视图下输入以下命令。

```
[Huawei-GigabitEthernet0/0/0] dhcp select global
```

## 5.5　HTTP 的原理

在万维网（World Wide Web，WWW）问世之前，人们利用互联网传输的内容往往以文本为主，分享信息的方式以发送电子邮件为主。万维网改变了这种情况，定义了网页的结构、网页位置的标识符和传输网页的协议，这三者分别称为 HTML（Hyper Text Markup Language，超文本标记语言）、URI（Uniform Resource Identifier，统一资源标识符）和 HTTP。

**注释：** 在认知层面，URL（Uniform Resource Locator，统一资源定位符）是 URI 的一种形式，可以被用来提供资源的位置信息，让人们可以在网络中定位或者提取信息资源。URI 的另一种形式叫作 URN（Uniform Resource Name，统一资源名称）。URN 仅针对资源提供唯一的名称，但是不会提供定位或者提取资源的方式。但在 2002 年，W3C（World Wide Web Consortium，万维网联盟）和 IETF（Internet Engineering Task Force，互联网工程任务组）成立了一个联合工作组，对各类 UR*的概念进行澄清并发布在 RFC 3305 中。在技术层面，W3C 和 IETF 支持优先使用 URI，同时认为把 URI 细分为 URL 和 URN 是不严谨的，因此在严谨的技术文档中，URL 和 URN 的概念不会出现，而以 URI 作为统一的指代。

HTTP 也是典型的客户端/服务器模型协议。HTTP 在传输层通常会使用 TCP，知名端口号是 80。HTTP 定义了两种消息类型，由客户端发送给服务器的消息称为请求消息，由服务器响应客户端的消息称为响应消息。两种类型的消息都由 3 部分组成，即起始行、消息头部和消息实体。消息头部是可选的，一个 HTTP 消息可以不包含消息头部，也可以包含多个消息头部。消息实体则包含了消息本身的内容。

虽然 HTTP 请求消息和响应消息的构成是相同的，但是每一部分提供的信息大不相同。我们从一个 HTTP 消息的起始行就可以看出该消息是一个 HTTP 请求消息，还是一个 HTTP 响应消息。对于 HTTP 请求消息来说，它的起始行包含方法、URI 和 HTTP 版本三部分内容，其中，方法和 URI 之间用空格隔开，URI 和字符“HTTP”之间用空格隔开，字符“HTTP”和 HTTP 版本号之间用斜杠“/”分隔，因而格式为：方法 URI HTTP/HTTP 版本号。

URI 和 HTTP 的方法是指客户端对服务器发起的操作。比如，最常见的 GET 是客户端向服务器发起读取指定资源的操作，PUT 是客户端向服务器发起上传指定资源的操作等。

一个 HTTP 请求消息的起始行格式如下所示。

GET http://www.×××.××× HTTP/1.1

对于 HTTP 响应消息而言，它的起始行包含 HTTP 版本、响应状态码和响应状态的原因，其中，响应状态的原因可能为空。字符“HTTP”和 HTTP 版本号之间用斜杠“/”分隔，HTTP 版本号和响应状态码之间有空格，响应状态码和响应状态的原因之间也有空格，因而格式为：HTTP/ HTTP 版本号 响应状态码 响应状态的原因。

响应状态码是一个由 3 位数字组成的代码，反映服务器提供的响应类型。在响应状态码中，左起第一位数字的取值范围为 1～5，代表不同的响应类型，具体介绍如下。

① 1xx：表示虽然接受请求，但需要进行后续处理。例如，100 Continue 表示服务器已经收到请求头部，但客户端需要继续发送请求实体。

② 2xx：表示接受请求。例如，200 OK 表示服务器会把响应的数据随着响应消息一起发送给客户端。

③ 3xx：表示重定向，说明客户端需要采取进一步操作。例如，305 Use Proxy 表示被请求资源必须使用指定的代理服务器才能被获得。

④ 4xx：表示客户端错误，说明服务器认定，请求是因为客户端的问题导致失败。例如，我们最熟悉的 404 Not Found 表示服务器没有在对应位置找到客户端请求的资源。

⑤ 5xx：表示服务器错误，说明请求本身是有效的，但服务器因为自身原因而导致无法实现该请求。例如，502 Bad Gateway 表示响应的服务器只是代理服务器，而从实际拥有被请求资源的服务器那里接收的响应是无效的。

以下为 HTTP 响应消息起始行格式。

HTTP/1.1 200 OK

起始行之后是消息头部。消息头部的目的是标识 HTTP 交互中的某一项参数。HTTP 交互中参数很多，有一些参数并非标准参数，因此人们可以根据需要对消息头部进行自定义。同时，HTTP 交互中的参数很多，因此消息头部是可选的。一个 HTTP 消息可以不包含消息头部，也可以包含多个消息头部。

不过，从 HTTP 1.1 版本开始，Host 消息头部成为 HTTP 请求消息中的必需字段。Host 消息头部包含了服务器的域名和服务器提供 HTTP 服务的端口号，如果服务器使用的是知名端口号，那么端口号可以省略。一个 HTTP 请求消息的消息头部的格式如下所示。

Host: http://www. ×××.×××:80 或者 Host: http://www.×××.×××

标准的消息头部数量比较庞大，用户可以定义非标准的消息头部，因此对于其他 HTTP 请求消息和响应消息中的消息头部，本书不再列举更多的例子。

HTTP 消息的最后一部分是消息实体，包括 HTTP 客户端需要发布的内容和 HTTP 服务器接受请求并提供给客户端的网页等内容。当然，在多数情况下，HTTP 客户端只是读取 HTTP 服务器上的内容。在这种情况下，HTTP 客户端发送的 HTTP 请求消息中的消息实体部分为空。

于是，用户在使用 HTTP 访问网页资源时，会在 HTTP 客户端的浏览器中输入 URI，以便访问位于指定位置的 HTTP 服务器上的资源。用户进行操作后，HTTP 客户端的浏览器会向 HTTP 服务器的 TCP 80 端口发起 TCP 连接，并且使用建立的 TCP 连接发送 HTTP 请求。HTTP 服务器会监听 TCP 80 端口的请求，并且在收到请求时，根据请求返回对应的 HTTP 响应消息。

HTTP 通信流程及 HTTP 消息中包含的内容如图 5-14 所示。

图 5-14 中并没有包含 TCP 连接断开的握手过程。实际上，早期版本的 HTTP（即 HTTP 0.9 和 HTTP 1.0）中规定，HTTP 客户端需要在每次发送请求消息时，先与服务器建起 TCP 连接，并且要在收到 HTTP 服务器的响应消息之后断开 TCP 连接。此时，HTTP 客户端与 HTTP 服务器之间相互传输的网页信息还很简单，HTTP 服务器需要向 HTTP 客户端传输的对象在数量上也有限。随着 HTTP 服务器需要传输的对象数量不断增加，新版的 HTTP 1.1 对这种做法进行了改进，规定 HTTP 客户端在与 HTTP 服务器建立起 TCP 连接之后，可以利用 TCP 连接进行多次请求和响应。网络管理员只需要在 HTTP 1.1 服务器上设置一个 TCP 空闲时间，当 HTTP 服务器在空闲时间内

没有收到 HTTP 客户端发来的 HTTP 请求时，断开这条 TCP 连接。HTTP 持续连接如图 5-15 所示。

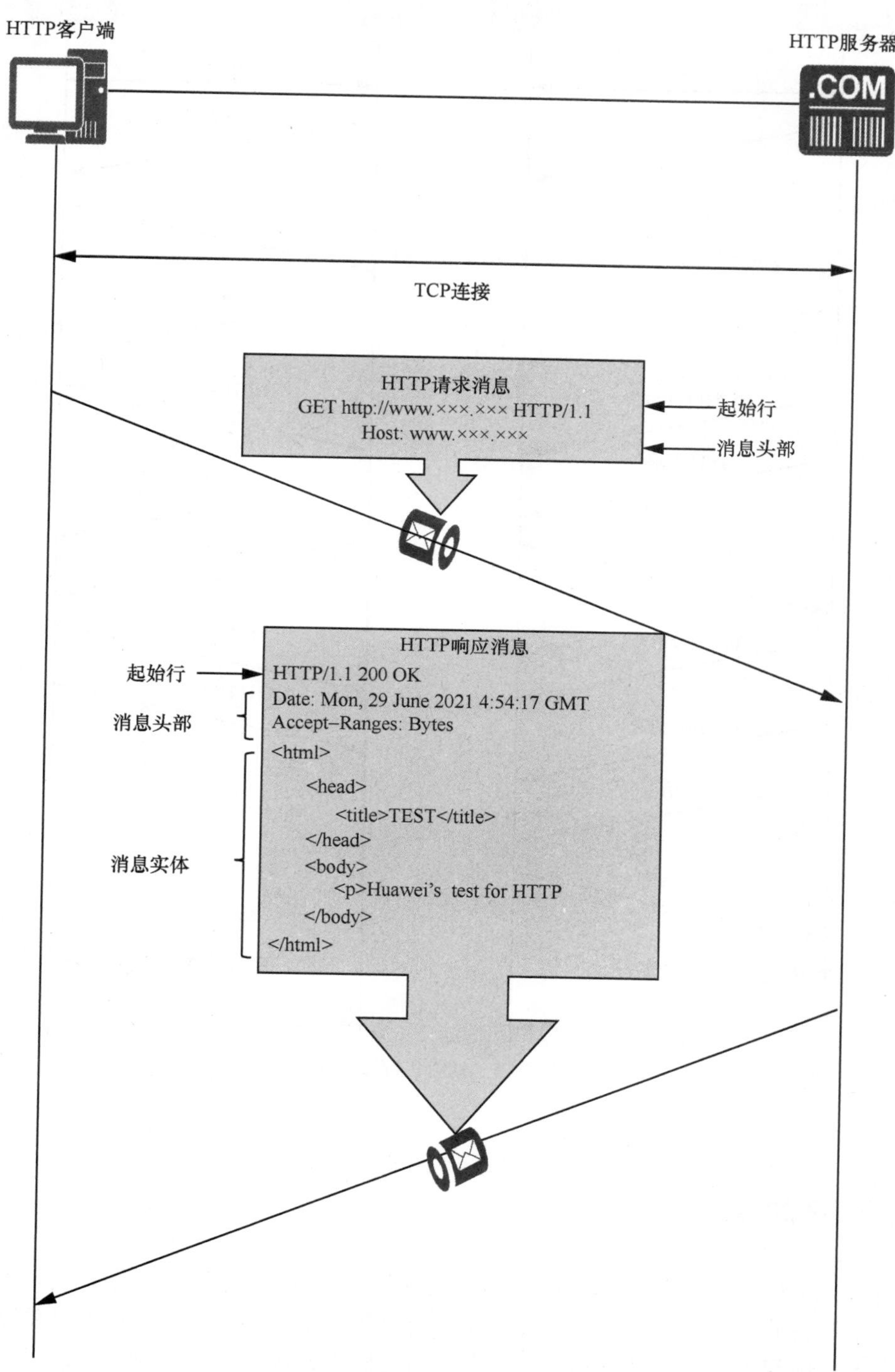


图 5-14　HTTP 通信流程及 HTTP 消息中包含的内容

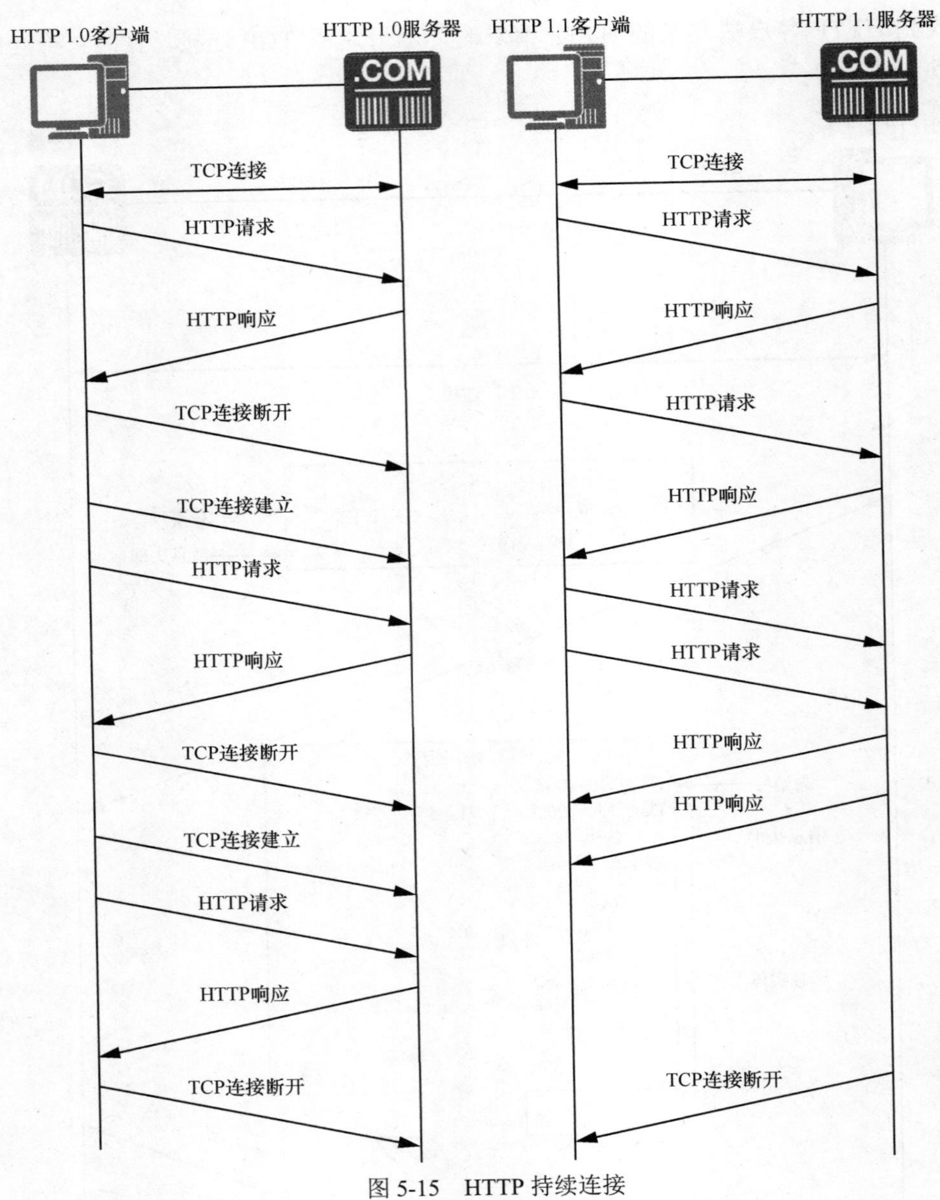


图 5-15　HTTP 持续连接

## 5.6　NTP 的原理

有些人会认为，设备上的时间只是方便正在管理设备的人员留意当前时间，实际上，时间对于设备的意义远大于此。比如，在上网收费的场所，计费常常与用户登录网络的时间或者访问网络的时长息息相关。又如，当人们需要排查网络故障时，各类消息、状态产生的时间对于寻找故障的原因非常重要。在计算机网络环境中，消息和状态的产生往往在转瞬之间，由网络管理员手动在各个网络设备上输入时间，不仅会让设备与设备之间的时差达数秒之长，而且设备与设备的时差还会不断增加，这不仅会给上网收费的客户带来非常差的体验，还会导致网络管理员在不同网络设备上查看的时间无法成为判断消息和状态先后关系的依据。因此，相关人员设计了一种可以让设备通过网络周期性地同步时间的协议。

NTP 通常使用 UDP 作为传输层协议，协议的知名端口号为 123。作为一项时间同步协议，NTP 的最大特点是定义了一个分层的时间源系统。在时间源系统中，层数的数值越低，时钟的精度就越高，时钟也会给层数高的时钟充当服务器，让它们从自己这里同步时间。例如，层数 2 的设备会给层数 3 的设备充当 NTP 服务器，同时又充当层级 1 设备的客户端，时间信息的同步也就这样一层层地传递下去。NTP 分层结构如图 5-16 所示。

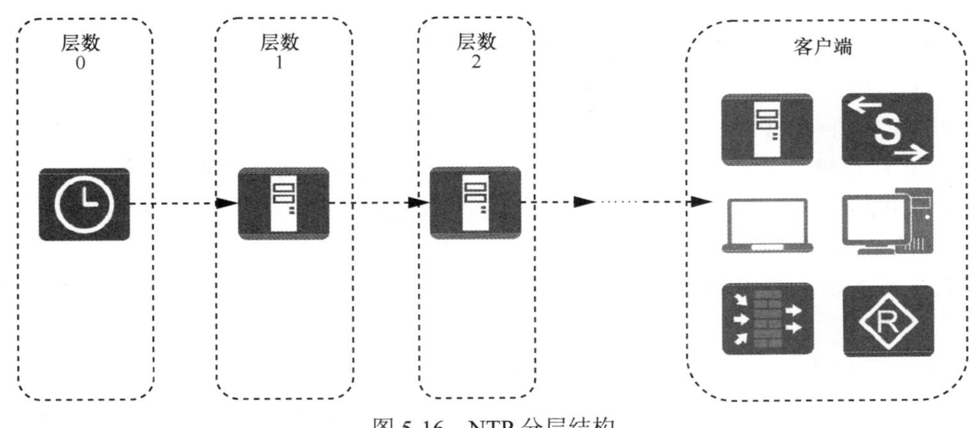


图 5-16　NTP 分层结构

层数 0 的时钟是最高精度的计时器，被称作标准参考时钟或权威时钟。在实际网络中，人们会把从权威时钟处获得时钟同步的 NTP 服务器的层数设置为 1，即层数 1 的设备以层数 0 的设备作为服务器，同时自己又充当层数 2 设备的服务器。层数 1 的设备也叫作主时间服务器。

NTP 是一种客户端–服务器模式的协议。但实际上，NTP 除了支持客户端–服务器模式外，还支持以下模式。

① 对等体模式。这种模式最早定义在 NTPv1（RFC 1059）中，不区分客户端和服务器。两台 NTP 设备会相互发送时间消息。对等体模式的设备分为主动对等体和被动对等体，主动对等体会周期性地主动发送时间消息，也会利用从对等体接收的时间消息来同步自己的时间。被动对等体会对时间消息作出响应，也会利用从对等体接收的时间消息来同步自己的时间。对等体模式常用在集群中，避免了当 NTP 服务器发生故障时，整个网络的时间不再同步的情况。

② 广播模式/组播模式。从第 3 版（NTPv3）开始，NTP 引入了广播模式（RFC 1305）。最新发布的 NTPv4 增加了组播模式（RFC 5905）。广播模式和组播模式中的 NTP 设备分为 NTP 客户端和 NTP 服务器，其中，NTP 服务器负责周期性地向广播地址或网络管理员配置的组播地址发送时间消息，NTP 客户端针对广播地址或者网络管理员配置的组播地址，并且通过服务器发送的广播/组播时间消息来同步自己的时间。在这种模式下，NTP 客户端无须知道 NTP 服务器的 IP 地址。这种模式适用于拥有大量 NTP 客户端的多路访问网络。

## 练习题

1. 下列哪项协议会使用UDP作为传输层协议？（ ）

A. FTP B. HTTP

C. Telnet D. TFTP

2. 下列哪项协议会使用TCP作为传输层协议？（ ）

A. DHCP B. HTTP

C. NTP D. TFTP

3. 在FTP主动模式下，FTP客户端会与FTP服务器的哪个端口建立连接？（ ）

A. TCP 20 B. TCP 21

C. TCP 20和TCP 21 D. 以上答案皆不对

4. 在FTP被动模式下，FTP客户端会与FTP服务器的哪个端口建立连接？（ ）

A. TCP 20 B. TCP 21

C. TCP 20和TCP 21 D. 以上答案皆不对

5. DHCP服务器会用下面哪种消息来响应DHCP客户端的DHCP DISCOVER消息？（ ）

A. DHCP OFFER B. DHCP ACK

C. DHCP NACK D. DHCP REQUEST

6. 网页上显示的“404 Page not found”中的404指的是（ ）。

A. HTTP方法 B. HTTP响应状态码

C. URI D. 消息头部

7. 根据HTTP的定义，在HTTP服务器作出HTTP响应后，TCP连接是否会断开？（ ）

A. 会 B. 不会

C. 具体做法与HTTP版本有关 D. 具体做法与浏览器厂商有关

8. 下列哪一项不是NTP定义的模式？

A. 对等体模式 B. 广播模式

C. 组播模式 D. 主从模式

9. 下列哪一项是对人们逐渐弃用Telnet改为使用SSH协议的最好的解释？（ ）

A. Telnet无法提供用户认证 B. Telnet无法提供数据加密

C. Telnet无法提供完整性校验 D. Telnet是无连接的协议

10. 下列哪种TFTP模式最适合传输非文本文件？（ ）

A. NetASCII模式 B. ASCII模式

C. Octet模式 D. 二进制模式

**答案：**

1. D 2. B 3. C 4. B 5. A 6. B 7. C 8. D 9. B 10. C

# 第 6 章
# WLAN 基础

本章主要内容

随着时代的发展，有线局域网是局域网发展的桎梏。有线网络不仅需要部署大量的线缆，还会占用大量的交换机端口，这会导致有线局域网的成本很高，灵活性很低。

WLAN 的出现解决了有线局域网环境中存在的灵活性低的问题，降低了局域网的部署成本。本章首先对 IEEE 802.11 协议族进行介绍，并展示 WLAN 技术的发展历程；还介绍 WLAN 环境中的主要设备，包括无线接入点（AP）、无线接入控制器（AC）等，同时展示了 WLAN 的主流组网方式。然后，本章重点介绍 WLAN 的基本原理，即 WLAN 的工作流程。最后，本章介绍 WLAN 的配置。

**本章重点**

- 802.11 协议族
- WLAN 的基本设备
- WLAN 的组网方式
- WLAN 的工作流程
- WLAN 的配置

## 6.1 WLAN 的基本概念

根据覆盖范围分类，有线网络可以分为广域网、城域网、局域网和个域网，无线网络同样可以分为无线广域网、无线城域网、无线局域网和无线个域网。比如，手机连接的 5G、4G 等网络就是典型的无线广域网，曾经的 WiMax（World Interoperability for Microwave Access，全球微波接入互操作性）属于一种无线城域网技术，蓝牙技术属于一种无线个域网技术。

### 6.1.1 802.11 协议族

无线计算机网络的技术标准可以追溯到 1968 年，这个标准的开发和实施是由夏威夷大学的教授诺曼·艾布拉姆森带领团队完成的。夏威夷大学的主校区位于夏威夷州瓦胡岛，同时在周边几个岛屿都设有分校区。艾布拉姆森教授团队的目标就是建立一个实验性的无线数据包通信网络，把位于不同岛屿的校区连接起来。1971 年，世界上第一个无线计算机网络诞生，即 ALOHAnet（Additive Links Online Hawaii Area Network，夏威夷地区在线互联网络）。

ALOHAnet 的协议称为 Pure ALOHA。以分层结构来看，该协议在数据链路层工作。它的工作机制非常简单：位于主校区的中心站点使用两个独立的频段，通过出方向信道（Outbound Channel）向其他校区广播数据包；位于分校区的设备使用入方向信道（Inbound Channel）向主校区发送数据包。

通过上述可以看出，Pure ALOHA 决定了 ALOHAnet 并不像 APRnet 那样会建立任意站点与站点之间的直接通信，这是因为分校区之间的通信需要借助主校区来转发。各个分校区会使用相同的频率与主校区通信。因此，这种协议需要定义一种机制来解决信道内信息冲突的问题。Pure ALOHA 采取的方式并不是预防冲突的发生，而是对发生冲突的后果进行补救。具体来说，Pure ALOHA 并不要求任何设备在发送数据之前检测信道是否繁忙，也没有定义一种机制来控制各个客户端发送消息的时间，仅规定主校区在收到消息后应立刻向分校区发送消息进行确认。如果分校区没有收到主校区的确认，就会在随机等待一段时间之后重传之前的消息——随机等待的时间间隔是为了避免再次发生冲突。

这种事先不需要检测信道的解决方案称为随机访问信道（Random-Access Channel）。这种信道降低了协议的复杂性，也降低了对通信硬件的要求，同时还提高了网络通信的效率，对之后有线的以太网络和无线的 Wi-Fi 网络都有深远的影响。

从连接的范围达方圆数百千米来看，ALOHAnet 属于无线广域网。但是，从网络的管理域属于同一所学校来看，ALOHAnet 可以视为 WLAN 的先驱。

自此之后，因为无线设备的成本过高，所以 WLAN 一直被视为一种有线局域网的补充技术。只有在有线局域网难以为继的情况下，WLAN 才会作为一种迫不得已被采用的局域网解决方案。这种情况一直维持到 20 世纪末，才彻底得到了改善。

在研发 ALOHAnet 的年代，出于商业应用的目的给计算机通信分配频率仍处于“无法可依”的状态。ALOHAnet 本身的通信是使用实验性的超高频来实现的。直到 1985 年，美国联邦通信委员会释放了 ISM 频段[①]供人们无须申请授权即可使用，其中包括 902MHz～928MHz、2400MHz～2483.5MHz 和 5725MHz～5850MHz 3 个频段，后两个频段构成了如今各类 IEEE 802.11 标准所使用的 2.4GHz 与 5GHz 频段。

1986 年，美国的 NCR 公司开发了 802.11 标准的前身，并将其命名为 WaveLAN。WaveLAN 使用的是 ISM 频段中的 900MHz 频率和 2.4GHz 频段。NCR 公司希望这种技术可以成为替代以太网和令牌环网络标准的无线局域网解决方案。1987 年，NCR 公司把 WaveLAN 的设计提供给 IEEE 802 LAN/WAN 标准委员会，为 802.11 无线局域网标准的制订奠定了重要的基础。

1997 年，IEEE 发布了 802.11 标准的第 1 个版本，并于 1999 年对这个版本进行了阐释。这个标准定义了通过红外波段以 1Mbit/s 或 2Mbit/s 的速率传输数据，或者在 ISM 2.4GHz 频段通过跳频扩频传输数据，以及通过直接序列扩频以 1Mbit/s 或 2Mbit/s 的速率传输数据这 3 种物理层技术，但通过红外波段传输数据的方式没有实现。其中，通过直接序列扩频传输数据的原始标准 IEEE 802.11 迅速发展成了后来的 802.11b。

1999 年，IEEE 发布了 802.11b 标准。这个标准在 IEEE 802.11 的基础上进行了扩展，定义了在 ISM 2.4GHz 频段传输数据时，最大原始数据传输速率提升到 11Mbit/s。802.11b 标准不但大幅度提升了无线局域网的吞吐量，而且使无线局域网产品的价格大幅降低。于是，802.11b 标准的 WLAN 产品开始被市场广泛接纳。

同一年，IEEE 发布了 802.11a 标准。IEEE 802.11a 标准的核心同样是 IEEE 802.11 标准，但 IEEE 802.11a 标准没有采用使用率很高的 2.4GHz 频段，而是选择了 5GHz 频段，这就避免了与其他工作在 2.4GHz 频段的设备产生干扰，如微波炉、无绳电话、蓝牙设备等。同时，802.11b 标准使用 52 个正交频分多路复用副载波，最大原始数据传输速率可达 54Mbit/s。然而，802.11a 标准并没有取得像 802.11b 标准那样的成功，一方面是因为 5GHz 的设备研制速度比常用的 2.4GHz 设备要慢得多，导致 802.11a 标准的设备在上市时，802.11b 标准的设备已经获得了高的市场占用率；另一方面是因为电磁波在空

---

[①] ISM 频段：Industrial Scientific Medical Band。

气中传播时，频率越高的信号在传播过程中衰减越快，同时高频电磁波的衍射能力更差，所以 802.11a 标准的设备传输信号的距离更短。

2003 年，IEEE 批准了 802.11g 标准。802.11g 既像 802.11b 一样工作在 2.4GHz 频段，也像 802.11a 一样使用了 52 个正交频分多路复用副载波，同时它的最大原始数据传输速率和 802.11a 一样达到了 54Mbit/s。802.11g 标准的设备可以向后兼容 802.11b 网络，以 802.11b 的速率传输数据。802.11b 的设备也可以连接到 802.11g 网络中，但是这样会大大降低 802.11g 网络的速率。当然，因为 802.11g 工作在 2.4GHz，所以 802.11g 网络和 802.11b 网络一样，会出现被其他同频段设备干扰的问题。

2009 年，IEEE 发布了 802.11n 标准。这项标准的初衷是对 802.11a 和 802.11g 进行提升。IEEE 802.11n 支持 4 个 MIMO（Multiple-Input Multiple-Output，多输入多输出）空间流，定义了使用多条天线来提升原始数据传输速率的方式，这不但使 WLAN 的最大原始数据的传输速率达到 600Mbit/s，而且增加了此前 IEEE 802.11 标准的信号传输距离。此外，802.11n 可以工作在 2.4GHz 频段，也可以工作在 5GHz 频段。不过，根据 IEEE 802.11n 标准，设备/网络对 5GHz 频段的支持是可选的。802.11n 的信道宽度可以为 20MHz 和 40MHz。在实践中，有些设备只允许在 5GHz 频段中使用 40MHz 的信道宽度。

2013 年年底，IEEE 发布 802.11ac。这个标准旨在进一步改进 802.11n 标准。802.11ac 仅工作在 5GHz 频段，把 802.11n 的信道宽度进行了提升，并且把 802.11n 支持的 4 个 MIMO 空间流提高到 8 个 MIMO 空间流。802.11ac 标准的无线产品的发布被分为两个步骤（又称两个 Wave）。从 2013 年年中开始，802.11ac Wave 1 设备开始发布，但是 802.11ac 标准还没有最终发布，Wave 1 设备依据的标准是 IEEE 802.11ac 3.0 草案。直到 2016 年，IEEE 802.11ac Wave 2 设备才进入市场，支持一些新的特性（如多用户 MIMO），信道宽度从 80MHz 提升到 160MHz，支持的天线数量从 3 个增加到 4 个，之后又增加到 8 个。相应地，802.11ac Wave 2 设备的最大原始数据传输速率从 1.3Gbit/s 提升到 6.93Gbit/s。

目前，WLAN 中的联网设备越来越多，一项旨在改进 802.11ac 在客户端密集环境中整体网络数据吞吐量的标准被定义了出来，这项标准就是 IEEE 802.11ax。IEEE 802.11ax 采用正交频分多址技术。IEEE 802.11ax 对个别客户端的理论数据速率提升并不显著，但是，在一个区域的数据吞吐量方面，最高可以达到 802.11ac 的 4 倍。2021 年 2 月 9 日，IEEE 批准了 802.11ax 草案标准。不过，该草案在被批准之前，各个厂商就已经开始推出 802.11ax 标准的设备。Wi-Fi 联盟从 2019 年就开始对 802.11ax 标准的设备颁发 Wi-Fi 6 认证。

早期的 802.11 产品存在大量互操作性和兼容性方面的问题。为了解决这些问题，6 家行业领先的企业建立了 WECA（Wireless Ethernet Compatibility Alliance，无线以太网兼容性联盟），并且把 802.11b 这项技术命名为 Wi-Fi。2002 年，WECA 把其组织名称修改为 Wi-Fi 联盟。为了确保 WLAN 产品满足行业的技术标准，Wi-Fi 联盟推出了 Wi-Fi 认证计划，并且给通过认证的产品颁发联盟的注册商标。Wi-Fi 联盟在把 IEEE 802.11b 标准命名为 Wi-Fi 之后，又分别把 IEEE 802.11a、IEEE 802.11g、IEEE 802.11n、IEEE 802.11ac 和 IEEE 802.11ax 命名为 Wi-Fi 2、Wi-Fi 3、Wi-Fi 4、Wi-Fi 5 和 Wi-Fi 6。

IEEE 802.11 各代标准的信息见表 6-1。

表 6-1　IEEE 802.11 各代标准的信息

<table>
<tr><th colspan="2">IEEE 标准</th><th>Wi-Fi 命名</th><th>频率</th><th>最高速率</th></tr>
<tr><td colspan="2">802.11b</td><td>Wi-Fi</td><td>2.4GHz</td><td>11Mbit/s</td></tr>
<tr><td colspan="2">802.11a</td><td>Wi-Fi 2</td><td>5GHz</td><td>54Mbit/s</td></tr>
<tr><td colspan="2">802.11g</td><td>Wi-Fi 3</td><td>2.4GHz</td><td>54Mbit/s</td></tr>
<tr><td colspan="2">802.11n</td><td>Wi-Fi 4</td><td>2.4GHz、5GHz</td><td>600Mbit/s</td></tr>
<tr><td rowspan="2">802.11ac</td><td>Wave 1</td><td>Wi-Fi 5</td><td>5GHz</td><td>1.3Gbit/s</td></tr>
<tr><td>Wave 2</td><td>Wi-Fi 5</td><td>5GHz</td><td>6.93Gbit/s</td></tr>
<tr><td colspan="2">802.11ax</td><td>Wi-Fi 6</td><td>2.4GHz、5GHz</td><td>9.6Gbit/s</td></tr>
</table>

**注释：** IEEE 802.11 协议族不仅包含表中提到的标准，还包含 802.11ad、802.11af、802.11ah 等标准。本书仅选取最具代表性的标准进行介绍。

### 6.1.2　WLAN 的基本设备

企业级的 WLAN 产品以 AP 为主。AP 通过有线的方式连接交换机的 PoE（Power over Ethernet，以太网供电）接口，使用交换机的端口来进行供电和上行连接。

图 6-1 和图 6-2 分别为华为 AirEngine 8706-X1-PRO 接入点和华为 AirEngine 9700-M 接入控制器。

图 6-1　华为 AirEngine 8706-X1-PRO 接入点

图 6-2　华为 AirEngine 9700-M 接入控制器

图 6-1 所示的华为 AirEngine 8706-X1-PRO 接入点可以同时支持 Fit/Fat 工作模式及一种全新的管理方式，即云管理。所谓云管理，就是通过云管理平台对 AP 进行管理。这种管理方式适用于中小型企业。

### 6.1.3　基本的 WLAN 组网架构

WLAN 的有线网络部分和无线网络部分如图 6-3 所示。

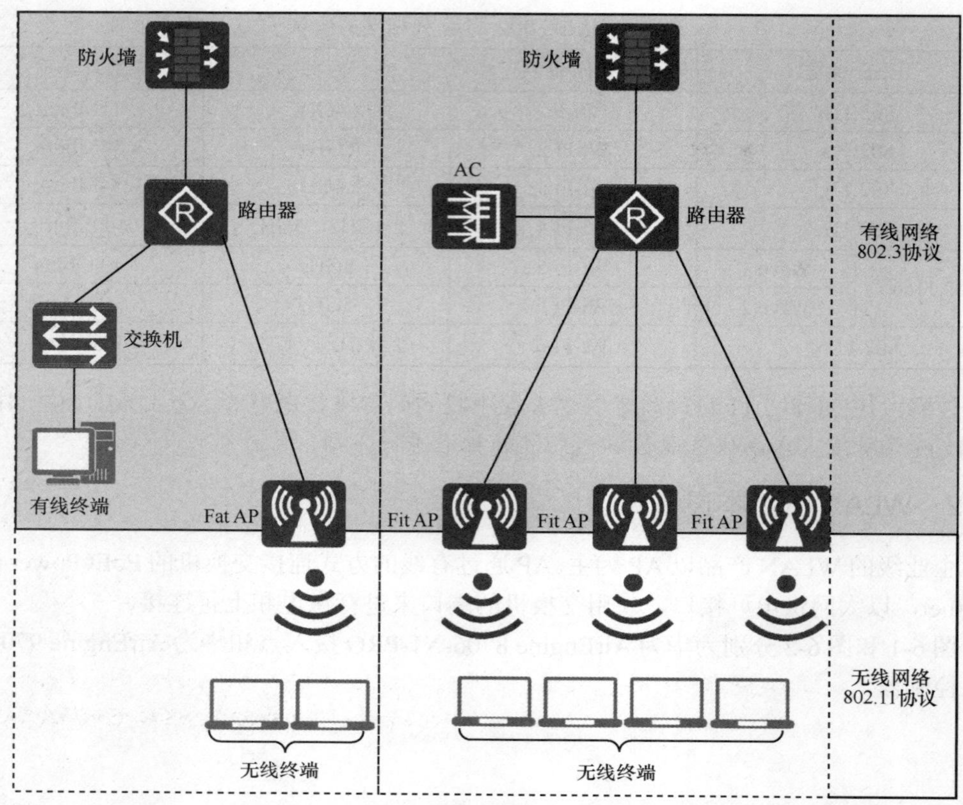


图 6-3　WLAN 的有线网络部分和无线网络部分

### 1．有线网络部分组网

在 Fit AP 的有线网络部分，因为 AP 需要通过 AC 进行控制，所以 AP 和 AC 之间需要有一种专门的协议，这种协议叫作 CAPWAP（Control and Provisioning of Wireless Access Points，无线接入点控制和配置），定义在 RFC 5415 中。

CAPWAP 是应用层协议，它的传输层通常会使用 UDP。虽然 CAPWAP 使用的是 UDP，但是会使用两个知名端口 5246 和 5247，分别建立一条控制隧道和一条数据隧道。控制隧道的作用是传输控制流量，让 AC 能够将配置和固件推送给 AP；数据隧道的作用是传输无线数据帧。

AC 在企业网络中的部署非常灵活，既可以处于同一个广播域中，又可以跨越多个 IP 网络。AP 与 AC 的组网方式如图 6-4 所示。

在图 6-4（a）所示的网络拓扑中，AC 和被管理的 AP 处于同一个广播域中。这种环境支持 AP 通过广播消息在网络中自动发现 AC，从而实现 AP 的即插即用。然而，在规模比较大的网络中，AP 的数量多达几十台甚至上百台，这时部署在企业机房中的 AC 会与各台 AP 之间间隔三层网络，形成图 6-4（b）所示的网络拓扑。在图 6-4（b）中，AP 无法自动发现 AC，这时就需要网络管理员手动为 AP 配置 AC 的 IP 地址，或者通过 DHCP 的方式动态发现 AC。因为部署 Fit AP 的环境中往往包含大量的 AP，所以 AP 与 AC 之间常常间隔三层网络，需要通过 IP 实现跨网络的通信。

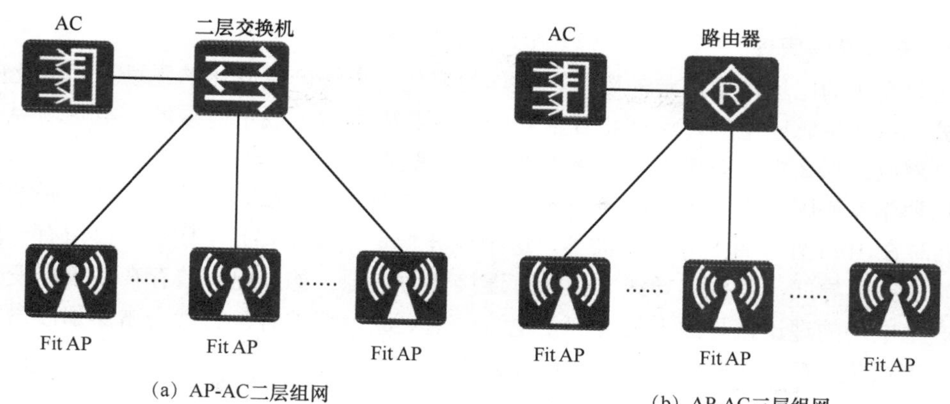


图 6-4　AP 与 AC 的组网方式

除此之外，在 AC 的网络拓扑设计层面，人们可以使用直连式与旁挂式两种不同方式组网，具体如图 6-5 所示。

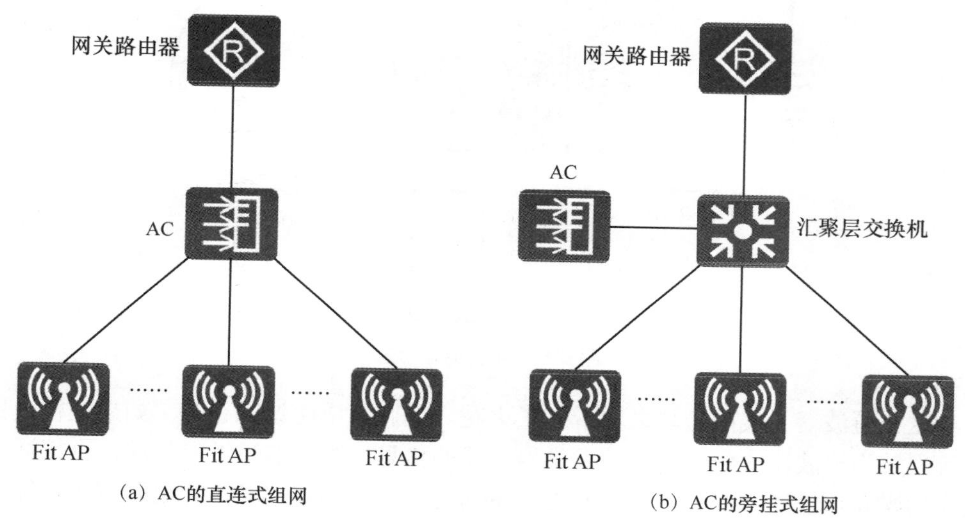


图 6-5　AC 的直连式组网与旁挂式组网

在图 6-5（a）所示的环境中，AC 连接了网络终端和网关路由器，所有终端发往外部网络的数据会通过 CAPWAP 数据隧道发送给 AC。AC 不仅承担管理 AP 的工作，同时还充当图 6-5（b）所示环境中的汇聚层交换机，承担数据流量的转发工作。因此，AC 的直连式组网对于 AC 的性能要求很高。

在图 6-5（b）所示的环境中，AC 单独通过一条链路与汇聚层交换机相连。无线终端设备发往外部网络的数据不需要发送给 AC。因此，AC 只需要承担管理 AP 的工作。

在实际环境中，AC 常用旁挂式组网方式，因为旁挂式组网比直连式组网对 AC 的性能要求低，可以节省成本。无论是在现有网络的基础上增加 WLAN，还是将云管理 AP 架构变更为 Fit AP 架构，旁挂式组网对现有网络的影响较小。

### 2. 无线通信原理

均匀变化的电场产生恒定的磁场，非均匀变化的电场产生变化的磁场，而变化的磁场会进一步产生感应电场，这样相互依赖的电场和磁场就形成了电磁场，电磁场会对外辐射电磁波。那么电磁波怎么才能用于通信领域呢？

物理学家海因里希・鲁道夫・赫兹为了证明电磁波的存在，设计了一种电磁波发生器，同时在 10m 外设置了一个检波器。这个检波器是一段没有完全闭合、仅留有一段微小缝隙的圆形导线，其中，导线本身没有连接任何电源。如果电磁波存在，根据变化的磁场产生电场的理论，导线上就会产生电流。当电流足够大时，它就会击穿那段微小的缝隙产生火花。赫兹实验示意如图 6-6 所示。

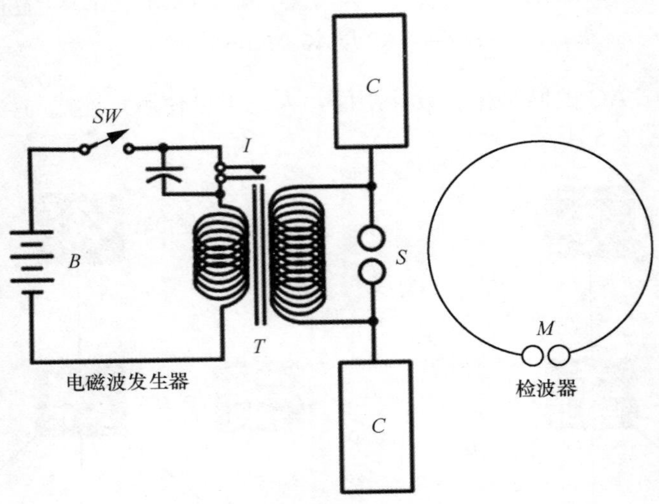


图 6-6　赫兹实验示意

赫兹在检波器导线的缝隙之间看到了火花，证明了电磁波的存在。如果把检波器上的电流理解为检波器收到了电磁波发生器播发的信息，则该信息不经导线，直接通过电磁波作为媒介传输到 10m 之外。电信号不通过导线就可以进行传输，电磁波的传输不依赖任何介质，而且在真空中的传播速度可以达到光速。如今，在 WLAN 中，信息就是以电磁波作为媒介进行传输的。

电磁波根据频率可以分为伽马射线、X 射线、紫外线、可见光、红外线、微波、无线电。电磁波的分类如图 6-7 所示。

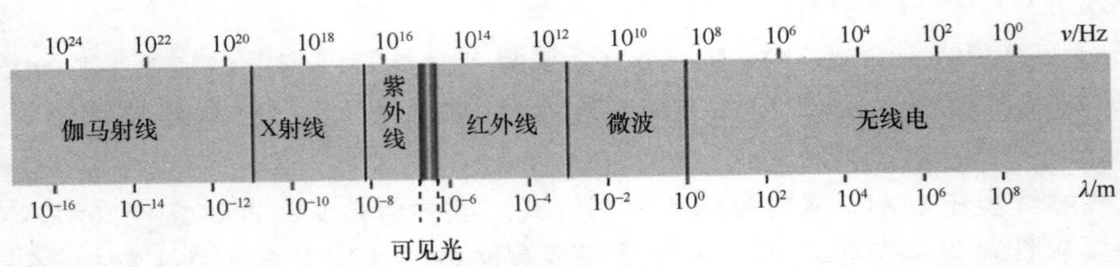


图 6-7　电磁波的分类

与本节相关的电磁波是微波和无线电的频段。这两个频段的电磁波频率在 3GHz ～ 300GHz。微波和无线电的频段可以进一步根据频率划分为极高频（30GHz～300GHz）、超高频（3GHz～30GHz）、特高频（300MHz～3GHz）、甚高频（30MHz～300MHz）、高频（3MHz～30MHz）、中频（300kHz～3MHz）、低频（30kHz～300kHz）、甚低频（3kHz～30kHz）、特低频（300Hz～3kHz）、超低频（30Hz～300Hz）和极低频（3Hz～30Hz）。IEEE 802.11b/g/n/ax 使用的 2.4GHz 频率属于特高频，IEEE 802.11a/n/ac/ax 使用的 5GHz 频率属于超高频。

相同频率的电磁波会产生相互干扰，因此大多数无线电频段在使用时，需要向专业机构申请授权许可。在免许可的频段，为了避免出现信号干扰，人们就必须把整个频段划分成多个信道。例如，2.4GHz 频段的频率范围为 2400MHz～2483.5MHz，这个频段被划分成 14 个信道，每个信道的频率宽度为 20MHz。2.4GHz 频段的信道划分如图 6-8 所示（图中所示为 2412MHz～2484MHz）。

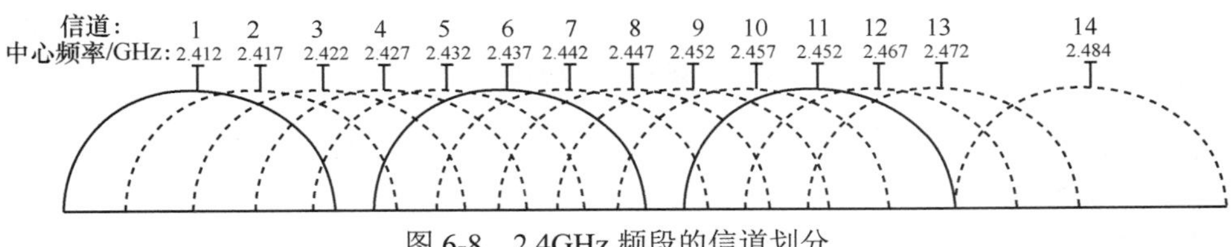


图 6-8　2.4GHz 频段的信道划分

图 6-8 中有很多信道是存在重叠的。在一个空间内如果存在多个重叠的信道，通信也会出现干扰。

### 3. 无线网络部分组网

WLAN 有两种基本的组网模式，一种模式是对等体模式，另一种模式是基础设施模式。对等体模式组网就是组网设备不借助任何中间设备，两两建立无线通信所组成的网络，这种网络称为 Ad Hoc 网络。实际上，Ad Hoc 网络可以被视为一种介于个域网和局域网之间的网络。本节我们使用 AP 来为客户端提供无线网络连接的基础设施模式。

在基础设施模式下，AP 覆盖的全部范围叫作 BSS（Basic Service Set，基本服务集）。在这个范围内，提供无线接入的 AP 会把它的 MAC 地址作为 BSS 的身份标识符，称为 BSSID（BSS Identifier，基本服务集身份标识符）。不过，让用户通过扫描得到的 MAC 地址来选择自己要连接的无线网络，非常不便——毕竟 MAC 地址是由 12 个十六进制数组成的。为了解决这个问题，无线网络可以使用 SSID（Service Set Identifier，服务集标识）。

图 6-9 展示了 BSS、BSSID 和 SSID 之间的关系。

在图 6-9 中，AP 的覆盖范围是圆圈内的范围，即 BSS。AP 的 MAC 地址为 00-9A-CD-00-00-01，即 BSS 的 BSSID。WLAN 的 SSID 被网络管理员设置为 Huawei，因此在 BSS 范围内的客户端若要连接这个无线网络，就要连接 Huawei 的 SSID。

有时网络管理员希望不同的用户在连接同一个 AP 时，能够连接到不同的无线网络，此时就需要 AP 支持 VAP（Virtual Access Point，虚拟接入点）技术。

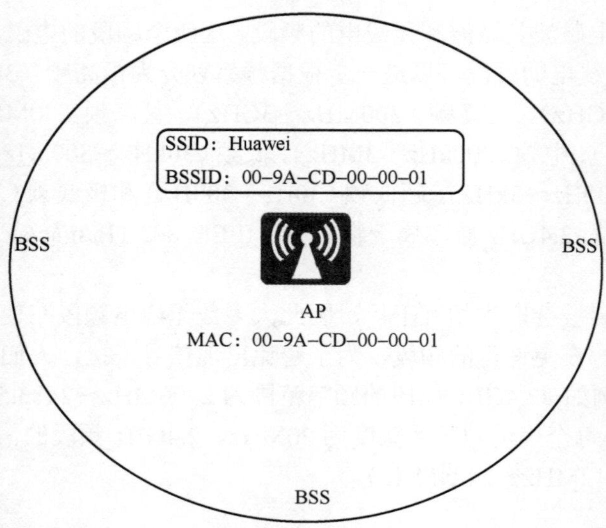


图 6-9　BSS、BSSID 和 SSID 之间的关系

VAP 是由物理 AP 创建的，每个 VAP 对应一个 BSS。这些 BSS 可以用 SSID 和 BSSID 进行区分。

图 6-10 所示为一个 AP 创建的两个 VAP。

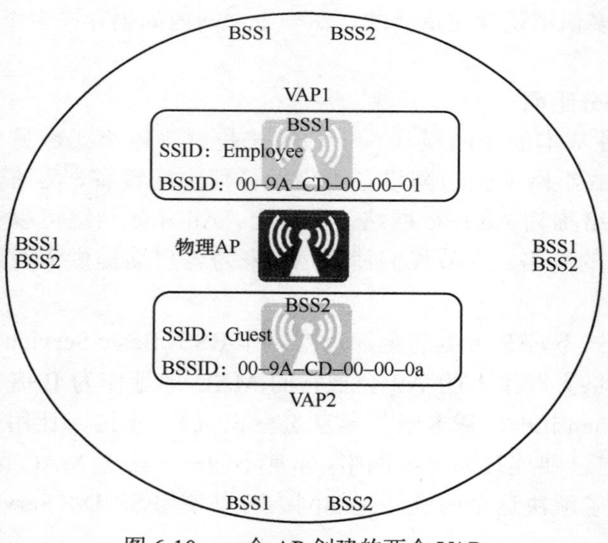


图 6-10　一个 AP 创建的两个 VAP

面积稍大的场所很难通过一个 AP 进行信号覆盖。为了解决该问题，人们把无线网络使用以太网（局域网）进行扩展。由多个 BSS 通过局域网连接所组成的环境被称为 ESS（Extended Service Set，扩展服务集）。在一个 ESS 中，所有 BSS 使用相同的 SSID。WLAN 的用户可以带着自己的终端在 ESS 内移动。在 ESS 范围内，用户都处于同一个 WLAN 中。

ESS 的概念如图 6-11 所示。

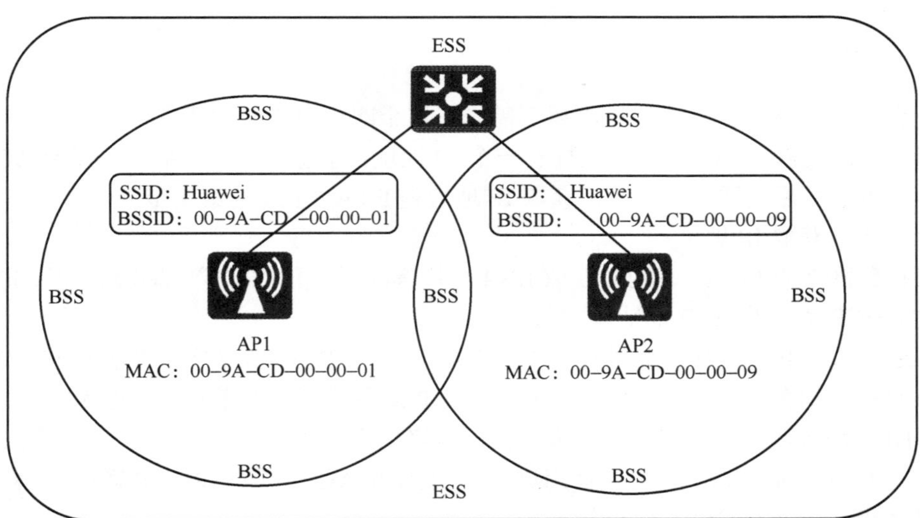


图 6-11　ESS 的概念

## 6.2　WLAN 的工作流程

本节通过图 6-12 所示拓扑介绍了 WLAN 的工作流程。

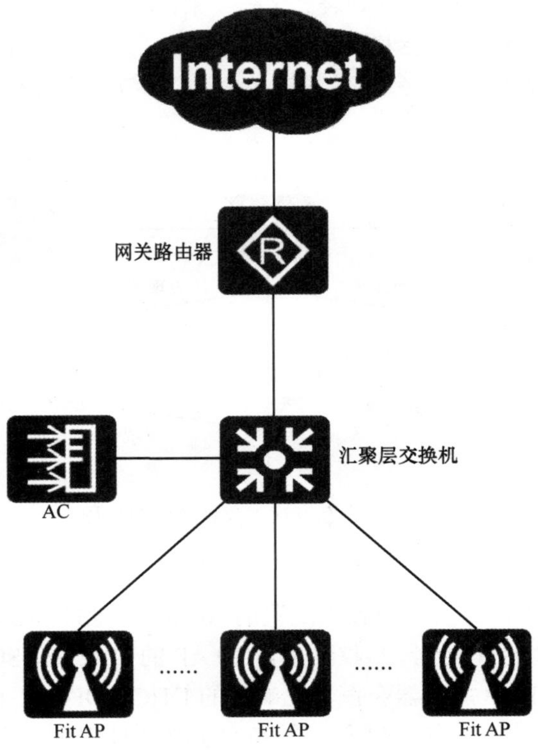


图 6-12　WLAN 的工作流程

### 6.2.1 上线

一台 Fit AP 连接到有线局域网后，需先在这个网络中完成上线。

当 Fit AP 连接到网络时，必须拥有一个 IP 地址，才能在这个网络中与包括 AC 在内的其他设备展开后续通信。因此，获取 IP 地址是 Fit AP 上线的第 1 步。

**第 1 步** 获取 IP 地址

连接到网络的 Fit AP 有两种获取 IPv4 地址等配置参数的方式，即静态配置 IP 地址和通过 DHCP 动态获取 IP 地址。

在通过 DHCP 获取 IP 地址的过程中，Fit AP 会充当 DHCP 客户端，按照 DHCP 定义的流程从 DHCP 服务器获取 IP 地址。同时，DHCP 服务器既可以像普通的以太网那样由专门的 DHCP 服务器或者三层交换机来充当，也可以由 AC 来充当。

拥有 IP 地址后，Fit AP 可以使用这个 IP 地址和 AC 建立 CAPWAP 通信。

**第 2 步** 建立 CAPWAP 隧道

Fit AP 在和 AC 建立隧道之前，要先发现 AC，这个过程类似于 DHCP 客户端在网络中发现 DHCP 服务器的过程。

Fit AP 在网络中发现 AC 的方式主要有静态方式、DHCP 方式、广播方式和 DNS 方式。本章仅介绍静态方式、DHCP 方式和广播方式。

（1）静态方式

静态方式由网络管理员通过手动配置为 Fit AP 指定 AC 的位置。网络管理员在 Fit AP 上预先设置一个 AC 的静态 IP 地址列表。这样一来，Fit AP 就会向地址列表中所有的 IP 地址发送一条发现请求消息。收到发现请求消息的 AC 会回复一条发现响应消息。Fit AP 在收到各个 AC 的响应消息后，会选择其中一个 AC，与其建立 CAPWAP 隧道。静态方式中发现 AC 的过程如图 6-13 所示。

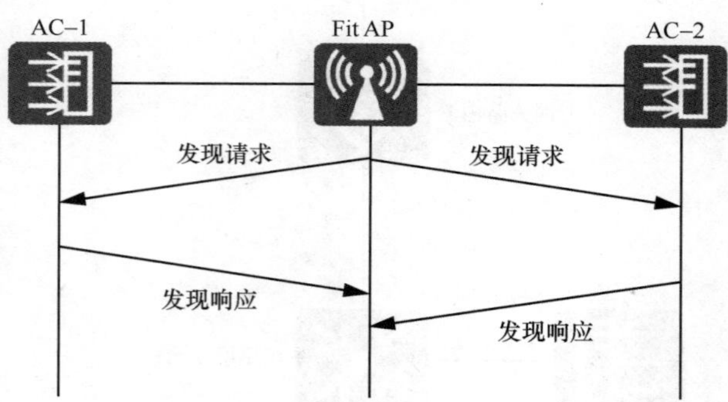


图 6-13 静态方式中发现 AC 的过程

（2）DHCP 方式

如果 Fit AP 上没有网络管理员预先配置的 AC 的 IP 地址列表，那么 Fit AP 会通过 DHCP 方式来获取 AC 的 IP 地址。当收到来自 Fit AP 的 DHCP DISCOVER 消息和 DHCP REQUEST 消息时，DHCP 服务器会在自己响应的 DHCP OFFER 和 DHCP ACK 消息中携带可选项 43（Option 43），其中包含一个 AC 的 IP 地址列表。这样一来，当 Fit AP 通过 DHCP 服务器发送的 DHCP ACK 消息确认自己可以使用对方提供的 IP 地址后，可从

DHCP 服务器获取 AC 的 IP 地址列表。接下来，Fit AP 会通过单播或者广播的形式向 AC 发送发现请求消息，而收到该消息的 AC 则会以发现响应消息作出回应。DHCP 方式中发现 AC 的过程如图 6-14 所示。

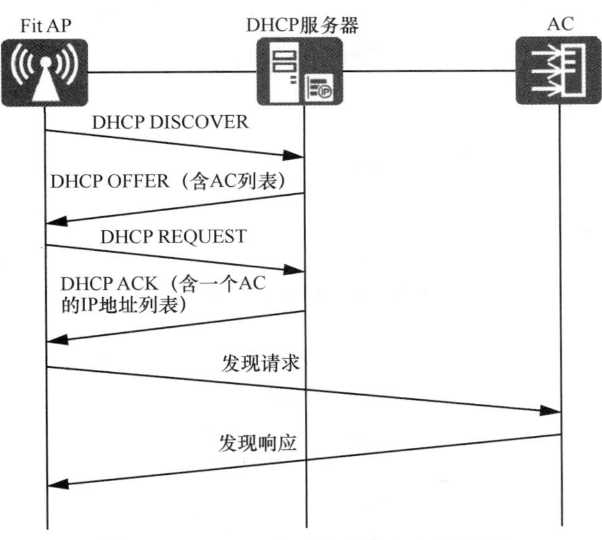


图 6-14　DHCP 方式中发现 AC 的过程

（3）广播方式

当 Fit AP 没有通过其他几种方式获取 AC 的 IP 地址，或者没有通过其他几种方式收到来自 AC 的响应消息时，Fit AP 就会用广播方式发送发现请求消息。Fit AP 使用广播方式只能发现和自己处于同一个广播域中的 AC。

Fit AP 发现 AC 后，就会和 AC 建立 CAPWAP 隧道。建立隧道的过程包括建立数据隧道和控制隧道。数据隧道和控制隧道可根据需要，使用数据包传输层安全协议对传输的数据进行加密。

**第 3 步**　AP 接入控制

在这一步中，AP 会向 AC 发送一条加入请求消息。收到加入请求消息的 AC 会判断是否允许这台 AP 接入。

在满足以下任何一个条件时，AC 会允许这台 AP 加入，并且发送加入响应消息对 AP 作出响应，使这台 AP 实现上线。

① AC 上配置的 AP 认证方式为不认证。

② AC 上配置的 AP 认证方式为 MAC 地址或序列号认证，同时这台 AP 被加入 AP 白名单。

③ AC 上配置的 AP 认证方式为 MAC 地址或序列号认证，同时 AC 发现这台 AP 的 MAC 地址和/或序列号与网络管理员预先添加的 MAC 地址和序列号相同。

如果以上 3 个条件均不满足，那么这台 AP 会被 AC 放到未授权的 AP 列表中。需网络管理员手动确认后，AC 才会回复加入响应消息，实现这台 AP 上线。

Fit AP 接入控制的流程如图 6-15 所示。

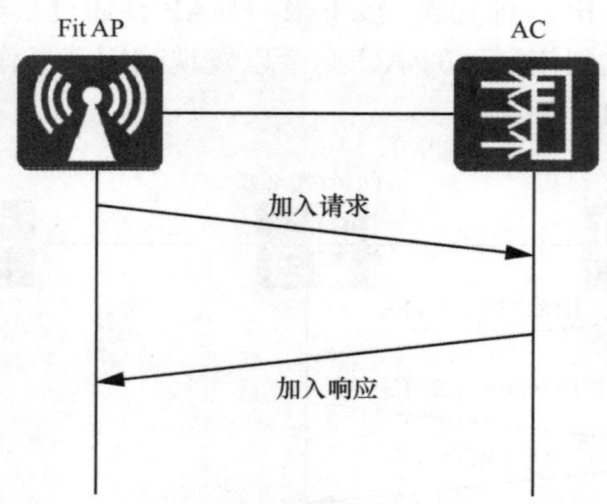


图 6-15 Fit AP 接入控制的流程

至此，AP 完成上线。不过，AC 回复的加入响应消息中包含 AP 当前最新的系统软件版本。如果 AP 通过接收的加入响应消息发现自己的系统软件版本不是最新的，则会向 AC 发送一条镜像数据请求消息，要求升级自己的软件版本。

AP 软件版本升级的方式包括以下 3 种。

① AC 模式：指 AP 从 AC 下载最新版本的软件。

② FTP 模式：指 AP 从一台 FTP 服务器下载最新版本的软件。

③ SFTP 模式：指 AP 从一台 SFTP 服务器下载最新版本的软件。

AC 模式适用于 Fit AP 数量很少的环境。如果 AP 数量众多，为了减轻 AC 的负担，我们推荐使用文件传输服务器为 AP 提供软件升级。SFTP 是一种提升 FTP 文件传输安全性的协议。因此，网络环境如果对安全性要求比较高，可采用 SFTP 模式。

AP 软件升级后会重启，从第 1 步获取 IP 地址开始，重复以上流程。

AP 上线后，CAPWAP 会保持连接，以便传输控制数据和业务数据。为了保持控制隧道的连接，AP 会周期性地向 AC 发送回声请求消息。收到回声请求消息的 AC 会用回声响应消息作出应答。为了保持数据隧道的连接，AP 和 AC 之间会周期性地发送 Keepalive 消息。

### 6.2.2 WLAN 配置下发

WLAN 配置下发的两种形式如图 6-16 所示。

Fit AP 由 AC 统一配置管理，因此，AP 完成上线后，会向 AC 发送配置状态请求消息，请求 AC 把配置发送给自己。AP 发送给 AC 的配置状态请求消息中包含 AP 当前的配置。AP 把自己当前的配置提供给 AC，是为了让 AC 判断自己当前的配置是否和 AC 需要下发的配置相同。如果不同，AC 就会通过配置状态响应消息把配置信息下发给 AP，如图 6-16（a）所示。

当网络稳定运行后，如果网络管理员对配置做出了变更，那么 AC 就会向 AP 发送配置更新请求，要求 AP 变更自己的配置。收到消息的 AP 会向 AC 发送配置更新响应作为应答，这个流程如图 6-16（b）所示。

AP 上线并从 AC 那里获得配置后，网络基础设施这一侧的操作便完成了。

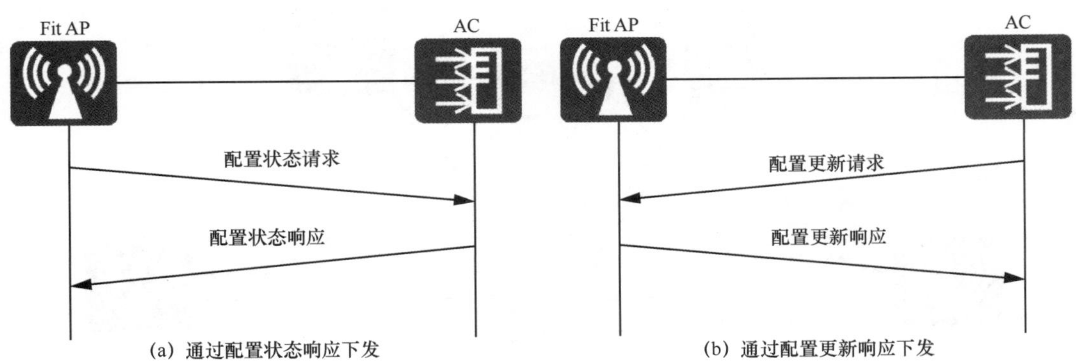


图 6-16　WLAN 配置下发的两种形式

### 6.2.3　无线客户端接入

Fit AP 已经上线，下面介绍无线客户端如何通过 Fit AP 连接到无线网络中。

（1）扫描

无线客户端执行扫描是为了发现无线网络。无线客户端扫描无线网络的方式可分为主动扫描和被动扫描两种。

主动扫描是指无线客户端主动地发送探针请求来寻求 AP 的响应。主动扫描包含了两种方式，它们的区别在于无线客户端发送的探针请求（Probe Request）数据帧中是否包含 SSID。如果包含 SSID，那么只有提供这个 SSID 无线服务的 AP 在收到这个数据帧后，才会使用探针响应（Probe Response）数据帧作出响应，其余 AP 则不会作出响应。在这种情况下，无线客户端会在每个信道依次发送携带了某个 SSID 的探针请求，期待有 AP 对自己的请求进行响应。如果不包含 SSID，无线客户端会周期性地在它支持的信道列表中广播 SSID 字段为空的探针请求数据帧，所有收到这个数据帧的 AP 会用探针响应消息来回应无线客户端，并且告诉无线客户端自己可以提供哪个 SSID 的 WLAN 服务。

无线客户端主动扫描的两种方式示意分别如图 6-17 和图 6-18 所示。

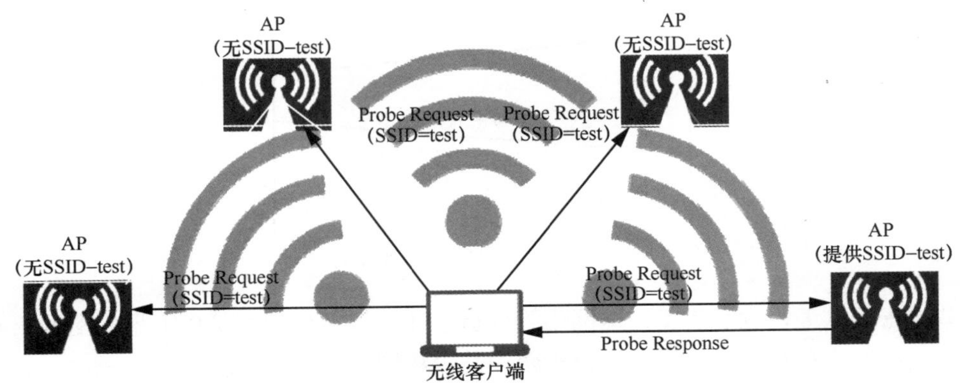


图 6-17　主动扫描（探针携带 SSID 的情形）

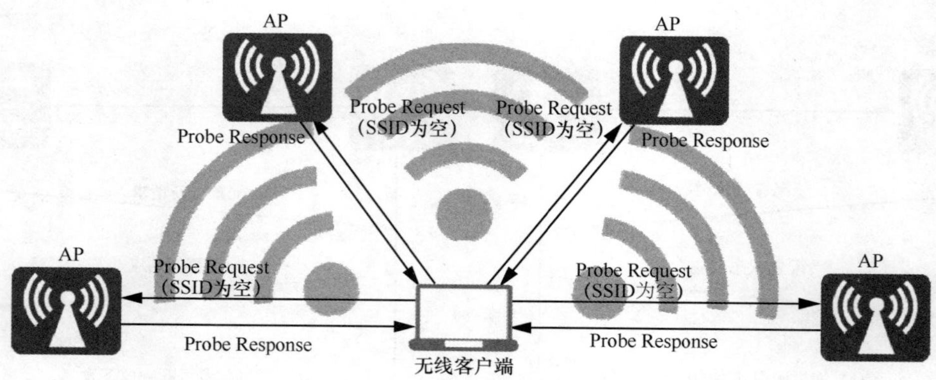


图 6-18 主动扫描（探针不携带 SSID 的情形）

使用被动扫描的无线客户端不会主动向 AP 发送探针，而是被动等待，侦听由 AP 周期性发送的 Beacon 数据帧，这个数据帧中包含 SSID 信息。在缺省情况下，AP 发送 Beacon 数据帧的间隔为 102.4ms。

完成扫描后，AP 会对无线客户端执行链路认证。

（2）链路认证

和有线网络的安全问题相比，无线网络的安全问题更加突出。因为无线网络的媒介是开放的，所以无线网络要确保只有可靠的用户才能够关联到这个网络中。

为了满足这种需求，802.11 链路定义了两种认证机制：开放系统认证和共享密钥认证。

开放系统认证的实质是不执行认证。无线客户端和 AP 双方仅针对认证进行一轮数据交互，AP 允许任何无线客户端通过认证流程，并且继续与之建立关联。在这个过程中，无线客户端会向 AP 发送一个认证请求消息，收到这个消息的 AP 会使用认证响应消息作出应答，收到认证响应消息的无线客户端可以继续与 AP 建立关联。开放系统认证的流程如图 6-19 所示。

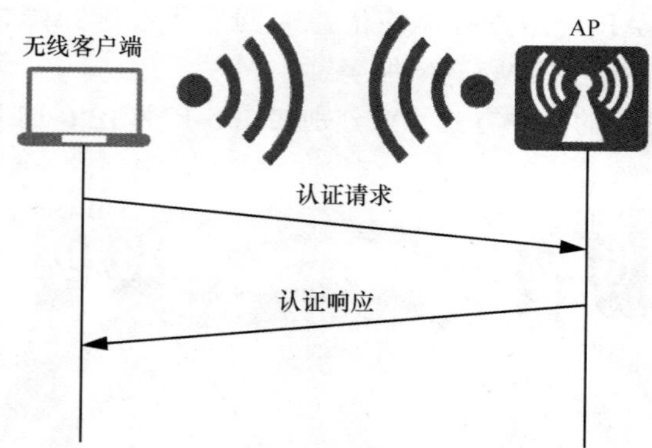


图 6-19 开放系统认证的流程

共享密钥认证，顾名思义，即网络管理员会在无线客户端和 AP 上事先配置相同的密钥，无线客户端是否通过认证取决于密钥是否相同。

在这个过程中，无线客户端会向 AP 发送一个认证请求消息，使用共享密钥认证方式的 AP 会在认证响应消息中包含一个挑战短语。收到认证响应消息的无线客户端会使用网络管理员预先配置的密钥来对这个挑战短语进行加密，然后把加密后的挑战短语通过一个认证响应消息发送给 AP。AP 收到这个消息之后，会使用网络管理员预配置的密钥执行解密。如果解密后的挑战短语与自己之前发送给无线客户端的挑战短语相同，则认证成功；若不同，则认证失败。认证成功后，AP 会使用一个认证响应消息将认证成功的结果发送给无线客户端。

图 6-20 所示为共享密钥认证的流程。

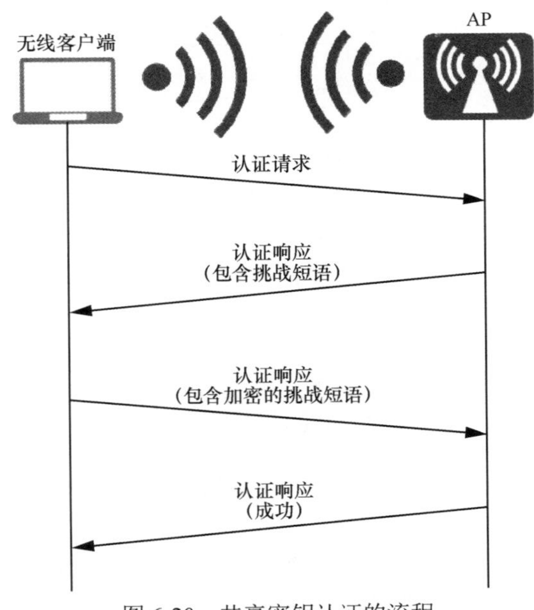


图 6-20　共享密钥认证的流程

当链路认证完成后，无线客户端就可以与 AP 建立关联了。

（3）关联

无线客户端会针对速率、信道等参数和 AP 进行协商。从开始协商至双方完成协商的过程称为关联。

在 Fit AP 环境中，协商涉及无线客户端与 Fit AP，以及 Fit AP 与 AC 之间的互动，具体流程如下。

步骤 1：无线客户端向 Fit AP 发送关联请求消息，该消息中携带无线客户端希望使用的速率、信道等参数。

步骤 2：Fit AP 把收到的关联请求消息封装在 CAPWAP 控制隧道中，然后发送给 AC。

步骤 3：AC 收到关联请求消息后，判断是否需要在下一步执行接入认证，然后同样通过 CAPWAP 隧道向 AC 发送关联响应消息。

步骤 4：Fit AP 把关联响应消息解除 CAPWAP 封装后发送给无线客户端，无线客户端与 Fit AP 之间的关联结束。

在使用 Fat AP 的环境中，协商没有步骤 2 和步骤 3 的操作。是否需要执行接入认证的决策是由 AP 做出的。

Fit AP 环境中的关联流程如图 6-21 所示。

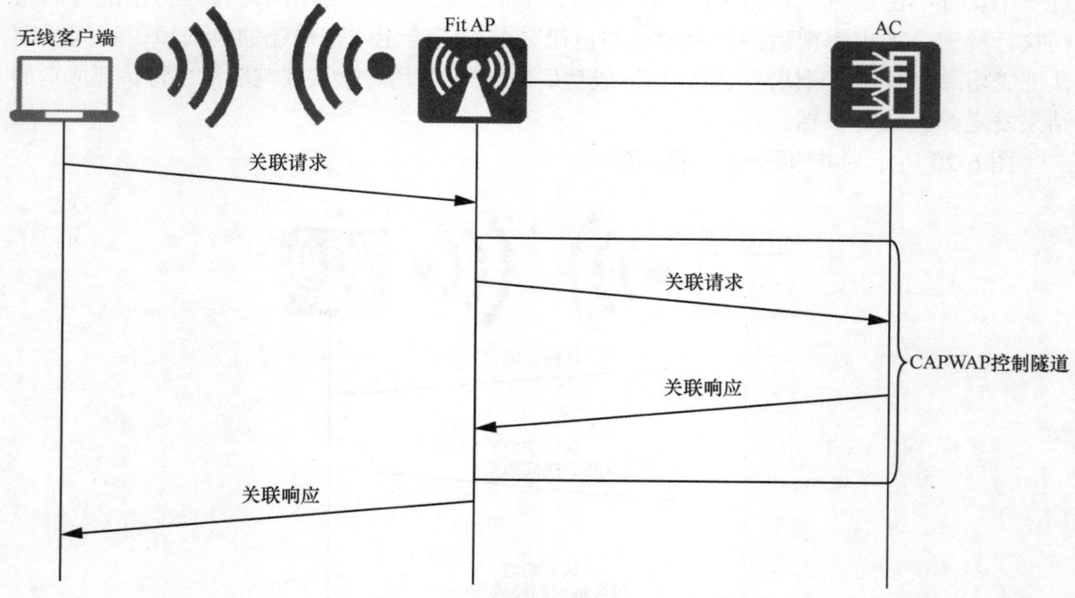


图 6-21　Fit AP 环境中的关联流程

如果需要执行接入认证，那么 AP 就要对无线客户端执行接入认证。

（4）接入认证

链路认证和接入认证的区别在于，链路认证的作用是确认认证设备是否拥有使用网络媒介的资格，而接入认证的作用是确认认证用户是否拥有通过链路接入无线网络的资格。在以太网环境中，因为网络媒介是物理线缆，部署在组织机构内部，所以以太网的链路认证是通过物理安全措施来保障的，例如，要求员工刷卡进门；在入口处安装十字转门，确保每卡只能进入一人；在办公区域安装摄像头等。在 WLAN 环境中，媒介本身是开放的，因此需要借助网络自身的机制来提供链路认证。同时，无论是有线的以太网还是无线的 802.11 网络，接入认证都可以作为认证用户身份和接入网络资格的手段。

接入认证可以分为预共享密钥和 802.1x 两种方式。网络管理员采用的接入认证方式取决于为 WLAN 选择的安全策略。目前，主流的 WLAN 安全策略包括 WEP（Wired Equivalent Privacy，有线等效保密）、WPA/WPA2-个人版和 WPA/WPA2-企业版。需要说明的是，WLAN 的安全策略不仅定义了链路认证和接入认证的方式，还定义了是否使用加密的方式来保护数据安全，以及采用哪种加密方式来保护数据安全。表 6-2 为 3 种 WLAN 安全策略对应的认证和数据加密方式。

WEP 的设计初衷是在无线环境中提供与有线环境媲美的安全级别。WEP 是 IEEE 802.11 标准的一部分，采用一种名为 RC4 的流加密算法提供数据加密，并使用 64bit、128bit 或 152bit 的加密密钥。在加密密钥中，有 24bit 是系统生成的初始向量，因此由网络管理员配置的加密密钥是 40bit、104bit 或 128bit。系统会使用 RC4 把密钥计算成一系列的密钥，再用这一系列密钥来逐字节地加密明文载荷和使用明文载荷计算出来的循环冗余校验值。然而，WEP 的安全性不是很高，因此在实际应用时要避免使用 WEP。

表 6-2　3 种 WLAN 安全策略对应的认证和数据加密方式

| 安全策略 | 链路认证 | 接入认证 | 数据加密方式 |
| --- | --- | --- | --- |
| WEP | 开放系统认证 | 无 | 不加密或 WEP |
| | 共享密钥认证 | 无 | WEP |
| WPA/WPA2–个人版 | 开放系统认证 | 预共享密钥 | TKIP（Temporal Key Integrity Protocol，时限密钥完整性协议）<br>CCMP（Counter CBC-MAC Protocol，计数器模式密码块链消息完整码协议） |
| WPA/WPA2–企业版 | 开放系统认证 | 802.1x | — |

为确保 WLAN 拥有可靠的安全策略，IEEE 定义了 WPA（Wi-Fi Protected Access，Wi-Fi 保护接入）。WPA 在 WEP 基础上提出了 TKIP 作为加密算法，支持通过 802.1x 提供接入认证。WPA 只是 IEEE 针对 WEP 安全性欠佳提出的临时替代方案。后来 IEEE 又推出了 WPA2。WPA2 采用了 CCMP 加密算法，因而安全性更高。

目前，WPA 和 WPA2 按接入认证的不同方式，分为使用预共享密钥的个人版和使用 802.1x 的企业版。为了实现兼容性，WPA 和 WPA2 都支持 TKIP 和 CCMP。

无线客户端完成接入认证之后，便可由 DHCP 服务器为其分配 IP 地址。

（5）DHCP 地址分配

在有线局域网环境中，DHCP 客户端会通过 DHCP DISCOVER、DHCP OFFER、DHCP REQUEST 和 DHCP ACK 4 个消息来获取 IP 地址。DHCP 是一种应用层协议，因此并不关心数据链路层采用的协议是 IEEE 802.3 还是 IEEE 802.11。在 WLAN 环境中，DHCP 客户端获取 IP 地址的过程和在以太网环境中获取 IP 地址的过程一样，只是无线客户端和 AP 之间的通信换成了无线媒介。

在大部分情况下，无线客户端获取 DHCP 服务器提供的 IP 地址后，就可以正常使用这个 WLAN 来建立通信了。但有时用户会被连接到一个 Web 页面，并且需要输入用户登录信息。在获得 IP 地址之后所执行的认证叫作用户认证。在用户认证中，要求用户提供登录信息的方式被称为 Web 认证或者门户认证。除了 Web 认证外，用户认证也可以通过 802.1x 认证或者 MAC 认证实现。

### 6.2.4　无线数据转发

在通过 Fit AP 提供连接的环境中，Fit AP 和 AC 之间会通过 CAPWAP 建立控制隧道和数据隧道。Fit AP 和 AC 之间的控制数据会通过控制隧道进行转发。无线客户端发送业务数据有两种不同的转发方式，具体如下。

第一种转发方式为隧道转发，也叫集中转发。隧道转发是指 Fit AP 收到无线客户端的用户业务数据后，会把业务数据通过 CAPWAP 数据隧道转发给 AC，由 AC 统一进行转发。

Fit AP 环境中隧道转发的数据走向如图 6-22 所示。

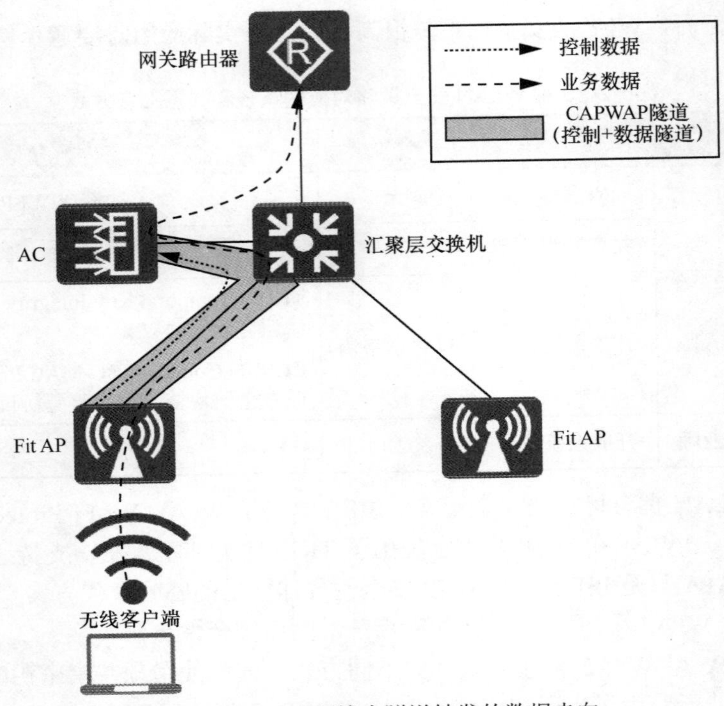


图 6-22　Fit AP 环境中隧道转发的数据走向

第二种转发方式为直接转发或本地转发。这种转发方式与隧道转发相反，Fit AP 会直接对无线客户端的用户业务数据执行转发。Fit AP 环境中直接转发的数据走向如图 6-23 所示。

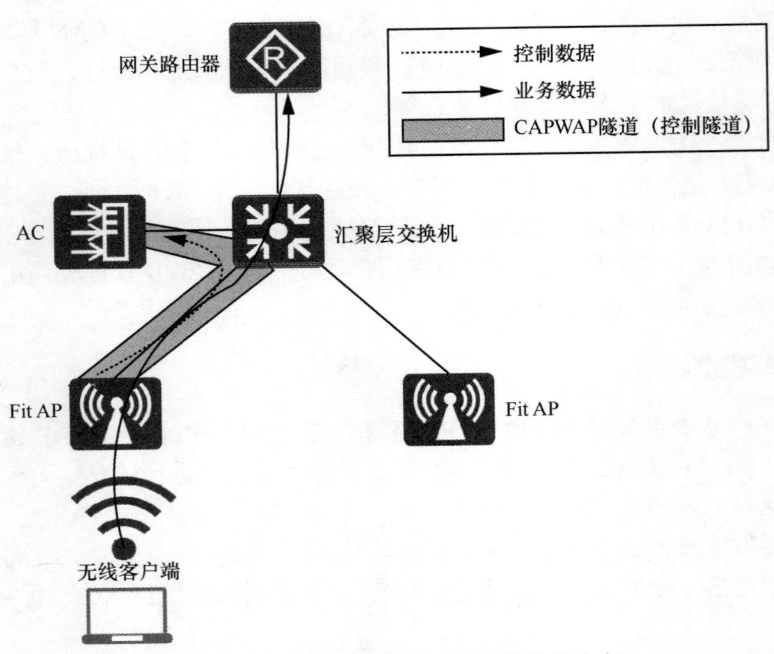


图 6-23　Fit AP 环境中直接转发的数据走向

隧道转发方式在逻辑上相当于采用AC的直连组网。因为无线客户端发送的业务数据都会由AC执行转发，所以这种转发方式有利于AC对流量进行控制。直接转发方式对AC的性能要求不高。但是因为无线客户端的流量并不会穿越AC，所以这种转发方式不能在AC上直接针对无线客户端发送的流量制订控制策略。

## 6.3　WLAN的基本配置

在WLAN的配置中，我们需要配置各种参数以供AP和STA（无线终端设备）使用。这些参数需要分别配置在相应的模板中，这些模板统称为WLAN模板。

模板在配置完成后是不会生效的，必须应用在一个位置上才会生效。在AC中，网络管理员可以针对一台AP或一个AP组来应用WLAN模板。本节主要使用域管理模板和VAP模板，具体介绍如下。

① 域管理模板：根据AP射频所在国家（地区）进行设置，设置参数包括国家（地区）码，不同的国家（地区）码定义了不同的AP射频特性。华为AC设备默认的国家（地区）码为CN，即中国，在下面的实验中无须更改。

② VAP模板：设置的参数包括数据的转发方式及业务VLAN ID。在VAP模板中设置的参数下发到AP，生成VAP，接着AP使用VAP来为STA提供无线接入服务。VAP模板还可以引用其他模板，本节主要介绍SSID模板和安全模板。

a．SSID模板：主要用途是设置SSID名称，以及设置隐藏SSID的功能。

b．安全模板：包含WLAN中使用的安全策略，其中有对STA进行认证的方法、对STA数据进行加密的方法等。

数据转发方式：指的是STA数据的转发方式，分为隧道转发和直接转发。

业务VLAN：用来传输STA数据的VLAN。我们可以将业务VLAN配置为单一VLAN，也可以将业务VLAN配置为一个VLAN池，在其中添加多个VLAN。一个VAP中设置多个VLAN可以减少单个VLAN下STA的数量，缩小广播域。

图6-24中展示了WLAN模板之间的引用关系。

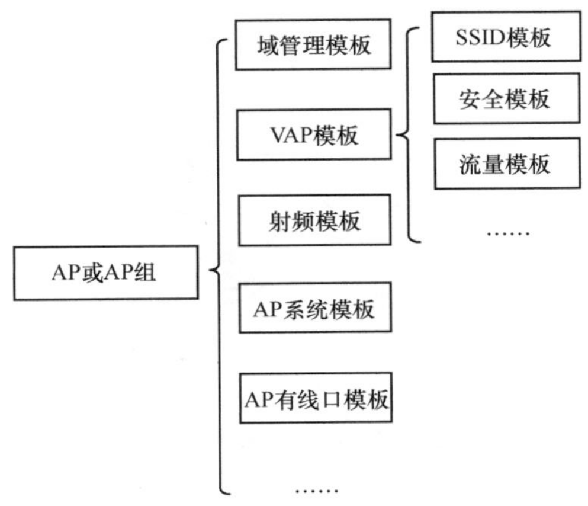


图6-24　WLAN模板之间的引用关系

WLAN 模板及其配置参数见表 6-3。

表 6-3 WLAN 模板及其配置参数

<table>
<tr><td rowspan="3">AP 组：group1<br>引用的模板：域管理模板、VAP 模板</td><td colspan="2">域管理模板：domain1</td></tr>
<tr><td rowspan="2">VAP 模板：vap1<br>引用的模板：SSID 模板、安全模板<br>转发方式：隧道转发<br>业务 VLAN：VLAN 100</td><td>SSID 模板：ssid1<br>SSID 名称：wlan1</td></tr>
<tr><td>安全模板：security1<br>安全策略：WPA/WPA2+PSK+AES<br>密码：Huawei@123</td></tr>
</table>

表 6-4 中总结了其他需要配置的参数及其值。

表 6-4 其他需要配置的参数及其值

| 参数 | 值 |
|---|---|
| AP 管理 VLAN | VLAN 10 |
| STA 业务 VLAN | VLAN 100 |
| DHCP 服务器 | AC 作为 DHCP 服务器，为 AP 和 STA 分配 IP 地址 |
| AP 地址池 | 10.0.10.2～10.0.10.254 |
| STA 地址池 | 10.0.100.2～10.0.100.254 |
| AC 源接口 | vlanif 10：10.0.10.1/24 |
| STA 业务网关 | vlanif 100：10.0.100.1/24 |
| AP 名称 | ap1 |

WLAN 配置示意如图 6-25 所示。

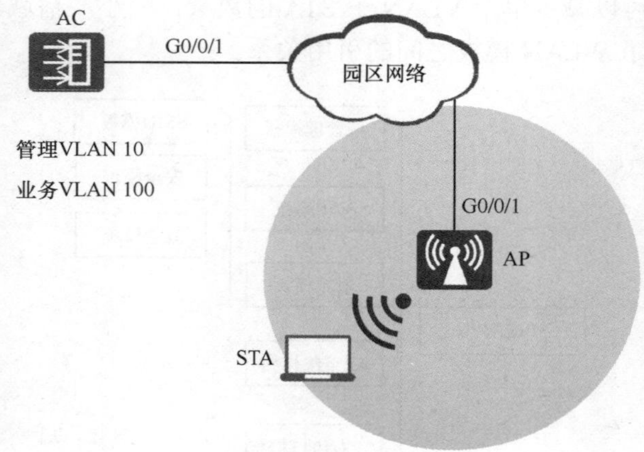


图 6-25 WLAN 配置示意

AC 上对 WLAN 参数进行配置的思路如下。

① 实现 AC 与 AP 之间的网络互通。启用 DHCP 功能，本实验以 AC 作为 DHCP 服务器，为 AP 和 STA 分配 IP 地址。

② 配置 AP 上线，具体如下。

a. 创建 AP 组，将拥有相同配置的 AP 加入该组，以简化配置。本实验仅展示一台 AP 的配置。

b. 配置 AC 的系统参数。本实验将配置 AC 使用的源接口，并将国家（地区）码保留为默认值。

c. 配置 AP 上线的认证方式，以离线的方式添加 AP，使 AP 正常上线。

③ 配置 WLAN 的业务参数，实现 STA 正常连接 WLAN。

在 AC 上配置 WLAN 参数的具体过程如下。

（1）启用 DHCP 功能

使用以下命令启用 DHCP 功能。

**dhcp enable**：系统视图命令，用于启用 DHCP 功能。在配置 DHCP 服务器功能之前，网络管理员必须先在系统视图下使用这条命令启用 DHCP 功能。

**dhcp select interface**：接口视图命令。使用这条命令启用基于接口地址池的 DHCP 功能，可以为该接口连接的 DHCP 客户端分配与该接口 IP 地址所属子网相同的 IP 地址。

例 6-1 中展示了在 AC 上启用 DHCP 功能。

**例 6-1** 启用 DHCP 功能

```
[AC]dhcp enable
[AC]interface vlanif 10
[AC-Vlanif10]ip address 10.0.10.1 24
[AC-Vlanif10]dhcp select interface
[AC-Vlanif10]quit
[AC]interface vlanif 100
[AC-Vlanif100]ip address 10.0.100.1 24
[AC-Vlanif100]dhcp select interface
```

（2）配置 AP 上线

使用以下命令创建 AP 组。

**wlan**：系统视图命令，用来进入 WLAN 视图。在需要进行 WLAN 特性的相关配置时，需要先使用 **wlan** 命令进入 WLAN 视图。

**ap-group name** *group-name*：WLAN 视图命令，用来创建 AP 组并进入 AP 组视图。若系统中已存在该 AP 组，则直接进入 AP 组视图。在缺省情况下，系统中存在一个名为 default 的 AP 组。网络管理员将多个需要使用相同参数的 AP 加入同一个 AP 组后，无须对每台 AP 进行单独配置。这些 AP 会使用 AP 组的配置。

例 6-2 展示了在 AC 上创建名为 group1 的 AP 组。阴影部分显示了执行命令后的命令提示符，表示网络管理员当前已经处于 group1 的 AP 组视图中。

**例 6-2** 创建 AP 组

```
[AC]wlan
[AC-wlan-view]ap-group name group1
Info: This operation may take a few seconds. Please wait for a moment.done.
[AC-wlan-ap-group-group1]
```

使用以下命令创建域管理模板 domain1，并配置国家（地区）码（本实验使用默认值 CN，此步骤仅为展示命令格式），以及在 AP 组中引用域管理模板。

**regulatory-domain-profile** *profile-name*：WLAN 视图命令，用来创建域管理模板并进入域管理模板视图。若该模板已创建则直接进入模板视图。在缺省情况下，系统中存在一个名为 default 的域管理模板，这个模板不可删除。在域管理模板中，网络管理员可以对国家（地区）码等参数进行配置。创建域管理模板后，网络管理员还需要在 AP 视图或 AP 组视图中应用该模板。

**country-code** *country-code*：域管理模板视图命令，用来配置设备的国家（地区）码标识。在缺省情况下，华为设备的国家（地区）码标识为 CN。

例 6-3 所示为创建的名为 domain1 的域管理模板，并配置国家（地区）码为 CN。

**例 6-3　创建域管理模板并配置国家（地区）码**

```
[AC]wlan
[AC-wlan-view]regulatory-domain-profile name domain1
[AC-wlan-regulate-domain-domain1]country-code cn
Info: The current country code is same with the input country code.
```

使用以下命令可在 AP 组 group1 中引用域管理模板 domain1。

**regulatory-domain-profile** *profile-name*：AP 组视图命令，用来在 AP 组中引用域管理模板。

例 6-4 所示为引用域管理模板。在应用/更改 AP 组中的域管理模板时，设备会弹出警告信息并要求网络管理员进行确认。网络管理员输入 y 后，更改生效。

**例 6-4　引用域管理模板**

```
[AC]wlan
[AC-wlan-view]ap-group name group1
[AC-wlan-ap-group-group1]regulatory-domain-profile domain1
Warning: Modifying the country code will clear channel, power and antenna gain
configurations of the radio and reset the AP. Continue?[Y/N]y
[AC-wlan-ap-group-group1]
```

使用以下命令设置 AC 使用的源接口。

**capwap source interface** { **loopback** *loopback-number* | **vlanif** *vlan-id* }：系统视图命令，用来指定 AC 与 AP 建立 CAPWAP 隧道的源接口，其中，源接口可以使用环回接口或 VLANIF 接口。缺省情况下未指定源接口。

例 6-5 中展示了设置 AC 使用的源接口。

**例 6-5　设置 AC 使用的源接口**

```
[AC]capwap source interface vlanif 10
```

下面我们可以对 AP 进行离线导入了。此时需先对 AP 的身份进行认证。AP 的身份可以选择使用 MAC 地址认证或序列号进行认证，或者不认证。网络管理员还可以对 AP 进行命名，并且指定 AP 所属的 AP 组。我们可以使用以下命令进行配置。

**ap auth-mode** {**mac-auth** | **no-auth** | **sn-auth**}：WLAN 视图命令，用来指定 AP 的认证模式，必选关键词分别为使用 MAC 地址认证、不认证，以及使用序列号认证。本实验使用 MAC 地址认证。

**ap-id** *ap-id* {**ap-mac** *ap-mac* | **ap-sn** *ap-sn* | **ap-mac** *ap-mac* **ap-sn** *ap-sn* }：WLAN 视图命令，用来离线添加 AP。在添加 AP 时，必须输入 AP 的 MAC 地址或序列号，或者同时输入 MAC 地址和序列号。如果设置了使用 MAC 地址认证，则必须输入 MAC 地址；如果设置了使用序列号认证，则必须输入序列号。

**ap-name** *ap-name*：AP 视图命令，用来为 AP 设置可识别的名称。本实验使用 ap1

进行命名。如果没有为 AP 配置名称，则 AP 上线后会使用 MAC 地址作为名称。

**ap-group** *ap-group*：AP 视图命令，用来指定 AP 所属的 AP 组。如果没有明确配置，AP 会自动加入名为 default 的默认 AP 组。

例 6-6 所示为离线 AP 的配置。

**例 6-6　离线 AP 的配置**

```
[AC]wlan
[AC-wlan-view]ap auth-mode mac-auth
[AC-wlan-view]ap-id 1 ap-mac 00e0-fc63-7f00
[AC-wlan-ap-1]ap-name ap1
Warning: This operation may cause AP reset. Continue? [Y/N]:y
[AC-wlan-ap-1]ap-group group1
Warning: This operation may cause AP reset. If the country code changes, it will
 clear channel, power and antenna gain configurations of the radio, Whether to
continue? [Y/N]y
Info: This operation may take a few seconds. Please wait for a moment.. done.
[AC-wlan-ap-1]
```

至此 AP 上线的准备工作已经完成，我们可以将 AP 启动，并等待它获取 IP 地址及注册到 AC 上。通过观察 AP 的 CLI 可以判断 AP 是否已经注册成功。当 CAPWAP 隧道建立后，在 AP 的 CLI 中可以看到信息提示，如例 6-7 中阴影部分所示。此时按下回车键可以发现 AP 的名称已经从默认名称 Huawei 变为指定的名称 ap1。

**例 6-7　AP 上线**

```
<Huawei>
===== CAPWAP LINK IS UP!!! =====

<ap1>
```

我们可以使用 **display ap all** 命令来查看 AC 上的 AP 状态，详见例 6-8。命令输出内容中不仅显示了 AP 配置的参数，还显示了 AP 通过 DHCP 获得的 IP 地址、设备型号、状态（nor 表示正常）、所连接的 STA 数量，以及已连接时长。

**例 6-8　查看 AP 状态**

```
[AC]display ap all
Info: This operation may take a few seconds. Please wait for a moment.done.
Total AP information:
nor  : normal          [1]
--------------------------------------------------------------------------------
ID   MAC            Name    Group      IP            Type            State STA Uptime
--------------------------------------------------------------------------------
1    00e0-fc63-7f00 ap1     group1     10.0.10.254   AP2050DN        nor   0   1M:11S
--------------------------------------------------------------------------------

Total: 1
```

（3）配置 WLAN 业务参数

在这个步骤中，我们要配置使 STA 连接到 WLAN 的参数。这些参数都配置在 VAP 模板中，并需要在 AP 组中进行引用。在 VAP 模板中，我们需要配置转发方式、业务 VLAN，并且需要引用 SSID 模板和安全模板。在 SSID 模板中，需要配置 SSID 名称；在安全模板中，需要配置安全策略和 STA 登录所使用的密码。下面，我们从 SSID 模板开始配置。

根据实验要求，我们要创建名为 ssid1 的 SSID 模板，并将 STA 能够搜索到的 SSID 设置为 wlan1。我们使用以下命令进行配置。

**ssid-profile name** *profile-name*：WLAN 视图命令，用来创建 SSID 模板并进入 SSID 模板视图。若该模板已存在，则直接进入 SSID 模板视图。在缺省情况下，系统中存在一个名为 default 的 SSID 模板，且该模板不能删除。

**ssid** *ssid*：SSID 模板视图命令，用来指定当前 SSID 模板中的 SSID 名称。当 STA 搜索可接入的无线网络时，搜到的网络名称就是 SSID。

例 6-9 所示为创建并配置 SSID 模板。

例 6-9 创建并配置 SSID 模板

```
[AC]wlan
[AC-wlan-view]ssid-profile name ssid1
[AC-wlan-ssid-prof-ssid1]ssid wlan1
Info: This operation may take a few seconds, please wait.done.
[AC-wlan-ssid-prof-ssid1]
```

配置完成后，我们可以使用 **display ssid name ssid1** 命令查看 SSID 模板 ssid1 的具体信息，详见例 6-10。命令输出中的很多参数是可以进行调整的，比如是否隐藏 SSID、最大 STA 数量等。

例 6-10 查看 SSID 模板 ssid1 的具体信息

```
[AC]display ssid name ssid1
------------------------------------------------------------------------
Profile ID                          : 1
SSID                                : wlan1
SSID hide                           : disable
Association timeout(min)            : 5
Max STA number                      : 64
Reach max STA SSID hide             : enable
Legacy station                      : enable
DTIM interval                       : 1
Beacon 2.4G rate(Mbps)              : 1
Beacon 5G rate(Mbps)                : 6
Deny-broadcast-probe                : disable
Probe-response-retry num            : 1
802.11r                             : disable
  802.11r authentication            : -
  Reassociation timeout (s)         : -
QOS CAR inbound CIR(kbit/s)         : -
QOS CAR inbound PIR(kbit/s)         : -
QOS CAR inbound CBS(byte)           : -
QOS CAR inbound PBS(byte)           : -
QOS CAR outbound CIR(kbit/s)        : -
QOS CAR outbound PIR(kbit/s)        : -
QOS CAR outbound CBS(byte)          : -
QOS CAR outbound PBS(byte)          : -
U-APSD                              : disable
Active dull client                  : disable
MU-MIMO                             : disable
------------------------------------------------------------------------
WMM EDCA client parameters:
------------------------------------------------------------------------
        ECWmax  ECWmin  AIFSN  TXOPLimit
AC_VO   3       2       2      47
AC_VI   4       3       2      94
AC_BE   10      4       3      0
AC_BK   10      4       7      0
------------------------------------------------------------------------
```

接下来创建和配置安全模板。根据实验要求，我们要创建一个名为 security1 的安全模板，并将安全策略配置为 WPA/WPA2+PSK+AES，密码设置为 Huawei@123。我们使用以下命令进行配置。

**security-profile name** *profile-name*：WLAN 视图命令，用来创建安全模板并进入安全模板视图。在缺省情况下，系统中已有名为 default、default-wds 和 default-mesh 的安

全模板。

**security** {**wpa** | **wpa2** | **wpa-wpa2**} **psk** {**pass-phrase** | **hex**} *key-value* {**aes** | **tkip** | **aes-tkip**}：安全模板视图命令，用来配置 WPA/WPA2 预共享密钥认证和加密。本实验需要选择 wpa-wpa2 混合方式，即 STA 无论是使用 WPA 还是 WPA2，都可以进行认证；密码选择 pass-phrase，并将密码设置为 Huawei@123，这个密码在配置中会以密文形式显示；最后选择 aes 作为数据加密机制。

例 6-11 所示为创建并配置安全模板。

**例 6-11** 创建并配置安全模板

```
[AC]wlan
[AC-wlan-view]security-profile name security1
[AC-wlan-sec-prof-security1]security wpa-wpa2 psk pass-phrase Huawei@123 aes
```

我们还可以使用 **display security-profile name security1** 命令查看安全模板的具体信息，详见例 6-12。从阴影部分可以看到，安全策略和加密策略已经按照实验要求完成了配置。

**例 6-12** 查看安全模板的具体信息

```
[AC]display security-profile name security1
------------------------------------------------------------
Security policy                   : WPA-WPA2 PSK
Encryption                        : AES
------------------------------------------------------------
WEP's configuration
Key 0                             : *****
Key 1                             : *****
Key 2                             : *****
Key 3                             : *****
Default key ID                    : 0
------------------------------------------------------------
WPA/WPA2's configuration
PTK update                        : disable
PTK update interval(s)            : 43200
------------------------------------------------------------
WAPI's configuration
CA certificate filename           : -
ASU certificate filename          : -
AC certificate filename           : -
AC private key filename           : -
Authentication server IP          : -
WAI timeout(s)                    : 60
BK update interval(s)             : 43200
BK lifetime threshold(%)          : 70
USK update method                 : Time-based
USK update interval(s)            : 86400
MSK update method                 : Time-based
MSK update interval(s)            : 86400
Cert auth retrans count           : 3
USK negotiate retrans count       : 3
MSK negotiate retrans count       : 3
------------------------------------------------------------
```

在对 VAP 模板中需要引用的两个模板进行创建和配置后，我们继续创建和配置 VAP 模板。根据实验要求，在名为 vap1 的 VAP 模板中，我们需要设置转发方式为隧道转发，将业务 VLAN 设置为 VLAN 100，并引用 SSID 模板和安全模板。我们使用以下命令进行配置。

**vap-profile name** *profile-name*：WLAN 视图命令，用来创建 VAP 模板并进入 VAP 模板视图。若该模板已存在，则直接进入模板视图。在缺省情况下，系统中存在一个名为 default 的 VAP 模板。网络管理员在创建 VAP 模板后，需要在 AP 组视图中引用该模板，才能使模板中的设置生效。

**forward-mode {derect-forward | tunnel}**：VAP 模板视图命令，用来配置数据转发方式。在缺省情况下，VAP 模板中的数据转发方式为直接转发。

**service-vlan vlan-id** *vlan-id*：VAP 模板视图命令，用来配置 VAP 的业务 VLAN。在缺省情况下，VAP 模板中的业务 VLAN 为 VLAN 1。

**ssid-profile** *profile-name*：VAP 模板视图命令，用来引用 SSID 模板。在缺省情况下，VAP 模板中引用的是名为 default 的 SSID 模板。

**security-profile** *profile-name*：VAP 模板视图命令，用来引用安全模板。在缺省情况下，VAP 模板中引用的是名为 default 的安全模板。

例 6-13 所示为创建并配置 VAP 模板。

例 6-13　创建并配置 VAP 模板

```
[AC]wlan
[AC-wlan-view]vap-profile name vap1
[AC-wlan-vap-prof-vap1]forward-mode tunnel
[AC-wlan-vap-prof-vap1]service-vlan vlan-id 100
Info: This operation may take a few seconds, please wait.done.
[AC-wlan-vap-prof-vap1]ssid-profile ssid1
Info: This operation may take a few seconds, please wait.done.
[AC-wlan-vap-prof-vap1]security-profile security1
Info: This operation may take a few seconds, please wait.done.
[AC-wlan-vap-prof-vap1]
```

配置完成后，我们可以使用 **display vap-profile name vap1** 命令查看 VAP 模板的具体信息，详见例 6-14。从阴影部分可以看到网络管理员配置的参数信息。

例 6-14　查看 VAP 模板的具体信息

```
[AC]display vap-profile name vap1
------------------------------------------------------------------------------

Profile ID                                          : 1
Service mode                                        : enable
Type                                                : service
Forward mode                                        : tunnel
mDNS centralized-control                            : disable
Offline management                                  : disable
Service VLAN ID                                     : 100
Service VLAN Pool                                   : -
Permit VLAN ID                                      : -
Auto off service switch                             : disable
Auto off starttime                                  : -
Auto off endtime                                    : -
Auto off time-range                                 :
STA access mode                                     : disable
STA blacklist profile                               :
STA whitelist profile                               :
VLAN mobility group                                 : 1
Band steer                                          : enable
Learn client address                                : enable
Learn client DHCP strict                            : disable
Learn client DHCP blacklist                         : disable
Learn client DHCPv6 strict                          : disable
Learn client DHCPv6 blacklist                       : disable
IP source check                                     : disable
ARP anti-attack check                               : disable
DHCP option82 insert                                : disable
DHCP option82 remote id format                      : Insert AP-MAC
DHCP option82 circuit id format                     : Insert AP-MAC
```

```
DHCP trust port                                          : disable
ND trust port                                            : disable
Zero roam                                                : disable
Beacon multicast unicast                                 : disable
Anti-attack broadcast-flood                              : enable
  Anti-attack broadcast-flood sta-rate-threshold         : 10
  Anti-attack broadcast-flood blacklist                  : disable
Anti-attack ARP flood                                    : enable
  Anti-attack ARP flood sta-rate-threshold               : 5
  Anti-attack ARP flood blacklist                        : disable
Anti-attack ND flood                                     : enable
  Anti-attack ND flood sta-rate-threshold                : 16
  Anti-attack ND flood blacklist                         : disable
Anti-attack IGMP flood                                   : enable
  Anti-attack IGMP flood sta-rate-threshold              : 4
  Anti-attack IGMP flood blacklist                       : disable
SSID profile                                             : ssid1
Security profile                                         : security1
Traffic profile                                          : default
Authentication profile                                   :
SAC profile                                              :
Hotspot2.0 profile                                       :
User profile                                             :
UCC profile                                              :
Home agent                                               : ap
Layer3 roam                                              : enable
---------------------------------------------------------------------------------
```

接下来的配置需要在 AP 组 group1 中引用 VAP 模板 vap1，才能使 VAP 模板下的配置自动下发到指定的 AP 上。我们使用 **vap-profile** *profile-name* **wlan** *wlan-id* {**radio** {*radio-id*} | **all**}命令进行配置。在 AP 组视图下执行这条命令，将 VAP 模板应用到具体的射频。命令中的 3 个参数分别是 *profile-name*、*wlan-id*、*radio-id*。*profile-name* 指 VAP 模板名称，本实验中为 vap1；*wlan-id* 指 AC 中 VAP 的 ID，由网络管理员指定，本实验使用 1；*radio-id* 指的是射频 ID，射频 ID 为 0 是指 2.4 GHz 射频，射频 ID 为 1 是指 5GHz 射频。本实验为两个射频引用相同的 VAP 模板，因此需要执行两次这条命令。

例 6-15 中展示了在 AP 组中引用 VAP 模板，并将其与两个射频绑定。

**例 6-15** 在 AP 组中引用 VAP 模板并将其与两个射频绑定

```
[AC]wlan
[AC-wlan-view]ap-group name group1
[AC-wlan-ap-group-group1]vap-profile vap1 wlan 1 radio 0
Info: This operation may take a few seconds, please wait...done.
[AC-wlan-ap-group-group1]vap-profile vap1 wlan 1 radio 1
Info: This operation may take a few seconds, please wait...done.
[AC-wlan-ap-group-group1]
```

我们可以在 AC 上使用 **display vap ssid wlan1** 命令查看创建的 VAP，详见例 6-16。从命令的输出内容可以看到，相应的射频上已经成功创建了 VAP，WLAN 业务配置会由 AC 自动下发给 AP。AP 名称为 ap1，状态为 ON，表示这台 AP 的相应射频上已经成功创建 VAP。

**例 6-16** 查看创建的 VAP

```
[AC]display vap ssid wlan1
Info: This operation may take a few seconds, please wait.
WID : WLAN ID
-----------------------------------------------------------------------------
AP ID AP name RfID WID  BSSID          Status  Auth type      STA   SSID
-----------------------------------------------------------------------------
0     ap1     0    1    00E0-FC63-7F00 ON      WPA/WPA2-PSK   0     wlan1
0     ap1     1    1    00E0-FC63-7F10 ON      WPA/WPA2-PSK   0     wlan1
-----------------------------------------------------------------------------
Total: 2
```

至此，WLAN 设置已经完成，我们可以在自己的实验环境中开启 STA 并搜索 ssid1，使用密码 Huawei@123 进行登录。如果设置正确，STA 可以正常连接 WLAN，并且获得的 IP 地址为 10.0.20.254/24，默认网关为 10.0.20.1。

## 练习题

1. 下列哪项 IEEE 802.11 标准的最大原始数据的传输速率没有达到 1Gbit/s？（　　）
   A. IEEE 802.1ax　　B. IEEE 802.1ac Wave 1
   C. IEEE 802.1ac Wave 2　　D. IEEE 802.1a
2. 下列哪项 IEEE 802.11 标准被 Wi-Fi 联盟称为 Wi-Fi 6？（　　）
   A. IEEE 802.1ax　　B. IEEE 802.1ac Wave 1
   C. IEEE 802.1ac Wave 2　　D. IEEE 802.1a
3. Fat AP 和 Fit AP 的主要差异在于（　　）。
   A. 设备的体积　　B. 管理的方式
   C. 信号的强弱　　D. 支持的特性
4. AP 升级软件版本不包括下列哪种方式？（　　）
   A. AC 模式　　B. TFTP 模式
   C. FTP 模式　　D. SFTP 模式
5. 链路认证提供了哪两种认证方式？（　　）
   A. WPA 和 WPA2　　B. 预共享密钥和 802.1x
   C. 开放系统认证和共享密钥认证　　D. TKIP 和 CCMP
6. 下列哪种关于无线数据转发的说明是错误的？（　　）
   A. 如果执行直接转发，Fit AP 会把无线客户端的业务数据转发给 AC
   B. 如果执行隧道转发，Fit AP 会把无线客户端的业务数据转发给 AC
   C. 如果执行直接转发，Fit AP 会把自己的管理数据发送给 AC
   D. 如果执行隧道转发，Fit AP 会把自己的管理数据发送给 AC
7. 下列哪一项无线安全策略易被破解，应该避免使用？（　　）
   A. WPA　　B. WPA2
   C. WEP　　D. WPA2-Enterprise
8. 在探讨无线局域网时提到的（与 2.4G 相对应的）5G 指的是什么？（　　）
   A. 这个无线局域网是第 5 代（5th Generation）无线局域网
   B. 这个无线局域网的理论数据传输速率为 5Gbit/s
   C. 这个无线局域网使用的信号频率为 5GHz
   D. 以上答案均不对
9. 大型企业在组建无线局域网时，主要使用下列哪种无线设备为无线客户端提供接入？（　　）
   A. Fat AP　　B. Fit AP
   C. AC　　D. 无线路由器

10. Fit AP 可以通过什么方式发现网络中 AC 的位置？（　　）

A. 网络管理员静态配置 AC 的 IP 地址列表

B. 通过向 DHCP 服务器发起请求

C. 通过在网络中发送广播消息

D. 以上选项均正确

**答案：**

1. D　2. A　3. B　4. B　5. C　6. A　7. C　8. C　9. B　10. D

# 第 7 章
# 广域网技术

本章主要内容

7.1　广域网的基本概念

7.2　PPP 的原理与配置

7.3　PPPoE 的原理与配置

7.4　广域网技术的发展

本章首先对广域网发展的历程、PPP 的原理和配置、PPPoE 的原理和配置进行解读，然后对 MPLS（Multi-Protocol Label Switching，多协议标签交换）进行简单描述，最后对 SR（Segment Routing，分段路由）的模型进行介绍。SR 的模型旨在规避 IP 和 MPLS 环境中，数据转发机制所存在的弊端。

**本章重点**

- 广域网的发展
- PPP 的原理与配置
- PPPoE 的原理与配置
- MPLS 的基本原理
- SR 的基本原理

## 7.1 广域网的基本概念

广域网就是覆盖范围广的网络。局域网的覆盖范围只有几千米，因此人们会使用局域网技术在一定范围内建立通信，然后再使用广域网技术连接各个局域网。使用广域网连接局域网如图 7-1 所示。

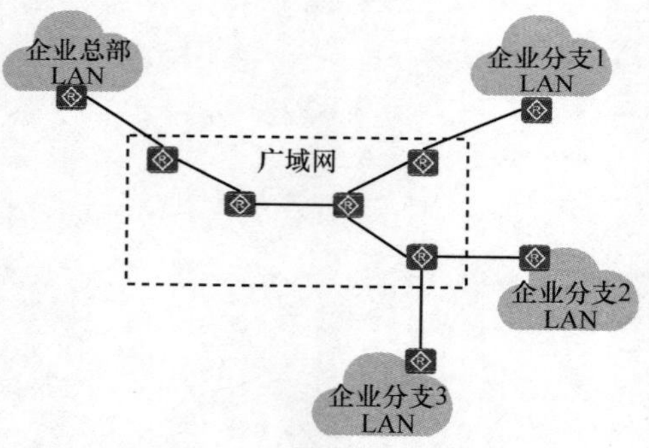


图 7-1 使用广域网连接局域网

与局域网相比，广域网使用的协议和标准不同，使用的设备也不同。广域网使用的设备主要是路由器，局域网使用的设备主要是交换机。局域网和广域网常常处于不同的管理域中，如局域网和广域网的网络所有者和维护者常常是不同的机构，局域网由投资搭建局域网的组织机构所有并提供维护，广域网由运营商所有并提供维护。管理域方面的差异及局域网和广域网在技术层面的差异，导致相关技术人员在技术领域存在差异。

当然，也有很多广域网是私有网络，它们由组织机构自己搭建并且进行维护。不过，即使一家机构的两个办公局域网相距仅数百米，只要它们之间的通信是通过运营商来建立的，那么技术人员依然会把连接这两个局域网之间的网络称为广域网。因此，人们在谈论哪些网络是广域网、哪些网络是局域网时，更多考虑的是网络的所属权和管理域，而不是网络所能提供通信覆盖的范围。

从定义上看，互联网可以视为一种特殊的广域网。很多广域网是由运营商把组织机构在各地的局域网连接到互联网，然后使用隧道封装技术建立起来的。

目前，广域网通信最常见的协议包括 HDLC（High-level Data Link Control，高级数据链路控制）协议和 PPP。

HDLC 协议是 ISO（International Organization for Standardization，国际标准化组织）在 SDLC（Synchronous Data Link Control，同步数据链路控制）协议的基础上开发出来的一种数据链路层协议。HDLC 协议不仅定义了对封装后的数据帧执行同步传输的标准，还定义了封装的控制字段和校验字段，其中，控制字段定义了 HDLC 协议的消息类型，校验字段则提升了数据传输的可靠性。

下面介绍异步传输和同步传输的概念。

异步传输和同步传输的区别在于数据的发送方是否需要和数据的接收方进行时钟同步。异步传输不会对时钟进行同步，因此发送方可以随时发送数据。异步传输以字符为单位，发送方为了向接收方标识出一个字符的开始和结束，会给每个字符的前后各附加一位的起始位和结束位。同步传输则要求发送方和接收方先同步时钟。同步传输发送的单位是帧，帧中包含开始位和停止位，它们的作用和异步传输的起始位和结束位的作用类似，但同步传输的开始位还包括另一项功能，那就是告诉接收方应该使用什么样的采样速率，以便数据的发送方和接收方能够达到同步。

## 7.2 PPP 的原理与配置

PPP 是在 SLIP（Serial Line Internet Protocol，串行线路互联网协议）的基础上开发出来的协议。SLIP 定义在 RFC 1055 中，定义了如何封装消息，并且把消息通过异步传输的方式跨越 IPv4 网络进行发送和接收。

PPP 扩大了 SLIP 的应用范围，可以同时支持异步传输和同步传输，还可以支持除 IPv4 之外的其他大量网络层协议。目前，SLIP 基本被 PPP 取代。

使用 PPP 建立的网络称为 PPP 网络，如图 7-2 所示。PPP 网络包含且只包含两个执行 PPP 标准的串行接口，它们通过相互发送 PPP 帧来完成二层通信。两个接口称为 PPP 接口，它们之间传输 PPP 数据帧的链路称为 PPP 链路。

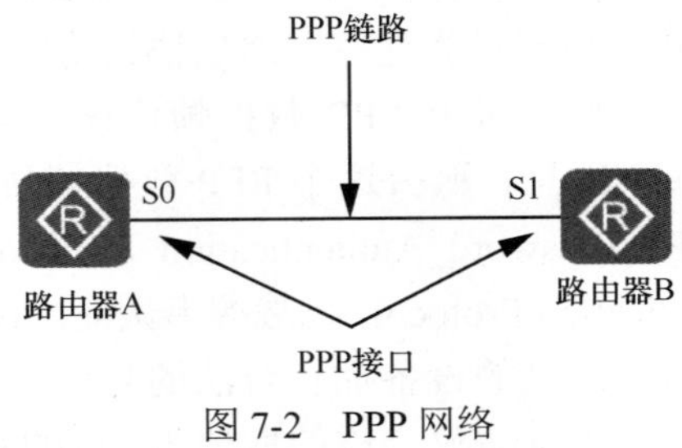


图 7-2　PPP 网络

### 7.2.1 PPP 原理

PPP 定义的封装格式如图 7-3 所示（为了便于理解，我们用十六进制来标识固定取值的字段）。

| 标记<br>0x7e | 地址<br>0xff | 控制<br>0x03 | 协议 | 数据负载 | FCS校验码 | 标记<br>0x7e |
|---|---|---|---|---|---|---|

图 7-3 PPP 定义的封装格式

① 标记：标识数据帧的起始和结束。如果数据负载部分出现了 0x7e，设备就会把正常的负载部分视为标记。为了规避这种情况，PPP 在封装的过程中，把负载部分的 0x7e 执行数据转换，确保 PPP 数据帧中的 0x7e（即二进制数 01111110）是这个数据帧的标记。PPP 定义的数据帧起始位和结束位与 HDLC 是相同的。

② 地址：与以太网协议定义的 MAC 地址类似。不过由于 PPP 网络只定义了一个发送方和一个接收方，标识发送方和接收方并没有实际意义。PPP 的地址字段采用固定取值，即地址字段会统一封装一个全 1 的广播地址。

③ 控制：延续了 HDLC 协议的定义。但 HDLC 协议封装的控制字段可以通过不同的取值来标识数据帧的类型、发送序列号和响应序列号，而 PPP 封装的控制字段则采用了固定取值，因此这个字段没有实际意义。

④ 协议：标识的是 PPP 的上层协议，因此定义这个字段的目的和定义 IP 头部的协议字段目的相同。

⑤ FCS（Frame Check Sequence，帧校验序列）校验码：对 PPP 数据帧进行错误校验，从而提升数据传输的可靠性。

### 7.2.2 PPP 的分层结构

为了实现更加广泛的适用性，PPP 定义了一种分层结构，这种结构可以在 PPP 数据负载部分封装 PPP 成员协议的消息。这样一来，PPP 数据负载部分可以分为下面几种情形。

① PPP 成员协议：PPP 成员协议有以下 3 类。

a. LCP（Link Control Protocol，链路控制协议）：是一项具体的协议，它的作用是发起、控制、维护和终止连接。如果 PPP 封装的数据负载是 LCP 消息，那么这个 PPP 数据帧协议字段的取值为 0xc021。

b. NCP：是一类协议的总称。不同的网络层协议分别对应一个具体的 NCP，例如，IPv4 对应的 NCP 是 IPCP（Internet Protocol Control Protocol，IP 控制协议），AppleTalk 对应的 NCP 是 ATCP。NCP 的作用是为这些网络层协议协商和配置参数。如果 PPP 封装的数据负载是 IPCP 消息，那么这个 PPP 数据帧协议字段的取值为 0x8021；如果 PPP 封装的数据负载是 ATCP 消息，那么这个 PPP 数据帧协议字段的取值为 0x8029。

c. 认证协议：包括 PAP（Password Authentication Protocol，密码认证协议）、CHAP（Challenge Handshake Authentication Protocol，挑战握手认证协议）。认证协议是为了让 PPP 设备能够确认与自己建立 PPP 连接的设备拥有合法的身份。如果 PPP 封装的数据负载是 PAP 消息，那么这个 PPP 数据帧协议字段的取值为 0xc023；如果 PPP 封装的数据负载是 CHAP 消息，那么这个 PPP 数据帧协议字段的取值为 0xc223。除了 PAP 和 CHAP 外，PPP 还支持 EAP（Extensible Authentication Protocol，可扩展认证协议），本章在此不进行介绍。

② 网络层协议：PPP 封装的数据负载不仅可以是 PPP 成员协议，还可以是普通的网络层协议。例如，如果 PPP 封装的数据负载是 IP 数据包，那么这个 PPP 数据帧协议字段的取值为 0x0021；如果 PPP 封装的数据负载是 AppleTalk 数据包，那么这个 PPP 数据帧协议字段的取值为 0x0029。

PPP 封装的分层结构如图 7-4 所示。

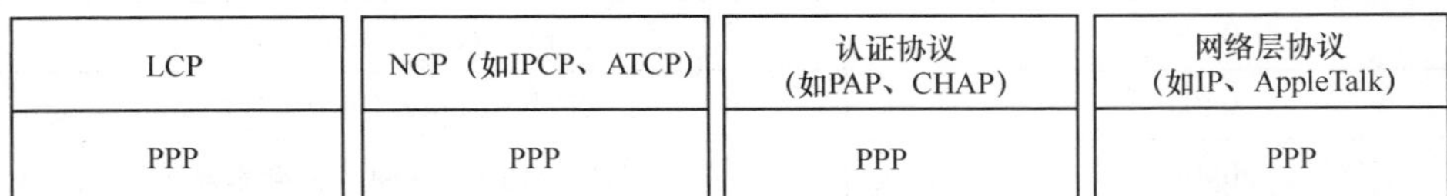


图 7-4　PPP 封装的分层结构

### 7.2.3　LCP 和 LCP 协商

在流程上，PPP 链路的建立过程涉及以下 3 个阶段的协商，这 3 个阶段的协商按时间顺序依次为 LCP 协商、认证协商和 NCP 协商。

图 7-5 所示为封装 LCP 消息的 PPP 数据帧，包含的字段和固定取值已在图中标识。

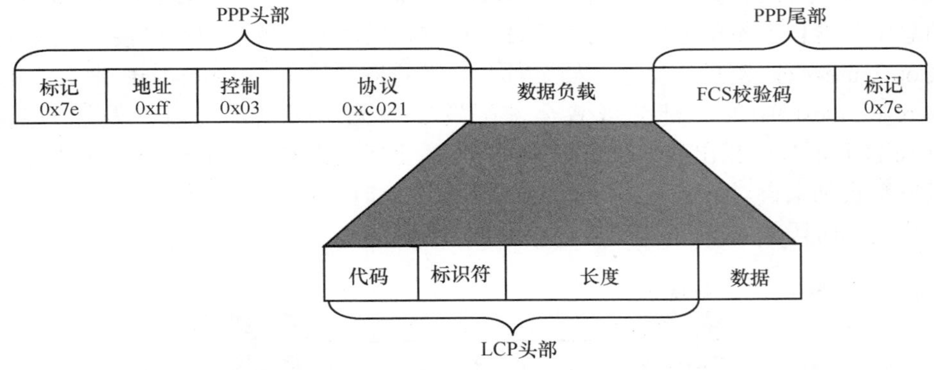


图 7-5　封装 LCP 消息的 PPP 数据帧

因为 PPP 封装的数据负载是 LCP 消息，所以这个 PPP 数据帧协议字段的取值为 0xc021。LCP 头部中新增字段的介绍如下。

① 代码：长度是 1 字节，标识 LCP 消息的类型。LCP 消息的类型及其对应的代码字段取值见表 7-1。

表 7-1　LCP 消息的类型及其对应的代码字段取值

| 代码字段取值 | LCP 消息的类型 |
| --- | --- |
| 0x01 | Configure-Request（配置请求） |
| 0x02 | Configure-Ack（配置确认） |
| 0x03 | Configure-Nak（配置否决） |
| 0x04 | Configure-Reject（配置拒绝） |
| 0x05 | Terminate-Request（终结请求） |

表 7-1 LCP 消息的类型及其对应的代码字段取值（续）

| 代码字段取值 | LCP 消息的类型 |
|---|---|
| 0x06 | Terminate-Ack（终结确认） |
| 0x07 | Code-Reject（代码拒绝） |
| 0x08 | Protocol-Reject（协议拒绝） |
| 0x09 | Echo-Request（回声请求） |
| 0x0a | Echo-Reply（回声响应） |
| 0x0b | Discard-Request（丢弃请求） |

② 标识符：长度是 1 字节，作用是让请求消息和响应消息能够相互匹配。

③ 长度：长度是 2 字节，作用是标识 LCP 数据包的长度，即图 7-5 中的数据负载部分的长度。

在 PPP 链路建立之初，接口的物理层没有进入转发状态。在 PPP 链路建立过程中，接口的这个状态被称为链路关闭阶段。PPP 接口的物理层一旦进入正常的转发状态，便会进入链路建立阶段。在这个阶段，双方的 PPP 接口会通过 LCP 执行消息交互的过程。

具体而言，在链路建立阶段，通信双方都会向对方发送一个 Configure-Request 消息，这个消息中包含自己希望采用的配置参数。对方如果认为配置参数可以接受，就会响应一条 Configure-Ack 消息；反之，如果对方响应的是一条 Configure-Nak 消息，则表示 Configure-Request 中的一部分或者全部配置参数无法接受。此时，发送方需要对 Configure-Nak 消息中指出的参数进行修改，然后重新发送 Configure-Request 消息，直至通信双方都收到来自对方的 Configure-Ack 消息。这时链路建立成功。

链路建立阶段的 LCP 消息交互过程如图 7-6 所示。

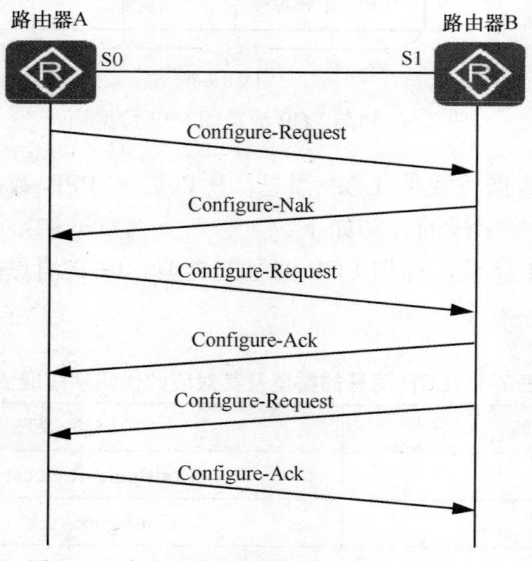


图 7-6 链路建立阶段的 LCP 消息交互过程

从图 7-6 中可以看出，路由器 A 的 S0 接口发送 Configure-Request 消息给路由器 B，但路由器 B 使用 Configure-Nak 消息否决。路由器 A 调整被否决的参数后重新发送了

Configure-Request 消息，这个消息得到了路由器 B 的确认。之后路由器 B 发送的 Configure-Request 也得到了路由器 A 的确认。

表 7-1 中的 Terminate-Request 消息和 Terminate-Ack 消息用来终结 PPP 链路。在需要终结 PPP 连接时，发起方会发送一条 Terminate-Request 消息。当接收方在收到对方发送的 Terminate-Ack 消息时，PPP 连接进入链路终结（Link Terminate）状态。如果发送方一直没有收到对方的 Terminate-Ack 消息，等到重启后的计时器到时之后会自行断开连接并进入链路终结状态。Terminate-Request 消息的接收方需要等对方先断开连接，在回复 Terminate-Ack 消息且重启后的计时器到时之后，才会断开连接。接下来，PPP 就会从链路终结状态转向链路关闭状态。除了主动断开连接外，PPP 连接还会在其他情况下进入链路终结状态。

在链路建立阶段，双方通过 LCP 协商的参数有很多，如 MRU（Maximum Receive Unit，最大接收单元），即图 7-5 中数据负载部分的最大长度。Configure-Request 消息中可以包含 8 个配置参数，每个配置参数由类型、长度和数据 3 个字段组成。LCP 中配置参数的结构如图 7-7 所示。

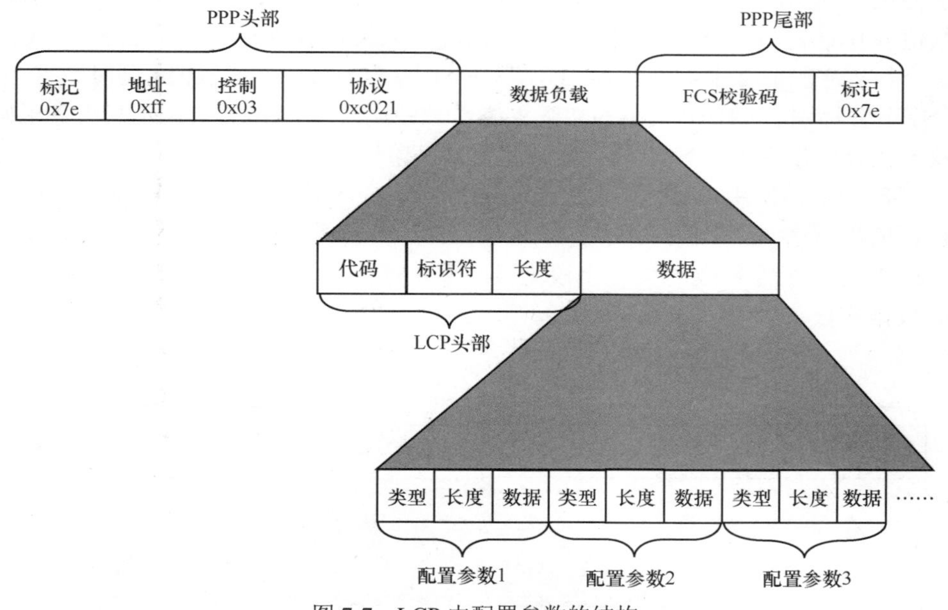


图 7-7　LCP 中配置参数的结构

在这 3 个字段中，类型字段和长度字段的长度均为 1 字节，类型字段的作用是标识配置参数所要配置的参数；长度字段的作用是标识配置参数的总长度。

表 7-2 为 LCP 类型字段对应的配置参数。

表 7-2　LCP 类型字段对应的配置参数

| 类型字段取值 | 配置参数 |
| --- | --- |
| 0x00 | Reserved（保留） |
| 0x01 | Maximum-Receive-Unit（最大接收单元） |
| 0x03 | Authentication-Protocol（认证协议） |

表 7-2 LCP 类型字段对应的配置参数（续）

| 类型字段取值 | 配置参数 |
|---|---|
| 0x04 | Quality-Protocol（质量协议） |
| 0x05 | Magic-Number（魔法数） |
| 0x07 | Protocol-Field-Compression（协议字段压缩） |
| 0x08 | Address-and-Protocol-Field-Compression（地址和协议字段压缩） |

通过表 7-2 可以看出，PPP 通信的双方会在链路建立阶段使用 LCP，来协商双方是否使用认证协议，以及使用何种认证协议。如果双方协商的结果为不使用认证协议，那么它们所交换的 Configure-Request 消息中，不会有取值为 0x03 的类型字段。在这种情况下，双方在完成 LCP 的协商后，使用 NCP 展开下一个阶段的协商。如果双方协商的结果为使用认证协议，那么希望使用认证协议的一方接口发送的 Configure-Request 消息就会包含取值为 0x03 的类型字段，并且这个字段所对应的数据字段会标识出其希望使用的认证协议。例如，如果它希望使用的认证协议为 PAP，那么这个字段所对应的数据字段的取值为 0xc023，即 PAP 对应的协议字段取值；如果它希望使用的认证协议为 CHAP，那么这个数据字段前 2 字节为 0xc223，即 CHAP 对应的协议字段取值，同时数据字段的第 3 个字节会标识出 CHAP 使用的加密算法。如果使用认证的配置请求消息得到了确认，那么双方就会在开始执行 NCP 协商之前进入认证阶段。

图 7-8 所示为使用 PAP 认证的 Configure-Request 消息，其中包含希望使用 PAP 进行认证的配置参数。因为在使用 PAP 认证时，一个配置参数的数据字段只有 2 个字节，所以这个配置参数的长度字段为 4，即 1 字节的类型字段、1 字节的长度和 2 字节的数据字段。

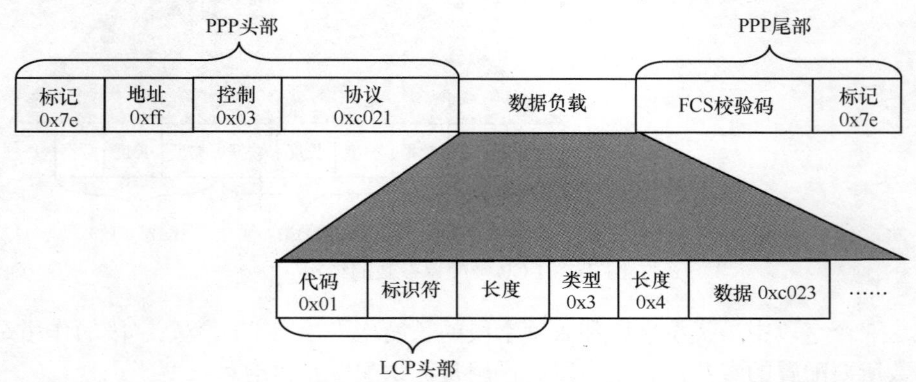


图 7-8 使用 PAP 认证的 Configure-Request 消息

如果通信的一方要求执行认证，并且该请求得到了确认，那么接下来双方就会使用其提议的认证协议执行认证。

## 7.2.4 PAP

PAP 定义的封装字段包含代码、标识符和长度 3 个头部字段。典型的 PAP 消息封装如图 7-9 所示。

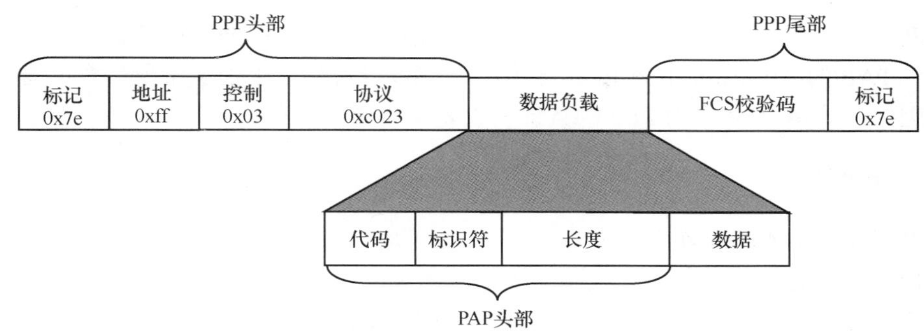

图 7-9　典型的 PAP 消息封装

在图 7-9 中，因为上层封装的是 PAP，所以 PPP 头部协议字段的取值为 0xc023，其他字段无变化。表 7-3 为 PAP 定义的消息类型及其对应的 PAP 头部代码字段取值。

**表 7-3　PAP 定义的消息类型及其对应的 PAP 头部代码字段取值**

| 代码字段取值 | LCP 消息类型 |
| --- | --- |
| 0x01 | Authentication-Request（认证请求） |
| 0x02 | Authentication-Ack（认证确认） |
| 0x03 | Authentication-Nak（认证否决） |

在通信双方进入认证阶段后，被要求进行身份认证的接口会向要求提供认证信息的一方发送 Authentication-Request 消息，这个消息中包含了对方的身份认证信息，即用户名和密码。对方在收到这个消息后，会把身份认证信息与自己数据库中保存的信息进行对比。如果对比一致，对方就会响应一条 Authentication-Ack 消息，至此认证成功，双方进入 NCP 协商阶段；如果对比不一致，对方就会响应一条 Authentication-Nak 消息，认证宣告失败，PPP 协商进入链路终结阶段。

图 7-10 所示为 LCP 和（单向）PAP 协商过程。

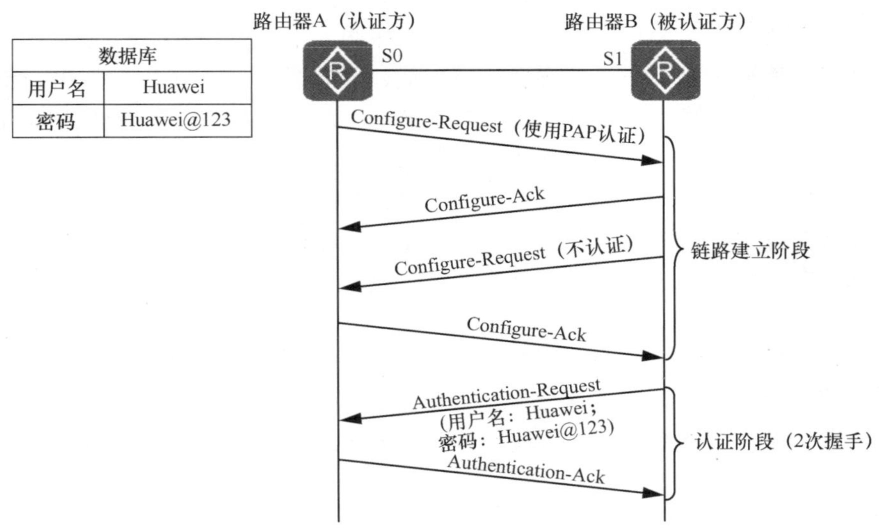

图 7-10　LCP 和（单向）PAP 协商过程

PAP 存在安全隐患，如果用户名和密码通过明文的形式在网络中传输，则任何人只要抓取到 PAP 的 Authentication-Request 消息，就可以看到这个消息中所包含的身份认证信息。因此，使用 PAP 作为 PPP 的认证协议是不值得推荐的。

### 7.2.5 CHAP

和 PAP 相比，CHAP 的安全性得到了大幅度提升。

CHAP 定义的封装字段包含代码、标识符和长度 3 个头部字段。

表 7-4 为 CHAP 定义的消息类型及其对应的 CHAP 头部代码字段取值。

表 7-4 CHAP 定义的消息类型及其对应的 CHAP 头部代码字段取值

| 代码字段取值 | LCP 消息类型 |
| --- | --- |
| 0x01 | Challenge（挑战） |
| 0x02 | Response（响应） |
| 0x03 | Success（成功） |
| 0x04 | Failure（失败） |

为了提升安全性，CHAP 在设计上比 PAP 复杂。PAP 协商是一个 2 次握手的流程，CHAP 协商是一个 3 次握手的流程。

在通信双方完成 LCP 协商并进入认证阶段之后，要求对方提供身份认证的设备（认证方）会向被要求认证的设备发送一个代码字段为 0x01 的挑战消息。这个消息会包含一个挑战值的随机数，这就是 CHAP 的第一次握手。

被要求认证的设备（被认证方）接收到挑战消息后，会把挑战值、挑战消息中的标识符值和自己预配置的密码一起执行散列算法，并且把散列算法得出的散列值和认证用户名一起放在响应消息中，发送给认证方，这是 CHAP 的第二次握手。

认证方收到被认证方发送的响应消息后，会按照其中的用户名在本地查找相应的密码信息。在得到密码信息后，认证方会对挑战值、挑战消息中的标识符值和自己预配置的密码执行散列运算，然后将两个散列值进行比较，相同则认证成功，不同则认证失败。在执行散列运算的 3 个参数中，挑战值和挑战消息中的标识符值都是通过链路发送的，因此散列运算的结果是否相同即可显示出双方预配置的密码是否相同。如果对比结果相同，则认证方会发送一条成功消息，宣告认证成功，双方进入 NCP 协商阶段；反之，认证方会发送一条失败消息，双方进入链路终结阶段。

图 7-11 所示为 LCP 和（单向）CHAP 协商过程。

认证阶段结束后，双方会进入 NCP 协商阶段，这个阶段在 PPP 连接建立过程中称为网络层协议阶段。

从链路关闭阶段到网络层协议阶段的过程称为 PPP 状态机。PPP 状态机如图 7-12 所示。

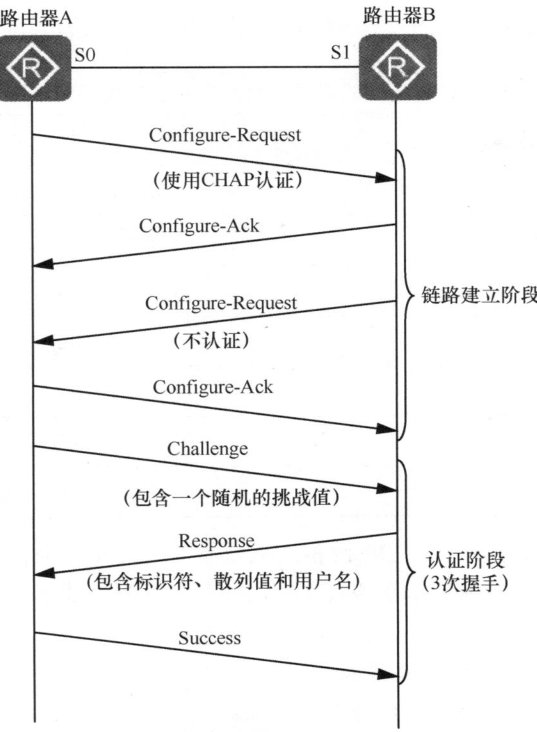


图 7-11　LCP 和（单向）CHAP 协商过程

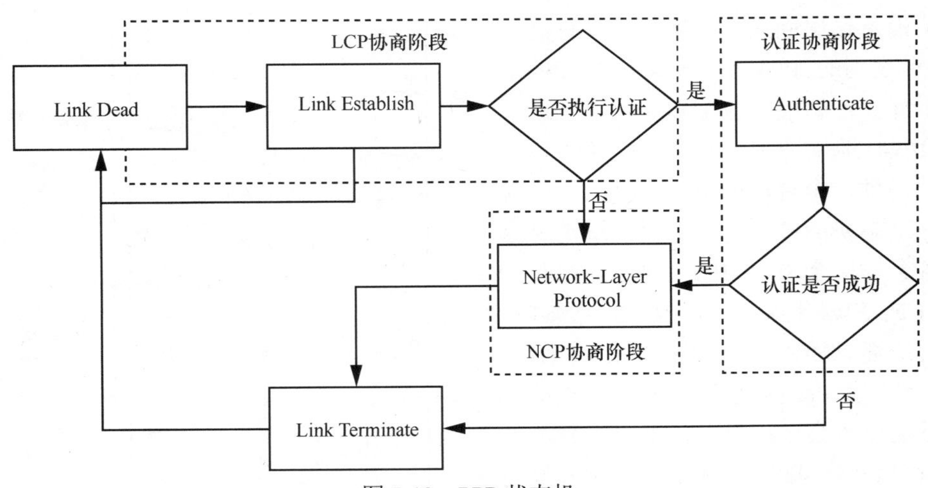


图 7-12　PPP 状态机

## 7.2.6　NCP 和网络层协议阶段

在完成认证阶段后，或者在完成链路建立阶段且双方都不需要进行认证的情况下，双方会进入网络层协议阶段。不同的网络层协议对应不同的 NCP。下面以 IPv4 对应的 IPCP 为例来介绍 NCP 的流程。

IPCP 的封装字段与 LCP 的封装字段相同。IPCP 定义的消息类型和 LCP 接近，只是

LCP 的一个子集。IPCP 定义的消息类型及其对应的代码字段取值见表 7-5。

表 7-5　IPCP 定义的消息类型及其对应的代码字段取值

| 代码字段取值 | LCP 消息类型 |
| --- | --- |
| 0x01 | Configure-Request（配置请求） |
| 0x02 | Configure-Ack（配置确认） |
| 0x03 | Configure-Nak（配置否决） |
| 0x04 | Configure-Reject（配置拒绝） |
| 0x05 | Terminate-Request（终结请求） |
| 0x06 | Terminate-Ack（终结确认） |
| 0x07 | Code-Reject（代码拒绝） |

在 IPv4 的 NCP 阶段，两台 PPP 设备之间需要通过 IPCP 来协商与 IP 有关的参数，如 IPv4 地址、是否执行 IPv4 头部压缩、IPv4 的头部压缩方式等。IPCP 定义了静态协商和动态协商两种协商方式。

静态协商是指发送配置请求消息的设备把自己的 IPv4 地址发送给对端设备，让对端设备确认 IPv4 地址的合法性，对端则使用配置确认消息或者配置否认消息作出回应。如果回应配置确认，表示收到的 IPv4 地址与自己的 IPv4 地址不冲突；如果回应配置否决，表示两个 IPv4 地址冲突，并会在配置否决消息中提供一个合法的 IPv4 地址。

在动态协商中，发送配置请求消息的设备会发送全 0 的 IPv4 地址。在收到全 0 的 IPv4 地址之后，对端会通过配置否决消息提供一个合法的 IPv4 地址。收到配置否决消息后，发送配置请求消息的设备会用这个合法的 IPv4 地址重新封装一个配置请求消息，对方收到配置请求消息后会用配置确认消息加以确认。

图 7-13 为一个完整的（单向）CHAP 协商流程。图中使用了 CHAP 认证和静态的 IPCP 协商。

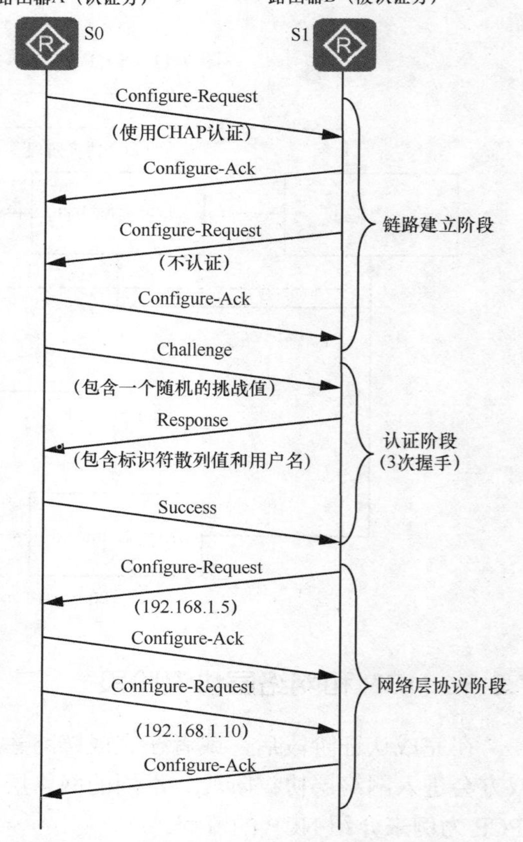

图 7-13　一个完整的（单向）CHAP 协商流程

无论采用哪种协商方式，在双方设备均收到来自对方的配置确认消息后，

IPCP 协商完成。至此，双方可以使用协商的 IPv4 地址进行通信了。

### 7.2.7　PPP 的配置

首先进入相应接口的接口视图，输入以下命令对封装协议进行修改。

```
[Huawei-Serial0/0/0] link-protocol ppp
```

注意，华为串行接口的默认封装协议就是 PPP。

此外，网络管理员还可以在接口视图下输入 **ppp timer negotiate** *seconds* 命令。这条命令可以修改接口向对端设备发送 LCP 协商消息的计时器。配置完成后，发送方设备如果在发送消息后，直到计时器到时仍然没有收到对方设备的响应消息，那么会重新发送之前的 LCP 消息。注意，**ppp timer negotiate** 是配置 PPP 的一条可选命令。

如果网络管理员希望认证对端 PPP 设备的身份，则需先进入 aaa 视图，配置本地数据库中的用户名和密码，然后指定服务类型为 ppp。为此，网络管理员需要在 aaa 视图下输入以下命令。

```
[Huawei-aaa]local-user user-name password { cipher | irreversible-cipher } password
[Huawei-aaa]local-user user-name service-type ppp
```

如果使用 PAP 作为 PPP 的认证协议，网络管理员需要在 PPP 接口的接口视图中输入 **ppp authentication-mode pap** 命令。

当对端要求执行 PAP 认证并提供认证信息时，网络管理员需要在 PPP 接口的接口视图中输入 **ppp pap local-user** *user-name* **password** { **cipher** | **simple** } *password* 命令，设置供对方认证身份的用户名和密码。

图 7-14 展示了一个执行单向 PAP 认证的 PPP 配置。

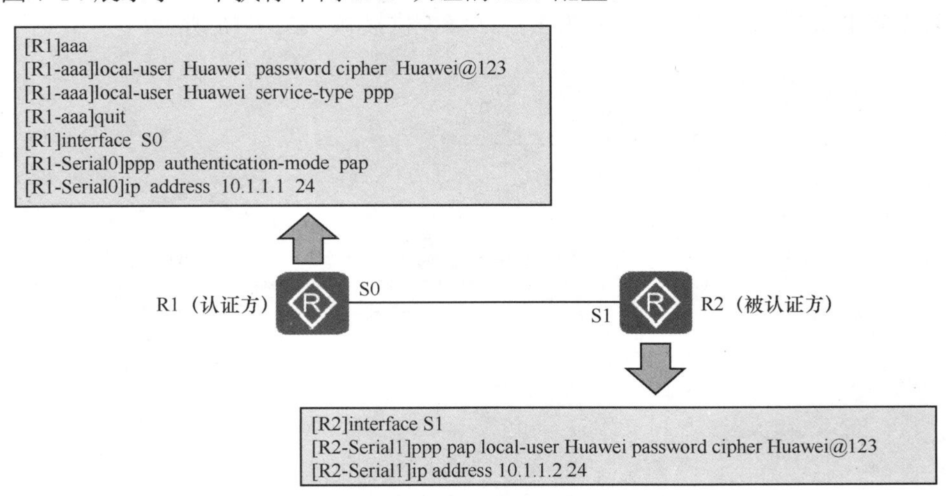


图 7-14　执行单向 PAP 认证的 PPP 配置

如果使用 CHAP 作为 PPP 的认证协议，那么网络管理员需要在 PPP 接口的接口视图中输入 **ppp authentication-mode chap** 命令。

当对端执行 CHAP 认证并提供认证信息时，网络管理员需要在 PPP 接口的接口视图中输入以下命令，来分别设置供对方认证自己身份的用户名和密码。

```
[Huawei-Serial0/0/0]ppp chap user user-name
[Huawei-Serial0/0/0]ppp chap password { cipher | simple } password
```

图 7-15 展示了一个执行单向 CHAP 认证的 PPP 配置。

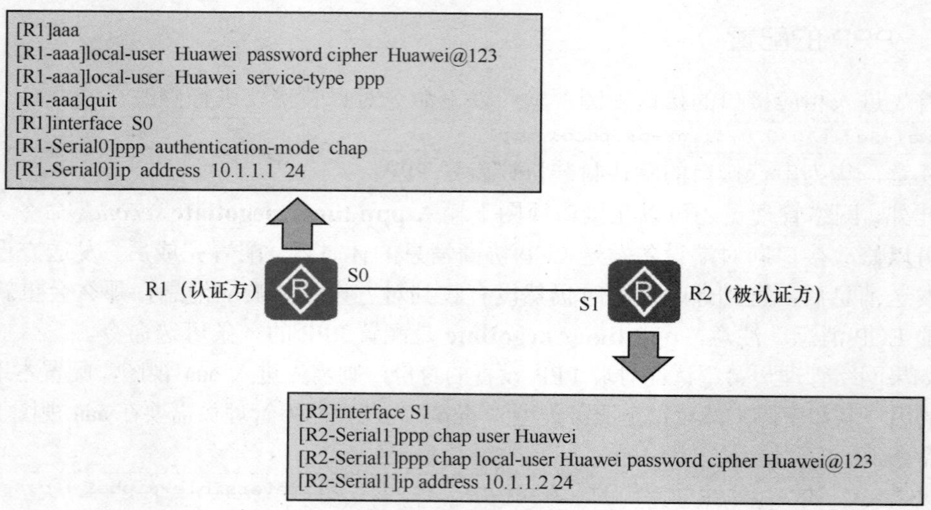


图 7-15 执行单向 CHAP 认证的 PPP 配置

## 7.3 PPPoE 的原理与配置

PPP 通过成员协议提供了很多以太网协议无法提供的功能，人们希望以太网环境中也能支持 PPP 提供的功能。运营商为客户网络提供接入如图 7-16 所示。

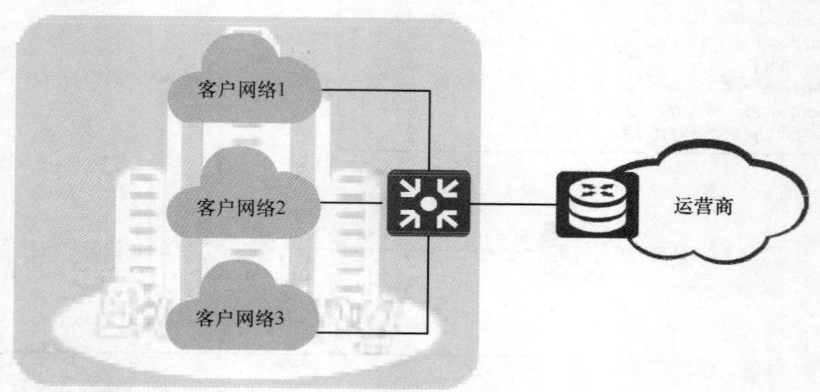


图 7-16 运营商为客户网络提供接入

在图 7-16 中，运营商通过以太网为各企业提供了接入服务。但是单纯依靠以太网的封装字段，运营商无法针对不同用户进行计费，也无法执行用户控制，这是因为以太网数据帧封装中没有定义可以提供认证的字段。

### 7.3.1 PPPoE 的封装

家庭网络的网关设备上都需要设置 PPPoE，并且配置运营商提供的用户名和密码。

家庭和企业拨号上网已成为 PPPoE 常见的应用场景。

不过，PPPoE 并不是完全在以太网数据帧中封装 PPP 消息，而是重新定义了 PPPoE 封装格式。PPPoE 封装格式如图 7-17 所示。

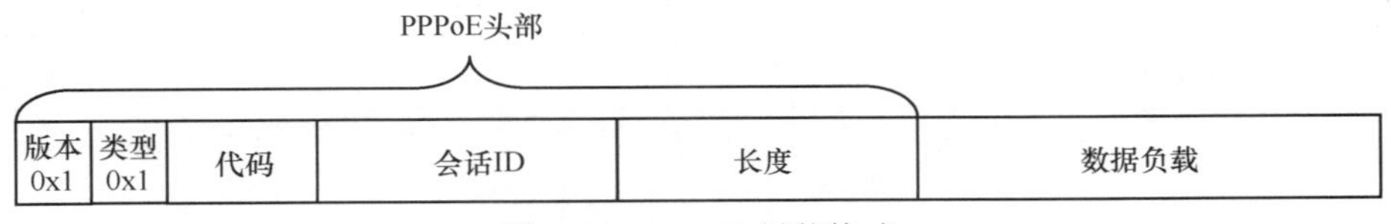


图 7-17　PPPoE 封装格式

在图 7-17 中，PPPoE 头部的版本字段和类型字段都使用固定值 0x1，这两个字段的长度都是 4 位。PPPoE 头部涉及的其他字段的介绍如下。

① 代码：长度为 8 位（1 字节），标识 PPPoE 消息的类型。表 7-6 为 PPPoE 消息类型及其对应的代码值。

表 7-6　PPPoE 消息类型及其对应的代码值

| 代码值 | PPPoE 消息类型 | 简称 |
| --- | --- | --- |
| 0x09 | PPPoE Active Discovery Initiation（PPPoE 激活发现初始消息） | PADI |
| 0x07 | PPPoE Active Discovery Offer（PPPoE 激活发现提供消息） | PADO |
| 0x19 | PPPoE Active Discovery Request（PPPoE 激活发现请求消息） | PADR |
| 0x65 | PPPoE Active Discovery Session-confirmation（PPPoE 激活发现会话确认消息） | PADS |
| 0xa7 | PPPoE Active Discovery Termination（PPPoE 激活发现会话终结消息） | PADT |

② 会话 ID：长度为 16 位（2 字节），作用是使用标识符（ID）区分不同的 PPPoE 会话。

③ 长度：长度为 16 位（2 字节），标识 PPPoE 数据负载部分的长度，不包括以太网头部和 PPPoE 头部的长度。

因为协议名为 PPPoE，所以 PPPoE 头部中封装的是 PPP 消息。以太网头部和尾部封装的数据负载为 PPPoE 消息，PPPoE 头部封装的数据负载为 PPP 消息。不过，PPPoE 对其内部封装的 PPP 消息进行了简化，删除了 PPP 定义的封装格式（如图 7-3 所示）中所有固定取值的字段和校验码字段，除了数据负载部分，仅保留了协议字段，以标识内部封装协议。

图 7-18 所示为由以太网、PPPoE 和 PPP（已简化）构成的分层封装结构。PPPoE 通过协议字段标识上层的认证协议（如 CHAP），利用分层封装结构，通过以太网环境发送用户名和密码。

**注释：** 图 7-18 所示为内部封装了 PPP 消息（包含各个 PPP 子协议消息）的 PPPoE 封装结构。例如，在使用 PPPoE 发送的 LCP 数据包中，封装的协议字段的取值会被设置为 0x0c21，指封装的是 LCP 消息。但若通信双方正在通过 PPPoE 相互发送 PPPoE 发现阶段或 PPPoE 终结阶段的消息，如表 7-6 中的 PADI、PADO、PADR、PADS 和 PADT 消息，则 PPPoE 头部封装的数据负载只包括双方用来推进发现阶段所需的各类标记（TAG）的 TLV，即类型（Type）、长度（Length）和值（Value），不包含图中的协议字段，同时每个消息可以包含多个标记的 TLV。

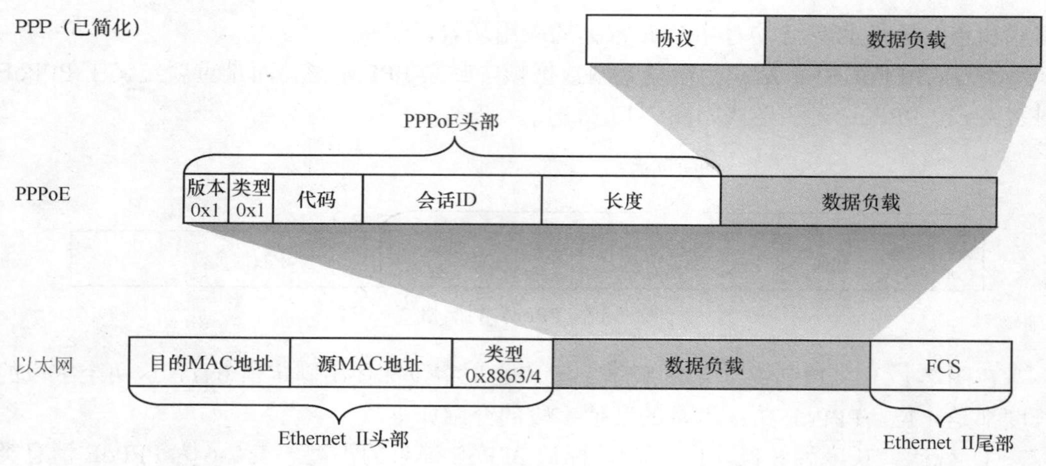


图 7-18 由以太网、PPPoE 和 PPP（已简化）构成的分层封装结构

### 7.3.2 PPPoE 的流程

PPPoE 会话从建立到结束的过程可以分为 PPPoE 发现、PPPoE 会话和 PPPoE 终结 3 个阶段。在整个过程中，PPPoE 对等体之间需要通过交换 PPPoE 消息来执行协商。

在这 3 个阶段中，PPPoE 发现阶段的流程如下。

步骤 1：PPPoE 客户端会在以太网环境中封装一个 MAC 地址为广播地址的 PADI 消息（PPPoE 头部的代码值为 0x09），这个消息中包含了 PPPoE 客户端需要的服务信息。

步骤 2：当以太网中有多台 PPPoE 服务器时，这些服务器都会收到 PADI 消息。于是，它们会把 PPPoE 客户端请求的服务和自己能够提供的服务进行比较，所有发现自己可以提供这些服务的 PPPoE 服务器都会使用 PPPoE 客户端的 MAC 地址封装一个单播的 PADO 消息（PPPoE 头部的代码值为 0x07）作出响应。

步骤 3：PPPoE 客户端从多台 PPPoE 服务器收到 PADO 消息后，用 PPPoE 服务器的 MAC 地址封装一个单播的 PADR 消息（PPPoE 头部的代码值为 0x19），并对第一台响应 PADO 消息的 PPPoE 服务器作出响应。

步骤 4：PPPoE 服务器在收到 PADR 消息后，创建一个唯一的会话 ID，并且使用该会话 ID 封装之后与 PPPoE 客户端的会话，然后以这个会话 ID 封装一个单播的 PADS 消息（PPPoE 头部的代码值为 0x65）发送给 PPPoE 客户端。在本步骤之前，双方交互的 PPPoE 消息均使用 0x0000 封装会话 ID 字段。

至此，PPPoE 发现阶段完成，PPPoE 客户端与 PPPoE 服务器进入 PPPoE 会话阶段。

在 PPPoE 会话阶段，PPPoE 客户端和 PPPoE 服务器会执行与标准 PPP 协商相同的流程，即双方完成 LCP、认证和 NCP 阶段的协商。

这 3 个阶段的协商完成后，双方就可以开始传输数据了。此后，双方依然会使用 PPPoE 服务器在 PPPoE 发现阶段创建的会话 ID 进行通信。

PPPoE 终结阶段发生在会话断开时。当 PPPoE 客户端和 PPPoE 服务器中的任意一方需要断开连接时，它会向对方发送一个单播的 PADT 消息（PPPoE 头部的代码值为 0xa7）来中断双方的连接。对端一旦收到 PADT 消息，双方的 PPPoE 连接随即断开。

### 7.3.3　PPPoE 的配置

PPPoE 和 PPP 存在关联，但是 PPPoE 的配置逻辑却和 PPP 的配置逻辑存在一定的区别。在 PPPoE 客户端上，网络管理员需要首先创建一个虚拟的拨号端口，并且在这个端口的视图下设置拨号用户的用户名、PPP 认证参数、关联物理端口的绑定号。如果 PPPoE 客户端希望从 PPPoE 服务器获取 IP 地址，则网络管理员需要在拨号端口视图下指定通过 PPP 协商获取 IP 地址。

要创建虚拟拨号端口，网络管理员需要在系统视图下输入 **interface dialer** *number* 命令，之后系统就会创建对应编号的拨号端口，并且进入这个端口的视图，具体如下。

```
[Huawei]interface Dialer 1
[Huawei-Dialer1]
```

接下来，网络管理员需要在这个拨号端口的视图下使用 **dialer user** *user-name* 命令来启用共享 DCC（Dial Control Center，拨号控制中心）功能，具体如下。

```
[Huawei-Dialer1]dialer user NOBODY
```

**注释：**DCC 是 PPPoE 客户端在和 PPPoE 服务器建立互联时采用的一种技术，提供按需拨号服务。DCC 的配置方式有 C-DCC（Circular DCC，轮询 DCC）和 RS-DCC（Resource-Shared DCC，共享 DCC）两种。在 RS-DCC 配置中，一个拨号端口可以用于多个物理接口，一个物理接口也可以为多个拨号端口提供服务，但物理接口必须与拨号端口绑定，才能执行拨号。

以太网并不是点对点拓扑，它的本质是一个多路访问网络。但 PPP 是一个针对点对点拓扑设计的协议，因此，任何一个物理以太网接口有可能需要与多个以太网中的对端建立 PPPoE 连接。于是，人们就需要用虚拟的拨号端口对不同的对端设置不同的拨号参数集。

根据华为官方文档的解释，**dialer user** *user-name* 命令的作用仅仅是为了启用 RS-DCC。这条命令中的用户名可以任意配置，且只有本地意义。网络管理员在把一台 VRP 系统的设备配置为 PPPoE 客户端时，必须在虚拟的拨号端口上配置这条命令。而 PPPoE 服务器上不需要创建虚拟拨号端口，也不需要配置这条命令，且 PPPoE 服务器的配置中并不需要与这条命令所配置的用户名相对应的用户名。

鉴于拨号端口是一个虚拟端口，网络管理员必须在拨号端口的视图下通过 **dialer bundle** *number* 命令设置一个绑定码，把拨号端口和特定的物理端口进行绑定，具体如下。

```
[Huawei-Dialer1]dialer bundle 1
```

上述配置完成后，网络管理员需要采用和 PPP 相同的配置命令给拨号端口配置认证的用户名和密码。在拨号端口的视图下，配置以 Huawei 为用户名、Huawei@123 为密码的 CHAP 认证，具体如下。

```
[Huawei-Dialer1]ppp chap user Huawei
[Huawei-Dialer1]ppp chap password Huawei@123
```

如果网络管理员希望通过 PPPoE 服务器为 PPPoE 客户端分配 IP 地址，则需要在拨号端口的视图下输入 **ip address ppp-negotiate** 命令进行指定。

```
[Huawei-Dialer1] ip address ppp-negotiate
```

拨号端口的配置完成之后，需要进入执行 PPPoE 拨号的物理接口的视图，并且通过 **pppoe-client dial-bundle-number** *number* 命令把拨号端口和物理接口进行绑定，具体如下。

```
[Huawei]interface GigabitEthernet 0/0/1
[Huawei-GigabitEthernet0/0/1]pppoe-client dial-bundle-number 1
```

至此，PPPoE 客户端上与 PPPoE 有关的配置已经完成。若网络管理员希望通过拨号来配置发起 PPPoE 会话的条件，则可以在系统视图下输入 **dialer-rule** 进入拨号规则配置视图进行配置。

在 PPPoE 服务器上，如果 PPPoE 服务器需要给 PPPoE 客户端分配 IP 地址，就需要在 PPPoE 服务器上创建一个 IP 地址池，并且设置地址池的范围及网关地址。注意，无论是否应用于 PPPoE，地址池的配置都是相同的。例如，我们创建一个范围是 192.168.1.0/24 的地址池，并且把网关地址设置为 192.168.1.1，具体命令如下。

```
[PPPoEServer]ip pool pool1
[PPPoEServer-ip-pool-pool1]network 192.168.1.0 mask 255.255.255.0
[PPPoEServer-ip-pool-pool1]gateway-list 192.168.1.1
```

接下来，PPPoE 服务器同样需要创建一个虚拟接口，它叫作虚拟模板接口。网络管理员需要在这个接口上配置认证方式、IP 地址和调用为 PPPoE 客户端分配地址的 IP 地址池。最后，在对应的物理接口上需要绑定这个虚拟模板接口。

使用系统视图命令 **interface Virtual-Template** *number* 创建一个虚拟模板接口，并且进入接口对应的视图，具体如下。

```
[PPPoEServer]interface Virtual-Template 1
[PPPoEServer-Vitual-Template1]
```

网络管理员需要在接口上配置 IP 地址，使用命令 **ppp authentication-mode** *mode* 配置认证方式，使用命令 **remote address pool** *pool* 调用分配给 PPPoE 客户端的地址池，具体如下。

```
[PPPoEServer-Vitual-Template1]ip address 192.168.1.1 255.255.255.0
[PPPoEServer-Vitual-Template1]ppp authentication-mode chap
[PPPoEServer-Vitual-Template1]remote address pool pool1
```

完成配置之后，使用命令 **pppoe-server bind virtual-template** *number* 把虚拟模板接口绑定在对应的物理接口上，具体如下。

```
[PPPoEServer]interface GigabitEthernet 0/0/0
[PPPoEServer-GigabitEthernet0/0/0]pppoe-server bind virtual-template 1
```

网络管理员需要在 PPPoE 数据库中创建认证 PPPoE 客户端的信息，这一步和 PPP 的配置完全相同，具体如下。

```
[PPPoEServer]aaa
[PPPoEServer-aaa] local-user Huawei password cipher Huawei@123
[PPPoEServer-aaa] local-user Huawei service-type ppp
```

PPPoE 的配置如图 7-19 所示。

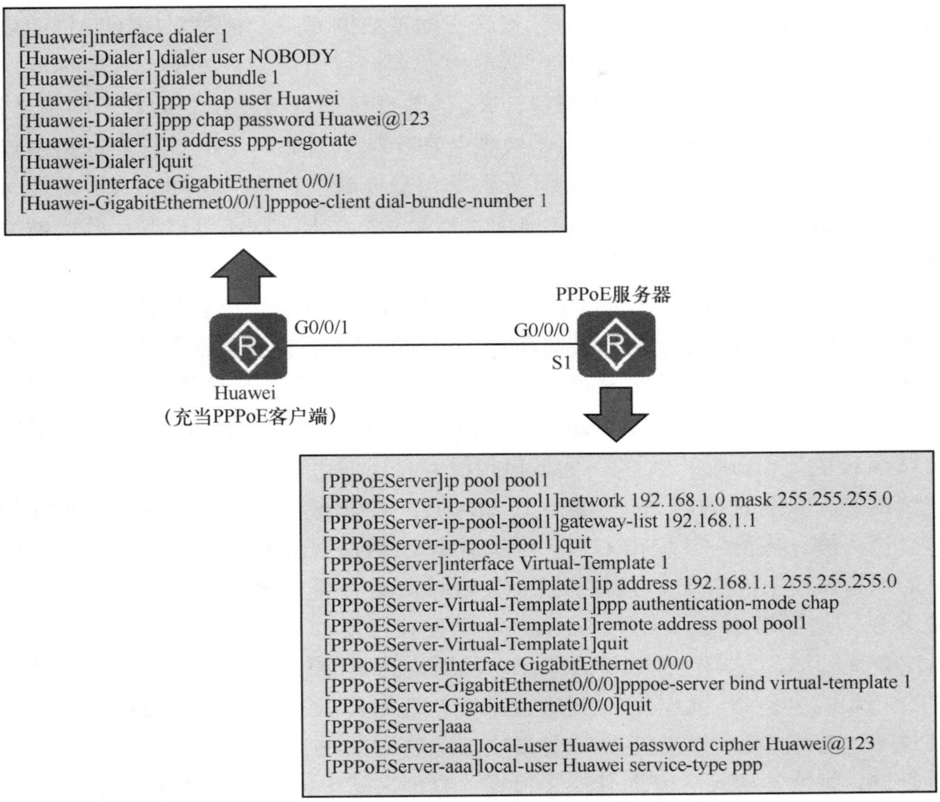
[Huawei]interface dialer 1
[Huawei-Dialer1]dialer user NOBODY
[Huawei-Dialer1]dialer bundle 1
[Huawei-Dialer1]ppp chap user Huawei
[Huawei-Dialer1]ppp chap password Huawei@123
[Huawei-Dialer1]ip address ppp-negotiate
[Huawei-Dialer1]quit
[Huawei]interface GigabitEthernet 0/0/1
[Huawei-GigabitEthernet0/0/1]pppoe-client dial-bundle-number 1
PPPoE服务器
G0/0/1
G0/0/0
S1
Huawei
（充当PPPoE客户端）
[PPPoEServer]ip pool pool1
[PPPoEServer-ip-pool-pool1]network 192.168.1.0 mask 255.255.255.0
[PPPoEServer-ip-pool-pool1]gateway-list 192.168.1.1
[PPPoEServer-ip-pool-pool1]quit
[PPPoEServer]interface Virtual-Template 1
[PPPoEServer-Virtual-Template1]ip address 192.168.1.1 255.255.255.0
[PPPoEServer-Virtual-Template1]ppp authentication-mode chap
[PPPoEServer-Virtual-Template1]remote address pool pool1
[PPPoEServer-Virtual-Template1]quit
[PPPoEServer]interface GigabitEthernet 0/0/0
[PPPoEServer-GigabitEthernet0/0/0]pppoe-server bind virtual-template 1
[PPPoEServer-GigabitEthernet0/0/0]quit
[PPPoEServer]aaa
[PPPoEServer-aaa]local-user Huawei password cipher Huawei@123
[PPPoEServer-aaa]local-user Huawei service-type ppp

图 7-19　PPPoE 的配置

## 7.4　广域网技术的发展

早期，每台路由器在收到流量时把数据包解封装至网络层，然后按照最长匹配原则，根据流量的目的 IP 地址查找路由表，最后重新执行封装后转发。这种做法对当时的路由转发效率是种挑战。在当时硬件水平有限的情况下，实现数据的快速转发、提升路由器的数据转发效率，成为人们十分迫切的诉求。

IP 路由转发采用的是“铁路警察各管一段”的方式。在这种环境中，每台路由器就是数据包下一段路的“铁路警察”，它会在收到数据包时，根据自己路由表的信息独立判断出数据包的最佳转发方式。这样导致的结果是，在稍微复杂一点的 IP 路由环境中，人们只能比较笼统地制订优化转发效率的策略。如果想要更加细致地对 IP 网络中的流量执行优化策略，难度较大。

### 7.4.1　MPLS

为了应对上述问题，IETF 提出了 MPLS 技术。MPLS 是一种比较复杂的技术，但是它的思想非常简单，那就是当数据包进入运营商网络的时候，运营商在连接客户的路由器上根据路由信息给数据包贴上一个标签。在标签数据库中，标签对应了向目的地址转发数据包的方式。MPLS 网络中的路由器会根据数据包当前的标签来查找数据库，并且按照查询的结果执行标签交换和数据包转发。当数据包即将被转发到运营商网络之外时，连接客户端的路由器会摘除标签。但是数据包在穿越运营商网络的过程中，路由器会根据数据包上的标签来转发数据包，并且为数据包交换新的标签。这样一来，不仅可以避免每一跳路由器针对数据包的目的 IP 地址执行最长匹配原则，还可以在运营商网络内部对流量实现路径管理，从而为制订更加详细的路径优化策略提供充足的条件。

为了便于理解，下面举例说明。比如在一些国家，快递公司仅凭收件方的邮编就可以准确地把物品投递到目的地。快递公司在看到邮编的时候，需要查询系统才能确定具体地址。现在，假设有一个包裹需要从城市 A 快递到城市 B。那么，传统的 IP 路由类似于城市 A 的分拣员在收到包裹之后，通过查询邮编，发现包裹的目的地是城市 B。城市 A 没有直飞城市 B 的航班，城市 A 的周边城市也没有直飞城市 B 的航班。但是城市 A 的周边有一座城市 C，城市 B 的周边有一座城市 D，城市 C 和城市 D 之间是有直飞航班的。于是，这个包裹被分拣员发往城市 C。在到达城市 C 后，城市 C 的分拣员再次查询邮编，发现目的地是城市 B 的某处。这位分拣员发现城市 C 不能直飞城市 B，但是城市 C 可以直飞城市 B 周边的城市 D，于是这个包裹就被发往城市 D。城市 D 的分拣员收到这个包裹，再次查询邮编，发现包裹的目的地在自己周边的城市 B，于是把包裹发给城市 B。城市 B 的分拣员收到包裹之后，在系统查询邮编，获得具体地区并进行投递。

在这个过程中，每一位分拣员需要按照邮编查询系统。IP 路由就是这样的一个过程，每次要查询，每次要寻址。查询延误了投递，寻址虽然可以让包裹“殊途同归”，但路径无法预计，这会让提前为流量优化的服务质量成为“无源之水”“无根之木”。

在 MPLS 环境中则不然，城市 A 的分拣员在收到包裹之后通过系统查询邮编，发现目的地是城市 B 的某处，于是他在系统中查询去往城市 B 的路径，并且直接在包裹的目的地址上贴上一个标签，并把包裹发给城市 C。这个标签会告诉城市 C 的分拣员如何将包裹投递到城市 D，以及应该在包裹上贴什么标签。城市 C 的分拣员在收到包裹的时候，按照标签的指示揭下原先的标签并更换新的标签，并把包裹投递给城市 D。新的标签会告知城市 D 如何把这个包裹投递给城市 B，以及如何给这个包裹贴上新的标签。以此类推，直到这个包裹到达城市 B。这种城市间的投递方式，就是 MPLS 为广域网规划的转发方式。

MPLS 不是独立存在的，依然需要依赖路由协议计算去往各个节点的路径。另外，MPLS 要求相邻的设备对于相同标签要有一致的认识，否则在一台路由器上创建的标签就只具有本地意义，其他设备无法在网络中建立一致的标签交换映射关系，也就无法正确地转发数据。

于是，在 MPLS 环境中，路由器首先需要通过路由协议学习路由，然后把计算出来的路径放到路由表中，再通过路由表得出根据标签转发数据包的规则，最后保存到标签数据库中。同一个网络中的 MPLS 邻居设备还需要通过一项专门的 LDP（Label Distribution Protocol，标签分发协议）交换数据库中的信息，确保设备关于标签的认识保持一致。

总之，在 MPLS 网络中，链路上传输的数据增加了，新增数据是用来维系 MPLS 网络自身正常运作的流量的。虽然转发数据的效率提高了，但是设备却需要用更多的资源来处理 MPLS 网络自身产生的数据。为了让网络正常运作，网络管理员的配置负担也增加了，这必然会降低网络的可扩展性。

### 7.4.2　SR

为了使数据包在进入MPLS网络时就确定使用第一台路由器选择的转发路径，MPLS流量工程使用了资源预留协议。这个协议本身复杂，路由器使用它为要转发的流量在沿途预留带宽资源。因为它可以提前确定路径、预留资源，所以优化了服务质量，但多台设备同时预留资源会对有限的资源形成争用，造成流量处理次优、不可预见和网络收敛速度低。

在 2018 年，RFC 8402 文档问世。它定义了一个旨在解决上述问题的数据转发架构，即 SR（Segment Routing，分段路由）架构，这个架构把网络进行了分段，支持部署集中式的控制器。如果部署集中式的控制器，那么 SR 就是一个"把分布式智能和集中式优化结合在一起"的架构。在这样的架构中，各个路由器负责维护去往网络中各个目的地的最短路径。最短路径包含了等价多路径，这是为了确保去往各个目的地都有其他等效的路径可以作为替换。控制器则拥有整个网络的拓扑状态，负责在全局对各个流量的转发方式提供集中式的优化。在下发指令的时候，控制器并不会把从某个源头到某个目的地的路由指令下发给沿途的每一台路由器，而只会向源头的路由器下发一条指令，这条指令中包含了一个有序的分段列表。源头的路由器在处理去往对应目的地的流量时，只需要把这个分段列表编码在数据包的头部。沿途的路由器自然会按照分段列表中的路径对数据包进行转发，这样就可以将流量按照控制器集中式优化后的路径执行转发了。在简化方面，SR 架构不再使用复杂的资源预留协议，也不再依赖单独的 LDP 交换标签，而是直接使用 DHCP 达到标签交换的目的。

总之，SR 架构在以下几个方面进行了重要改进。

① SR 架构对 MPLS 进行了大量的简化。例如，SR 架构直接使用 DHCP 交换标签，摆脱了 MPLS 对 LDP 的依赖。

② SR 架构支持集中式控制器，可为流量提供更理想的转发路径。控制器只需向源路由节点下发转发指令，执行源路由机制，即在源路由节点完成对流量的选路，避免影响网络收敛速度。

③ 集中式控制器可从网络中收集大量与服务质量有关的信息，并为不同应用类型的流量计算路径，从而最大程度地保障服务质量。例如，控制器可以为去往相同目的网络的 VoIP 流量和数据传输流量分别选择低时延的路径和高带宽的路径。

综上所述，SR 架构的转发原理是把网络分成分段，分段包括转发节点和链路。每个分段拥有一个 SID（Segment ID，分段 ID），它的格式取决于具体实现 SR 的技术，因此，SID 可以是 MPLS 标签、IPv6 数据包头部等。在部署了集中式控制器的环境中，集中式控制器会针对流量计算出一条路径，这条路径会编码成一个分段列表，然后由控制器以指令的形式下发给源节点。源节点把分段列表编码在数据包头部。各个节点在收到数据包的时候，会按照分段列表中的路径对该数据执行转发。

当然，集中式控制器在 SR 网络中并不是必需的。但是，SR 架构为运营商网络带来的益处大多来自集中式控制器，因此在 SR 网络中部署集中式控制器是最佳的选择。

## 练习题

1. HDLC 协议支持下面哪种传输方式？（ ）
   A. 同步传输　　B. 异步传输
   C. 两者均支持　　D. 两者均不支持
2. PPP 支持下面哪种传输方式？（ ）
   A. 同步传输　　B. 异步传输
   C. 两者均支持　　D. 两者均不支持
3. 在下列 PPP 封装字段中，哪个字段的取值不是固定值？（ ）
   A. 标记　　B. 地址
   C. 控制　　D. 协议
4. 在 PPP 链路协商的过程中，有可能包含下列哪个阶段？（ ）
   A. LCP 协商阶段　　B. 认证协商阶段
   C. NCP 协商阶段　　D. 上述全部
5. 在 PPP 的成员协议的封装字段中，哪个字段标识了消息的类型？（ ）
   A. 类型　　B. 代码
   C. 协议　　D. 控制
6. PPPoE 会话从建立到结束的过程中，不包含下列哪个阶段？（ ）
   A. PPPoE 发起　　B. PPPoE 发现
   C. PPPoE 会话　　D. PPPoE 终结
7. PPPoE 服务器数据库中的用户名需要使用下列哪条命令配置在 PPPoE 客户端上，以便 PPPoE 客户端可以通过认证？（ ）
   A. [Huawei-aaa]local user Huawei password cipher Huawei@123
   B. [Huawei-Dialer1]ppp chap user Huawei
   C. [Huawei-Dialer1]dialer user Huawei
   D. [Huawei-Serial1]ppp pap local-user Huawei password cipher Huawei@123
8. 下列哪一项属于 MPLS 与传统 IP 路由转发相比所具备的优势？（ ）
   A. 网络不再依赖路由信息　　B. 简化了路由协议的算法
   C. 更好支持服务质量策略　　D. 降低了网络的收敛速度
9. 下列哪一项关于 SR 优化流量转发的说法是正确的？（ ）
   A. SR 使用路由协议转发标签　　B. SR 支持集中式的优化
   C. SR 支持分布式的智能　　D. 以上说法皆正确
10. 下列关于 PPPoE 封装中 PPP 头部的说法正确的是？（ ）
   A. PPP 头部得到了完整的保留　　B. PPP 头部仅保留了协议字段
   C. PPPoE 封装中不再包含 PPP 头部　　D. 以上说法皆不对

**答案：**

1. A　2. C　3. D　4. D　5. B　6. A　7. B　8. C　9. D　10. B

# 第 8 章 网络管理与运维

本章主要内容

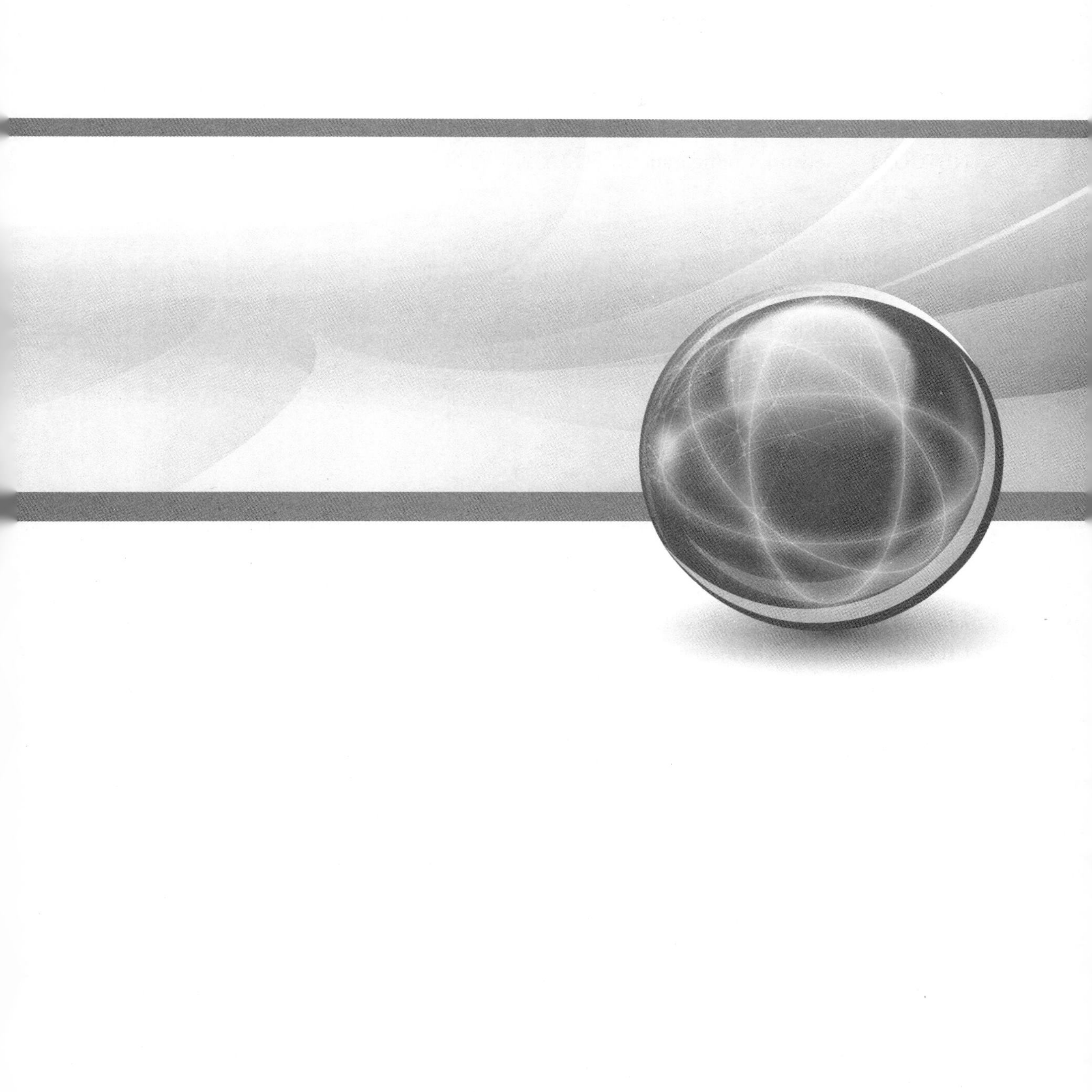

本章首先对 SNMP（Simple Network Management Protocol，简单网络管理协议）的架构、原理进行介绍，并且比较和说明这个协议的不同版本。然后，本章介绍华为的自动驾驶网络管理控制系统——iMaster NCE。最后，本章介绍实现管理信息交互的 NETCONF（Network Configuration，网络配置）协议和数据建模语言 YANG。

**本章重点**

- 网络管理的概念
- SNMP 的架构
- SNMP 不同版本之间的差异
- 华为 iMaster NCE 的特点
- NETCONF 协议与 YANG 语言的基础内容

## 8.1 网络管理的基本概念

ISO 定义了 5 个网络管理功能，分别对应 5 个管理功能领域，即故障管理（Fault Management）、配置管理（Configuration Management）、计费管理（Accounting Management）、性能管理（Performance Management）和安全管理（Security Management），简称为 FCAPS。后来，ITU-T（国际电信联盟电信标准化部门）重新定义了 FCAPS，将其作为 TMN（Telecommunications Management Network，电信管理网络）推荐的网络管理功能。下面对这 5 个功能领域分别进行介绍。

① 故障管理：检测网络发生的故障，隔离并且修复故障，同时把网络中的故障记录到日志中。

② 配置管理：管理设备配置信息的变更。配置管理强调网络管理员对设备配置信息、各类软硬件参数，以及软件版本的变更进行密切监控。

③ 计费管理：在收费网络中，计费管理包括设置用户账户、密码，建立用户权限，并追踪用户的网络使用情况，以给使用者提供计费账单。

④ 性能管理：保障网络的性能保持在用户可以接受的程度。网络管理员为了实施性能管理，需要通过技术手段收集网络中的信息。比如，网络管理员可以针对网络性能建立一条基线，并设置门限值参数，让网络在触及门限值参数时告知自己，以便采取措施。

⑤ 安全管理：确保任何人员对网络中的任何信息的访问都处于一种可控的安全环境。例如，第 4 章介绍的认证和授权可以用来保障网络只能被合法人员通过合法的方式进行访问。又如，部署防火墙可以确保只有具备合法条件的流量才能进入网络。

要想满足上述 5 个功能领域的需求，仅对各个设备发起管理远远不够，集中式的管理手段必不可少，对被管理设备上的大量参数实施有效的监控同样不可或缺。

FCAPS 为 SNMP 的问世打下了坚实的基础。基于 SNMP，人们可以通过安装了管理软件的 NMS（Network Management Station，网络管理工作站）实时监控并配置大量的网络基础设施，从而实现对整个网络的集中式管理。

## 8.2　SNMP 基础

### 8.2.1　SNMP 的架构

在 SNMP 管理的网络中，网络管理员用 NMS 管理各台网络设备。NMS 运行的网络管理进程和被管理设备运行的代理进程相互交换不同类型的 SNMP 消息，从而实现网络管理功能。SNMP 架构如图 8-1 所示。

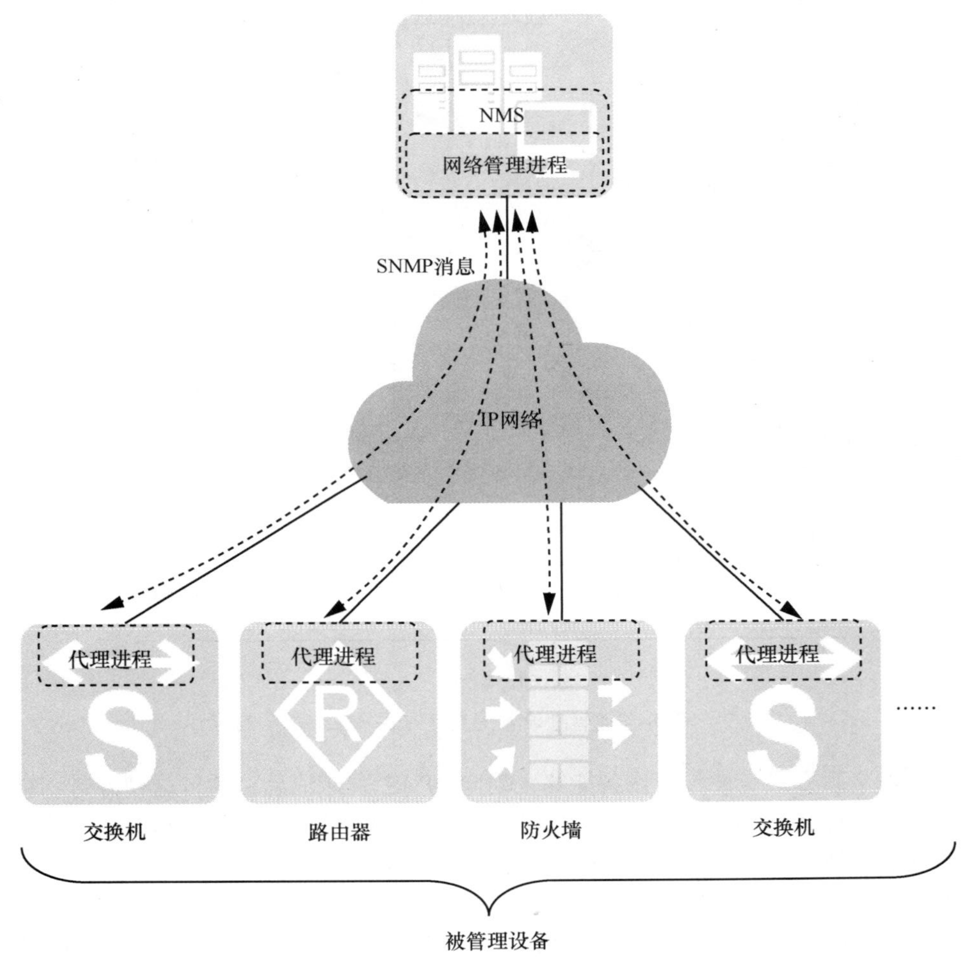


图 8-1　SNMP 架构

根据 SNMP 的架构，NMS 与被管理设备之间的交互方式主要分为两种。

第一种交互方式是由 NMS 向被管理设备发送请求，被管理设备根据请求执行对应的操作，然后向 NMS 作出回应。在这类信息交互中，下列两种请求最为常见。

① Get 请求：从被管理设备获取某些参数。收到 Get 请求之后，被管理设备的代理

进程获取 NMS 请求的参数，然后通过 Get 响应消息把参数发送给 NMS。

② Set 请求：设置被管理设备的一个或多个参数。收到 Set 请求之后，被管理设备的代理进程把自己对应的参数配置为 Set 请求中的值，然后通过响应消息告知参数设置结果。

以 Get 请求响应为例，NMS 与被管理设备的交互方式如图 8-2 所示。

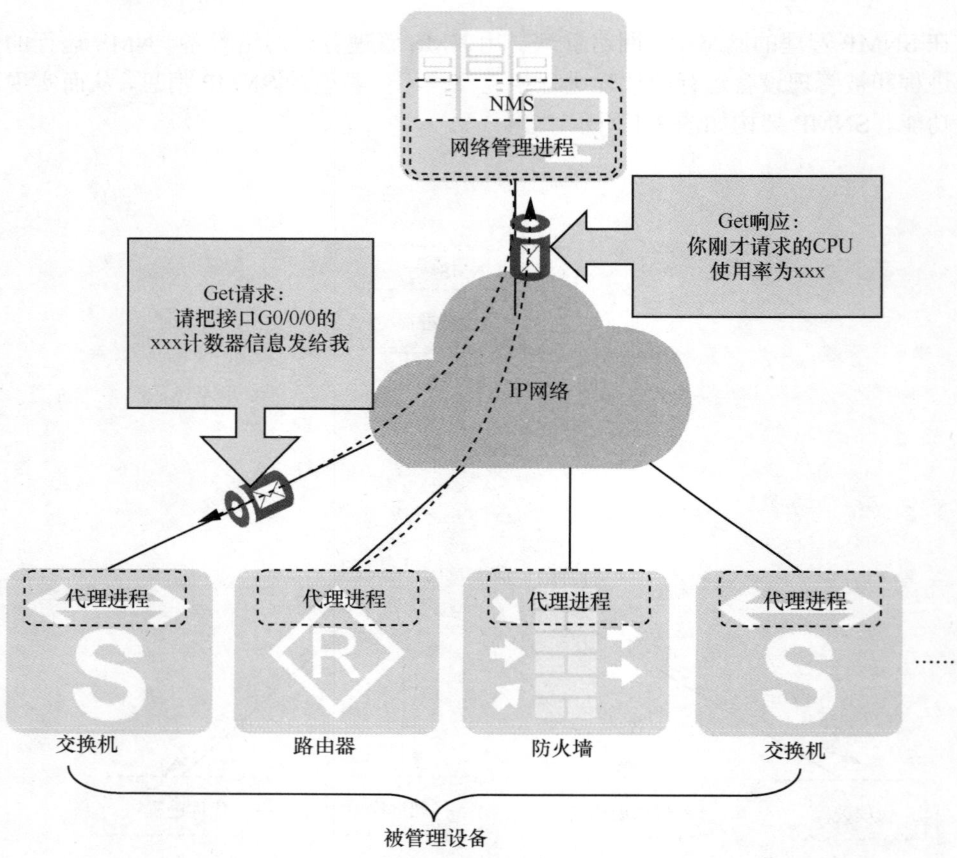


图 8-2　NMS 与被管理设备的交互方式（Get 请求/响应）

第二种交互方式是被管理设备能够主动向 NMS 发送消息。通过这种方式，被管理设备可以用一种名为 Trap 的消息，主动把网络中出现的问题通告给 NMS。Trap 消息属于主动发送的消息，而不是在 NMS 请求下发送的消息。

由于网络管理需要对不同设备制造商推出的设备和板卡进行参数配置，而且任何设备或者协议都会涉及大量的参数，因此 SNMP 必须使用一个专门的数据库组织这些参数，这个数据库称为 MIB（Management Information Base，管理信息库）。

MIB 采用一种分层的结构组织数量庞大的参数，结构中的变量称为被管理对象，并被赋予一个 OID（Object Identifier，对象标识符）。MIB 的结构如图 8-3 所示，其中，对象的 OID 为从根（Root）出发，直到该对象所在层级的值为止，每一层的值用点“.”分开。通过图 8-3 可以看到，IP 的 OID 是 1.3.6.1.2.1.4。

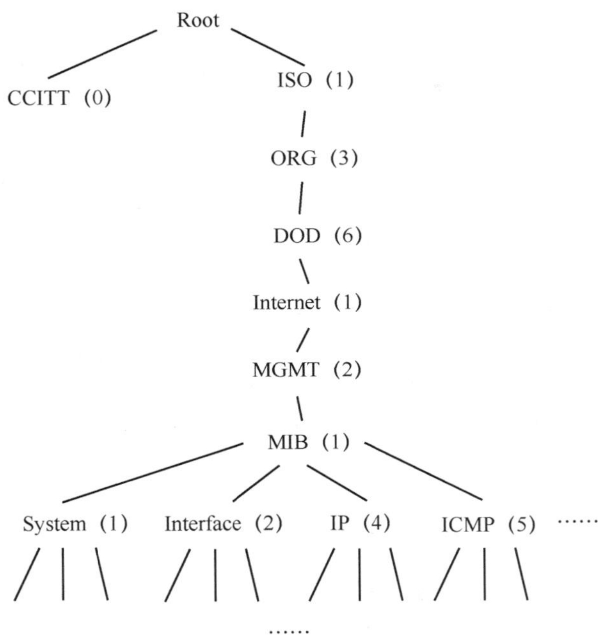


图 8-3　MIB 的结构

除了 OID，MIB 还定义了被管理对象的多个属性，如对象的状态、数据类型、访问权限等。例如，被管理对象 ifNumber 用来标识网络接口的数量，其 OID 为 1.3.6.1.2.1.2.1，数据类型为 Integer（整数），最大访问权限为 Read-Only（只读）。又如，被管理对象 hwIpAdEntNetMask 是 IP 地址的子网掩码，其 OID 为 1.3.6.1.4.1.2011. 5.25.41.1.2.1.1.3，数据类型为 IpAddress（IP 地址），最大访问权限为 Read-Create。

被管理对象的最大访问权限定义了管理设备能够对其执行的操作，具体内容如下。

① Not Accessible：无法执行操作。

② Read-Only：只能读取信息。被管理对象 ifNumber 的最大访问权限是只读，这是因为网络接口的数量是一个物理参数，不能通过逻辑管理的手段修改。

③ Read-Write：可以读取信息和修改参数。

④ Read-Create：可以读取信息、修改参数、新增配置和删除配置。

有些读者或许会认为 MIB 及其包含的被管理对象都是由 SNMP 统一定义的，因此各个被管理对象的 OID 是固定的。只有这样，运行 SNMP 的设备才能通过 OID 指代相同的被管理对象，否则，管理设备发出的指令，被管理设备要么无法执行，要么执行起来谬以千里。这种认识存在下面两点误解。

① 虽然 MIB 常和 SNMP 联系在一起，但 MIB 并不是某个网络管理协议的子集，也没有绑定任何网络协议。或者说，MIB 本身就存在很多不同的版本。不过，上述认识最大的可取之处是，管理设备和被管理设备的确必须针对 MIB 中各个被管理对象的指代达成一致。因此，管理设备支持的 MIB 和被管理设备支持的 MIB 必须存在交集，否则管理操作就无法实现。

② MIB 和 IP 地址一样，也分为公有 MIB 和私有 MIB。公有 MIB 定义在 RFC 文档

中，这样，各个设备制造商只要遵从 RFC 对应 MIB 的标准，就可以针对被管理对象达成一致，管理设备和被管理设备之间的互操作就可以实现。私有 MIB 则允许各组织机构自行定义，本章不进行介绍。

### 8.2.2 SNMP 的版本

SNMP 属于应用层协议，它的消息封装在 UDP 消息中。在请求–响应的消息交互方式中，SNMP 代理（即被管理设备）通过 UDP 161 端口接收 NMS 发送的请求消息，但 NMS 的管理进程则通过随机的 UDP 端口封装请求消息；反之，在交互 Trap 消息时，SNMP 代理通过随机的 UDP 端口封装 Trap 消息，而 Trap 消息的目的端口是 SNMP 代理的 UDP 162 端口。因此，UDP 161 和 UDP 162 都是 SNMP 的知名端口。

上面的内容适用于各个版本的 SNMP，但是，SNMP 也在随着版本的更新不断地提供新的功能。SNMPv1（第一个版本的 SNMP）为了追求简单的设计，只定义了下列 5 种核心的消息类型。

① Get 请求：一种由 NMS 或网络管理进程发送给 SNMP 代理进程的消息，作用是请求对方提供 MIB 中的一个或者多个被管理对象的参数。

② GetNext 请求：由网络管理进程发送给 SNMP 代理进程的消息，作用是让 SNMP 代理进程提供 MIB 字典顺序中的下一个参数值。

③ Set 请求：一种由 NMS 或网络管理进程发送给 SNMP 代理进程的消息，作用是让对方把 MIB 中的一个或者多个被管理对象的参数设置为自己发送的值。

④ Get 响应：让 SNMP 代理进程对上述请求消息作出应答。在 SNMPv1 中，虽然这类消息既会用来响应 Get 请求和 GetNext 请求，也会用来响应 Set 请求，但是它的命名就是 Get 响应。在响应 Get 请求或 GetNext 请求时，被管理对象的值包含在 Get 响应中并发送给 NMS。在响应 Set 请求时，Get 响应则包含代理进程执行设置的结果，例如，执行设置是否成功。

⑤ Trap 消息：被管理设备的代理进程未经请求，主动向网络管理进程发送的消息，用来向 NMS 通告网络的某些重要事件。

作为一种网络管理协议，如果没有任何安全措施，那么任何人可以将自己的计算机作为 NMS，对网络中的基础设施发起管理，并且修改设备的设置，网络就会存在很大的安全隐患。为了解决这个问题，SNMPv1 的 RFC 文档（RFC 1067 和 RFC 1157）定义了 SNMP 团体字符串，这是 SNMP 设备之间相互认证身份的字符串，因此 SNMP 团体字符串就是 SNMPv1 为 SNMP 定义的认证方式。通过这种方式，人们希望确保网络的 SNMP 代理只受真实管理设备的管理。

即便如此，SNMPv1 依然因安全性受到了质疑。SNMPv1 只提供了认证规则，而消息本身的安全性要依赖于通信信道的安全性。如果网络环境本身不够安全，那么 SNMPv1 也提供不了消息安全方面的防护机制。

在这样的背景下，SNMPv2 应运而生，旨在增强 SNMPv1 的性能和提高 SNMPv1 的安全性。SNMPv2 大大增加了协议的复杂性，因而没有获得市场的认可。不久之后，一个改良版的 SNMPv2 问世，这个被称为基于团体的简单网络管理协议第 2 版取消了复杂的 SNMPv2 安全模型，沿用了 SNMPv1 安全性欠佳的团体字符串认证方式。这个改良版本的 SNMPv2 被称为 SNMPv2c，从实际应用的广泛程度来看，这个版本才是事实上的 SNMPv2。

虽然安全规则几乎回到了起点，但 SNMPv2c 增加了两种新的消息类型，即 GetBulk 请求和 Inform 消息。

① GetBulk 请求：是由网络管理进程发送给 SNMP 代理进程的消息。它可以通过一个消息向 SNMP 代理进程请求大量的参数，这避免了网络管理进程必须在一个 Get 请求后连续发送大量 GetNext 请求的操作。

② Inform 消息：是由 SNMP 代理进程主动向网络管理进程发送的消息。Inform 消息需要网络管理进程使用响应消息作出确认，这是为了避免重要的告警消息因使用 UDP 作为传输层协议、缺乏通信机制上的保障而在传输过程中丢失，导致网络管理员没有意识到网络中正在发生的重要事件。

其实，几乎在定义 SNMPv2c 的同一时间，SNMPv2 还有另一个改良版本问世。这个版本叫作基于用户的简单网络管理协议第 2 版，简称 SNMPv2u。这个版本希望能够在 SNMPv1 欠佳的安全性和 SNMPv2 过高的复杂性之间寻求一种折中的解决方案。尽管 SNMPv2u 也没有得到广泛的采纳，但是这款协议的机制却被 SNMP 的下一个版本——SNMPv3 所采纳。

SNMPv3 新增了认证和加密的功能。所谓认证是让 SNMP 代理进程判断 NMS 是否拥有管理自己的权限。如果套用 SNMPv1 的定义，就是让 SNMP 代理进程判断“SNMP 消息是否真实”。加密则是对 SNMP 代理进程和网络管理进程之间传输的管理消息进行加密，让管理消息以密文的形式在网络中传输。通过加密，即使有人在网络中截获了 SNMPv3 消息，也无法在合理的时间范围内破解消息的内容。

为了避免再次因为过度复杂的安全机制导致协议得不到广泛部署，SNMPv3 定义了下列 3 种不同的安全机制，旨在让协议能够适应不同需求的网络。

① NoAuthNoPriv：SNMP 代理仅通过用户名对 NMS 进行认证，不对 SNMP 消息执行加密。

② AuthNoPriv：SNMP 代理使用 MD5 或者 SHA 认证管理访问，但不对 SNMP 消息执行加密。

③ AuthPriv：SNMP 代理使用 MD5 或者 SHA 认证管理访问，同时双方之间的 SNMP 消息以密文的形式传输。

在对 3 个版本的 SNMP 进行介绍之后，可以得出这样一个结论：为了安全方面的考虑，网络管理员在可以使用 SNMPv3 的条件下，应该首先使用 SNMPv3 完成网络管理。

### 8.2.3　SNMP 的配置

SNMP 的宗旨是对网络基础设施统一管理，首先，让一台网络设备接受 NMS 的管理，需要在系统视图下输入命令 **snmp-agent**，并在这台设备上启用 SNMP 代理。当然，要想让 NMS 能够对被管理设备实施管理，双方的 SNMP 版本必须相同。要想修改 SNMP 的版本，网络管理员需要在系统视图下使用命令 **snmp-agent sys-info version [v1 | v2c | v3]** 进行配置。

SNMPv3 支持 3 种不同的安全机制，如果使用 SNMPv3 进行管理，那么网络管理员首先需要在系统视图下使用命令 **snmp-agent group v3** *group-name* { **authentication** | **noauth** | **privacy** }创建一个新的 SNMP 组，同时选择执行的安全机制。在这条命令中，关键词 **authentication** 代表的安全机制是 AuthNoPriv，关键词 **noauth** 代表的安全机制是 NoAuthNoPriv，而关键词 **privacy** 代表的安全机制是 AuthPriv。

接下来，网络管理员使用命令 **snmp-agent usm-user v3** *user-name* **group** *group-name* 在系统视图下为刚刚创建的 SNMP 组创建一个新用户，然后再使用命令 **snmp-agent usm-user v3** *user-name* **authentication-mode** { **md5** | **sha** | **sha2-256** } *password* 给新用户设置认证方式和认证密码，同时还需要使用命令 **snmp-agent usm-user v3** *user-name* **privacy-mode** { **aes128** | **des56** } *password* 为新用户设置加密方式和加密密码。

在网络管理工作中，被管理设备主动向 NMS 提供事件信息是非常重要的。如果网络管理员希望在这个环境中配置 Trap，那么需要在系统视图下使用命令 **snmp-agent target-host trap-paramsname** *paramsname* **v3 securityname** *securityname* { **authentication** | **noauthnopriv** | **privacy** }为 Trap 消息配置参数。其中，*paramsname* 是 Trap 消息发送的参数列表名称；*securityname* 不仅需要在被管理设备上配置，也需要在 NMS 上配置。当 NMS 收到一个 Trap 消息时，会把消息的 *securityname* 和自己配置的 *securityname* 进行比较，只有两者一致，Trap 消息才会被 NMS 接受。**authentication**、**noauthnopriv** 和 **privacy** 是对 SNMPv3 Trap 消息执行的安全机制，即设置仅对 Trap 消息执行认证还是不对 Trap 消息执行认证和加密，或对 Trap 消息执行认证和加密。

另外，在系统视图下，网络管理员也需要使用命令 **snmp-agent target-host trap-hostname** *hostname* **address** *ipv4-address* **trap-paramsname** *paramsname* 设置 Trap 消息的目标主机。在这条命令中，*hostname* 是给目标主机设置的名称，*ipv4-address* 是目标主机的 IPv4 地址，*paramsname* 则是在前面的命令中所设置的参数列表名称。

除了使用两条 **snmp-agent target-host** 命令设置与 Trap 消息和目标主机有关的信息外，网络管理员还需要使用命令 **snmp-agent trap enable** 在这台被管理设备上启用 Trap 功能，并使用命令 **snmp-agent trap source** *interface-type interface-number* 指定把 Trap 消息从哪个接口发送出去，这样 Trap 消息才能在这台被管理设备上被成功创建并且通过正确的接口发送出去。

配置 SNMPv3 的流程如图 8-4 所示。

在图 8-4 中，网络管理员创建了一个名为 Huawei 的 SNMP 组，把安全机制设置为认证和加密。同时，网络管理员在这个组中创建了一个新用户名 admin，并且把认证方式设置为 md5，加密方式设置为 aes128，同时把认证密码和加密密码都设置为 Huawei@123。

接下来，网络管理员配置了一个 Trap 参数列表（list1）和安全名称（sec1），并且把安全机制设置为认证和加密。同时，目标主机被命名为 manager，并且设置了目标主机的 IP 地址（10.1.1.254）。

最后，网络管理员在路由器上启用 Trap，并且指定发送 Trap 消息的接口是 G0/0/0。

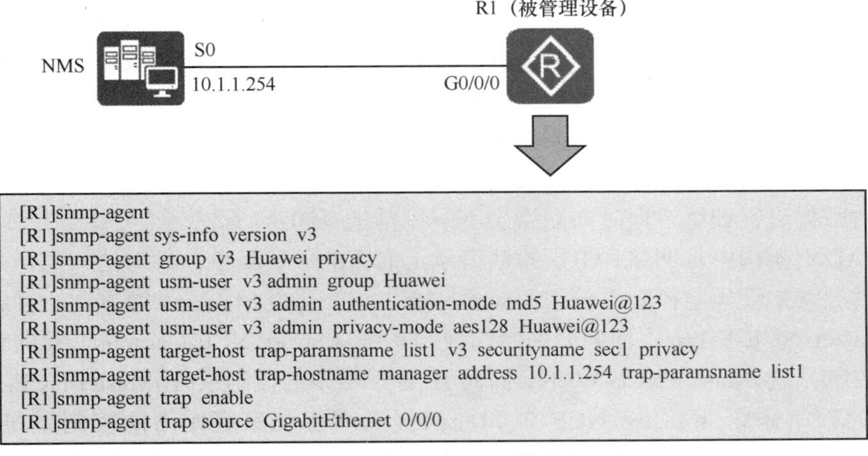


图 8-4　配置 SNMPv3 的流程

## 8.3　基于华为 iMaster NCE 的网络管理

随着近年来技术的发展，自动驾驶成为一个备受关注的网络应用研究方向。在 2020 年的华为全联接大会上，华为发布了 ADN（Autonomous Driving Network，自动驾驶网络）解决方案。ADN 指的不是为机动车实现自动驾驶提供底层保障的网络，而是指对网络进行自动驾驶。

在过去近 20 年的时间里，网络的规模不断扩大，网络的重要性、复杂性不断提高，各类网络技术、应用、产品、协议也在不断地推陈出新，网络所承载的流量、连接的终端数量更是呈指数级递增。但是，自从 2004 年 IETF 把 SNMPv3 确立为最新的 SNMP 标准版本以来，人们“驾驶”网络的方式却几乎没有发生变化。显然，如果原有网络管理方式保持不变，被管理的网络本身却越来越复杂，那么网络的所有者就只能在增加运维成本和降低网络可用性之间不断做出抉择。

ADN 旨在通过人工智能技术实现网络的自动化，从而加速行业的数字化转型。ADN 采用自顶向下的 3 层 AI（Artificial Intelligence，人工智能）架构打造智能 IP 网络，实现对网络的自动驾驶。ADN 架构如图 8-5 所示。

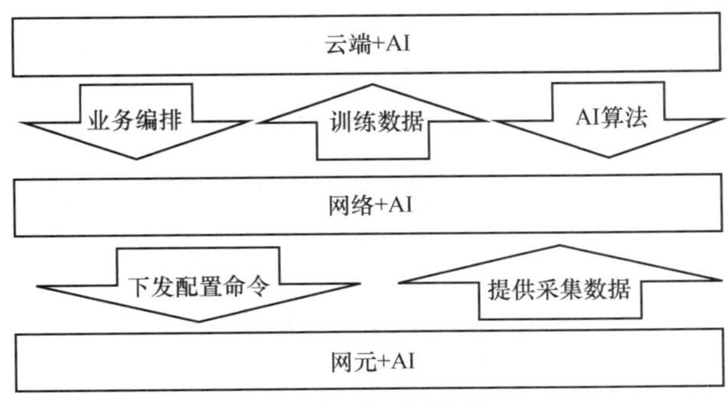


图 8-5　ADN 架构

在图 8-5 所示的架构中，最底层的网元指交换机、路由器、无线 AP 等各个网络设备。网元可以接受上层下发的指令，并且根据业务意图调整具体的数据转发策略；也会实时采集数据，并且把采集的数据提供给网络加以分析。中间一层的网络包括网络控制器、网管平台等，负责向网元提供指令，让网元能够自动生成基于业务意图的配置，同时把从网元收集的训练数据提供给云端。最上面一层的云端负责接收网络发来的训练数据，并对数据进行训练，同时向网络层下发编排指令和 AI 算法。

在 ADN 架构中，网络+AI 层扮演着承上启下的关键角色。针对这一层，华为推出了自动驾驶网络管理与控制系统 iMaster NCE。这个系统分为面向数据中心网络的控制系统 iMaster NCE-Fabric、面向园区网的控制系统 iMaster NCE-Campus、面向企业分支网络的控制系统 iMaster NCE-WAN、面向 IP 骨干网络的控制系统 iMaster NCE-IP、面向光网络的控制系统 iMaster NCE-T 和面向接入网络和家庭网络的控制系统 iMaster NCE-FAN。iMaster NCE 支持基于 CLI/SNMP 的传统技术来管理和控制网络基础设施，或者通过 NETCONF 协议（基于 YANG 模型）实现软件定义网络。在运维工作中，iMaster NCE 可以通过 Telemetry 或者 SNMP 收集网络中的数据，并且通过可视化的方式呈现出即时的网络状态。

iMaster NCE 架构如图 8-6 所示。

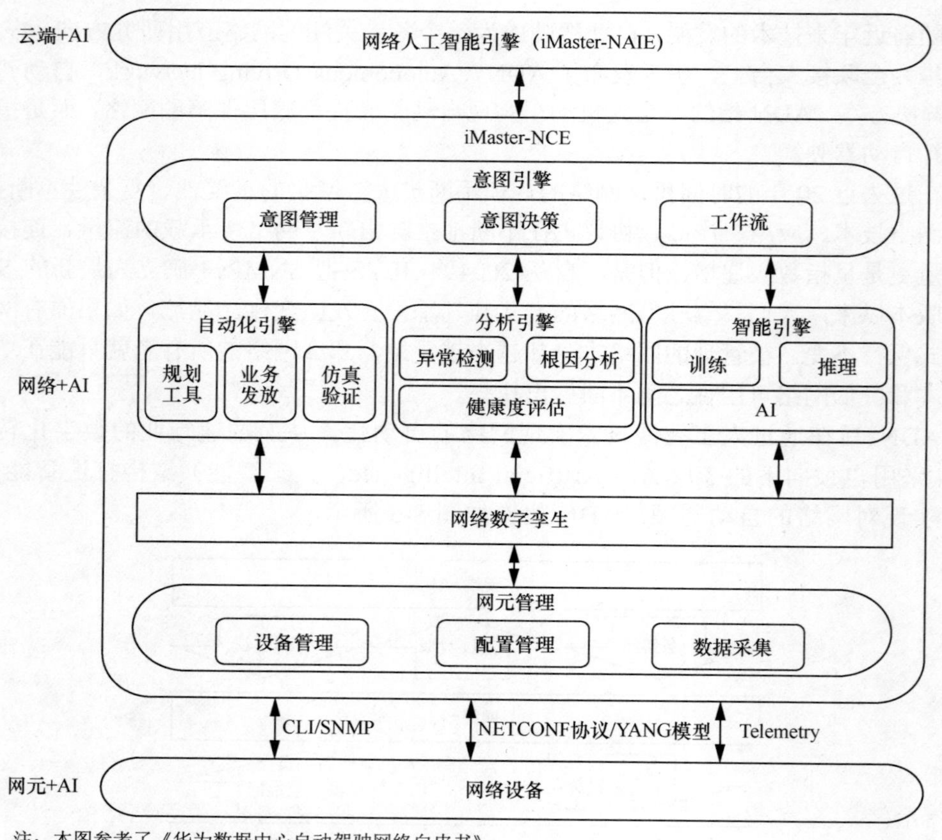


注：本图参考了《华为数据中心自动驾驶网络白皮书》。

图 8-6　iMaster NCE 架构

iMaster NCE 包含以下四大关键能力。

① 全生命周期自动化：以统一的资源建模和数据共享服务为基础，提供跨多网络技术域的全生命周期的自动化能力，实现设备即插即用、网络即换即通、业务自助服务、故障自愈、风险预警等功能。

② 基于大数据和 AI 的智能闭环：基于意图、自动化、分析和智能四大子引擎构建完整的智能化闭环系统。基于 Telemetry 采集并汇聚海量的网络数据，iMaster NCE 可实现实时网络态势感知，通过统一的数据建模对大数据的网络全局进行分析和洞察，并引入 AI 算法，面向用户意图进行自动化闭环的分析、预测和决策，提升客户满意度，持续提高网络的智能化水平。

③ 开发可编程使能场景化 App 生态：iMaster NCE 对外提供可编程的继承开发环境 Design Studio 和开发者社区，实现南向与第三方网络控制器或网络设备对接，北向与云端 AI 训练平台和 IT 应用快速集成，并支持客户灵活选购华为原始 App，客户可自行开发或寻求第三方系统集成商的支持以进行 App 的创新与开发。

④ 大容量全云化平台：基于 Cloud Native 的云化架构，iMaster NCE 支持在私有云、公有云中运行，也支持 On-Premise 部署模式，具备大容量和弹性可伸缩能力，同时支持大规模系统容量和用户接入，让网络从数据分散、多级运维的离线模式转变为数据共享、流量打通的在线模式。

在图 8-6 中，CLI 和 SNMP 已经不需要进一步介绍。接下来，本节会对 NETCONF 协议、YANG 模型和 Telemetry 分别进行介绍。

### 8.3.1 NETCONF 协议概述

2003 年 5 月，IETF 创建了 NETCONF 协议工作组，其目的是设计一种网络配置协议，以满足网络技术人员和各个设备制造商的需求。NETCONF 协议最初的版本于 2006 年 12 月发布在 RFC 4741～RFC 4744 中。2011 年 6 月，最新版的 NETCONF 协议发布在 RFC 6241～RFC 6242 中，并取代了之前的标准。

NETCONF 协议定义了 3 个对象，分别是 NETCONF 客户端、NETCONF 服务器和 NETCONF 消息。其中被管理设备（即 ADN 架构中的网元）充当 NETCONF 服务器，管理设备（即 iMaster NCE）充当 NETCONF 客户端，双方通过 NETCONF 消息来交互配置指令。为了实现交互，NETCONF 协议还定义了一种分层的结构，这个结构自下向上分为安全通信层、消息层、操作层和内容层。这 4 层分别对应的协议和功能，具体如下。

① 安全通信层：主要使用的是 SSH 协议或者 TLS（Transport Layer Security，传输安全协议）。SSH 协议是一种用来替代 Telnet 建立加密管理访问的协议，其作用是为了让 NETCONF 客户端对 NETCONF 服务器发起管理访问，并执行安全的消息传输。

② 消息层：使用 RPC（Remote Procedure Call，远程过程调用）完成 NETCONF 客户端和 NETCONF 服务器之间的通信。这一层的作用是通过一种简单的、独立于安全通信层传输协议的方式来封装 RPC、RPC 结果和事件通告，它们分别对应<rpc>消息、<rpc-reply>消息和<notification>消息。RPC（即<rpc>消息）和 RPC 结果（即<rpc-reply>消息）之间通过相同的消息 ID（message-id）关联在一起。

③ 操作层：定义了 NETCONF 协议的操作，类似于 SNMP 的消息类型。操作层定义的操作如下。

a. <get>：从设备提取运行配置或者状态信息。

b. <get-config>：从设备提取指定配置文件中的（部分或者全部）信息。

c. <edit-config>：编辑配置文件，包括创建、删除、合并或者替换。

d. <copy-config>：把整个配置文件复制为另一份配置文件。

e. <delete-config>：删除一份配置文件。

f. <lock>：锁定一台设备的配置文件。

g. <unlock>：解除对一台设备配置文件的锁定。

h. <close-session>：请求断开 NETCONF 会话。

i. <kill-session>：强制断开 NETCONF 会话。

④ 内容层：提供和网络管理相关的数据，如设备配置和网络的相关参数。这一层主要由设备制造商进行定义，定义的结果决定了设备制造商的设备对 NETCONF 协议的支持程度。也就是说，为了对各个设备制造商的设备提供广泛支持，内容层并没有进行标准化。

典型的 NETCONF 协议交互过程如图 8-7 所示。

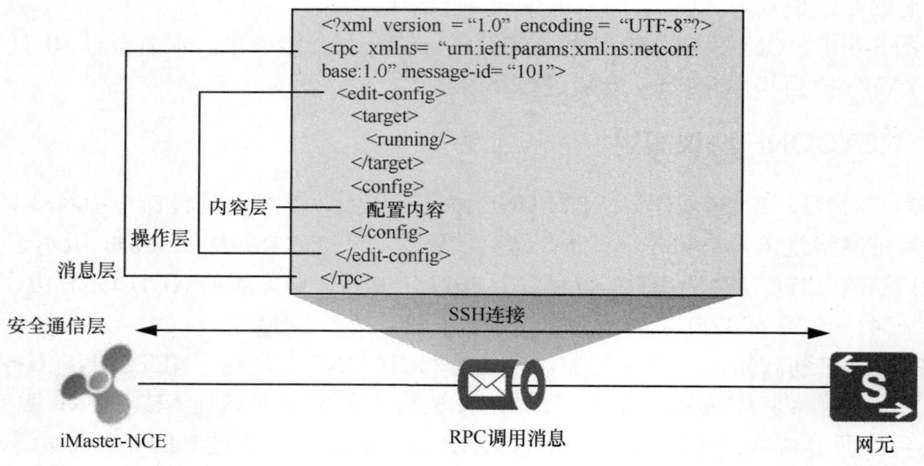
<?xml version ="1.0" encoding= "UTF-8"?>
<rpc xmlns= "urn:ieft:params:xml:ns:netconf:
base:1.0" message-id= "101">
<edit-config>
<target>
<running/>
</target>
<config>
配置内容
</config>
</edit-config>
</rpc>
内容层
操作层
消息层
安全通信层
SSH连接
iMaster-NCE
RPC调用消息
网元

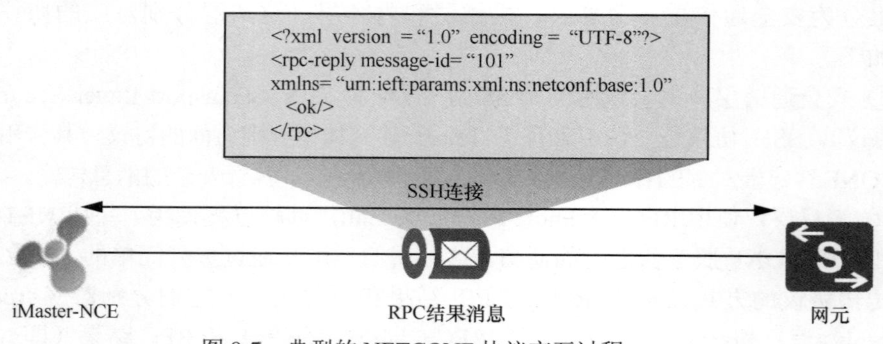
<?xml version ="1.0" encoding= "UTF-8"?>
<rpc-reply message-id= "101"
xmlns= "urn:ieft:params:xml:ns:netconf:base:1.0"
<ok/>
</rpc>
SSH连接
iMaster-NCE
RPC结果消息
网元

图 8-7 典型的 NETCONF 协议交互过程

### 8.3.2 YANG 语言概述

NETCONF 协议的内容层没有标准化，但是该协议的作用就是实现通信数据的标准化。如果一项协议的作用是针对网络管理参数，实现管理设备与被管理设备之间的互操作，那么如果不对配置和参数进行标准化，这种互操作显然就无法实现。于是，在 NETCONF 协议开发后不久，IETF 成立了一个设计团队，给 NETCONF 协议设计了一种数据建模语言，以定义 NETCONF 协议处理的数据模型，这个团队推出的语言就是 YANG 语言。

数据建模语言是指通过一系列规则构成一个模型，并用这个模型规范数据类型与格式的语言。图 8-7 中的数据建模语言为 XML 语言，这是因为 NETCONF 消息使用的是 XML 语言。如果把图中 RPC 消息的配置内容展示出来，然后再把具体的配置参数替换成参数的类型、取值范围，就是一个数据模型。YANG 语言就是表示这类消息的语言。

YANG 语言借鉴了 SNMP 的数据建模语言——SMIng（Structure of Management Information Next Generation，下一代管理信息结构），但 YANG 语言和 NETCONF 协议进行了紧密的绑定。2010 年 10 月，YANG 语言第一版的标准（YANG 1.0）发布在 RFC 6020 中。2016 年 8 月，RFC 7950 中发布了 YANG 1.1，这就是目前最新版本的 YANG 语言标准。

YANG 语言定义了不同的节点类型，其中叶节点只有值，没有子节点；而容器节点相反，只有子节点，没有值。这就构成了一个分层的树状结构，叶节点就是这棵树的树叶，位于整个树状结构的末梢，容器节点则是这棵树的分叉点。除了叶节点和容器节点，YANG 语言还定义了叶列表节点和列表节点，分别用来包含多个并列的值和节点。

除了节点类型，YANG 语言还定义了两大数据类型，分别是内置的数据类型和使用内置数据类型自定义的类型。例如，人们可以在字符串类型的基础上，通过正则表达式定义一个 IPv4 地址的类型。字符串类型就是 YANG 语言内置的数据类型，而 IPv4 地址类型就是自定义的类型。

YANG 语言定义了模块的概念，把数据用模块和子模块构建起来。其中，YANG 模块定义了节点的分层结构。模块可以从外部模块中导入数据，也可以包含子模块中的数据。YANG 模块可以在不损失信息的情况下转换成 XML 语法的 YIN（YANG Independent Notation）模块。NETCONF 消息使用的都是 XML 语言。于是，YANG 语言可以让设备把数据转换为 YIN 模块，也就是转换为 XML 语言的 NETCONF 消息。

具体来说，NETCONF 客户端（即管理设备）可以加载后缀为.yang 的 YANG 文件，然后通过 YANG 文件把要推送的数据转换为 XML 格式的 NETCONF 消息发送给被管理设备。NETCONF 服务器端（即被管理设备）也可以加载 YANG 文件，把 XML 格式的 NETCONF 消息转换为数据进行处理，如图 8-8 所示。

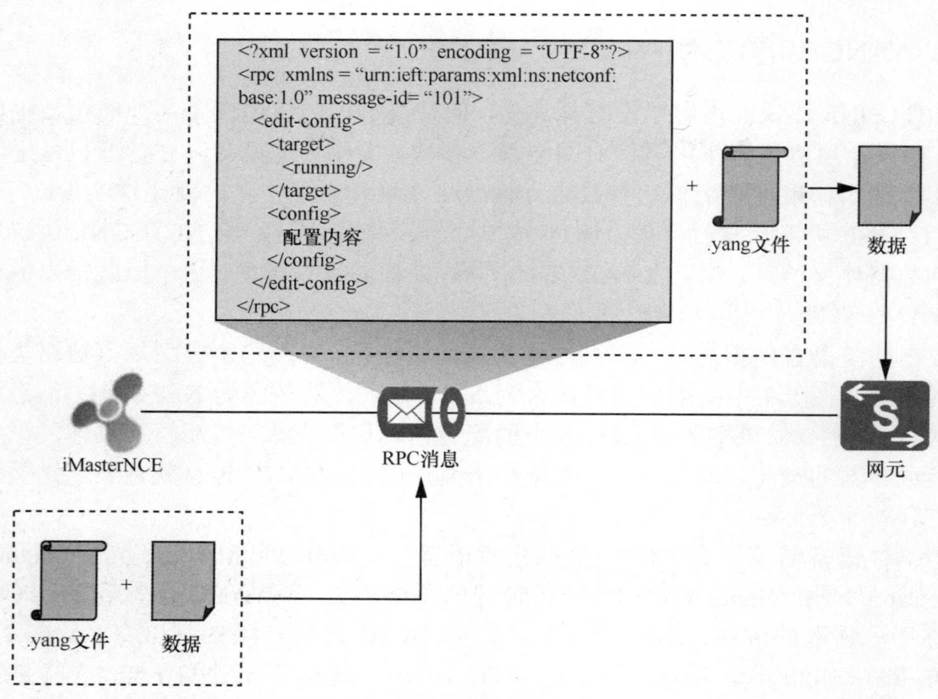
<?xml version = "1.0" encoding = "UTF-8"?>
<rpc xmlns = "urn:ieft:params:xml:ns:netconf:
base:1.0" message-id= "101">
<edit-config>
<target>
<running/>
</target>
<config>
配置内容
</config>
</edit-config>
</rpc>
+
.yang文件
数据
iMasterNCE
RPC消息
网元
.yang文件
+
数据

图 8-8 YANG 模块与 XML 格式

### 8.3.3 Telemetry 概述

Telemetry 为遥测技术，原本泛指通过仪器测量、收集某些目标参数，并把参数发送给远程监控器的技术。当这个术语被应用到网络领域之后，遥测指代管理设备从被管理设备上高效率采集数据的技术。

套用这样的定义，SNMP 就属于一种遥测技术，或者说 SNMP 中包含了提供遥测机制的组件，这是因为在 SNMP 的请求–响应和 Trap 中都包含被管理设备远程向管理设备提供测量值的机制。

不过，SNMP 定义的这两种机制各有缺陷。如果使用请求–响应机制，NMS 要想从被管理设备不断获取某个参数，就必须以某种周期不断地发送请求，这样的传输效率无疑很低。Trap 机制虽然由被管理设备主动向 NMS 提供数据，但是它只是在某参数突破了网络管理员设定的限制条件下才会被触发，并以网络中发生事件的形式向 NMS 发出通告。如果管理设备或者控制器希望以比较高的频率从被管理设备获取某些参数，以不断刷新自己对该参数的数据，那么 Trap 机制也显得捉襟见肘。而不断刷新某些参数的数据，恰恰在如今的网络管理工作中非常普遍。

因此，主流的遥测技术采用了一种订阅–推送的机制。在这种机制中，管理设备向被管理设备发送订阅消息，可以直接要求被管理设备以某个固定的频率向自己发送某个参数。这样，数据采集的效率就得到了提高。正如在瞬息万变的道路条件下，自动驾驶技术时刻依赖于采集的高速道路信息一样，高效的遥测技术同样也是自动驾驶网络得以发展的重要前提。

## 练 习 题

1. 下列哪一项不是 SNMP 的消息类型？（　　）

   A. Get 请求　　B. Set 请求

   C. Connect　　D. Trap

2. 下列哪一项是 SNMPv2 新增的消息类型？（　　）

   A. SetBulk　　B. GetBulk

   C. Connect　　D. Trap

3. 下列哪一项不是 SNMPv3 定义的安全机制？（　　）

   A. NoAuthNoPriv　　B. AuthNoPriv

   C. NoAuthPriv　　D. AuthPriv

4. 下列哪一项关于 OID 的陈述是正确的？（　　）

   A. OID 是 SNMP 用来组织被管理对象的数据库

   B. OID 是 SNMP 数据库中的各个被管理对象

   C. OID 是 SNMP 定义的一种消息类型

   D. OID 是标识 SNMP 数据库中对象的参数

5. 下列哪一项不是华为 ADN 架构中包含的分层？（　　）

   A. 云端+AI　　B. 管理器+AI

   C. 网络+AI　　D. 网元+AI

6. 下列哪一项是 iMaster NCE 中包含的引擎？（　　）

   A. 意图引擎　　B. 分析引擎

   C. 智能引擎　　D. 以上选项皆正确

7. NETCONF 协议的哪一层没有在协议层面提供标准化？（　　）

   A. 内容层　　B. 操作层

   C. 消息层　　D. 安全通信层

8. NETCONF 消息使用的是下列哪种语言？（　　）

   A. XML　　B. YANG

   C. SMIng　　D. SMI

9. 目前，为了实现高效的网络遥测，人们采用了哪种通信机制？（　　）

   A. Trap　　B. 请求–响应

   C. 订阅–推送　　D. 告警

**答案：**

1. C　2. B　3. C　4. D　5. B　6. D　7. A　8. A　9. C

# 第9章 IPv6基础

本章主要内容

9.1　IPv6地址介绍

9.2　IPv6地址配置方式及过程

9.3　IPv6静态路由配置

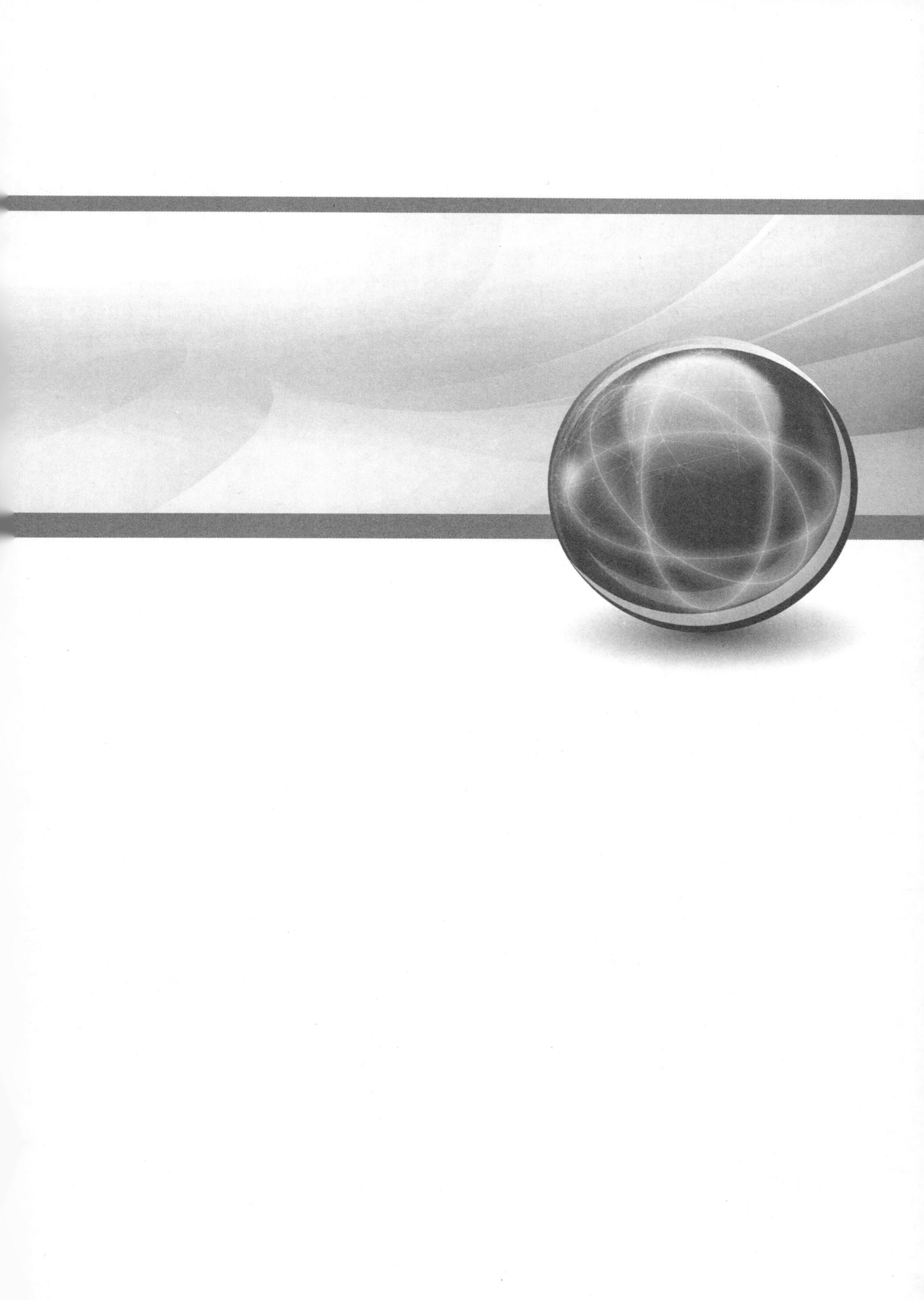

本章将介绍 IPv6（Internet Protocol Version 6，互联网协议第 6 版），这是继 IPv4 之后的下一版 IP，如今也已经和 IPv4 一样得到了广泛的部署。本章首先介绍 IPv6 定义的封装格式，并且与 IPv4 头部字段对比来解释 IPv6 定义的各个字段。由于 IPv6 的诞生是 IPv4 地址即将耗尽的结果，为了提供更广阔的地址空间，IPv6 定义了比 IPv4 地址更多的地址位数。在介绍 IPv6 的头部字段之后，本章还对 IPv6 的地址表示法、简化规则和地址的分类进行介绍。在定义 IPv6 地址时，协议开发人员的一大目标是希望在新型 IP 网络中实现路由设备的即插即用，因此，本章进一步介绍 IPv6 地址的自动配置，以及 IPv6 的冲突地址检测和地址解析。在完成原理的介绍之后，本章介绍并且演示如何在 VRP 系统上配置 IPv6 地址，以及配置 IPv6 静态路由。

**本章重点**

- IPv6 报文结构
- IPv6 地址结构与分类
- IPv6 地址的配置
- IPv6 的冲突地址检测与地址解析
- IPv6 静态路由的配置

## 9.1 IPv6 地址介绍

截至 2018 年年底，全球的网民已经超过 40 亿人。IPv4 地址包含 32 位二进制数，因此可以提供 $2^{32}$ 个 IP 地址。读者只需要估算一下人均上网设备的数量，就会发现 IPv4 地址的数量早已无法满足人们的上网需求。20 世纪 90 年代初，IETF 开始开发下一代 IP。1994 年中期，IETF 成立了多个 IP 下一代工作组。1996 年，IETF 发布了一系列 RFC 文档，这些文档共同定义了 IPv6。1998 年底，IPv6 被 IETF 正式推出，定义在 RFC 2460 中。

### 9.1.1 IPv6 的头部封装

根据 IETF RFC 2460，IPv6 定义的数据包头部格式如图 9-1 所示。

下面对比图 2-2 中的 IPv4 头部封装格式，对图 9-1 中的各个字段进行介绍。

① 版本：字段的长度是 4 位，标识数据包的 IP 版本。这个字段的取值为 6，即 0110。

② 流量类别：字段的长度是 8 位，标识数据包的通信流量类型，让设备可以根据这个字段的值为 IPv6 数据包提供相应的服务。

③ 流标签：字段的长度为 20 位，是 IPv6 数据包头部新增的字段。IPv6 定义这个字段的目的是可以唯一地标识一组数据流，以便让数据包的转发设备可以针对同一组数据流制订统一的处理策略，这是因为流标签和源地址的组合可以唯一确定一条数据流。

④ 负载长度：字段的长度是 16 位，作用是标识 IPv6 数据包中除头部外的数据部分的长度，也就是图 9-1 阴影部分的长度。IPv6 头部的长度是固定的。

⑤ 下一个头部：字段的长度是 8 位，标识头部所封装的内部（或者上层）头部（或

者协议）。这个字段针对各个协议提供的取值与 IPv4 头部封装格式中的协议字段取值相同。

⑥ 跳数限制：字段的长度是 8 位，定义 IPv6 数据包可以经过多少台路由设备的转发。

⑦ 源地址：定义 IPv6 数据包的源 IPv6 地址。这个字段的作用相当于 IPv4 头部的同名字段，但是通过图 9-1 可以看到，IPv6 头部的地址字段长度是 128 位，因此 IPv6 可以提供的 IP 地址数量远远超过 IPv4，达到 $2^{128}$ 个。

⑧ 目的地址：定义 IPv6 数据包的目的地址，相当于 IPv4 头部的同名字段，只是长度多达 128 位。

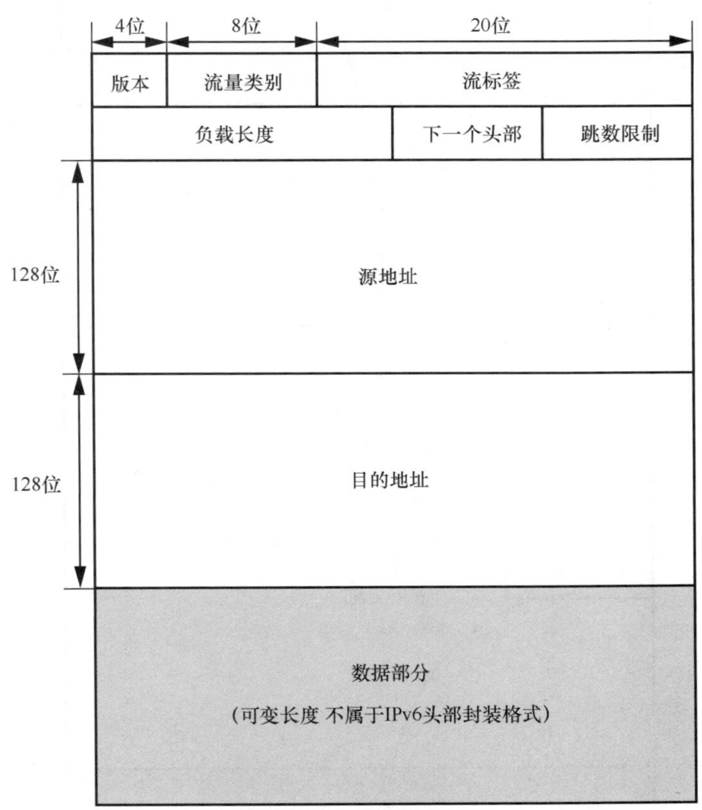


图 9-1　定义的 IPv6 数据包头部格式

IPv6 头部字段取消了 IPv4 头部中和分片有关的标识、标记、分片偏移字段，也没有提供可选项字段。针对这些字段功能，IPv6 定义了扩展头部。如果一个 IPv6 数据包携带了扩展头部，那么扩展头部会被封装在 IPv6 头部和上层协议头部之间。另外，扩展头部的长度是 8 的整数倍，因此 IPv6 也不再采用 IPv4 以填充位填充未对齐长度的做法。

IPv6 定义了多个不同目的的扩展头部，每个扩展头部包含不同的字段，但所有扩展头部的第一个字段是一个 8 位的下一个头部字段。下一个头部字段的作用是标识这个头部所封装的内部头部是什么。根据 RFC 2460 及后续 RFC 文档的定义，每个 IPv6 数据包可以携带多个扩展头部。因此，每个头部和扩展头部中的下一个头部字段会标识出下一个扩展头部的类型，如图 9-2 所示。

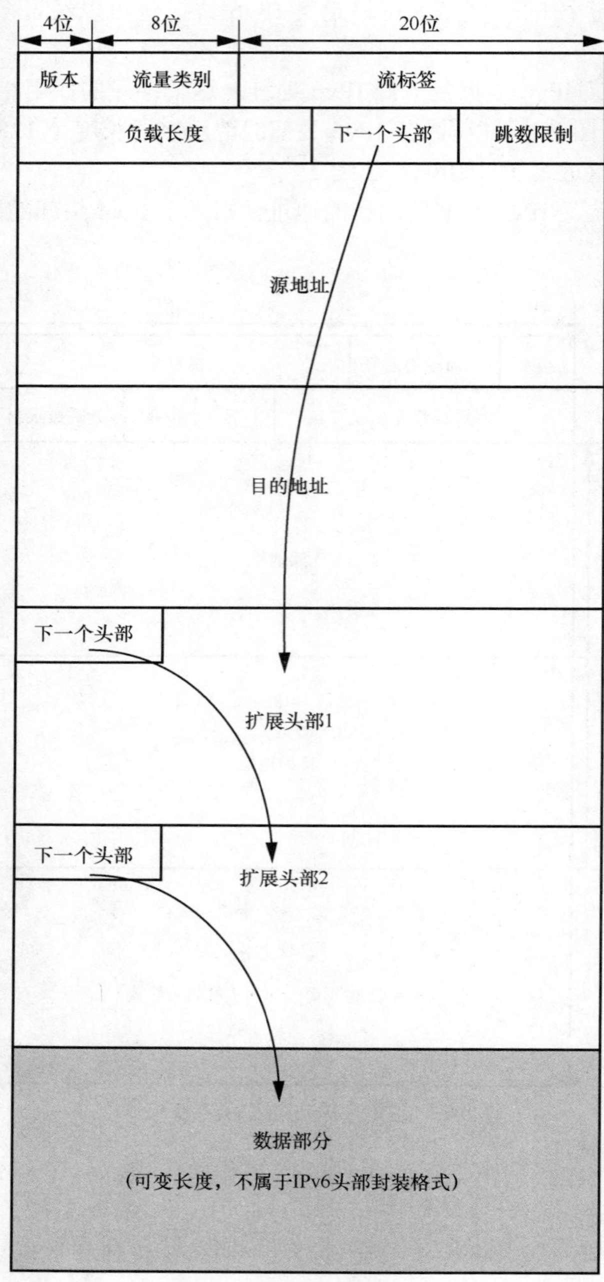


图 9-2　下一个头部字段

如果一个 IPv6 数据包中包含多个扩展头部，那么这些扩展头部就需要按照一定的顺序进行封装。从外到内的封装顺序如下。

① 逐跳可选项头部：定义了一系列参数，数据包从源到目的地沿途的每一跳路由

设备都要处理该头部。逐跳可选项头部封装在紧邻 IPv6 头部的位置，位于其他扩展头部外部。

② 目的可选项头部：作用是携带一些仅供数据包目的节点查看的信息。IPv6 定义了一个叫作路由头部的可选项，其作用是列出 IPv6 数据包需要经过的中间节点。如果目的可选项头部被封装在路由头部之前（即外部），那么目的可选项头部就不仅需要由拥有 IPv6 数据包目的地址的设备进行处理，还需要由拥有所有中间节点 IP 地址的设备进行处理。因此，目的可选项扩展头部可能出现一次或两次（其中一次在路由扩展头部之前，另一次在上层协议数据报文之前）。

③ 路由头部：作用是列出一个或者几个中间节点，要求数据包必须经过这些节点。

④ 分段头部：作用是在发送大于路径 MTU 的数据包时，源节点可以把 IPv6 数据包分片为多个分段数据包。IPv4 头部为分段定义了大量字段。IPv6 则通过扩展头部提供这个功能。

⑤ 认证头部：作用是通过散列函数校验数据的完整性，同时也可以对数据包的源提供认证。IPv6 定义了 4 个扩展头部，但认证头部是 IPSec 协议栈中的成员协议。

⑥ 封装安全净载包头：不仅可以提供完整性校验和认证，还可以通过加密提供数据机密性保护。封装安全净载包头和认证头部一样，也是 IPSec 协议栈中的成员协议。

⑦ 目的可选项头部：作用是携带一些仅供数据包目的节点查看的信息。如果目的可选项头部被封装在路由头部之后（即内部），那么它只需要由拥有 IPv6 数据包目的地址的设备进行处理。

如果一个 IPv6 数据包包含多个扩展头部，那么在按照上述顺序封装扩展头部之后，IPv6 数据包就可以进一步封装上层协议了。

### 9.1.2　IPv6 地址的表示方式

IPv6 地址的长度是 128 位。在表示形式上，IPv6 地址被英文冒号（:）分为 8 段，每段长度为 16 位。因为 IPv6 地址长达 128 位，所以 IPv6 地址通常使用十六进制形式来表示，例如，2001:0D88:0000:0000:0008:0800:1117:0810。

如果要在地址中包含对应的子网掩码信息，那么 IPv6 地址可以使用地址/子网掩码的方式进行表示，例如，2001:0D88:0000:0000:0008:0800:1117:0810/64

显然，即使使用十六进制形式表示，IPv6 地址也十分冗长，不便于配置和记忆。为了方便 IPv6 地址的使用，IPv6 定义了两项简化规则。

① 在 8 段十六进制形式中，每段中的前导 0 可以省略。如果整段是全 0，那么该段只需要保留一个 0。根据这条规则，上文的 IPv6 地址 2001:**0**D88: **000**0:**000**0:**000**8:**0**800:1117:**0**810 就可以简化为 2001:D88:0:0:8:800:1117:810。

② 如果有一个或者连续多个全 0 段，则可以用两个连续的英文冒号“::”进行简化。但在 IPv6 地址中，“::”只能出现一次。根据这条规则，IPv6 地址 2001:D88:**0:0**:8:800:1117:810 可以进一步简化为 2001:D88::8:800:1117:810。

需要说明的是，因为“::”可以替代多个连续的全 0 段，所以 IPv6 地址中不能出现多次“::”。否则，人们无法判断一个 IPv6 地址中的各个“::”中分别简化了几段连续的全 0 段。

### 9.1.3 IPv6 地址的分类

恰如 IPv4 地址分为单播地址、组播地址和广播地址一样，IPv6 地址也进行了类似的划分。不过，IPv6 并没有定义广播地址，而是定义了一种叫作任播的地址类型。概括地说，IPv6 定义了 3 种地址类型，即单播地址、组播地址和任播地址。

#### 1. IPv6 单播地址

IPv6 单播地址和 IPv4 单播地址的作用相同，是为了标识一个接口。此外，IPv6 单播地址分为网络前缀部分和接口标识部分，它们的作用相当于 IPv4 地址中的网络地址和主机地址。但 IPv6 单播地址和 IPv4 单播地址在部署方面存在一个比较明显的区别，那就是在 IPv6 网络中，一个接口可以配置多个 IPv6 地址。

IPv6 单播地址可以分为 GUA（Global Unicast Address，全球单播地址）、ULA（Unique Local Address，唯一本地地址）和 LLA（Link Local Address，链路本地地址）。下面分别对这几种 IPv6 单播地址及接口 ID 进行介绍。

（1）全球单播地址

全球单播地址是指全球可路由的 IPv6 地址。显然，这类地址相当于 IPv4 公有地址，需要由地址分配机构进行分配。

全球单播地址的格式包括固定的前 3 位 001、全局路由前缀、子网 ID 和接口 ID，如图 9-3 所示。

分配全球单播地址时，地址分配机构只分配 45 位的全局路由前缀和前 3 位固定取值部分。子网 ID 的作用是让组织根据自己的需求划分子网，接口 ID 则是为了在子网中唯一地标识一台主机，或者说是标识一个网络适配器接口。

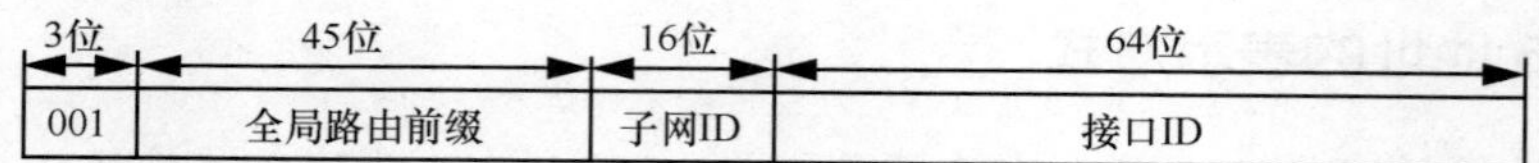

图 9-3 全球单播地址的格式

需要说明的是，如果读者阅读 RFC 3587 会发现，IPv6 的全球单播地址格式是全局路由前缀占 $n$ 位，子网 ID 占 $64-n$ 位，接口 ID 占剩余的 64 位。不过，这种定义方式过于灵活，地址分配机构在分配 GUA 时，实际上会采用图 9-3 中的地址格式。

如果把图 9-3 中的全球单播地址转换为 IPv6 地址的表示方式，再按照规则进行简化，则可以说全球单播地址的前缀为 2000::/3。

（2）唯一本地地址

唯一本地地址是指只能在内网中使用，不可在公共网络使用的 IPv6 地址，因此，唯一本地地址相当于 IPv4 的私有地址。

唯一本地地址的格式包括固定的前 8 位 11111101、40 位的全局路由前缀、16 位的子网 ID 和 64 位的接口 ID，如图 9-4 所示。

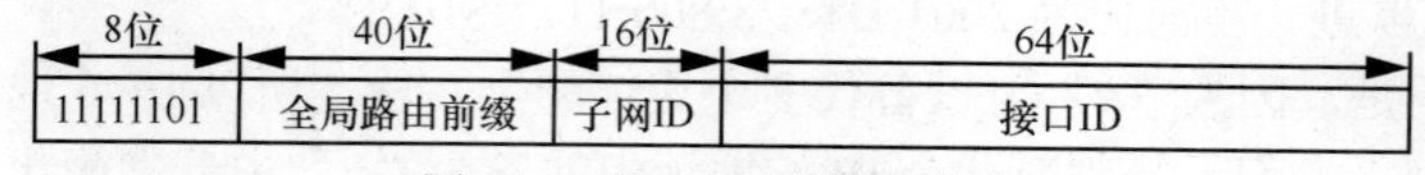

图 9-4 唯一本地地址的格式

唯一本地地址的子网 ID 和接口 ID 的作用与全球单播地址的作用相同，这里不再赘述。需要解释的是，既然唯一本地地址是公共网络不可路由的 IPv6 地址，为什么还有全局路由前缀？其实，IPv4 私有地址也不是只有一个网段，而是包含 10.0.0.0、172.16.0.0 和 192.168.0.0 3 个网段。当然，IPv6 唯一本地地址提供的选择要比 3 个网段多，它提供了 $2^{40}$=1099511627776 种可能性。这样，两家企业使用同一个全局路由前缀建立企业内部通信的概率微乎其微。于是在企业并购时，因两家企业使用相同网段建立内部通信导致兼并之后的企业必须在内部通信中执行地址转换，以避免地址冲突的可能性就可以忽略不计了。

必须说明，使用固定前 8 位为 11111101 作为唯一本地地址依然是一种通行做法，而不是标准化做法。根据标准，唯一本地地址仅定义了前 7 位的固定取值——1111110。因此，唯一本地地址的标准前缀是 FC00::/7，但在实际应用中，通行的做法则是 FD00::/8。这也是关于唯一本地地址前缀和固定取值部分存在两种说法的原因。

**注释：** 本书在介绍 IPv6 地址分类时，有时会提到一种叫作站点本地地址的 IPv6 单播地址。这种地址类型目前已经被废止，并且被唯一本地地址取代。

（3）链路本地地址

链路本地地址是 IPv6 定义的一种新地址类型。如果说唯一本地地址仅用于网络内部通信，那么链路本地地址就是仅用于一条链路本地通信的地址，这类地址仅在链路本地有效。只要网络管理员在设备上启用 IPv6，这台设备的网络适配器就会自动配置链路本地地址，这个过程不需要网络管理员进行任何干预。因此，在 IPv6 环境中，通过一条链路直连的设备之间不需要网络管理员配置任何地址就可以建立链路本地的通信。当然，网络管理员也可以通过 VRP 系统手动设置接口的链路本地地址。

链路本地地址的格式包含前 10 位固定的 1111111010，紧跟的 54 位全为 0，以及最后 64 位的接口 ID。根据定义，链路本地地址的前缀为 FE80::/10。

链路本地地址的格式如图 9-5 所示。

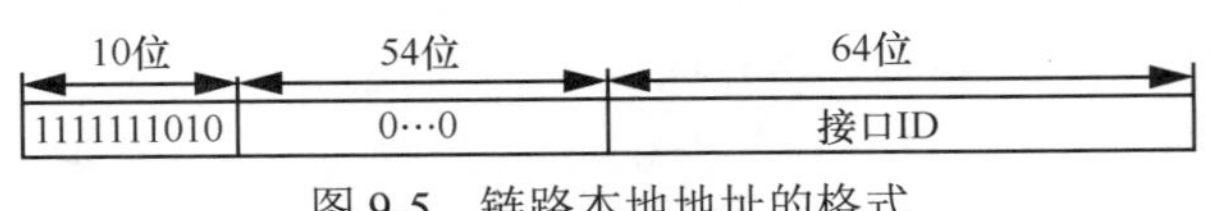


图 9-5　链路本地地址的格式

（4）接口 ID

接口 ID 的作用是在这个网络或者这条链路中，唯一地标识接口，让它使用不同于其他接口的 IPv6 地址，从而避免网络中出现 IP 地址冲突。例如，在图 9-5 中可以看到，链路本地地址的前 64 位地址都是相同的，因此接口 ID 的生成机制就必须确保链路连接的接口不会配置相同的 IPv6 地址。

除了网络管理员手动配置确保接口 ID 唯一外，设备往往会通过 IEEE EUI-64 规范生成唯一的接口 ID。具体来说，就是接口会把自己 48 位的 MAC 地址转换成 64 位的接口 ID，以确保接口 ID 的唯一性。具体的做法如下。

① 对 48 位 MAC 地址的第 7 位的二进制值取反。

② 在第 24 位和第 25 位之间，插入十六进制数 FFFE。

例如，一台设备的 MAC 地址为 5C-51-4F-C4-E3-FC，那么 MAC 地址转换成 IEEE

EUI-64 接口 ID 的过程如图 9-6 所示。

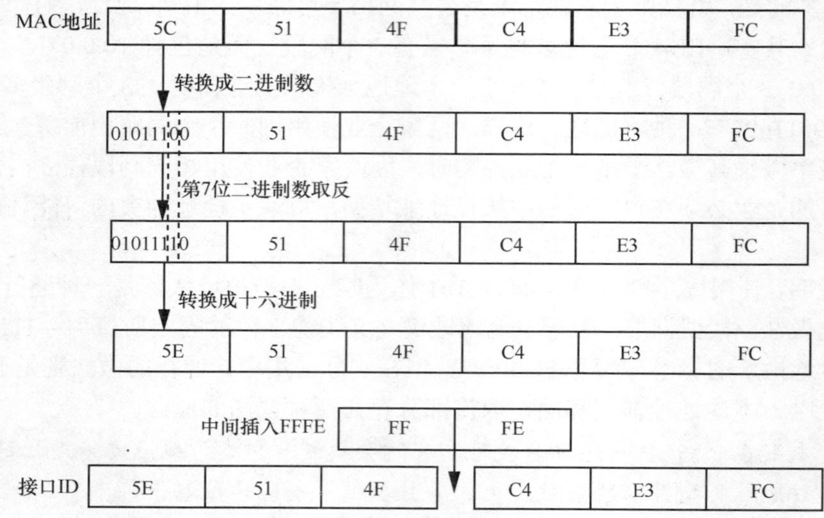


图 9-6 MAC 地址转换成 IEEE EUI-64 接口 ID 的过程

如图 9-6 所示，设备的网络适配器可以通过 IEEE EUI-64 规范把 MAC 地址转换成接口 ID。因为 MAC 地址在理论上是唯一的，所以通过 MAC 地址转换的接口 ID 可以确保对应的 IPv6 地址在这个网络或者这条链路上是唯一的。

（5）特殊地址

IPv6 和 IPv4 一样，也定义了一些特殊的地址，这些地址不能作为接口的地址，只能在一些特定情况下使用。例如，128 位二进制数全部为 0 的 IPv6 地址称为未指定地址，这就是一种特殊地址。根据 IPv6 表示方法和简化规则，未指定地址写作::/128。没有获得 IPv4 地址的主机在发送 DHCP 发现消息和 DHCP 请求消息时会使用全 0 的 IPv4 地址作为数据包的源 IP 地址。同样，全 0 的 IPv6 地址也会在 IPv6 接口没有学习到地址时，被网络适配器用来封装数据包的源 IPv6 地址。

类似的特殊地址还包括前 127 位全部为 0，只有最后 1 位为 1 的 IPv6 地址。根据 IPv6 表示方法和简化规则，这个地址写作::1/128。::1/128 称为环回地址，在用途上相当于 IPv4 地址 127.0.0.1/8。这个地址通常会作为测试的目的地址，用来检测本机的协议栈是否正常工作。

### 2. IPv6 组播地址

组播也叫作“多播”。简单来说，组播在大多数情况下建立的是一对多的通信。在实现方式上，多个设备加入一个组，这个组使用一个 IP 地址进行标识。加入这个组的成员设备都会监听这个 IP 地址，因此发往这个 IP 地址的数据在到达成员设备后都会得到进一步解封装处理。这样，把组播 IP 地址封装为目的 IP 地址的数据包就拥有了多个接收方，也就建立了一对多的通信。

组播流量的转发机制很复杂，读者可以结合本书 2.5 节 OSPF 的内容来理解。在广播网络、P2P 网络和 P2MP 网络中，OSPF Hello 消息的目的 IP 地址是 224.0.0.5，这就是 OSPF 保留的组播地址。当一台路由器启用 OSPF 协议之后，会自动加入这个组播组，并且开始侦听发送给这个组播 IP 地址的数据信息。

IPv6 组播地址的格式包括固定的前 8 位 11111111，接下来是 4 位的标记和 4 位的范围，以及 112 位的接口 ID，如图 9-7 所示。

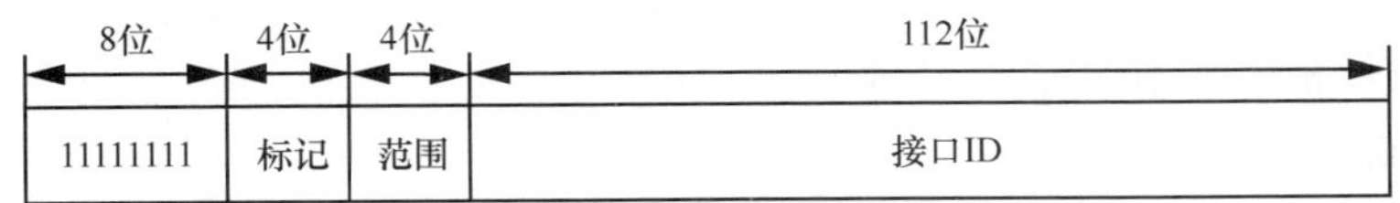


图 9-7 IPv6 组播地址的格式

标记字段的 4 位均有不同的作用，类似于 IPv4 地址的标记字段。第 1 位目前还没有定义，截至目前（RFC 4291）仍属于保留位，因此固定取值为 0。第 2 位为汇集点位，简称 R 位。鉴于汇集点超出了 HCIA-Datacom 认证考试的范围，因此略过不提。第 3 位为前缀位，简称 P 位，它的内容同样超出了本书的范畴。最末一位简称 T 位，如果这一位取值为 0，表示组播地址是 IANA 永久分配的“知名”组播地址；取值为 1 则表示这个地址是临时或者动态分配的组播地址。

标记字段的取值及简称如图 9-8 所示。

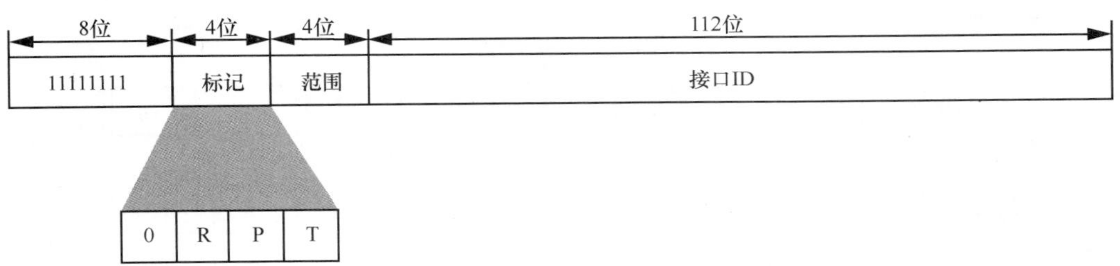


图 9-8 标记字段的取值及简称

范围字段的 4 位同样指定了 IPv6 组播地址的有效范围，其作用在于限制组播组的范围。不同取值对应的 IPv6 组播地址范围见表 9-1。

表 9-1 不同取值对应的 IPv6 组播地址范围

| 取值 | 范围 |
|---|---|
| 0000 | 保留值 |
| 0001 | 节点本地范围 |
| 0010 | 链路本地范围 |
| 0011 | 保留值 |
| 0100 | 管理域本地范围 |
| 0101 | 站点本地范围 |
| 1000 | 组织本地范围 |
| 1110 | 全局范围 |
| 1111 | 保留值 |

根据 RFC 4291，除上述取值外，其余取值的范围均未分配。

IPv6 链路本地地址可以通过自动配置的方式在接口上生成。这样的设计是为了保证路由设备在连接到网络并启用了 IPv6 协议栈之后，可以立刻与同样启用了 IPv6 协议栈的对端设备进行数据交换。出于相同的目的，IANA 也分配了很多链路本地范围的组播地址，鉴于这些地址是 IANA 永久划分的，又是链路本地范围，所以这些地址的前缀均为 FF02，示例如下。

① FF02::1：链路本地所有节点。

② FF02::2：链路本地所有路由器。

③ FF02::1:2：链路本地所有 DHCP 服务器和 DHCP 中继代理。

在链路本地范围的知名 IPv6 组播地址中，有一种特殊的 IPv6 组播地址，称为被请求节点组播地址。每当一个接口获得 IPv6 单播地址或者 IPv6 任播地址时，它就会生成一个被请求节点组播地址，并且加入其对应的组播组，开始侦听发往这个组播地址的信息。被请求节点组播地址的前 104 位固定为 FF02:0:0:0:0:1:FF，后 24 位则取该 IPv6 单播或任播地址的最后 24 位。因此，当一个接口的（链路本地）IPv6 地址为 FE80::E 时，这个地址对应的被请求节点组播地址为 FF02::1:FF00:E。被请求节点组播地址的计算过程如图 9-9 所示。

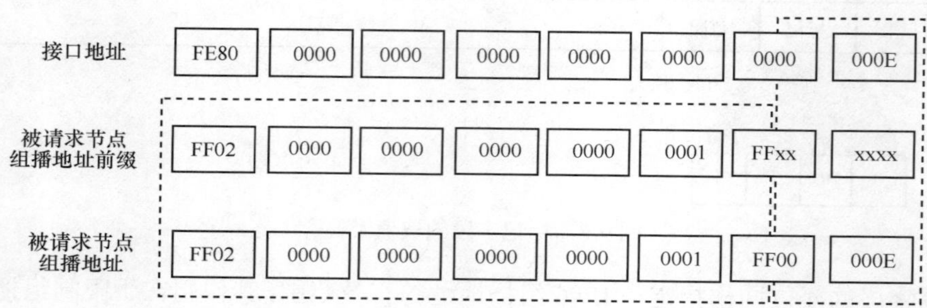


图 9-9　被请求节点组播地址的计算过程

**注释：** IPv6 设备绝非只针对 IPv6 链路本地地址生成被请求节点组播地址，也会为其他 IPv6 单播或任播地址计算被请求节点组播地址。上文仅仅是以链路本地地址为例，介绍被请求节点组播地址的计算过程。

被请求节点组播地址通常用来检测链路本地是否存在地址冲突（即冲突检测），以及向链路本地的其他接口请求它们的 MAC 地址（即地址解析）。

### 3. IPv6 任播地址

任播是 IPv6 定义的一种全新的通信机制，它和单播通信一样，只涉及一个消息发送方和一个消息接收方，同时它又和组播通信一样，多台设备或接口拥有相同的 IPv6 地址。不同的是，在多个拥有相同任播地址的设备中，只有距离发送方路径最短的设备才会对发送方的消息作出响应。

这种机制如今在日常生活中已经非常容易找到类比的对象。比如，一位位于日喀则的客户和一位位于佳木斯的客户都在某大型网上商城的自营店购买了一箱矿泉水，但是接到这个订单并且发货的不是同一家仓库，毕竟这两个客户分别位于中国西南和中国东北，相隔万里。因此对于网上商城来说，它们会根据下单客户的位置选择距离客户最近的仓库出货。至于客户，只需要在这家商城下单，所有仓库会为这家商城下单的行为作出响应。实际上，这就是任播机制。

IPv6 任播地址在格式上和 IPv6 单播地址相同，但发送给任播地址的数据包会发送给拥有该地址的设备中最接近消息源的设备。不难想象，IPv6 任播地址多用于对外提供大量相同服务的服务器。当其中任何一台服务器出现了故障，请求服务的消息（即以该任播地址作为目的地址的消息）会被发送给其他的服务器，因此请求方不会意识到某一台服务器发生了故障。当这些服务器被部署在地理上存在巨大跨度的范围中时，以这个任播地址为目的地址的请求消息可以大大缩短时延，因此用户体验获得大幅度提升。

## 9.2 IPv6 地址配置方式及过程

一个接口需要向一个目的 IP 地址发送数据，起码需要具备 3 个前提。

① 始发接口必须配置逻辑地址。

② IPv6 地址在通信范围内不能存在冲突地址。

③ 始发设备必须解析出对端设备的数据链路层地址。

在 IPv4 环境中，配置地址是通过网络管理员手动完成或者通过 DHCP 服务器自动分配的，而冲突地址检测和地址解析则是通过 ARP 实现的。

本节着重介绍 IPv6 环境中的地址配置、冲突地址检测和地址解析的方式。

### 9.2.1 ICMPv6 封装与 NDP 消息类型

在 IPv6 地址自动配置、冲突地址检测和地址解析的过程中，NDP（Neighbour Discovery Protocol，邻居发现协议）扮演着重要的角色。NDP 没有定义自己的封装格式，而定义了利用 ICMPv6 封装的消息类型。

ICMPv6 头部封装格式和 ICMP 没有区别。ICMPv6 头部封装格式如图 9-10 所示。

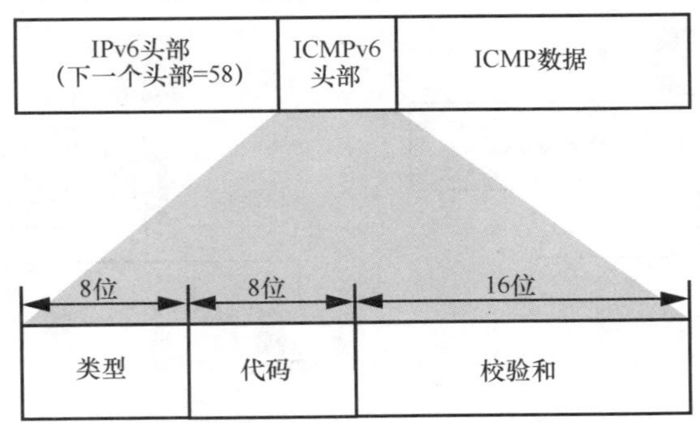


图 9-10 ICMPv6 头部封装格式

通过图 9-10 可以看到，如果 IPv6 头部中封装的是 ICMPv6 消息，则 IPv6 头部的下一个头部字段取值为 58。同时也可以看出，ICMPv6 头部中包含类型、代码与校验和 3 个字段。在这 3 个字段中，当类型字段取值为下列数值时，ICMPv6 头部中封装的就是

NDP 消息。

① 类型字段取值为 133：NDP 路由器请求消息，简称 RS 消息。

② 类型字段取值为 134：NDP 路由器通告消息，简称 RA 消息。

③ 类型字段取值为 135：NDP 邻居请求消息，简称 NS 消息。

④ 类型字段取值为 136：NDP 邻居通告消息，简称 NA 消息。

⑤ 类型字段取值为 137：NDP 重定向消息。

在了解了 NDP 的消息类型后，下面解释 NDP 在 IPv6 地址自动配置、冲突地址检测和地址解析中发挥的重要作用。

### 9.2.2 IPv6 地址自动配置

在 IPv6 环境中，针对地址配置方式，人们定义了对应版本的 DHCP，即为 DHCPv6。DHCPv6 的原理和 DHCP 非常类似。人们把通过 DHCPv6 服务器动态获取 IPv6 地址的方式称为状态化地址自动配置，或者有状态地址自动配置。

在 IPv6 环境中，人们还定义了一种叫作 SLAAC（Stateless Address Autoconfiguration，无状态地址自动配置）的方式。

一个没有地址的 IPv6 接口在连接到网络时，会先发送 NDP 的 RS 消息查询网络中是否有路由器。RS 消息的目的地址是 FF02::2，即链路本地所有路由器；同时这个消息的源地址有可能是未指定地址，这是因为未指定地址会在 IPv6 接口没有学习到地址时，被网络适配器用来封装数据包的源 IPv6 地址，如图 9-11（a）所示。

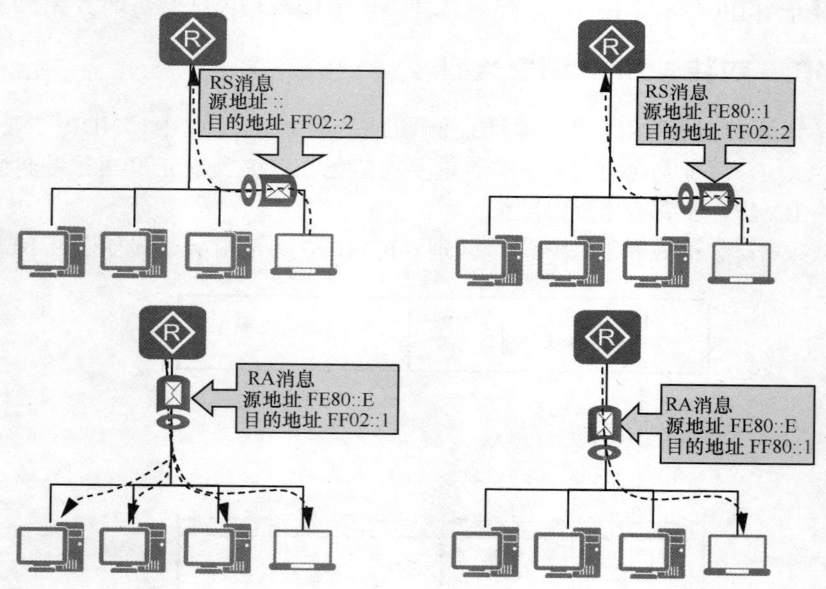


(a) 以未指定地址作为RS消息源地址　　(b) 以始发接口的链路本地地址作为RS消息的源地址

图 9-11　RS 消息和 RA 消息

除了未指定地址外，NDP 的 RS 消息的源 IPv6 地址也有可能是这个接口的链路本地地址，这是因为启用了 IPv6 的设备可以自动给接口配置链路本地地址，如图 9-11（b）

所示。

在图 9-11 中，IPv6 网络中的路由器会监听链路本地所有路由器的 IPv6 地址 FF02::2。当路由器收到图中的笔记本电脑发送来的 RS 消息之后，以 RA 消息进行响应。RA 消息的源地址是路由器对应接口的链路本地地址，目的地址则是 RS 消息的源地址：如果 RS 消息的源地址是未指定地址（::），则对应 RA 消息的目的地址会被封装为链路本地所有节点组播地址 FF02::1；如果 RS 消息的源地址是消息始发接口的链路本地地址，则 RA 消息的目的地址是始发接口的链路本地地址。两者的差别在于 RS 消息的源地址。

**注释：** RA 消息不仅可以作为 RS 的响应消息，还可以由路由器周期性地发送给链路本地所有节点组播地址 FF02::1，从而向网络中的所有节点通告 IPv6 地址配置信息，这是因为所有启用了 IPv6 的网络节点会监听发送到组播地址的数据信息。

RA 消息的始发设备会封装两个标记位，即被管理地址配置标记和其他状态化配置标记。这两个标记分别简称为 M 标记和 O 标记。如果 M 标记位被置位（即取值为 1），则表示路由器告知客户端可以通过 DHCPv6 服务器获取 IPv6 地址。此时，O 标记位的取值可以忽略，因为在这种情况下，RS 消息的始发设备应该从 DHCPv6 服务器获取所有的配置信息。如果 M 标记位取值为 0，那么路由器会让这台设备使用 SLAAC 的方式配置自己的 IPv6 地址，同时路由器会通过 RA 消息向设备通告要配置的 64 位 IPv6 地址前缀。这时，如果 O 标记位置位，则表示路由器让这台设备通过 DHCPv6 服务器获取其他配置信息。

RS 消息的始发设备收到 RA 消息后，如果发现消息的 M 标记位取值为 0，那么会使用消息中携带的 64 位前缀配置 IPv6 地址。这时，这台 IPv6 设备通过下面两种方式中的一种填充 IPv6 地址的后 64 位。

① 按照 IEEE EUI-64 规范把接口的 MAC 地址转化 EUI-64 接口 ID。

② 系统随机生成最后 64 位。

显然，通过第一种方式生成后 64 位 IPv6 地址可以避免地址冲突的问题。但是在实际网络中，系统随机生成最后 64 位才是最常见的做法。虽然 64 位存在 $2^{64}$ 种不同的组合，出现 IP 地址冲突的可能性非常小，但网络仍然需要通过某种机制检测可能出现的地址冲突。

### 9.2.3 冲突地址检测

因为 IPv6 既没有明确定义广播这种消息机制，也没有对应版本的 ARP，所以必须通过全新的机制实现冲突地址检测和地址解析的功能。

无论 IPv6 设备通过哪种方式获得自己的 IPv6 单播地址，这个地址都属于临时地址。在正式开始使用这个地址之前，设备必须对这个地址执行冲突地址检测。IPv6 定义的冲突地址检测机制同样需要依赖 NDP。在执行过程中，IPv6 设备封装一个 NS 消息。这个消息的源 IPv6 地址设置为未指定地址（::），目的地址设置为被检测地址（临时地址）所对应的被请求节点组播地址。同时 NS 消息包含被检测地址（临时地址）。例如，某个接口获得的临时地址为 2001::E/64，那么它封装的 NS 消息会以 FF02::1:FF00:E 作为目的地址。

只有接口最后 6 位十六进制数为 00-000E 的设备才会加入 FF02::1:FF00:E 组播组，其他设备并不会监听发送到这个组播地址的数据信息，当然也就不会对 NS 消息作出任何响应。如果网络中还有其他设备位于组播组中，那么这台设备就会对 NS 消息执行解封装操作，查看其中包含的被检测地址。如果发现被检测地址和自己的接口地址相同，那么这台设备就会使用 NA 消息作出响应，响应消息中包含被检测地址和自己接口的 MAC 地址。NA 消息的作用是告诉发起冲突地址检测的设备，这个 IPv6 地址已经被占用。NA 消息的源地址是 NA 消息始发接口的地址，目的地址则是链路本地所有节点组播地址。冲突地址检测的工作流程如图 9-12 所示。

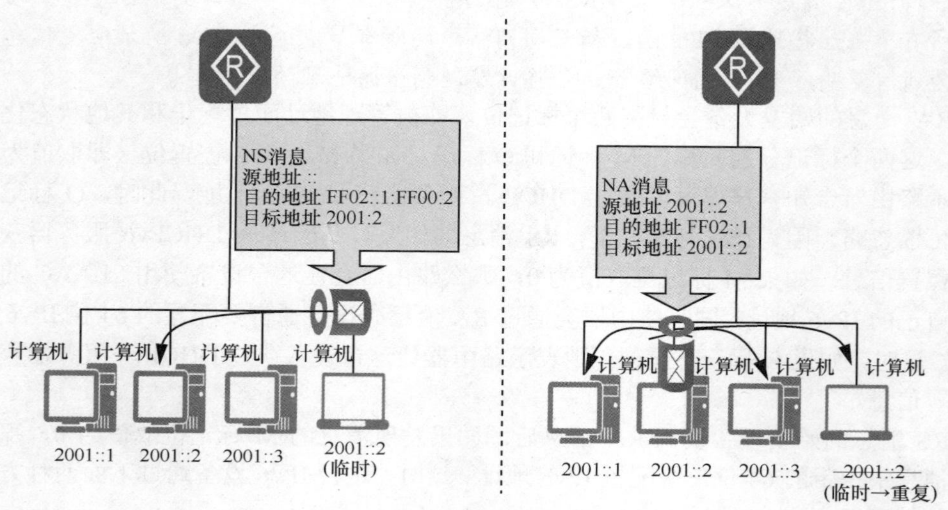


图 9-12 冲突地址检测的工作流程

在图 9-12 中，如果执行冲突地址检测的设备收到 NA 消息，会把被检测地址标记为重复（Duplicate），不再使用；否则，会正式使用这个地址。

### 9.2.4 地址解析

当一台设备想要向以太网中的另一台设备发送单播消息时，必须拥有对方的 MAC 地址封装单播数据帧，为此，网络需要定义某种可以让设备相互请求 MAC 地址的机制。在 IPv4 环境中，这个机制是通过 ARP 实现的。由于 IPv6 没有 ARP，地址解析的机制仍然是通过 NDP 提供的。

一台设备需要解析另一个以太网设备接口的 MAC 地址时，会使用目的接口 IPv6 地址的被请求节点组播地址作为目的地址，封装一个组播的 NS 消息。因为对端接口一定会加入这个组播组，处理 NS 消息，并且通过单播的 NA 消息把自己的 MAC 地址发送给请求设备。请求设备在收到 NA 消息之后，就可以在 MAC 地址与目的接口 IPv6 地址之间建立映射关系。被请求设备在收到 NS 消息时，也可以建立请求方 MAC 地址和 IPv6 地址之间的映射关系。地址解析流程如图 9-13 所示。

**注释：**在图 9-13 中，IPv6 组播地址对应的 MAC 地址以十六进制数 3333 作为前缀，并在其后加上该 IPv6 组播地址的最后 8 位十六进制数。

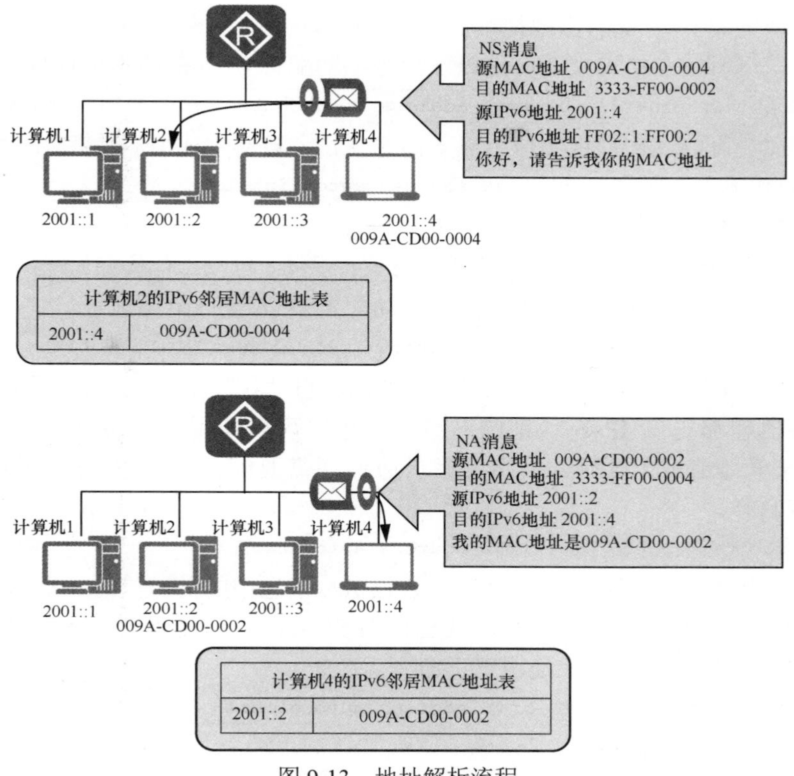


图 9-13　地址解析流程

## 9.3　IPv6 静态路由配置

本节将介绍如何在华为数通设备上启用 IPv6 路由功能、配置 IPv6 的链路本地地址、全球单播地址和静态路由，并演示用来验证 IPv6 配置的命令。

### 9.3.1　IPv6 配置命令

#### 1．启用 IPv6 路由功能

很多华为数据通信设备默认没有启用 IPv6 路由功能。针对默认没有启用 IPv6 路由功能的设备，在配置任何与 IPv6 相关的功能之前，网络管理员需要在系统视图下使用以下命令在全局启用 IPv6 路由功能。

```
[Huawei] ipv6
```

同时还需要在相应的接口上启用 IPv6 路由功能，具体命令如下。

```
[Huawei-GigabitEthernet0/0/0] ipv6 enable
```

#### 2．配置 IPv6 的链路本地地址

在全局和相应的接口都启用了 IPv6 路由功能后，网络管理员可以为接口配置 IPv6 链路本地地址和全球单播地址。在接口上配置 IPv6 链路本地地址有两种方式，第一种方式是手动配置，即由网络管理员指定具体的 IPv6 链路本地地址；第二种方式是自动配置，

即让设备自动生成 IPv6 链路本地地址。

网络管理员可以在接口视图使用以下命令手动配置 IPv6 链路本地地址。

```
[Huawei-GigabitEthernet0/0/0] ipv6 address ipv6-address prefix-length link-local
```

网络管理员可以在接口视图使用以下命令使设备自动生成 IPv6 链路本地地址。

```
[Huawei-GigabitEthernet0/0/0] ipv6 address auto link-local
```

### 3. 配置 IPv6 全球单播地址

配置接口的 IPv6 全球单播地址有 3 种方式：手动、自动（有状态）、自动（无状态）。网络管理员可以在接口视图使用以下命令手动配置 IPv6 全球单播地址。

```
[Huawei-GigabitEthernet0/0/0] ipv6 address ipv6-address prefix-length
```

自动（有状态）方式表示设备会通过 DHCPv6 自动获取 IPv6 全球单播地址，因此在 DHCP 服务器能够提供 IPv6 地址的网络环境中，可以使用有状态自动配置方法，获取 IPv6 全球单播地址。此时，网络管理员应该在需要配置 IPv6 全球单播地址的接口上使用以下命令。

```
[Huawei-GigabitEthernet0/0/0] ipv6 address auto dhcp
```

自动（无状态）方式表示设备会通过接收 RA 消息中的前缀信息，根据相应的信息自动生成 IPv6 全球单播地址，这种方式也称为 SLAAC。这就要求网络管理员在需要配置 IPv6 全球单播地址的接口上使用以下命令。

```
[Huawei-GigabitEthernet0/0/0] ipv6 address auto global
```

### 4. 配置 IPv6 静态路由

配置 IPv6 静态路由的方法与配置 IPv4 静态路由的方法相同，网络管理员可以在下一跳部分配置接口、下一跳地址，或者同时配置两者，只是命令中的关键词从 **ip** 变成 **ipv6**。具体命令如下。

```
[Huawei] ipv6 route-static dest-ipv6-address prefix-length { interface-type interface-
number [ nexthop-ipv6-address ] | nexthop-ipv6-address }[ preference preference ]
```

需要说明的是，在配置有状态和无状态 IPv6 全球单播地址时，还需要一些额外的命令进行配合，比如有状态 IPv6 全球单播地址需要依赖 DHCPv6 服务器，因此本节也会演示 DHCP 的配置。另外，无状态 IPv6 全球单播地址需要对端设备接口能够发送 RA 消息，而华为数通设备默认是不发送 RA 消息的，因此本节也会演示这部分配置。

## 9.3.2 IPv6 静态路由配置实验

IPv6 静态路由配置实验拓扑如图 9-14 所示。

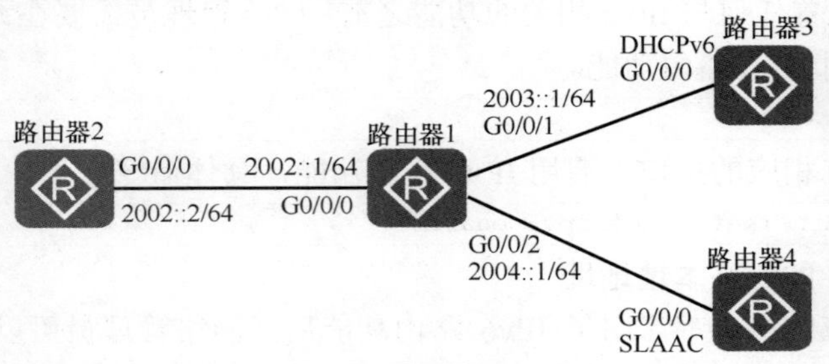


图 9-14 IPv6 静态路由配置实验拓扑

本实验包含以下任务。

① 使用自动生成的方式配置所有路由器接口的 IPv6 链路本地地址。

② 使用手动方式配置路由器 1 和路由器 2 的接口 IPv6 全球单播地址。

③ 使用 DHCPv6 自动（有状态）方式配置路由器 3 的接口 IPv6 全球单播地址。

④ 使用 SLAAC 自动（无状态）方式配置路由器 4 的接口 IPv6 全球单播地址。

⑤ 使用 IPv6 静态路由实现所有路由器之间的通信。

接下来按照顺序完成实验。

步骤 1：配置 IPv6 链路本地地址。

这个实验要求使用自动生成的方式为所有路由器接口配置 IPv6 链路本地地址，网络管理员需要在接口视图下使用命令 **ipv6 address auto link-local** 进行配置。本节以路由器 1 为例，展示了相关的配置命令，见例 9-1。读者可以按例配置路由器 2、路由器 3 和路由器 4。

**例 9-1** 启用 IPv6 并配置链路本地地址

```
[R1]ipv6
[R1]interface GigabitEthernet0/0/0
[R1-GigabitEthernet0/0/0]ipv6 enable
[R1-GigabitEthernet0/0/0]ipv6 add auto link-local
[R1-GigabitEthernet0/0/0]quit
[R1]interface GigabitEthernet0/0/1
[R1-GigabitEthernet0/0/1]ipv6 enable
[R1-GigabitEthernet0/0/1]ipv6 add auto link-local
[R1-GigabitEthernet0/0/1]quit
[R1]interface GigabitEthernet0/0/2
[R1-GigabitEthernet0/0/2]ipv6 enable
[R1-GigabitEthernet0/0/2]ipv6 add auto link-local
```

步骤 2：手动配置 IPv6 全球单播地址。

手动配置路由器 1 接口 G0/0/0 和路由器 2 接口 G0/0/0 的 IPv6 全球单播地址的命令分别见例 9-2 和例 9-3。

**例 9-2** 在路由器 1 上手动配置 IPv6 全球单播地址

```
[R1]interface GigabitEthernet0/0/0
[R1-GigabitEthernet0/0/0]ipv6 address 2002::1 64
```

**例 9-3** 在路由器 2 上手动配置 IPv6 全球单播地址

```
[R2]interface GigabitEthernet0/0/0
[R2-GigabitEthernet0/0/0]ipv6 address 2002::2 64
```

可以使用命令 **display ipv6 neighbors** 查看 IPv6 邻居，详见例 9-4。

**例 9-4** 查看 IPv6 邻居

```
[R2]display ipv6 neighbors
-----------------------------------------------------------------------------
IPv6 Address  : 2002::1
Link-layer    : 00e0-fc75-6eb0                     State : REACH
Interface     : GE0/0/0                            Age   : 0
VLAN          : -                                  CEVLAN: -
VPN name      :                                    Is Router: TRUE
Secure FLAG   : UN-SECURE

IPv6 Address  : FE80::2E0:FCFF:FE75:6EB0
Link-layer    : 00e0-fc75-6eb0                     State : DELAY
Interface     : GE0/0/0                            Age   : 0
VLAN          : -                                  CEVLAN: -
VPN name      :                                    Is Router: FALSE
Secure FLAG   : UN-SECURE

-----------------------------------------------------------------------------
Total: 2      Dynamic: 2      Static: 0
```

步骤 3：使用自动（有状态）方式配置 IPv6 全球单播地址。

在这个步骤中，要通过自动（有状态）方式为路由器 3 接口 G0/0/0 配置 IPv6 全球单播地址。在自动（有状态）方式中，设备需要通过 DHCPv6 获取 IPv6 全球单播地址。本例将路由器 1 配置为 DHCPv6 服务器，使它为路由器 3 提供 IPv6 地址。配置 DHCPv6 的方式与配置 DHCP 的方式类似，路由器 1 中的相关配置命令见例 9-5。

例 9-5 将路由器 1 配置为 DHCPv6 服务器

```
[R1]dhcp enable
Info: The operation may take a few seconds. Please wait for a moment.done.
[R1]dhcpv6 pool ipv6
[R1-dhcpv6-pool-ipv6]address prefix 2003::/64
[R1-dhcpv6-pool-ipv6]excluded-address 2003::1
[R1-dhcpv6-pool-ipv6]quit
[R1]interface GigabitEthernet 0/0/1
[R1-GigabitEthernet0/0/1]dhcpv6 server ipv6
```

现在可以将路由器 3 的接口 G0/0/0 配置为通过 DHCPv6 获取 IPv6 全球单播地址，详见例 9-6。

例 9-6 将路由器 3 接口 G0/0/0 配置为通过 DHCPv6 获取 IPv6 全球单播地址

```
[R3]dhcp enable
Info: The operation may take a few seconds. Please wait for a moment…done.
[R3]interface GigabitEthernet 0/0/0
[R3-GigabitEthernet0/0/0]ipv6 address auto dhcp
```

此时，可以使用命令 **display ipv6 interface brief** 验证路由器 3 获取的 IPv6 全球单播地址，详见例 9-7。路由器 3 获取的 IPv6 全球单播地址为 2003::2。

例 9-7 路由器 3 的 IPv6 全球单播地址

```
[R3]display ipv6 interface brief
*down: administratively down
(l): loopback
(s): spoofing
Interface                      Physical              Protocol
GigabitEthernet0/0/0           up                    up
[IPv6 Address] 2003::2
```

步骤 4：使用自动（无状态）方式配置 IPv6 全球单播地址。

在这个步骤中，需要使用自动（无状态）方式配置路由器 4 接口 G0/0/0 的 IPv6 全球单播地址。也就是说，路由器 4 需要通过接口 G0/0/0 接收的 RA 消息中的前缀信息自动生成 IPv6 地址，因此，首先需要使路由器 1 接口 G0/0/2 能够发送 RA 消息，配置见例 9-8。

例 9-8 使路由器 1 接口 G0/0/2 能够发送 RA 消息

```
[R1]interface GigabitEthernet 0/0/2
[R1-GigabitEthernet0/0/2]undo ipv6 nd ra halt
```

接着可以将路由器 4 接口 G0/0/0 配置为通过自动（无状态）方式生成 IPv6 全球单播地址，详见例 9-9。

例 9-9 将路由器 4 接口 G0/0/0 配置为通过自动（无状态）方式获得 IPv6 全球单播地址

```
[R4]interface GigabitEthernet 0/0/0
[R4-GigabitEthernet0/0/0]ipv6 address auto global
```

现在可以验证路由器 4 生成的 IPv6 全球单播地址，详见例 9-10。路由器 4 的 IPv6 全球单播地址为 2004::2E0:FCFF:FEDB:3AB5。

例 9-10 路由器 4 的 IPv6 全球单播地址

```
[R4]display ipv6 interface brief
*down: administratively down
(l): loopback
(s): spoofing
Interface                      Physical              Protocol
GigabitEthernet0/0/0           up                    up
[IPv6 Address] 2004::2E0:FCFF:FEDB:3AB5
```

步骤 5：配置 IPv6 静态路由。

这一步需要通过配置 IPv6 静态路由，使所有路由器之间能够相互访问。通过查看实验拓扑，网络管理员首先需要在路由器 2、路由器 3 和路由器 4 上进行静态路由的配置。在路由器 2 上配置 IPv6 静态路由见例 9-11。

**例 9-11**　在路由器 2 上配置 IPv6 静态路由

```
[R2]ipv6 route-static 2003:: 64 2002::1
[R2]ipv6 route-static 2004:: 64 2002::1
```

然后需要在路由器 4 上配置 IPv6 静态路由，以实现它与其他路由器之间的连通，具体配置详见例 9-12。

**例 9-12**　在路由器 4 上配置 IPv6 静态路由

```
[R4] ipv6 route-static :: 0 GigabitEthernet0/0/0 2004::1
```

最后可以从路由器 1 对路由器 4 发起 ping 测试，验证它们之间的连通性，详见例 9-13。

**例 9-13**　路由器 1 对路由器 4 发起 ping 测试

```
[R2]ping ipv6 2004::2E0:FCFF:FEDB:3AB5
  PING 2004::2E0:FCFF:FEDB:3AB5 : 56  data bytes, press CTRL_C to break
    Reply from 2004::2E0:FCFF:FEDB:3AB5
    bytes=56 Sequence=1 hop limit=63  time = 40 ms
    Reply from 2004::2E0:FCFF:FEDB:3AB5
    bytes=56 Sequence=2 hop limit=63  time = 20 ms
    Reply from 2004::2E0:FCFF:FEDB:3AB5
    bytes=56 Sequence=3 hop limit=63  time = 50 ms
    Reply from 2004::2E0:FCFF:FEDB:3AB5
    bytes=56 Sequence=4 hop limit=63  time = 50 ms
Reply from 2004::2E0:FCFF:FEDB:3AB5
    bytes=56 Sequence=5 hop limit=63  time = 20 ms

  --- 2004::2E0:FCFF:FEDB:3AB5 ping statistics ---
    5 packet(s) transmitted
    5 packet(s) received
    0.00% packet loss
    round-trip min/avg/max = 20/36/50 ms
```

读者可以自行补全剩余的配置，并进行验证。

## 练 习 题

1. 在 IPv6 头部封装中，哪个字段在 IPv4 头部封装中很难找到对应功能？（　　）
   A. 版本　　B. 类别
   C. 标签　　D. 下一个头部
2. IPv6 可以提供的地址数量，是 IPv4 地址数量的多少倍？（　　）
   A. $2^{128}$　　B. $2^{96}$
   C. $2^{32}$　　D. 4
3. 关于 IPv6 对分段功能的支持，下列哪个说法是错误的？（　　）
   A. IPv6 依然支持分段功能
   B. IPv6 头部的固定封装中不包含支持分段的字段
   C. IPv6 通过定义扩展头部来支持分段
   D. IPv6 关于分段头部（如有）会封装在认证内部

4. IPv6 没有明确定义下列哪种通信机制？（　　）

A. 单播　　B. 组播

C. 广播　　D. 任播

5. 下列哪个 IPv6 地址不是合法的？（　　）

A. 2001:8::810　　B. 2001::8::810

C. 2001::8:810　　D. 2001::810

6. IPv6 地址 2001:0D88:0000:0000:0008:0800:1117:0810 属于哪种类型？（　　）

A. 全球单播地址　　B. 唯一本地地址

C. 链路本地地址　　D. 被请求节点组播地址

7. 前缀为 FF02 的地址，属于下列哪种类型？（　　）

A. IANA 永久分配的节点本地范围组播地址

B. IANA 永久分配的链路本地范围组播地址

C. 临时的节点本地范围组播地址

D. 临时的链路本地范围组播地址

8. 下列哪种情况表示路由器为发送 RS 消息的设备提供了前缀，同时希望它通过 DHCPv6 服务器获取其他配置信息？（　　）

A. M=0，O=0　　B. M=1，O=0

C. M=0，O=1　　D. M=1，O=1

9. 在执行冲突地址检测时，设备会把 NS 消息的目的地址封装为下列哪个地址？（　　）

A. 被检测地址

B. 被检测地址对应的被请求节点组播地址

C. 始发接口的链路本地地址

D. 始发接口的全球单播地址

10. 在执行地址解析时，设备会把 NS 消息的目的地址封装为下列哪个地址？（　　）

A. 消息始发接口的链路本地地址

B. 消息始发接口链路本地地址对应的被请求节点组播地址

C. 目的接口的地址

D. 目的接口地址对应的被请求节点组播地址

**答案：**

1. C　2. B　3. D　4. C　5. B　6. A　7. B　8. C　9. B　10. D

# 第 10 章 SDN 与自动化基础

本章主要内容

10.1 SDN 的基本概念

10.2 NFV 的基本概念

10.3 自动化运维的基本概念和 Python 基础

在传统的网络中，每台网络设备拥有各自的控制平面和数据平面。它们基于各种标准（如动态路由协议）相互连通，并各自计算去往不同目的地的路径。SDN（Software Defined Network，软件定义网络）的初衷是为了实现控制平面与数据平面的分离，并通过集中部署的控制器提供控制平面的功能，使网络设备根据控制器的指令执行数据平面的工作。NFV（Network Function Virtualization，网络功能虚拟化）通过虚拟化技术，以软件的方式实现了网络功能（比如路由和交换），使这些功能不再局限于如路由器和交换机这类硬件设备。

SDN 和 NFV 的结合颠覆了传统网络架构的理念，本章将为读者介绍 SDN 和 NFV 的背景和基础知识，并介绍华为的 SDN 和 NFV 解决方案。

网络编程与自动化是随着 SDN 与 NFV 发展起来的新技术，能够使用软件实现网络的配置、管理和排障。在传统的网络配置和管理工作中，工程师大多数会使用物理网络设备的 CLI 对其进行配置和管理。网络的规模越大，需要配置的网络设备数量越多，相应的配置和维护工作也就越繁重。比如，日常巡检工作需要工程师登录每台网络设备并执行一些命令来查看设备的运行状态，或者当需要对网络设备进行升级时，可能需要几天甚至几周的时间才能分批次完成全网设备的升级。使用网络编程和自动化不仅能够减轻工程师的工作负担，还能避免出现人为的输入错误，提高工作效率。本章的最后介绍与网络编程与自动化相关的基础知识，并带领读者进入 Python 的世界，通过案例让读者认识网络编程与自动化给网络运维管理工作带来的优势。

**本章重点**

- SDN 与 NFV 的发展
- OpenFlow 的基本原理和华为 SDN 解决方案
- 标准的 NFV 架构和华为 NFV 解决方案
- 网络自动化的实现方式
- 编程语言的分类
- Python 语言的规范
- Python telnetlib 的基本用法

## 10.1 SDN 的基本概念

几乎是从 x86 架构问世的 1978 年开始，计算机的硬件和软件成为两个能够独立发展的领域，它们不再彼此深度绑定。自此，硬件不断专注于性能的提升和容量的增大，软件则不断专注于利用硬件平台全方位地满足人们的各类需求。

### 10.1.1 传统网络的弊端

网络基础设施（如路由器和交换机）包含数据平面、控制平面和管理平面，它们的功能如下。

① 数据平面：也称为转发平面，它的作用是为网络中传输的数据提供高速转发。由于人们部署网络的目的是让网络执行数据转发，因此数据平面肩负着满足网络用户需求

的重要任务。

② 控制平面：作用是处理和网络基础设施相关的协议、算法、控制、安全等。数据平面的工作方式由控制平面的信息交互决定，因而控制平面肩负着维持网络正常运转的任务。鉴于网络的正常运转常常涉及交换数据链路层（本地）和网络层（跨网络）数据，为了进行细化，人们有时候把控制平面分为二层控制平面和三层控制平面。

③ 管理平面：作用是建立网络基础设施和网络管理员之间的接口，为网络管理员提供 Telnet、SSH、网页 GUI、SNMP 等网络或设备管理方式。无论控制平面还是数据平面的操作，都是由管理平面设置和修改的。

3 个平面的作用与互动关系如图 10-1 所示。

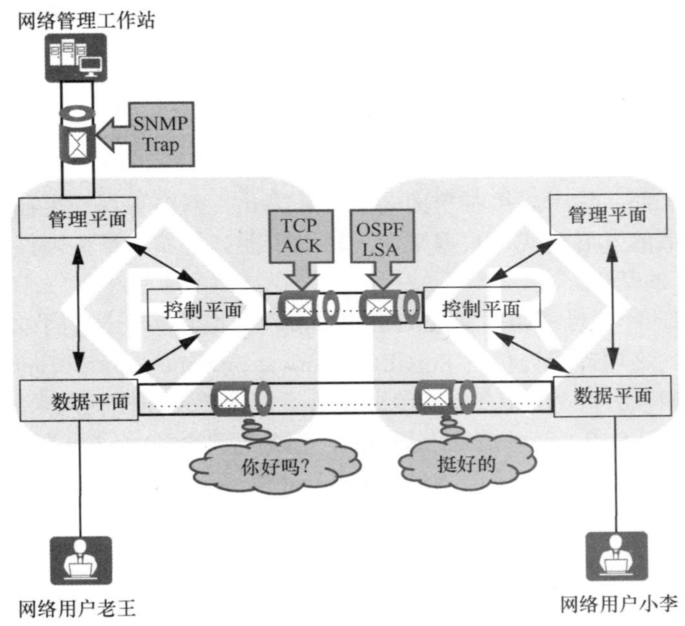


图 10-1　3 个平面的作用与互动关系

然而，当网络基础设施集成了独立且相互紧密耦合的数据平面、控制平面和管理平面时，网络就面临着设备各自为战的问题。这会导致出现一系列的问题，具体如下。

① 排错难。在传统网络环境中，当网络管理员需要对网络进行排错时，他们必须手动通过一系列参数逐台地定位错误。这个过程对网络管理员的要求非常高，耗时也很长。传统网络环境的错误往往由用户报告给网络管理员，但是这些错误常常不会突发性地降低用户体验度，因而不会被用户感知并报告给网络管理员。网络管理员自己主动监测网络状态，一般是依靠一些参数，但多数错误在参数上不会有明显的体现。然而，这些错误一方面有可能导致网络长期处于次优状态，另一方面也有可能导致直到用户报告错误时，网络管理员才发现错误积重难返。

② 复杂性高。不同设备制造商、不同型号的网络设备都集成在同一个网络中，这些设备配备了不同的特性集，可以提供不同的功能，拥有各不相同的系统和操作方式。对于网络管理员来说，如果想要管理一个规模足够庞大，设备制造商及设备型号足够丰富

的网络，就需要熟稔各个厂商的配置命令集、各个型号的设备支持的特性、各个网络协议的工作原理。因此，对于网络管理员部署新设备、变更策略的效率要求变得越来越高。

③ 灵活性差。每台设备的控制平面根据从其他设备接收的信息来运行算法，得出数据的转发路径，然后交给转发平面执行转发。然而，因为每台设备只能根据得到的参数计算固定的最优路径，不会考虑网络中各个路径的实际情况，所以会不断地向各自控制平面认定的最优路径转发数据（即使那条路径已经出现了拥塞），而其他可用路径则处于空闲状态。

④ 响应慢。响应慢是因为转发功能、控制功能、管理功能是分布在每台网络设备上的，所以当设备制造商推出新功能时，人们如果想要在网络中部署这些新功能，就必须对所有相关的设备独立进行升级。同理，当客户希望在网络中部署新业务时，网络管理员也只能在网络中针对各台相关设备分别进行部署。

### 10.1.2 SDN 的起源

网络基础设施保留数据平面（转发平面），但是把控制平面集中在另一台独立设备上，建立分布式数据平面，集中式控制平面的结构。因此，网络工程领域在某种程度上延续了计算机工业领域的发展模式，数据平面（转发平面）扮演计算机硬件的角色，这种思考方向成为 SDN 的基础。

2004 年，IETF 开始思考如何通过提出一个接口标准来实现控制平面和数据平面（转发平面）的解耦。这项提议被称为 ForCES（Forwarding and Control Element Separation，转发和控制元素相互分离）。ForCES 工作组提出了一种转发和控制元素相互分离的架构，称为软路由器架构（Soft Router Architecture），但是这种尝试最终没有成功。

2006 年，斯坦福大学联合美国 NSF（National Science Foundation，国家科学基金会）和一系列设备制造商启动 Clean-Slate 项目。在这个项目的框架下，一位斯坦福大学的研究生马丁·卡萨多（Martin Casado）领导了一个名为 Ethane 的项目。在 Ethane 项目中，Martin Casado 提出了一种集中控制式的网络架构，网络管理员可以在一台集中式的控制器上定义整个网络的策略，控制器则会把该策略转换成针对各个转发设备的数据转发方式，下发给各个转发设备。这种转发和控制相互独立的网络架构，普遍被视为 SDN 的起点。此后，马丁·卡萨多正式提出了 SDN 的概念。

除了实现数据平面（转发平面）和控制平面的解耦外，SDN 通过编程的方式实施网络管理，称为网络可编程。因此，数控（转控）分离和网络可编程成为 SDN 架构的基本特征。

### 10.1.3 OpenFlow 的消息类型

SDN 不是一项具体的网络协议。在 Ethane 项目中，交换机和控制器之间的转控交互主要通过交换机上的功能模块实现，即 Ethane 项目中的交换机并没有彻底摆脱控制平面。为了彻底实现转控分离，转发设备和控制器之间必须通过专门的协议实现数据交互。尼克·麦克考思（Nick McKeown）发表论文 *OpenFlow:Enabling Innovation in Campus Network* 后，OpenFlow 作为转发平面和控制平面之间的交互协议，正式进入人们的视野。至此，如图 10-2 所示的 SDN 架构正式问世。

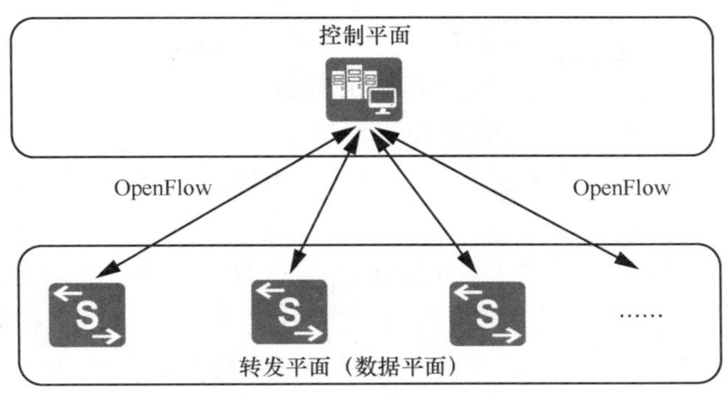


图 10-2　SDN 架构

在 SDN 中，控制器与转发设备之间的交互协议被称为 SBI（South Bound Interface，南向接口）协议。OpenFlow 是典型的南向接口协议，定义了控制器和转发设备之间的交互方式。OpenFlow 定义了 3 种类型的消息，即控制器–交换机消息、异步消息和对称消息，具体如下。

控制器–交换机消息由控制器发送给转发设备，即 OpenFlow 交换机的消息包含 6 种消息，具体如下。

① Features 消息：在网络技术中，Features 指设备支持的功能。在控制器和转发设备之间建立 SSL 安全通道之后，控制器首先会发送 Features 请求消息让转发设备把自己支持的功能告知自己。

② Configuration 消息：控制器通过向转发设备发送 Set-Config 消息对其进行设置，也可以向转发设备发送 Get-Config 消息要求转发设备提供自己的状态。

③ Modify-State 消息：控制器向转发设备发送 Modify-State 消息是为了对它们的状态进行修改，包括增加、删除和更改流表（Flow Table）。

④ Read-State 消息：当控制器需要获取各个流表条目、各个端口等计数器的统计信息时，会通过 Read-State 请求消息获取相关信息。

⑤ Packet-out 消息：控制器如果需要把一些消息发送到转发设备的数据平面（转发平面），就会封装消息，作为对 Packet-in 消息的响应。交换机在处理 Packet-out 消息时，会参照这种类型消息本身携带的信息，不会针对这种消息去匹配流表中的条目。

⑥ Barrier 消息：类似于一个分隔符。当控制器希望转发设备处理完之前的消息时，会向设备发送 Barrier 请求消息。转发设备在收到 Barrier 消息后会处理之前接收到的消息，并且在处理完毕之后向控制器作出响应。

异步消息是转发设备用来向控制器发送网络事件和其他控制信息的一种消息，包括 3 种消息，具体如下。

① Packet-in 消息：如果数据平面（转发平面）中的数据包在流表中找不到匹配项，或匹配的条目要求转发设备把数据包发送给控制器，转发设备会把它封装在 Packet-in 消息中发送给控制器，让这个消息进入控制平面进行处理。

② Flow-Removed 消息：流表中的条目有超时时间限制。无论是在自己流表中的条目达到了超时时间而需要删除，还是因为控制器对条目进行了相应操作，转发设备都有

可能会向控制器发送 Flow-Removed 消息，告知控制器对应的条目已删除。

③ Port-status 消息：转发设备发现自己的数据端口发生状态变化时，会向控制器发送 Port-status 消息告知相应的变化情况。

对称消息既可以由控制器一侧发起，也可以由转发设备一侧发起，包含 3 种消息，具体如下。

① Hello 消息：作用是让建立 OpenFlow 连接的双方在建立安全通道前，首先协商双方都可以支持的 OpenFlow 协议版本。消息的发送方会封装自己支持的最高协议版本，接收方则判断自己和发送方之间是否存在可以共同支持的最低协议版本。如果存在这样的协议版本，双方开始建立安全通道，否则建立失败。

② Echo 消息：控制器和转发设备都可以通过向对方发送 Echo 请求消息测量双方的时延和连通性，接收方则会通过 Echo 消息作出应答，供对方完成测试。

③ Error 消息：转发设备或者控制器发现错误时，会通过封装 Error 消息通知对方发生错误的情况。

### 10.1.4 流表

无论转发平面和控制平面是相互绑定还是彼此解耦，设备都依靠数据自身携带的信息匹配设备中的流表条目，并且根据匹配结果判断如何对数据进行转发。在 OpenFlow 环境中，交换机通过流表判断如何对数据执行转发。

根据 OpenFlow v1.5.1 的定义，流表条目中包含的项目如图 10-3 所示。

图 10-3 流表条目中包含的项目

① 匹配项：定义被视为一组流的数据需要满足的条件，可以充当匹配项的元素，包括入站端口、源 MAC 地址、目的 MAC 地址、VLAN、源 IP 地址、目的 IP 地址、源端口号、目的端口号等。由于转发设备会把匹配流表中同一个流表条目的数据视为一组流，并且采用相同的转发方式，因此匹配项在流表中非常重要。

② 优先级：定义流表条目的匹配优先次序，优先级越高的流表条目越先匹配。

③ 计数器：定义一个流表条目匹配的次数，也就是记录有多少个数据包和字节匹配过各个条目。

④ 指令：定义转发设备应该对匹配这项流表条目的流进行什么样的处理。

⑤ 超时时间：记录一条流表条目的超时时间。

⑥ Cookie：控制器为选择流表条目设置的一个数值。控制器可以使用这个数值过滤流表条目。

⑦ 标记：改变管理流表条目的形式。

OpenFlow 交换机凭借匹配流表对流量执行交换机、路由器和防火墙执行的操作。这提升了网络的灵活性，进一步实现了流量转发和控制的彻底解耦，为通过控制器对底层网络基础设施执行软件定义提供了基础。

### 10.1.5　华为 SDN 产品与解决方案

为实现软件定义网络，控制器作为整个网络的操作系统，需要为软件开发人员开放接口，让软件开发人员可以通过开发软件和控制器进行交互，对底层的转发设备实现软件定义。因此，完整的 SDN 架构与对应的计算机架构如图 10-4 所示。

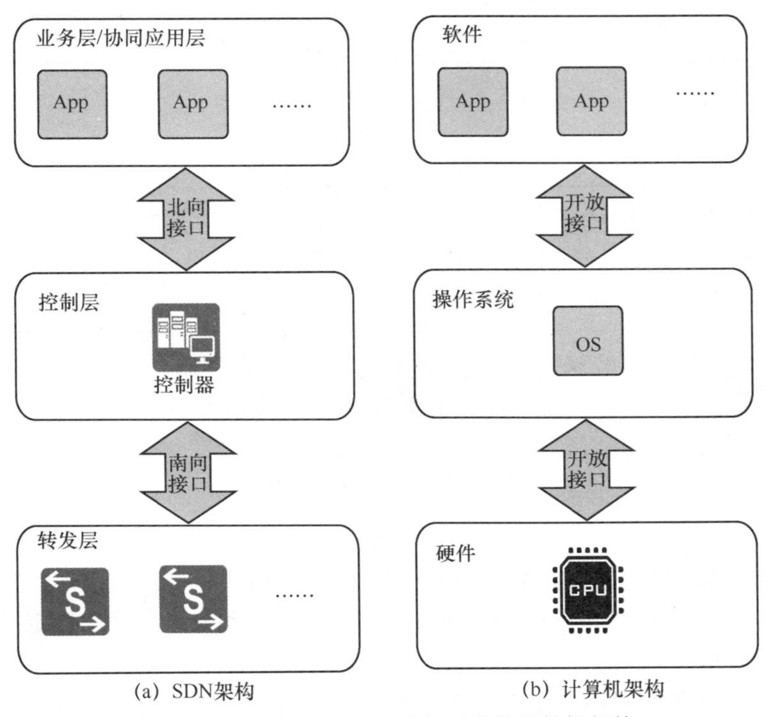


图 10-4　完整的 SDN 架构与对应的计算机架构

想实现 SDN 关于软件定义部分的设想，控制器需要通过 NBI（North Bound Interface，北向接口）为软件开发提供平台，让北向接口实现 SDN 软件与 SDN 控制器之间的交互，以便为网络管理员提供满足需求的网络视图，并把网络管理员的管理目标转化为转发设备的实际操作。北向接口一般通过 RESTful API 实现。

**注释：** RESTful API 是指符合 REST（Representational State Transfer，描述性状态迁移）风格的应用编程接口。

图 10-4 所示的业务层/协同应用层是网络管理员通过软件开发人员设计的应用，把管理目标转化为转发设备的实际操作。当网络管理员在控制器上部署一个应用时，这个应用会调用控制器的北向接口，实现网络管理员和控制器之间的交互。控制器则会通过南向接口把网络管理员的管理目标转换为指令下发给转发设备，影响转发设备的操作。

华为 SDN 架构支持丰富的南向/北向接口，包括 OpenFlow、OVSDB、NETCONF、PCMP、RESTful、SNMP、BGP、JsonRPC、RESTCONF 等。华为 SDN 架构如图 10-5 所示。

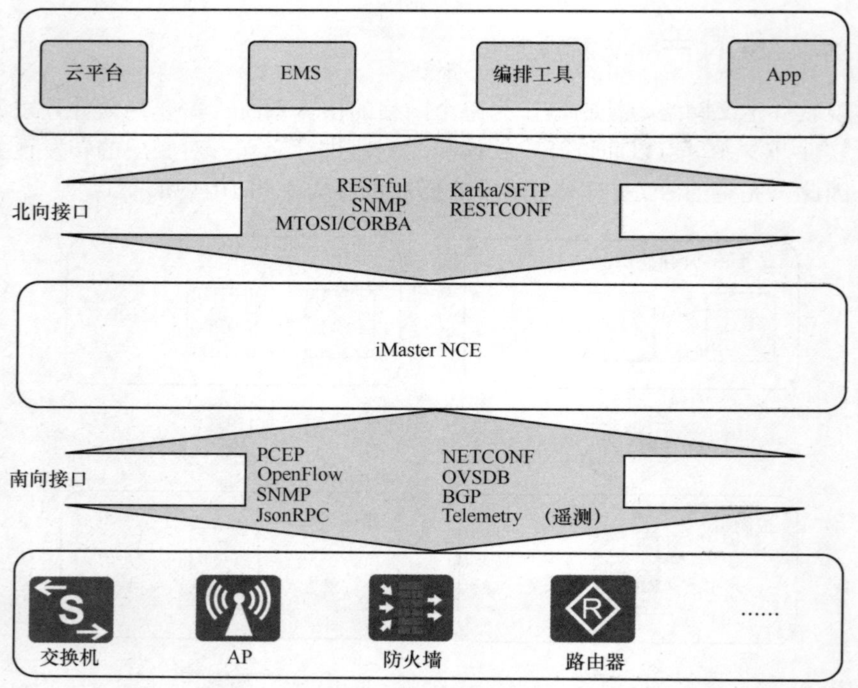


图 10-5 华为 SDN 架构

说明：

a．图 10-5 修改自《HCIA-Datacom V1.0 培训教材》。

b．EMS（Element Management System，网元管理系统）是管理特定类型的一个或多个电信网元的系统。

在图 10-5 中，华为 SDN 架构以 iMaster NCE 作为集管理、控制、分析和 AI 功能于一体的网络自动化与智能化平台，北向接口连接云平台、EMS、编排工具和 App，南向接口和网络转发设备交互，从而把网络管理员的管理目标与底层网络进行连接。iMaster NCE 南向接口实现全局网络的集中管理、控制和分析，面向商业和业务意图使能大容量资源云化、全生命周期网络自动化，以及基于大数据和 AI 的智能闭环；北向接口则提供开放网络 API 与 IT 快速集成，开发可编程使能场景化 App 生态。

iMaster NCE 被分为面向数据中心网络的控制系统 iMaster NCE-Fabric、面向园区网的控制系统 iMaster NCE-Campus、面向企业分支网络的控制系统 iMaster NCE-WAN、面向 IP 骨干网络的控制系统 iMaster NCE-IP、面向光网络的控制系统 iMaster NCE-T 和面向接入网络和家庭网络的控制系统 iMaster NCE-FAN，这些控制系统都有一个对应网络环境的华为自动驾驶解决方案。

在这些自动驾驶解决方案中，华为数据中心 CloudFabric 可以提供从规划、到建设、到运维、再到调优的全生命周期服务。在 4 个阶段中，CloudFabric 可以实现的内容如下。

① 规建一体：CloudFabric 支持用规划工具对接 NCE，实现规划和建设一体化。此外，CloudFabric 还支持 ZTP（Zero Touch Provisioning，零配置开局），网络管理员只需要在 iMaster NCE 上启动 ZTP 任务，网络转发设备（数据中心交换机）自动获取 IP 地址访问 iMaster NCE。控制器可以判断交换机在数据中心扮演的角色，并且对上线的设备

下发管理 IP、SNMP、NETCONF 协议等配置，通过管理 IP 把设备纳入管理。控制器下发互联配置和路由配置，自此设备上线成功，网络管理员可以通过 NCE 查看全网信息。

② 极简部署：CloudFabric 可以实现业务意图的自理解和转换部署，对接用户 IT 系统，为用户匹配意图模型，通过 NETCONF 协议把配置指令下发到转发设备，从而实现业务的快速部署。此外，CloudFabric 还支持网络变更仿真评估，用收集的网络数据建立网络模型，通过形式化验算法求解变更后的资源是否充足、连通性是否建立、原有业务是否会受到影响。网络管理员可以在对网络进行变更前先了解变更的结果，避免在数据中心网络中引入人为错误。

③ 智能运维：CloudFabric 能够收集真实网络故障中的训练数据，拥有丰富运维经验的专家建立的规则和遥测获得的信息，再把这些数据导入知识推理引擎，并且应用数据清洗、AI 异常识别和网络对象建模执行异常检测、根因分析和风险预测，从而快速发现和定位故障。CloudFabric 还可以通过专家建立的规则获取恢复故障的解决方案，并在仿真分析后快速恢复故障。

④ 实时调优：CloudFabric 支持面向 AI Fabric 的流量本地推理，并且使用在线模型训练调优。CloudFabric 可以通过训练的结果对用户进行预测，并且向网络管理员提供资源调优的建议。

华为园区网络 CloudCampus 自动驾驶解决方案为园区网的规划、建设、优化和调优提供了以下优势。

① 网络开通快，部署效率提高 600%。

a. 设备即插即用：CloudCampus 支持设备极简开局，转发设备上只需要包含最基本的预配置，就可以通过 App 扫码部署、DHCP 开局、注册查询等方式完成设备的自动注册上线和配置自动化下发。此外，CloudCampus 还支持通过场景导航和模板配置简化网络的初始化。

b. 网络极简部署：CloudCampus 通过引入虚拟化技术，在一张物理网络中创建多个 VN（Virtual Network，虚拟网络），通过网络资源池化将一个物理网络的资源复用于多个虚拟网络。同时，iMaster NCE 可以把网络管理员的意图“翻译”成设备的命令，然后通过 NETCONF 协议把配置下发到设备，从而实现网络的自动驾驶。

② 业务发放快，用户体验提升 100%。

a. 业务随行：CloudCampus 引入了安全组的概念，其中，安全组指拥有相同网络访问策略的一组用户。在网络管理员完成对安全组策略的定义之后，iMaster NCE 会把安全组策略下发到转发设备。在用户完成身份认证之后，设备会根据用户所在的安全组执行对应的访问策略，从而达到用户随时随地接入，漫游权限不变、用户体验不变的效果。

b. 终端智能识别：华为 iMaster NCE 内置丰富的终端指纹库，可以对用户进行自动身份认证和授权，智能终端识别准确率超过 95%。此外，iMaster NCE 还可以实现基于终端类型的仿冒预测。如果某个终端先后被识别为两种不同类型的设备，CloudCampus 将上报终端仿冒告警。

c. 智能 HQoS：基于应用调度和整形，带宽精细化管理，保证关键用户业务体验。

③ 智能运维快，整个网络的性能提升 50%以上。

a. 实时体验可视：CloudCampus 可以基于 Telemetry 进行秒级数据采集，实现每时刻、每用户、每区域的网络体验可视化。

b. 精准故障分析：CloudCampus 基于动态基线、大数据关联技术，主动识别出 85%的典型网络问题，使网络不会忽略用户没有报告的潜在问题。同时，CloudCampus 还可以精确定位问题的根因，向网络管理员提供解决建议。

c. 智能网络调优：CloudCampus 通过使用人工智能设备来智能化地分析无线 AP 的负载趋势，并且根据历史数据给出无线网络的预测性调优，让整个网络的性能提升 50%以上。

## 10.2 NFV 的基本概念

随着服务器硬件性能的不断提升，人们开始越来越多地在数据中心环境中，使用一台物理服务器创建大量虚拟机或虚拟交换机。下一步，网络服务提供商（运营商）开始思考是否可以通过虚拟化技术，在一种标准的底层服务器硬件基础上，创建各种各样的虚拟（软件）网络基础设施，提供网络功能。这样一来，网络基础设施（也就是网元）不再是软硬件紧密绑定的产品，而是通用硬件提供的虚拟化网络功能。

### 10.2.1 NFV 的起源和发展

2012 年，在 SDN 和 OpenFlow 世界大会上，《网络功能虚拟化白皮书》（*Network Function Virtualization-Introductory White Paper*）被发布，并且 ETSI（European Telecommunications Standards Institute，欧洲电信标准组织）成立了 NFV 的 ISG（Industry Specification Group，行业规范小组）推动 NFV 标准的制定工作。

NFV ISG 第一阶段从 2013 年持续到 2014 年底。在这个阶段，NFV ISG 把成员分为 6 个工作组，即虚拟化基础设施架构工作组、管理和编排工作组、软件架构工作组、可靠性和可用性工作组、性能和便携性工作组和安全工作组。NFV ISG 首先发布了 5 个 NFV 规范，涉及 NFV 的应用场景、需求、架构和术语等。一年后，NFV ISG 又在这 5 个 NFV 规范的基础上发布了 11 个新规范，内容涉及对 NFV 架构的更新、NFV 管理和编排、NFV 的安全问题等。

从 2015 年底开始，NFV ISG 开始第二阶段的 NFV 研究和标准化工作。在该阶段，NFV ISG 把工作组重组为 5 个，分别为接口和架构工作组，测试、实验与开源工作组，演进与生态工作组，可靠性、可用性和保障性工作组和安全工作组。NFV ISG 的工作重心也从第一阶段通过建立标准保障 NFV 的优势，转变为建立更加开放的生态系统，并扩大 NFV 的用户基础。

### 10.2.2 NFV 的优势

运营商是 NFV 技术最主要的倡议者和受益者。在由独立的硬件设备充当网元的传统网络环境中，网络的实施需要在大量不同类型的硬件上进行操作，网络的变更和扩展需要重新为各个硬件建立物理连接。任何新功能和新业务的推出也只能依赖各个硬件设备制造商的创新，这不仅影响运营商网络的运维效率，也会延长业务推出的时间，而且网络服务提供商也需要不断根据需求购买各类不同类型、不同型号、不同配置的设备，使采购的成本上升。运营商如果可以购买通用的硬件，通过虚拟化技术随时在这些硬件的基础上按需创建满足网络实际需要的软网元，就至少可以从中获得下列优势。

① 缩短业务上线时间：在虚拟化环境中，部署新业务只需要从统一的底层物理资源中创建对应的虚拟网元。如果需要部署创新业务，运营商也只需要对软件进行更新或加载新的业务模块，然后完成业务编排，使新业务的上线时间大为缩短。

② 降低网络建设成本：在 NFV 环境中，运营商不需要购买不同类型和不同配置的设备，只需要购买工业标准的通用硬件，让这些硬件资源形成一个资源池，再根据网络需求把资源分配给各个虚拟的网元。运营商需要购买的产品成为大量的统一硬件，运营商可以通过规模经济效应降低网络的建设成本。

③ 提升网络运维效率：为了调度硬件资源池中的资源、在网络中创建网元并部署业务，NFV 需要拥有全网统一的管理系统。因此，NFV 支持对网络进行集中管理，提供基于管理和编排的应用生命周期自动化管理和基于 NFV/SDN 协同的自动化网络。

④ 构建开放生态系统：如果使用通用硬件创建软网元，取代自带系统的硬件网元，整个网络的二次开发能力将会增强，使第三方开发人员有机会参与网络的建设，运营商也能够和第三方合作伙伴共建开放的网络生态系统。

### 10.2.3　NFV 的架构

NFV 的架构分为 NFVI（Network Functions Virtualization Infrastructure，网络功能虚拟化基础设施）层、VNF（Virtualized Network Function，虚拟化网络功能）层及贯彻整个架构的 MANO（Management and Orchestration，管理和编排域）。BSS/OSS（Business Support System/Operations Support System，业务支持系统/操作支持系统）不属于 NFV 架构内的功能组件，但是 MANO 和 VNF 需要提供对 OSS/BSS 的接口支持。NFV 的架构如图 10-6 所示。

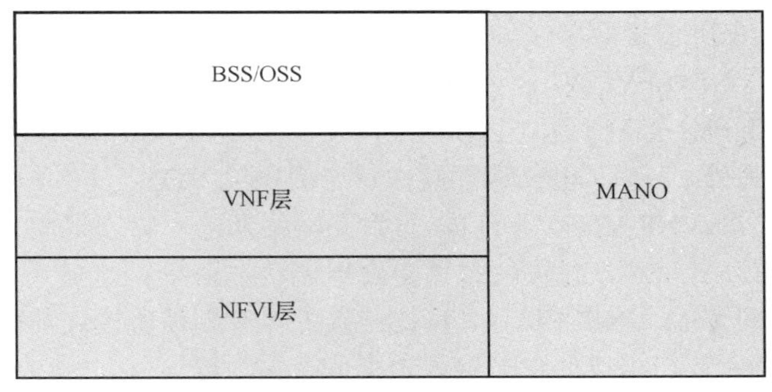


图 10-6　NFV 的架构

① NFVI：指运行虚拟网元的通用硬件，即资源池提供资源的计算、存储和网络产品，同时也指在这些硬件基础上的虚拟化层。其中，存储和网络产品负责对通用硬件进行虚拟化。

② VNF：运行在通用硬件上的虚拟网元，是各种传统网络功能的软件实现。

③ MANO：负责 NFV 的管理和编排，包括以下几个部分。

a. VIM（Virtualized Infrastructure Management，虚拟化基础设施管理器）。VIM 是 NFVI 的管理模块，负责对运营商基础设施域内资源的计算、存储和网络产品进行控制和管理，其职责包括发现物理资源，并且把资源分配给虚拟网元，也包括收集和转发管理控制数据，并执行故障处理。

b. VNFM（VNF Management，VNF 管理器）。VNFM 是 VNF 的管理模块，负责对 VNF 整个生命周期（从实例化、到配置，再到最后关闭）进行管理。

c. NFVO（NFV Orchestration，NFV 编排）。NFVO 负责对 NFVI 架构、软件资源、网络服务等进行编排和管理。

NFV 架构需要通过接口连接各层和 OSS/BSS。包含接口在内的详细 NFV 架构如图 10-7 所示。

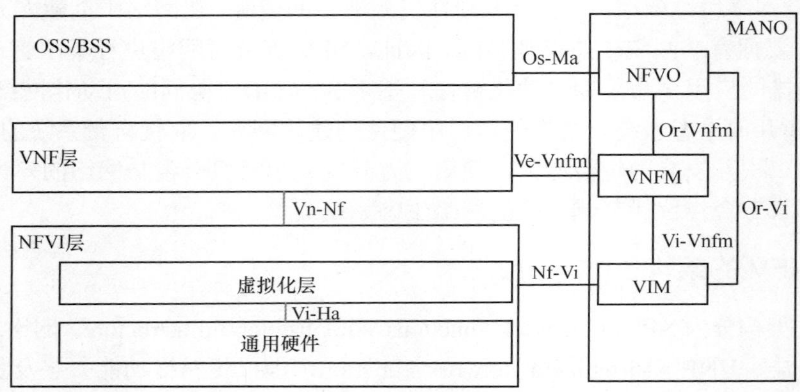


图 10-7 包含接口在内的详细 NFV 架构

NFV 架构包含多个模块之间的接口，这些接口的作用如下。

① Vi-Ha（Virtulization Layer-Hardware Resources，虚拟化层-硬件资源接口）：作用是在虚拟化层和通用硬件之间建立一条通道，既可以让底层的硬件根据上方的 VNF 需求为其分配资源，也可以把底层硬件的信息向上传输给网络管理员。

② Vn-Nf：即 VNF-NFVI 接口，向软网元描述底层的通用硬件提供的虚拟硬件资源。

③ Nf-Vi：即 NFVI-VIM 接口，负责把 VIM 的资源请求消息发送给 NFVI 层，以便 NFVI 分配资源。另外，Nf-Vi 也负责把硬件状态提供给 VIM。

④ Ve-Vnfm：即 VNF-VNFM 接口，负责在网络功能和管理平面（MANO）之间提供信息交互，例如，交互网元配置信息和生命周期状态信息。

⑤ Vi-Vnfm：即 VIM-VNFM 接口，负责连接虚拟基础设施模块和虚拟化网络功能模块。例如，在把 VNF 管理模块的资源请求消息向下发送给 VIM 时，使用 Vi-Vnfm 接口。

⑥ Or-Vi：即编排-VIM 接口，既负责把 NFV 编排模块的资源请求消息下发给 VIM，又负责把虚拟硬件资源的分配和状态提供给 NFV 编排模块。

⑦ Or-Vnfm：即编排-VNFM 接口，负责向下发送资源请求、资源预留、资源分配信息，也负责向上传输关于各软网元生命周期的状态信息。

⑧ Os-Ma：即 OSS/BSS-NFVO 接口，在两个模块之间承载网元生命周期信息和管理

编排、管理配置策略、NFV 状态配置等信息的交互。

在华为NFV解决方案的架构中，虚拟化层和VIM的功能都是通过华为云Stack NFVI平台实现的。华为云 Stack NFVI 平台不仅可以实现计算、存储和网络资源的虚拟化，还可以对物理硬件虚拟化资源进行统一的管理、监控和优化。华为 NFV 解决方案的架构如图 10-8 所示。

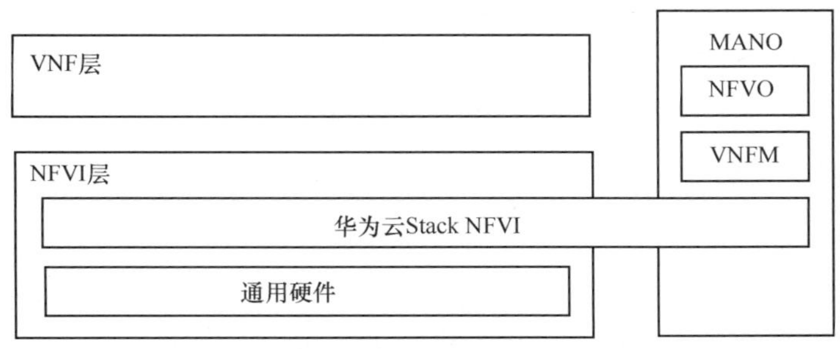


图 10-8　华为 NFV 解决方案的架构

## 10.3　自动化运维的基本概念和 Python 基础

网络编程与自动化可以简化工程师的日常工作，如网络设备的配置、管理、监控等，能够提高网络部署的效率和运维效率。本节介绍网络编程与自动化的基础知识，并展示如何通过 Python 实现网络自动化。

### 10.3.1　自动化运维概述

在日常网络运维工作中，为了完成每日设备巡检，网络管理员需要逐一登录设备、输入命令、查看并记录命令输出结果。为了部署新功能或对设备进行升级，网络管理员需要制订批量更新计划、备份配置、制订回退方案等。从零开始的网络建设到日常网络运维都需要网络管理员亲力亲为，这种工作方式对于人工的依赖程度很高。

随着互联网的高速发展，机遇与挑战并存，以下几方面可以使读者感受传统网络运维面临的压力，以及自动化为网络运维带来的优势。

① 网络及其服务日趋复杂：网络规模越来越大，有线网络和无线网络共存，文件服务和流媒体服务共存，越来越多的金融类服务需要以更强的网络安全性作为基础……网络提供的每项服务不是完全独立的，作为网络管理员需要综合考量每种网络服务的特点，以及网络用户的使用习惯，以便对网络进行优化。有时网络优化需要建立在大量采样和评估的基础上，耗时长且需要逐步进行。

② 人工运维成本高：从网络的搭建到网络的运维，大量工作需要网络管理员人工干预。在传统网络运维工作中，网络自身应对突发故障和意外的能力比较低，通常网络管理员在收到系统告警或用户投诉后才开始进行故障排除。故障恢复时长很大程度上取决于网络管理员对于网络的熟悉程度、技术经验和排错能力。服务中断对于每个企业都是非常重要的，需要更高效的方式对网络运行状态进行全面监控。

③ 对于新趋势的应对速度慢：与网络相关的各种事务都在高速发展，若企业无法对新趋势做出快速响应，则可能会错失先机。依赖于传统方式扩展网络、推出新服务，很可能会被行业抛在身后。

网络自动化可以在很大程度上减少网络运维对于人工的依赖性，规模越大的网络，自动化网络运维的作用越重要，如自动化设备配置。网络管理员使用命令行的方式编写配置脚本，再依赖于 Python 代码将配置文件推送到相应设备上，这种方式免除了手动登录每台设备执行配置，而且向设备推送配置的同时将验证工作交给自动化程序完成。

### 10.3.2 编程语言概述

编程语言是一种标准化的交流规则，用来向计算机发出指令，让计算机能够按照程序员的意图执行特定任务。计算机使用的语言是由 0 和 1 构成的硬件指令，可以直接被设备识别，因而也被称为机器语言。由于机器语言对于人们来说晦涩难懂，因此人们对机器语言进行了简单封装，形成了易于识别和记忆的汇编语言。在不同的设备中，汇编语言对应着不同的机器语言指令集，因此，一种汇编语言只能够应用于某种计算机系统结构，而不能在不同的系统平台之间移植。

在计算机软件的发展过程中，经过进一步封装的高级语言出现了，这就是高级编程语言，它以人类语言为基础，使程序员能够更加简单高效地应对快速软件开发要求。同时，高级语言不会直接被机器执行，而是会根据不同的环境被编译成不同的机器语言，因而具有移植性，实现了平台的独立。Python 语言便是一种高级语言。

高级语言可以分为编译型语言和解释型语言，具体如下。

① 编译型语言：使用编译型语言编写的源代码，编译和执行是分开的，即在计算机执行源代码之前，编译器需要编译源代码，编译结果为计算机可以读懂的可执行文件（如.exe、.dll）。源代码编译的结果与计算平台相关联，无法跨平台执行，例如，x86 程序不能在 ARM 架构上运行。编译器会将源代码作为整体进行一次性翻译，将源代码作为输入数据，并输出可执行文件。可执行文件可以是机器语言或适用于特定模拟器的二进制代码。C/C++属于编译型语言。

② 解释型语言：使用解释型语言编写的源代码无须编译，在计算机执行源代码时，解释器会对源代码进行逐行解释。解释器是一种计算机程序，负责解释并执行源代码。虽然解释器的程序运行速度比编译器慢，但更具有灵活性，适用于需要与执行环境进行互操作的情景。最典型的解释型语言是 Ruby。

编译型语言与解释型语言的执行过程如图 10-9 所示。

随着 Python、Java 等基于虚拟机的语言的出现，原始的编译型语言和解释型语言的分类已不够准确。Python 和 Java 首先由编译器将源代码编译为字节码，在运行时由解释器对字节码进行解释，因此它们是一种先编译后解释的编程语言。Python 和 Java 源代码的操作过程如图 10-10 所示，其中 PVM 和 JVM 是解释器。

### 10.3.3 Python 简介

Python 是开源的高级编程语言，支持面向过程的编程和面向对象的编程；拥有丰富

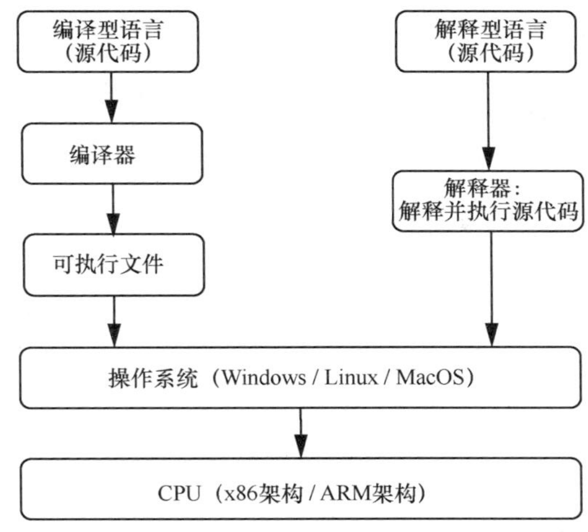


图 10-9　编译型语言与解释型语言的执行过程

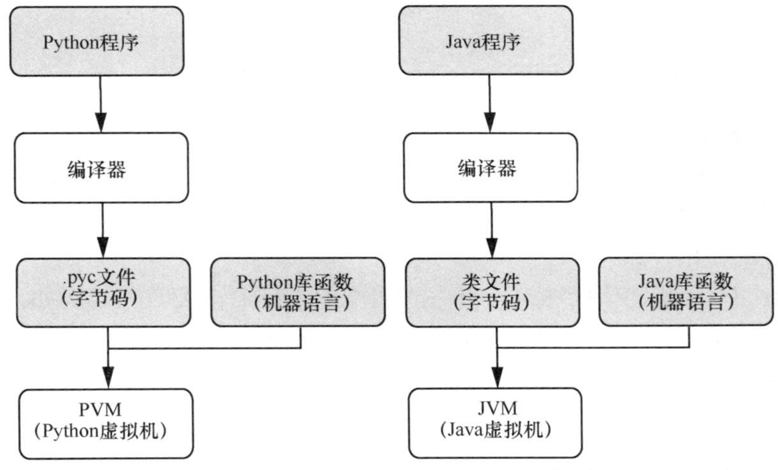


图 10-10　Python 和 Java 源代码的操作过程

的第三方库，可调用其他语言编写的代码（被称为胶水语言）。Python 语法简洁，编程人员从语法细节中抽离，更加专注程序逻辑，因而被广泛应用于诸多领域，比如 AI、数据科学、App 开发、自动化运维脚本等。

解释器由编译器和 Python 虚拟机组成。在计算机上运行 Python 代码时，编译器先将源代码编译为字节码，放入内存中，然后由 Python 虚拟机对这些字节码进行解释和执行。CPython 是使用 C 语言实现的 Python 解释器，作为官方实现，是使用最广泛的 Python 解释器。

字节码是一种介于人类可阅读的源代码与机器可理解的机器码之间的中间码，需要由解释器将其译为机器语言。由 Python 虚拟机运行字节码，实现了程序与系统的解耦，使 Python 程序能够在多平台之间实现无缝移植。

Python 有两种运行方式：交互式和脚本式。交互式指编程人员与 Python 解释器进行实时的交互，见例 10-1，其中，粗体部分是编程人员的输入信息，阴影部分是 Python 的输出信息。

**例 10-1 Python 的交互式**

```
c:\Users\ABC>python
Python 3.9.0 (tags/v3.9.0:9cf6752, Oct  5 2020, 15:34:40) [MSC v.1927 64 bit (AMD64)]
on win32
Type "help", "copyright", "credits" or "license" for more information.
>>> print('Hello Huawei')
Hello Huawei
>>> a = 1
>>> b = 2
>>> print(a + b)
3
>>>
```

脚本式指将代码保存为.py 脚本文件，并在 Python 编译器或集成开发环境中运行.py 文件。例如，将例 10-1 中的粗体部分保存为 demo.py 文件，执行 demo.py 文件，可得到例 10-2 中阴影部分的结果。

**例 10-2 Python 的脚本式**

```
c:\Users\ABC>python demo.py
Hello Huawei
3
```

### 10.3.4 Python 编码规范简介

Python 的编码规范指编程人员在使用 Python 编写代码时，需要遵守的符号应用规范、命名规则、代码缩进、语句分割方式等。Python 的编码规范旨在提高代码的可读性，在多人对代码进行维护和修改时，使代码拥有统一的风格。

（1）括号的使用建议

在 Python 中，可以使用小括号、中括号和大括号进行多行连接。例如，一个文本字符串在一行中放不下时，可以使用小括号实现隐式的多行连接，示例如下。在其他情况下，括号的使用宁缺毋滥。

```
x = ('This is a very long long long '
'long long long long string.')
```

（2）空格的使用建议

Python 对缩进非常敏感，需要格外关注空格的使用。在使用空格表示代码的级别时，缺省时使用 4 个空格或 1 个 Tab 表示缩进一个级别。Python 不强制要求必须用 4 个空格表示一级缩进，编辑器允许更改默认缩进单位，如将 4 个空格表示缩进一级改为 2 个空格。不同的编辑器默认 Tab 键对应的空格数量可能有所差异，因而不要混用空格键和 Tab 键。在使用 4 空格作为缩进标识时，也要确保以 4 的倍数表示缩进，例如，用 8 个空格表示缩进两级。

在 Python 代码的编写中，与英文的写作规范类似，逗号（,）、冒号（:）、井号（#）后可以添加空格，但也存在例外，例如，当逗号后面是小括号时无须加空格。

在二元运算符的前后可以添加空格，如 $a = a + 1$。

当算式中包含不同优先级的运算符时，只在最低优先级的运算符前后添加空格，如 $b = a*2 + 1$，$c = a*2 + b*3$。

（3）空行的使用建议

为了提高代码的可读性，在不同函数或不同语句之间，可以通过添加空行进行分隔。

（4）分号的使用建议

Python 以换行区分代码语句，因此一般建议不在语句末尾添加分号。当一行中包含多条语句时，可以使用分号进行代码语句的分隔，但不建议在一行中写入多条语句，建议每条语句单独一行。

（5）标识符的命名

Python 里所有数据是以对象（Object）的形式存在，包括布尔值、整数型、浮点型、字符串，甚至是大型数据结构、函数及程序。标识符指在 Python 中用来表示常量、变量、函数，以及其他对象的名称。标识符的命名规则如下。

a. 由字母、数字和下划线构成。

b. 不能以数字开头。

c. 区分大小写字母。

d. 不允许重名。

Python 标识符对大小写敏感详见例 10-3。在例 10-3 中，将 10 赋值给 User_ID，将 20 赋值给 user_id，当通过 print ()函数进行输出时，它们被认为是两个不同的用户 ID。

**例 10-3**　Python 中大小写敏感的标识符

```
C:\Users\ABC>python
Python 3.9.0 (tags/v3.9.0:9cf6752, Oct  5 2020, 15:34:40) [MSC v.1927 64 bit (AMD64)]
on win32
Type "help", "copyright", "credits" or "license" for more information.
>>> User_ID = 10
>>> user_id =20
>>> print (user_id)
20
>>> print (User_ID)
10
```

（6）代码缩进

代码缩进表示代码块的作用域。如果一个代码块中包含多条语句，则这些语句必须拥有相同的缩进量。Python 会采用冒号和代码缩进来展示代码块之间的层级，详见例 10-4。例 10-4 使用了 4 空格作为缩进量，但最后一行的缩进量为 3 空格，这是不正确的。Python 无法理解这段代码并会报错。

**例 10-4**　代码缩进

```
if True:
    print ('Hello!')        # 缩进 4 空格
else:
    print ('Bye!')          # 缩进 4 空格
   print ('Thank you!')     # 缩进 3 空格，格式错误
```

（7）注释的使用

注释可以出现在代码中的任何位置。Python 解释器在执行代码的过程中会忽略注释内容。Python 支持两种类型的注释：单行注释和多行注释，具体如下。

a. 单行注释使用井号（#）作为注释符号，井号后的内容为注释。Python 解释器会忽略这部分内容。

b. 多行注释使用连续 3 个单引号或 3 个双引号框住注释内容，引号内的内容为注释，Python 解释器也会忽略这部分内容。

使用井号的单行注释详见例 10-5。第一个注释指明前两行代码的用途，第二个和第

三个注释分别指明当前行的代码用途。

**例 10-5　使用井号（#）的单行注释**

```
# 将字符串 Huawei 赋值给 a，并打印 a
a = 'Huawei'
print (a)

b = 'HCIA'    # 将字符串 HCIA 赋值给 b
print (b)     # 打印 b
```

使用 3 个单引号的多行注释详见例 10-6。

**例 10-6　使用 3 个单引号的多行注释**

```
'''
print (a)的运行结果为显示 Huawei
print (b)的运行结果为显示 HCIA
'''
```

（8）源代码文件结构

在标准 Python 文件中，开头一般会呈现以下结构。

a. 起始行（解释器声明）：指定运行 Python 文件的解释器路径（当解释器的安装路径为非默认路径，或者系统中有多个 Python 解释器时）。

b. 编码格式声明：指定 Python 文件使用的编码类型。Python2 默认使用的编码类型为 ASCII，Python3 默认使用的编码类型为 UTF-8。如果 Python 代码包含中文，需要将编码类型设置为 UTF-8。

c. 文档注释：说明 Python 文件的作用。

d. 模块导入：引用 Python 内置模块或第三方模块，调用其变量、函数和类。import 语句可以导入的类型对象如下。

- 内置模块，使用 C 语言编写并已被链接到 Python 解释器中。
- 模块（module）文件，.py 文件。
- 包（package），可以包含多个模块。
- C 或 C++扩展，已被编译为共享库或.dll 文件。

标准 Python 文件的开头详见例 10-7。

**例 10-7　标准 Python 文件的开头**

```
# !/usr/bin/env python       # a.起始行（解释器声明）

# -*- coding: utf-8 -*-      # b.编码格式声明，包含中文时建议使用UTF-8

'''
这是 Huawei  HCIA 测试文档
仅供 HCIA 学员使用
'''
                             # c.文档注释，说明文档用途

import time                  # d.模块导入，time 是 Python 内置模块，用来提供与时间相关的函数

# 以下为主程序
```

（9）函数与模块

函数是一段已完成编写的可以重复使用的代码，使用 def ()为其定义名称，后续的代码中可以直接引用这个函数中的大段代码。函数增强了程序的模块化程度，提高了代码利用率。定义函数和调用函数详见例 10-8。

**例 10-8　定义函数和调用函数**

```
def greeting():                         # 定义函数
  print ('Hello Huawei!')
  print ('This is a greeting function.')

greeting()                              # 调用函数
```

模块通常是一个单独的.py 文件，例 10-8 展示了模块的调用方式，通常人们会使用 import 语句直接引用模块。可以作为模块的文件类型包括.py、.pyo、.pyd、.so、.dll。把下列代码保存为.py 文件，并命名为 start.py，详见例 10-9。导入模块并调用函数，详见例 10-10。

**例 10-9　将代码保存为 start.py**

```
def greeting():
    print ('Hello Huawei!')
    print ('This is a greeting function.')
```

**例 10-10　导入模块并调用函数**

```
import start            # 导入模块 greeting.py

start.greeting()        # 调用函数
```

例 10-8 和例 10-10 调用函数的结果相同，详见例 10-11。

**例 10-11　调用函数结果**

```
Hello Huawei!
This is a greeting function.
```

（10）类与方法

类是一个模板，包含一些共有属性，例如创建“学生”类，并在其中定义共有属性“姓名”和“分数”。

在“学生”类的内部可以使用 def 关键词定义方法，访问类内部定义的数据，即根据“学生”显示出他的姓名和成绩。类的方法必须包含的第一个参数是 self，self 代表的是类的实例，并且在调用时不用传递 self 参数。self 并不是关键词而是名字。

从外部看“学生”类，创建“学生”类需要提供“姓名”和“分数”，一个学生就是一个实例，包含学生的姓名和成绩。输出的内容定义在“学生”类内部，即通过方法进行定义，方法可以直接在实例变量上实现数据的调用。类与方法详见例 10-12。

**例 10-12　类与方法**

```
class Students:                                      # 定义“学生”类

    def __init__(self,n,s):                          # 定义一种特殊的方法（构造函数）
        self.name = n
        self.score = s

    def print_score(self):                           # 定义“学生”类的方法
        print ('%s 的分数是 %d。'%(self.name,self.score))

s1 = Students('Tom',97)                              # 将“学生”类实例化
s2 = Students('Sam',85)

s1.print_score()                                     # 调用实例方法
s2.print_score()
```

例 10-12 的输出结果如下。

Tom 的分数是 97。

Sam 的分数是 85。

### 10.3.5 telnetlib 介绍

telnetlib 是 Python 标准库中的一个模块（telnetlib.py），提供了一个 Telnet 类，用来实现 Telnet 客户端。通过调用 Telnet 类中的不同方法，实现不同功能。telnetlib.Telnet 类的方法见表 10-1。

表 10-1 telnetlib.Telnet 类的方法

| telnetlib.Telnet 类的方法 | 实现的功能 |
|---|---|
| Telnet.**read_until**(*expected, timeout=none*) | 读到指定字符串 *expected* 为止，或者已经过去 *timeout*（单位为 s） |
| Telnet.**read_all**() | 获取所有输入和输出数据 |
| Telnet.**read_very_eager**() | 获取上次获取之后，本次获取之前的所有输入和输出数据 |
| Telnet.**write**(*buffer*) | 写入数据 |
| Telnet.**close**() | 关闭 Telnet 会话 |

在使用 telnetlib 之前，需要先使用 import 语句将其导入。

在使用 telnetlib 作为 Telnet 客户端登录华为数通设备的示例中，分 3 个步骤完成，具体如下。

a. 在华为数据通信设备上配置 Telnet 服务。

b. 验证 Telnet 服务并记录 Telnet 登录步骤。

c. 编写并运行 Python 代码。

步骤 1：在华为数据通信设备上配置 Telnet 服务。

华为数据通信设备默认是没有配置 Telnet 服务的，无法以 Telnet 的方式访问华为数据通信设备，因而首先需要配置华为数据通信设备上的 Telnet 服务。在华为数据通信设备上配置 Telnet 服务详见例 10-13。

**例 10-13** 在华为数据通信设备上配置 Telnet 服务

```
[Huawei]interface GigabitEthernet0/0/0
[Huawei-GigabitEthernet0/0/0]ip address 10.0.0.1 24
[Huawei-GigabitEthernet0/0/0]quit
[Huawei]telnet server enable
[Huawei]user-interface vty 0 4
[Huawei-ui-vty0-4]authentication-mode password
Please configure the login password (maximum length 16):Huawei@123
[Huawei-ui-vty0-4]protocol inbound telnet
[Huawei-ui-vty0-4]user privilege level 15
```

步骤 2：验证 Telnet 服务并记录 Telnet 登录步骤。

通过本地的终端程序验证是否可以通过 Telnet 成功登录设备，在此之前需要确保本地计算机能够连通 10.0.0.1。验证 Telnet 服务并记录 Telnet 登录步骤详见例 10-14，用户已成功登录设备，并且观察到设备提示“Password:”后，需要输入密码。

**例 10-14**　验证 Telnet 服务并记录 Telnet 登录步骤

```
C:\Users\ABC>telnet 10.0.0.1
Login authentication


Password:
<Huawei>system-view
Enter system view, return user view with Ctrl+Z.
[Huawei]
```

步骤 3：编写并运行 Python 代码。

实现登录设备目的的 Python 代码详见例 10-15。

**例 10-15**　实现登录设备目的的 Python 代码

```
import telnetlib                                    # 导入 telnetlib.py 模块

host = '10.0.0.1'                                   # 指定要登录的设备 IP 地址
password = 'Huawei@123'                             # 指定要使用的 Telnet 登录密码

tn = telnetlib.Telnet(host)                         # 调用方法并赋值给 tn
tn.read_until(b'Password:')                         # 读取到“Password:”
tn.write(password.encode('ascii') + b'\n')          # 输入密码并输入回车

print (tn.read_until(b'<Huawei>').decode('ascii'))  # 读取<Huawei>及其之前的内容并显示出来

tn.close()                                          # 关闭 Telnet 会话
```

## 练 习 题

1. 在 OpenFlow 中，下列哪项不是控制器–交换机消息？（　　）
   A. Feature 消息　　B. Configuration 消息
   C. Packet-in 消息　　D. Packet-out 消息
2. CloudFabric 可以实现以下哪些愿景？（　　）
   A. 规建一体　　B. 极简部署
   C. 智能运维　　D. 实时调优
   E. 以上皆正确
3. NFV 能够带来以下哪些好处？（　　）
   A. 缩短业务上线时间　　B. 降低网络构建成本
   C. 提升网络运维效率　　D. 构建开放生态系统
   E. 以上皆正确
4. 在 NFV 架构中，哪一层是指运行在通用硬件上的虚拟网元？（　　）
   A. NFVI 层　　B. NFV 层
   C. MANO　　D. BSS/OSS
5. 在 NFV 架构中，下列哪个接口向软网元描述底层通用硬件，并为软网元提供虚拟硬件资源？（　　）
   A. Vi-Ha　　B. Vn-Nf
   C. Ve-Vnfm　　D. Nf-Vi

6. 下列说法中正确的是？（　　）
   A. 自动化可以帮助网络管理员轻松运维大型网络
   B. 可以在一定程度上通过自动化代替人工
   C. 可以依赖自动化更快地推出新服务
   D. 上述说法皆正确
7. 下列对于编程语言的说法中错误的是？（　　）
   A. 编程语言分为低级语言和高级语言，汇编语言就是一种低级语言
   B. 高级编程语言分为编译型语言和解释型语言，C 语言是编译型语言，Python 是解释型语言
   C. 编译型语言需要根据运行平台的不同被编译为相应的可执行文件
   D. 解释型语言无须编译，可以直接从源代码被解释为机器语言并执行
8. 下列对于 Python 的特点描述错误的是？（　　）
   A. Python 程序需要通过 Python 虚拟机运行
   B. Python 拥有丰富的第三方库
   C. Python 主要适用于 Web 开发
   D. Python 是跨平台的
9. 在 Python 代码中，以下标识符的命名错误的是？（　　）
   A. User_ID　　B. 4_passwd
   C. MAX_CONNECTION　　D. _private_func
10. 下列对于 telnetlib 的描述中错误的是？（　　）
   A. telnetlib.py 是 Python 标准库中的功能
   B. telnetlib 能够提供 Telnet 客户端功能
   C. telnetlib 能够提供 Telnet 服务器功能
   D. 可以使用 telnetlib 登录各种支持 Telnet 接入功能的设备

**答案：**

1. C　2. E　3. E　4. B　5. B　6. D　7. D　8. C　9. B　10. C